건축설계도서 체크리스트

김치환 저

- ✓ 설계도면검토: 건축, 기계, 전기, 소방, 통신, 토목, 조경
- ✓ 시방서검토: 총칙시방서, 기술시방서
- ✓ 관련문서검토: 구조계산서, 내역서, 공정표

기문당

머리말

| 설계도서 작성은 제약된 조건에서 설계도 작성의 미경험 또는 지식이 적은 초급기술인에 의하여 작성되거나 또는 설계자의 잘못된 판단으로 작성될 수 있다. 설계개념에 맞도록 각 분야별로 설계도서를 일관성 있게 작성 및 통합하는 작업은 그리 쉬운 작업이 아니기 때문에 정도의 차이는 있으나 설계도서 작성에 결함이 있게 마련이고, 더욱이 사람은 완벽한 창조물이 아니어서 하는 일이 완벽할 수가 없다.

설계도서 검토는 설계품질 및 시공품질을 확보하기 위한 중요한 품질경영 활동이므로 설계검토의 중요성은 설계품질관리·시공품질관리 또는 계약관리를 위하여 아무리 강조하여도 지나침이 없다.

설계도서 검토 기본자료 없이 검토할 경우에 설계도서 검토결과 또는 성과는 검토자의 지식과 경험 정도, 훈련된 검토방법 및 능력에 따라 다르고, 어떠한 내용을 어떻게 검토하였는지 확인할 수 없기 때문에 설계도서 검토는 검토된 수준과 정도(精度)를 측정할 수 없게 된다.

설계도서를 검토하거나 검토시키려 할 때 또는 관리자가 검토한 내용과 수준을 확인하려고 할 때 각 건축 분야(설계, 시공, 감리 등)에 종사하는 건축엔지니어들에게 조금이라도 도움이 되리라는 생각에 초보자나 경력자에게도 두루 쓰일 수 있는 보편적인 수준의 「건축설계도서 체크리스트」를 출간하게 되었다.

건축 분야에 관하여는 설계도면, 시방서, 내역서 및 구조계산서 검토와 안전, 환경 및 장애인 시설 검토 등 전반적으로 다루었고, 건축관련 분야인 기계설비, 전기설비, 소방기계설비, 전기소방설비, 통신설비, 토목 및 조경에 관하여는 '설계도면 검토'만을 포함시켜 프로젝트 관리자 또는 관련 기술인이 이용하도록 작성하였다.

건축도면 일반(공통)검토, 구조도면 일반(공통)검토 및 관련 분야 '기본 검토'에는 초급기술자도 검토 가능하도록 기초적이고 개괄적인 내용을 쉽게 작성하여 소규모 프로젝트의 경우나 점검할 시간이 적어 중요한 부분만을 개괄적으로 점검할 경우 이용할 수 있도록 하였고, 세부 검토에서는 설계도면을 종류별로 세부적으로 검토하도록 작성하여 비교적 경험 있는 기술자가 구체적으로 검토할 경우 이용하도록 하였다.

검토내용은 무엇을 검토할 것인가를 위주로 작성하였고, 검토 이유와 간단한 판단 기준자료 및 근거를 더하였으며, 변할 수 있는 법적 기준은 관련 근거와 일부 내용만을 표시하였다.

효과적인 점검을 위해서는 점검할 설계도서 내용을 대략 파악한 후 점검 전에 점검 대상 분야의 점검 리스트를 읽어보면서 점검해야 할 대상내용을 대략 익힌 후 점검을 시작하는 방법이 좋을 것으로 생각한다.

끝으로 이 책을 집필하는 데 적극적으로 도와준 분들과 본서 출판에 도움을 주신 기문당 임직원 여러분께 감사를 드린다.

특히, 원고를 수정·보완하여 책으로 출간할 수 있도록 해준 안산공과대학 최준오 교수와 그 제자 이미현, 신한나, 양지모 양에게 지면을 통해 감사드린다.

시작할 때 생각과는 달리 책 집필과정에서 각 분야별 검토범위와 깊이의 평형을 이루는데 부실한 점이 있음을 인정하며, 미비한 점에 대해서는 독자 여러분의 이해와 독려를 부탁드린다.

김 치 환

차 례

■ 머리말 ·· 3

0. 문서구성 및 예비 검토 / 11

0.1 문서구성 검토 ·· 13
0.2 예비 검토 ··· 15

1. 설계도면 검토 / 17

1.1 건축도면 검토 ··· 19

1.1.1 건축도면 일반(공통) 검토 ·· 19
1.1.2 기본설계도면 검토 ··· 36
   1.1.2.1 배치도 검토 ··· 36
   1.1.2.2 평면도 검토 ··· 40
   1.1.2.3 입면도 검토 ··· 49
   1.1.2.4 주단면도 검토 ··· 52
   1.1.2.5 마감계획표(Finish Schedule) 검토 ···································· 57
   1.1.2.6 창호도면 검토 ··· 60
   1.1.2.7 천장도면 검토 ··· 68
1.1.3 주요 상세도면 검토 ··· 74
   1.1.3.1 표준마감상세도 검토 ·· 74
   1.1.3.2 외벽 단면상세도 검토 ··· 80
   1.1.3.3 내벽 단면상세도 검토 ··· 83
   1.1.3.4 코어상세도 검토 ··· 87
   1.1.3.5 계단상세도 검토 ··· 89
   1.1.3.6 화장실상세도 검토 ··· 95
   1.1.3.7 주방(부엌)상세도(또는 확대도) 검토 ································ 100

- 1.1.3.8 주차장상세도 검토 ········· 102
- 1.1.3.9 주차장램프 상세도 검토 ········· 103
- 1.1.3.10 커튼월 상세도 검토 ········· 104
- 1.1.3.11 옥상정원 상세도 검토 ········· 106
- 1.1.3.12 옥상 상세도 검토 ········· 108
- 1.1.3.13 승강기 관련 상세도 검토 ········· 110

1.1.4 설비관련(확대) 도면 검토 ········· 112
- 1.1.4.1 기계실 도면 검토 ········· 112
- 1.1.4.2 공조실 도면 검토 ········· 114
- 1.1.4.3 고가저수탱크실 도면 검토 ········· 115
- 1.1.4.4 변압기실 도면 검토 ········· 117
- 1.1.4.5 배전반실, 감시제어실 도면 검토 ········· 121
- 1.1.4.6 발전기실 도면 검토 ········· 123
- 1.1.4.7 축전기실 도면 검토 ········· 126
- 1.1.4.8 수직·수평 설비공간실 도면 검토 ········· 128

1.1.5 기타 상세도면 검토 ········· 132
- 1.1.5.1 단열 및 결로방지 도면 검토 ········· 132
- 1.1.5.2 방수도면 검토 ········· 135
- 1.1.5.3 줄눈도면 검토 ········· 139
- 1.1.5.4 루프드레인도면 검토 ········· 142
- 1.1.5.5 돌붙임도면 검토 ········· 144
- 1.1.5.6 경량칸막이도면 검토 ········· 147
- 1.1.5.7 조적도면 검토 ········· 149
- 1.1.5.8 공동주택의 바닥충격음 차단구조도면 검토 ········· 151
- 1.1.5.9 잡상세도면 검토 ········· 151

1.1.6 안전·환경에 대한 디자인 및 장애인 등 편의시설 검토 ········· 159
- 1.1.6.1 안전에 대한 디자인 검토 ········· 159
- 1.1.6.2 환경에 대한 디자인 검토 ········· 170
- 1.1.6.3 장애인·노인 및 임산부 등을 위한 편의시설 검토 ········· 173

1.2 구조도면 검토 ··· 190

1.2.1 구조도면 일반(공통) 검토 ·· 190
1.2.2 건축물콘크리트구조 도면 검토 ··· 200
- 1.2.2.1 구조개요 검토 ·· 200
- 1.2.2.2 건축물콘크리트조 일반사항 검토 ······································ 202
- 1.2.2.3 말뚝 배치도(말뚝 복도) 검토 ·· 203
- 1.2.2.4 기초배치도(기초 복도) 검토 ··· 204
- 1.2.2.5 구조평면도 검토 ·· 206
- 1.2.2.6 골조도(구조단면도) 검토 ·· 210
- 1.2.2.7 부재 일람표 검토 ··· 212
  - 1.2.2.7.1 말뚝 일람표 검토 ·· 212
  - 1.2.2.7.2 기초 일람표 검토 ·· 213
  - 1.2.2.7.3 지중보 일람표 검토 ·· 214
  - 1.2.2.7.4 기둥 일람표 검토 ·· 215
  - 1.2.2.7.5 보 일람표 검토 ·· 216
  - 1.2.2.7.6 슬래브 일람표 검토 ·· 218
  - 1.2.2.7.7 옹벽 일람표 검토 ·· 220
- 1.2.2.8 주심도 검토 ·· 222
- 1.2.2.9 부분상세도 검토 ·· 224
- 1.2.2.10 가구 배근상세도(라멘도) 검토 ··· 225

1.2.3 강구조도면 검토 ·· 227
- 1.2.3.1 구조개요 검토 ··· 227
- 1.2.3.2 강구조 일반사항 검토 ··· 228
- 1.2.3.3 말뚝 배치도(말뚝 복도) 검토 ··· 231
- 1.2.3.4 기초 배치도(기초 복도) 검토 ··· 232
- 1.2.3.5 구조평면도 검토 ··· 235
- 1.2.3.6 골조도(구조단면도) 검토 ··· 239
- 1.2.3.7 부재 일람표 검토 ··· 241
  - 1.2.3.7.1 말뚝 일람표 검토 ·· 241
  - 1.2.3.7.2 기초 일람표 검토 ·· 242

1.2.3.7.3 지중보 일람표 검토 ·· 243
1.2.3.7.4 기둥 일람표 검토 ·· 244
1.2.3.7.5 보 일람표 검토 ·· 245
1.2.3.7.6 슬래브 일람표 검토 ·· 247
1.2.3.7.7 이음 일람표 검토 ·· 249
1.2.3.8 주심도(또는 중심선도) 검토 ·· 251
1.2.3.9 용접 규준도 검토 ·· 252
1.2.3.10 철골가구 상세도 검토 ··· 255
1.2.3.11 철골부분 상세도 검토 ··· 256

1.3 토목도면 검토 ··· 257

1.3.1 기본 검토 ·· 257
1.3.2 세부 검토 ·· 261
    1.3.2.1 토목도면 일반(공통) 검토 ·· 261
    1.3.2.2 흙막이 설계도서 검토 ··· 269
    1.3.2.3 부력(양압력 : Uplif Pressure) 검토 ······················· 275

1.4 조경도면 검토 ··· 281

1.4.1 기본 검토 ·· 281
1.4.2 세부 검토 ·· 285

1.5 기계설비도면 검토 ··· 289

1.5.1 기본 검토 ·· 289
1.5.2 세부 검토 ·· 298

1.6 전기설비도면 검토 ··· 316

1.6.1 기본 검토 ·· 316
1.6.2 세부 검토 ·· 321

1.7 소방설비도면 검토 ·· 332

- 1.7.1 소방기계도면 검토 ·· 332
  - 1.7.1.1 기본 검토 ·· 332
  - 1.7.1.2 세부 검토 ·· 336
- 1.7.2 소방전기도면 검토 ·· 350
  - 1.7.2.1 기본 검토 ·· 350
  - 1.7.2.2 세부 검토 ·· 352

1.8 통신설비도면 검토 ·· 357

- 1.8.1 기본 검토 ··· 357
- 1.8.2 세부 검토 ··· 360

2. 시방서 검토 / 367

2.1 기본 검토 ·· 369

2.2 세부 검토 ·· 373

- 2.2.1 총칙시방서 검토 ·· 373
- 2.2.2 기술시방서 검토 ·· 374

3. 설계관계서류 검토 / 383

3.1 구조계산서 검토 ·· 385

- 3.1.1 건축물콘크리트 구조계산서 검토 ··· 385
- 3.1.2 건축물 강구조계산서 검토 ·· 395

3.2 내역서 검토 ··· 407
3.2.1 검토 준비 ··· 408
3.2.2 검토 ··· 409

3.3 공정표 검토 ··· 413
3.3.1 기본 검토 ··· 413
3.3.2 세부 검토 ··· 415

■ 참고문헌 ·· 425

문서구성 및 예비 검토

0.1 문서구성 검토 ·············· 13

0.2 예비 검토 ·············· 15

문서구성 및 예비 검토

0.1 문서구성 검토

- 납품하기 위하여 작성된 설계도서이거나 납품 또는 인수된 설계도서가 요구한 조건대로 구성되었는지 검토해 보는 단계이다.

설계도서에 포함된 문서 종류를 확인한다.
- 작성 요구된 문서 종류를 확인하고 요구된 문서 종류 및 수량대로 작성되었는지 확인하거나 문서접수 또는 인수시 설계도서에 포함된 문서 종류와 수량이 맞는지 확인하는 작업이다. 때때로 문서 종류 및 수량이 누락되어 문제를 일으키는 경우가 있어 손실이 발생되곤 한다.
  점검하기 전에 설계도서를 요구한 문서에서 요구된 문서 종류의 리스트 작성과 수량을 확인하거나 납품 또는 발송된 문서에서 문서의 종류와 수량을 확인하는 일을 반드시 하는 것이 좋다.

작성 또는 접수(인수)된 문서의 수량을 확인한다.
- 문서가 필요량만큼 확보되었는지 확인해보는 일은 당연한 일이다. 때때로 부족한 수량이 제작되거나 인수한 문서량이 부족하여 문제를 일으켜 예상외의 관리비용이 발생하는 경우가 있다.

문서 종류별로 문서 모양이 온전한지 확인한다.
- 작성 또는 인수된 문서가 문서로서 갖추어야 할 격식을 갖추었는지 확인하는 일이다.

문서의 겉과 안에 손상된 부분이 있는지 확인한다.
- 오염, 찢어짐, 찌그러짐, 인쇄가 잘 안 된 것 등 훼손된 부분이 있는지 확인하는 일이다.

겉표지에 문서 명칭과 작성자 또는 주문(작성의뢰) 부서의 명칭이 누락되거나 오기된 것이 있는지 확인한다.

- 이러한 문제가 발생하는 것은 주로 문서제작 시 발생하므로 설계도서 작성자는 문서작성계획을 할 때 요구조건에 따라 문서 표지디자인, 즉 문자 크기, 형태, 문자 종류, 문자 위치, 문자 색상 등을 확정하고, 관련 문서에도 통일된 문서 표지를 확정해두는 것이 좋다.

문서별 목록(쪽수 표시 포함)이 누락되었는지 확인한다.

- 어느 문서를 막론하고 문서에는 반드시 목록이 있어야 포함된 내용을 쉽게 알아볼 수 있으므로 당연히 목록이 있어야 하나 작성자의 서두름, 무성의, 관리소홀 등으로 인하여 누락되는 경우가 있어 문서의 질을 떨어뜨리는 일이 자주 있다.

쪽수(페이지)의 누락 또는 오기가 있는지 확인한다.

- 문서를 검토할 때 페이지 쪽 누락 또는 페이지 기록 누락, 페이지를 잘못 기록한 경우 및 페이지 앞뒤가 바뀐 경우가 있으므로 한장 한장 인내를 갖고 충실히 검토하여야 한다.

기타 작성 연월일, 문자 크기 및 모양이 통일되었는지 확인한다.

- 문서를 작성하다 보면 문서내용 작성에만 마음을 쓰는 경향과 작성자가 분야별로 다수일 경우 통일된 문자, 문자 크기, 작성위치, 작성일 등이 일치하지 않아 문서의 품격을 저하시키는 경우가 많다.

이런 일이 발생하지 않도록 작성자의 부서책임자는 사전에 문서의 규격, 표지작성의 모델, 문자모양 및 크기, 쪽수 표기의 위치, 작성자 및 작성일 표기의 지정 및 더 나아가 문자의 색상과 간지의 색상까지도 작업 전에 계획하여 작성자에게 미리 인식시키는 것이 가장 효과적인 결과를 얻을 것이다.

0.2 예비 검토*

프로젝트(project) 내용을 익히기 위하여 도서 한 쪽을 훑어보는 데 소요되는 시간이 1분 미만으로서 설계도서의 모든 쪽수를 빠르게 대략 검토한다.

- 대개의 경우 문서를 받으면 서류 종류별로만 확인하고, 문서를 첫 장부터 보게 되는 것이 일반적인 습관이다. 마음이 급할수록 문서구성과 내용을 대략 파악하지 않고 본격적으로 첫 장부터 검토작업에 착수하게 된다. 문서를 빨리, 그리고 정확하게 가장 효과적으로 검토하기 위해서는 문서구성과 내용을 먼저 안내를 갖고 개략 파악하는 것이 문서검토를 하는 가장 효율적인 방법이 된다.

  특히 설계도면 내용을 대충 익히고 검토작업에 들어가면 관련된 내용일치 여부, 상세부분 누락 여부, 타 공종관련 여부 등을 확인하는데, 이중작업이 많이 발생하여 결과적으로는 과대한 검토시간이 소요될 뿐만 아니라 오히려 검토의 질도 떨어지는 경향이 있다.

  즉 전체적인 파악을 충실히 한 후 본격적인 검토를 해야 능률적이다.

- 보편적으로 설계문서 작성자의 업무 습관은 문서작업 시간에 비하여 검토시간을 상대적으로 짧게 잡는 버릇이 있고, 당초에 문서작성과 검토시간을 안배하였으나 문서작성의 지연으로 검토에 배정된 시간을 침범당하는 경향이 있어, 검토시간의 부족으로 대충 대충 검토하면서 큰 문제가 없으리라는 희망을 갖고 검토를 소홀히 하여 기울인 노력에 비하여 저질의 품질을 생산하게 되고 사업적으로 시간, 금전 및 명예 면에 손실을 초래하는 경향이 많다.

  설계문서 검토에 충분한 시간을 배정하여 차분히 검토하여야 한다.

- 도면명칭을 확인하고 대충 훑어 보아가면서
  ① 중요하다고 생각되는 것
  ② 비교해 볼 필요가 있다고 생각되는 것
  ③ 확인해야 할 것
  ④ 누락이 우려되는 것
  ⑤ 주기(朱記) 등을 설계도면 또는 문서에 색연필 등으로 표시하면서 메모해가면 본격적으로 검토할 때에 도움이 된다.

---

* ARCHITECTURE, January 1987, pp.83-84. 실린 곳 : AIA Manual 1994,
  2.6 Construction Documents에서 부분적으로 인용

설계도면 검토

1.1 건축도면 검토 …………………………………………… 19
1.2 구조도면 검토 …………………………………………… 190
1.3 토목도면 검토 …………………………………………… 257
1.4 조경도면 검토 …………………………………………… 281
1.5 기계설비도면 검토 ……………………………………… 289
1.6 전기설비도면 검토 ……………………………………… 316
1.7 소방설비도면 검토 ……………………………………… 332
1.8 통신설비도면 검토 ……………………………………… 357

1 설계도면 검토

1. 1 건축도면 검토

1.1.1 건축도면 일반(공통) 검토*

- 건축도면은 설계자의 의도를 표현하는 기본도면이 되므로 건축도면에 표시된 의도를 구현하기 위하여 구조도면 및 각종 도면이 작성된다고 해도 지나침이 없을 것이다. 특별히 기술적인 제약을 받는 것을 제외하고는 건축도면을 기본으로 하기 때문에 더욱 충실히 작성해야 된다.
- 여기에서는 초급기술자를 위하여 검토이유, 절차, 방법 등을 더하여 설명하였다.

건축도면 목록과 도면이 일치한지 확인한다.

▎도면목록 검토

- 검토대상이 된 문서는 문서로서 갖추어진 문서인지 먼저 확인한 후 검토를 시작하는 것이 바람직하다. 때때로 도면이 누락되거나 도면 순서가 바뀌었거나 도면 번호 또는 도면명칭이 일치하지 않은 경우가 있다.
  - 도면목록과 도면번호와 명칭이 일치한지 확인
    · 도면목록 순서대로 점검해 가면서 도면번호와 명칭을 점검한다.
    · 도면번호, 도면명칭이 일치하지 않거나 누락된 도면이 있는 경우 이를 기록해 둔다.

현황 측량도상에 표시된 대지경계선 및 치수(Dimension)가 건축도면에 표시된 내용과 일치한지 확인한다.

▎배치도 검토

- 설계할 때는 대지현황을 측량한 측량도와 지적도를 비교하여 검토한 후 설계를 하면 정확하나, 일반적으로는 설계의 시작을 지적도 복사 또는 발급받은 지적도 원본을 확대하여 설계하기 때문에 복사와 확대과정에서의 기계적 오류, 축척으로 측정할 때 발생하는 착오와 치수를 기입할 때의 착오 및 오류, 그리고 부정확한

지적도에 의하여 대지경계선이 현황측량도상의 경계선과 불일치한 경우가 많이 발생하므로 설계도서를 검토할 때에는 대지 현황측량 성과도와 반드시 비교하여 검토해야 한다.

- 설계도면에 그려진 대지현황도와 같은 축척으로 확대한 측량 성과도를 투명 또는 반투명지에 복사해 그려진 대지현황도 위에 겹쳐 보아 대지현황도(또는 지적도)와 일치한지 확인

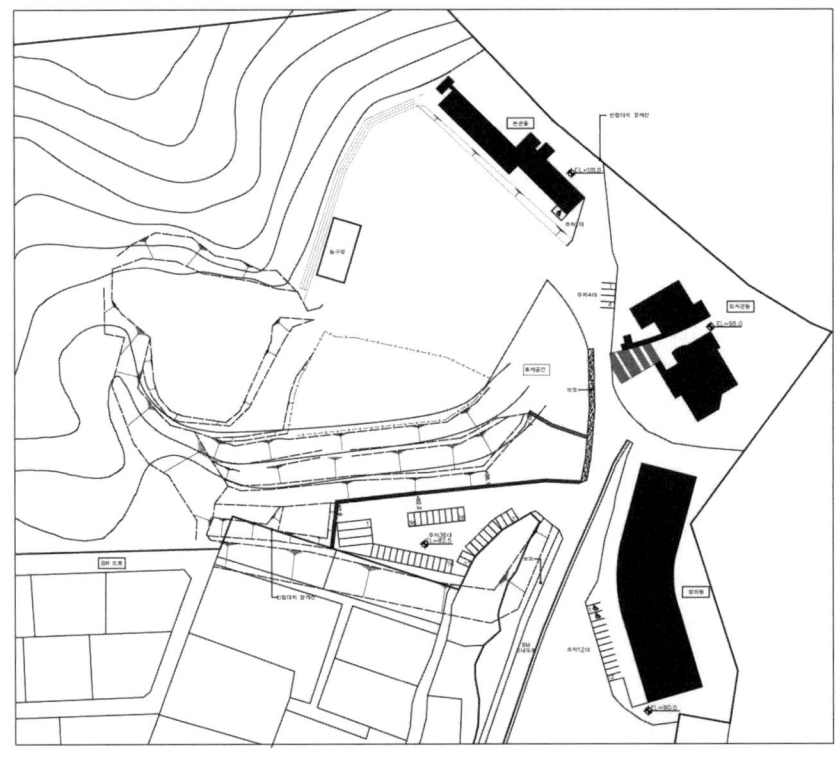

그림 1 대지현황도 예

- 설계에 적용한 대지현황도(또는 지적도) 원본과 같은 축척으로 조정된 성과도를 대지현황도와 비교하여 일치 여부를 확인
- 배치도상에 표시된 치수를 측량 성과도상에서 축척자로 측정하여 일치 여부를 확인

모든 건축도면상의 기둥과 벽의 위치가 구조도면상의 위치와 일치한지 확인한다.

■ 평면도 검토

- 컴퓨터를 이용하여 도면을 작성하기 때문에 예전에 손으로 그릴 때와 달리 도면

상호간 불일치한 경우가 상당히 줄었지만, 도면작성상의 오류 또는 도면작성관리 부족으로 불일치한 경우가 발견된다. 기둥 기준선이 반드시 기둥 중심선이 아니고 벽 중심선이 기둥기준선 또는 기둥 중심선과 반드시 일치하지 않기 때문이며, 또한 구조도면에 표시된 주심도(柱心図)와 벽 중심도에 나타난 크기(중심선으로부터 각 변의 길이가 다른) 모양(생김새)대로 구조도면이나 건축도면에 정확히 옮겨 그려지지 않은 원인도 있을 것이다.

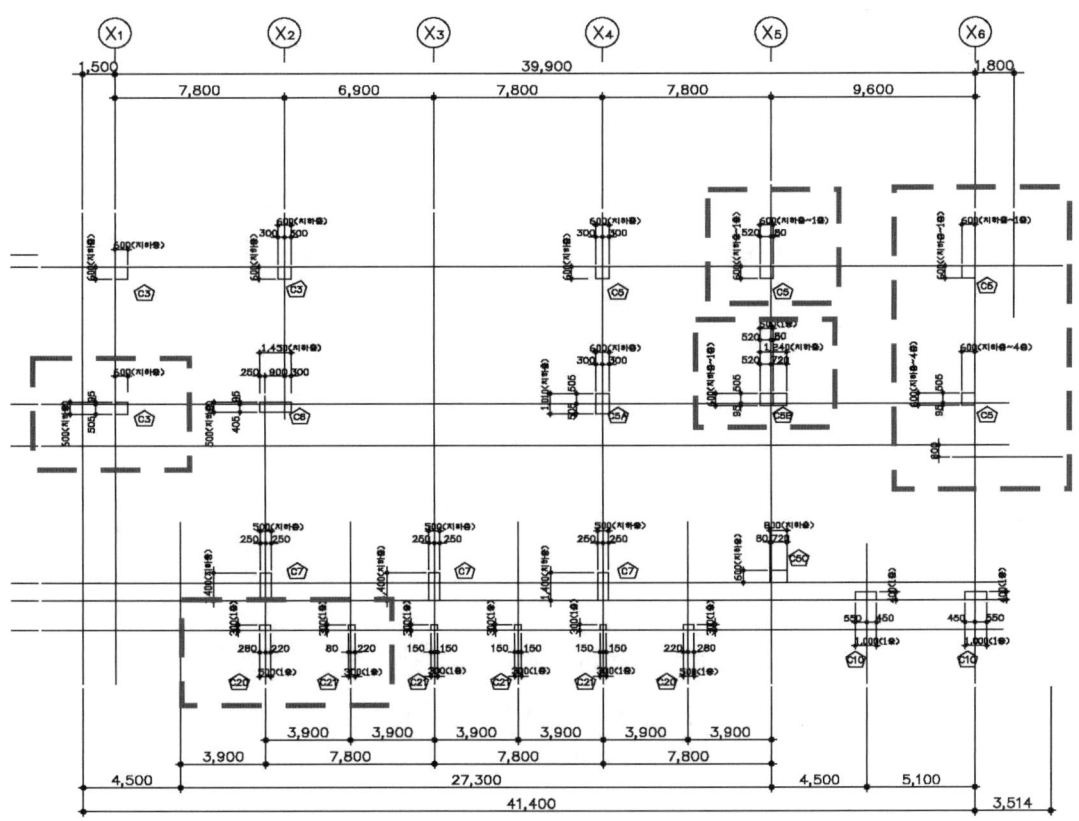

그림 2 주심도 예 (중심선과 비등분된 부분 참조)

- 각 기둥 기준선(Grid Line : ①,②…ⓐⓑ…)이 건축도면 및 구조도면과 일치한지 확인
- 각 기둥은 구조도면에 표시된 기둥 일람표 및 주심도와 크기나 모양이 일치한지 확인

· 색연필 등으로 하나하나 표시해 가면서 점검하는 것이 좋다.
· 건축평면도 또는 구조평면도를 투명이나 반투명지에 복사하여 건축 또는 구조 평면도에 겹쳐 보아 중심선(Grid Line) 및 기둥의 크기와 모양이 일치한지 검토하는 것도 간단한 검토방법이다.

건물이 건축규제선 내에 놓였는지 확인한다.

▎배치도 검토

- 건축법 및 건축관련법에 의한 각종 이격거리, 사선제한 등에 적합한지 확인하는 일로써 규제선에 저촉되는지 검토하려면 검토자는 건축규제선에 대한 법적 규제 내용을 알아야 한다.
  - 건축규제선에 관한 정보를 파악하고 절대 이격거리를 산출한 후 설계도상의 이격거리와 비교·검토하여 규제선을 침범하였는지 확인
    · 건축규제선에 관한 정보를 얻기 위하여 현행 건축관련법령에서 규제한 조건조항을 조사해야 한다. 그러나 건축설계를 하는 자가 아니면 관련관계법령을 조사한다는 것이 그리 쉬운 일은 아니다.
    설계자의 경우는 설계 시 검토했던 자료를 활용하는 것이 좋을 것이며, 설계분야 외의 종사자는 건축허가 도서 작성 또는 검토를 목적으로 종합적으로 만들어진 **건축허가관련 법령책자**를 이용하는 것이 편리할 것이다.
  - 설계도면에 표시된 이격거리 옆에 '절대이격거리'를 참고로 표시된 경우에는 축척자로 이격거리를 측정한 수치를 '절대이격거리' 치수와 비교하여 수치가 일치한지 확인
  - 수집된 관련 정보가 최근에 개정된 법령과 일치하며 지방조례와도 일치한지 확인
    · 규제선은 법령 변경 및 지방행정기관의 방침에 따라 달라질 수 있으므로 점검 시점에 반드시 최근 법령과 비교해 보고, 관련 행정청지방 조례에도 일치한지 확인해야 한다.
  ※ 설계자가 설계 시 법 및 관련 규정에 의하여 산출된 '절대이격거리'를 이격거리 표시와 병행하여 표기하는 경우 건축선 관련 검토에 크게 도움이 된다.

모든 기존 시설물과 새로이 계획된 시설물이 분명히 배치도상에서 구별되는지 확인한다.

▎배치도 검토

- 계획된 새로운 시설물이 기존시설물과 분명히 구별되도록 모두 표시하고, 서로의 관계를 그림이나 문자로 나타내어 도면을 읽을 때 기존 시설물과 계획된 시설물

이 착각이나 착오가 일어나지 않도록 작성된 도면이 잘된 설계도면이라 말할 수 있다.

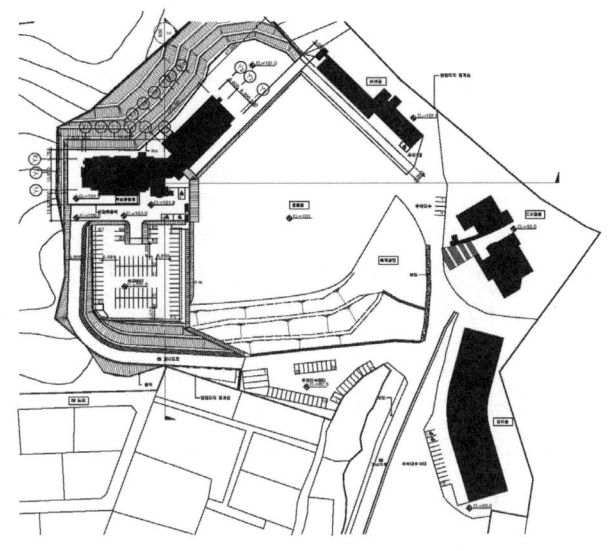

그림 3 배치도상에서 기존 시설물 점검 예

- 새로운 시설물과 기존 시설물이 표식 또는 문자로 기입되어 구별이 쉽게 되도록 작성되었는지 확인
- 기존 시설물과 새로 계획된 시설물과의 위치관계 표시가 수치(數値)로 표시되었는지 확인
- 기존 시설물들(건물, 도로, 상하수도, 전기, 통신, 가스, 소방 등의 시설물)과 새로운 시설물과의 연결지점(분계선)이 분명히 표시되었는지 확인

각종 신·구 시설물, 즉 도로 및 보도, 상하수도, 가스, 전기, 통신, 조경시설물 등이 서로 간섭(겹침)받지 않는지 배치도상에서 확인한다.

■ 배치도 검토

- 계획된 각종 신 시설물이 서로 겹쳐서 간섭(수평 또는 수직으로)을 받는 경우와 기존 시설물과 간섭받는 경우를 점검하는 일이다.

  이러한 시설물 간의 간섭은 기존 시설물 조사를 철저히 하지 못했거나 조사된 정보를 잘못 전달 또는 잘못 적용된 경우와 각 분야별로 다른 공간에서 도면작성을 하기 때문에 설계과정에서 원활한 정보교환이 이루어지지 않은 경우, 그리고 점검을 잘못했거나 하지 않기 때문에 발생한다.

- 한 배치도상에 계획된 각종 시설물을 표시방법(선의 형태 또는 색이 있는 선으로)을 달리하여 종합적으로 그려보고 시설물 간에 간섭이 있는지 검토 및 확인
- 또는 같은 위치의 다른 종류의 시설물 설계도를 같은 축척으로 투명 또는 반투명지에 복사하여 겹쳐 투시해 보아 시설물 간에 겹침이 있는지 검토
  - 그러나 투시해보는 방법은 각 분야별로 작성된 도면의 축척이 일정하지 않을 때에는 투시법으로 검토하기에 불편한 점이 있다.

(참고) 설계서 검토는 설계품질 및 시공품질 확보에 중요한 품질경영 활동이므로 설계도 검토를 용이하게 하기 위하여 설계도서 제작자가 미리 계획하여 기본이 되는 설계도면은 각 분야 도면 축척이 가급적 통일되도록 제작 및 관리해준다면 설계도면 검토에 편리할 것이다.

각 입면도를 각 평면도와 대조해 보고 지붕선, 창과 문, 개구부 및 익스팬션 조인트 등이 바른 위치와 크기로 표시되었는지 점검한다.

▌입면도 검토

- 입면도가 평면도에 표시된 모양과 크기대로 작성되었는지 확인하는 작업이며 입면도는 설계자의 디자인 의도를 나타낸 것이므로 더욱 정확한 표현이 요구된다.
  - 평면도에 나타난 외벽형태의 수평상의 크기(치수)와 모양이 입면도에 나타난 크기(치수)와 일치한지 확인
    - 또는 입면도와 같은 축척으로 작성된 평면도를 축척이 같도록 투명 또는 반투명지에 복사하여 입면도에 겹쳐 투시해 보아 지붕선, 창과 문, 개구부 및 익스팬션 조인트 등이 평면도와 일치한지 확인하는 방법도 편리하다.
    투명지에 인쇄된 원도가 있을 경우에는 원도를 이용하여 검토하는 것이 효과적이다.
    - 투명지에 인쇄된 설계도면(원도)이 없을 경우에는 입면도 위에 입면도와 같은 축척으로 작성된 해당 평면도의 외벽 경계선 근처를 접어서 각 층별로 대조해 보아 설계도면 간 일치 여부를 확인하는 것도 검토방법이 된다.
  - 익스팬션 조인트가 설계되었을 경우 건축평면도 또는 구조평면도에 표시된 익스팬션 조인트 위치가 입면도에 명확히 표시되었는지 확인(익스팬션 조인트 검토와 상호검토)
  - 홈통(가로, 세로) 표시가 되었는지 확인
    - 주택 또는 소규모 건물에서는 지붕에 루프드레인 표시는 해놓고 입면에는 홈통

표시를 소홀히 하여 창 및 출입에 장해가 되고 미관에도 문제가 되는지 검토를 못하고 지나치는 경우가 많다.

※ 입면도에서 계단실 창, 펜트하우스 창과 문, 창대 높이가 일반적인 층과 다른 층의 창, 커튼월 시스템 창에서는 스팬드럴, 처마끝, 발코니, 차양, 창호의 개폐방향 표시 등의 불일치와 홈통 및 배기구 등의 표시 누락현상이 자주 나타나므로 이들을 유의하여 점검하는 것이 좋다.

입면도를 단면도와 대조해 보고 지붕선, 창과 문, 처마와 지붕선, 개구부 등이 바른 위치와 크기로 표시되었는지 확인한다.

단면도 검토

- 입면도가 관련된 단면도에 표시된 모양과 크기가 일치한지 확인하는 작업이다. 평면도에 나타난 벽 위치는 비교적 확인하기 용이하지만 각종 단면도(주단면도, 외벽단면도, 단면상세도 또는 구조단면도)는 그 위치가 흩어져 있어서 서로 일치한지 검토하는 작업이 번거로우므로 관계된 단면도를 모두 비교·검토해야 한다.
  - 입면도 모양이 관련된 단면도(주단면도 또는 외벽단면도) 구성 및 크기와 일치한지 확인
    · 층 높이, 창과 문 위치, 처마 높이, 개구부 위치 등을 입면도에 표시해 가면서 단면도와 일치한지 확인한다. 입면도에 층고가 표시되었을 경우에는 단면도에 표시된 층 높이와 일치한지 하나하나 확인한다.
  - 지면선(G.L : Ground Line)으로부터 1층 바닥선까지 높이, 각층 높이, 처마 높이, 지붕 및 파라펫 높이(최고 높이)를 확인하고, 각층의 벽 부분과 창과 문의 위치와 개구부의 치수, 차양, 발코니 등의 치수를 확인
  - 창과 문의 모양 및 열림 표식은 창호도와 일치한지 창호 종류별로 확인
    · 입면도와 같은 축척으로 작성된 단면도 또는 같은 축척으로 조정된 단면도를 투명 또는 반투명지에 복사하여 입면도에 겹쳐 투시해 보아 지붕선, 창과 문, 개구부 및 익스팬션 조인트 등이 평면도와 일치한지 확인하는 방법도 검토에 편리하다.
    투명지에 인쇄된 원도가 있는 경우에는 이 원도를 이용하는 것이 효과적일 것이다.

모든 건축 및 구조도면의 벽 단면도들이 서로 일치하는지 확인한다.

단면도 검토

- 건축 벽 단면도가 구조 벽 단면도와 일치한지 검토하는 작업으로서 대체로 건축

벽 단면도가 구조 벽 단면도와 일치한지 확인하는 작업이 된다.

주단면도부터 외벽단면도, 내벽단면도 및 단면상세도를 모두 비교하여 검토한다.

- 우선 건축 주단면도와 구조 주단면도가 일치한지 확인
  · 지반선, 지하층선, 기준선(Grid Line), 층 높이, 최고 높이 등을 확인한다.
- 건축단면도의 설계기준선(기둥 중심선 또는 벽 중심선)이 같은 위치의 구조 벽 단면도의 기준선과 일치한지 확인하고, 기준선으로부터 마감외부선까지의 거리와 구조부재의 두께 치수를 확인하여 벽구조와 위치가 정확한지 확인
  · 단면도를 확인할 경우에는 우선 각 건축단면도들이 주단면도 위치 및 개념과 일치한지 확인하고, 지반선, 지하층선, 기준선, 층 높이(마감층 높이 및 구조층 높이) 등이 구조단면도와 일치한지 확인하며, 벽구조의 일치 및 입면도와도 일치한지 확인해야 한다.

창과 문을 설치할 공간(openings)이 확보되었는지 확인한다.

▌창호도 검토 및 개구부 스케줄 검토

- 창과 문을 설치할 공간이 확보되었는지 도면상에서 확인하는 작업이다.

  일반적으로 설계를 할 때 각 창과 문 설치시 필요한 여유공간을 고려하지 않고 창호도에 나타난 창호 규격과 똑같게 창호 설치 개구부 크기를 설계도에 표시한 경우 시공 가능한 개구부 공간이 확보되지 않는 경우가 있다.

  - 우선 창호도에 표시된 각 창호 규격과 창호 설치를 위해 표시된 개구부 규격을 확인하고 개구부 규격이 창호 설치를 위한 여유공간을 감안한 규격인지 확인
  - 창호도면에는 창호 규격만 표시하고, 창호 설치를 위한 개구부 상하좌우 여유공간(Gap) 확보에 관하여【주기】에 기록되었거나 시방서에 언급된 경우, 창호 종류별로 창호 규격에 여유공간 수치(數値)를 더한 창호 설치 가능 개구부 규격이 도면에 표시된 개구부 규격과 일치한지 확인
  - 확인된 창호 설치 가능 규격이 평면도 및 관련 단면도에 정확히 표시되었는지 확인

건물 전체를 통하여 익스팬션 조인트(Expansion Joint : 신축줄눈)의 위치가 정확한지 확인한다.

- 익스팬션 조인트는 열(Thermal)에 의한 구조체의 부피변화로 발생하는 균열(파괴)을 방지하기 위한 장치이므로 이 조인트가 구조설계 도면과 건축설계 도면에 일치한 위치에 설치되어야 한다.

- 건축설계도면상에 익스팬션 조인트가 설치되었는지 확인하고 조인트가 설치된 경우 조인트 설치 위치가 구조도면에 표시된 위치와 일치한지 확인
  · 익스팬션 조인트 종류(바닥, 벽체, 지붕용 등)를 구분하고, 조인트 종류별로 벽, 바닥 및 지붕, 기둥과 기둥 사이, 슬래브 등 구조체의 익스팬션 조인트 위치를 따라가면서 확인
- 평면도 및 지붕평면도, 입면도, 천장도, 내부 전개도 및 상세도에 조인트 표시가 모두 되었는지 확인
- 익스팬션 조인트 설치한계(범위) 확인
  · 조인트의 시작점 확인 또는 지반 밑 구조물에도 설치되었는지 확인하고, 조인트 설치에 따른 방수 문제도 같이 검토한다.

부분적으로 작성된 확대 평면도를 작은 축척으로 작성된 기본 평면도와 일치한지 확인한다.

■ 평면상세도 검토

- 평면도를 확대하여 정확히 작성한 평면도(평면상세도)가 축척을 작게 작성한 기본도면과 다르게 작성되는 원인은, 실수로 다르게 그려질 수도 있지만 확대하여 상세히 그려보는 과정에서 발견된 불합리한 부분이 보완된 내용을 확정된 기본도면에서 수정하지 않은 경우가 더 많을 것이다.

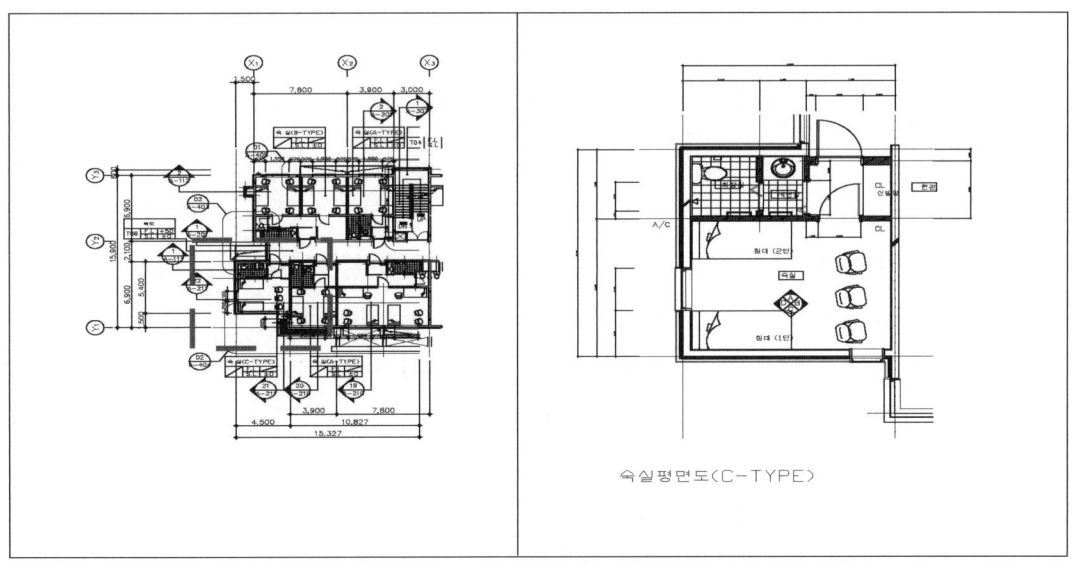

그림 4 기본 평면도와 확대 평면도의 일치 여부 예

－기준선 위치가 일치한지 확인하고 기준선과 각 지점 간의 거리 치수를 대조하여 일치한지 확인
　　－벽, 창호 위치 및 각종 중심선으로부터 기둥 및 벽 폭 크기 표시, 그리고 배치된 가구 및 기구(가전기구 등) 위치가 서로 일치한지 확인

천장평면도를 건축 바닥평면도와 대조하여 각 실의 위치와 크기가 일치한지 확인하고, 천장평면도에 표시된 재료 및 각종 시설물들이 정확히 배치되었으며 겹치는 것이 있는지 확인한다.

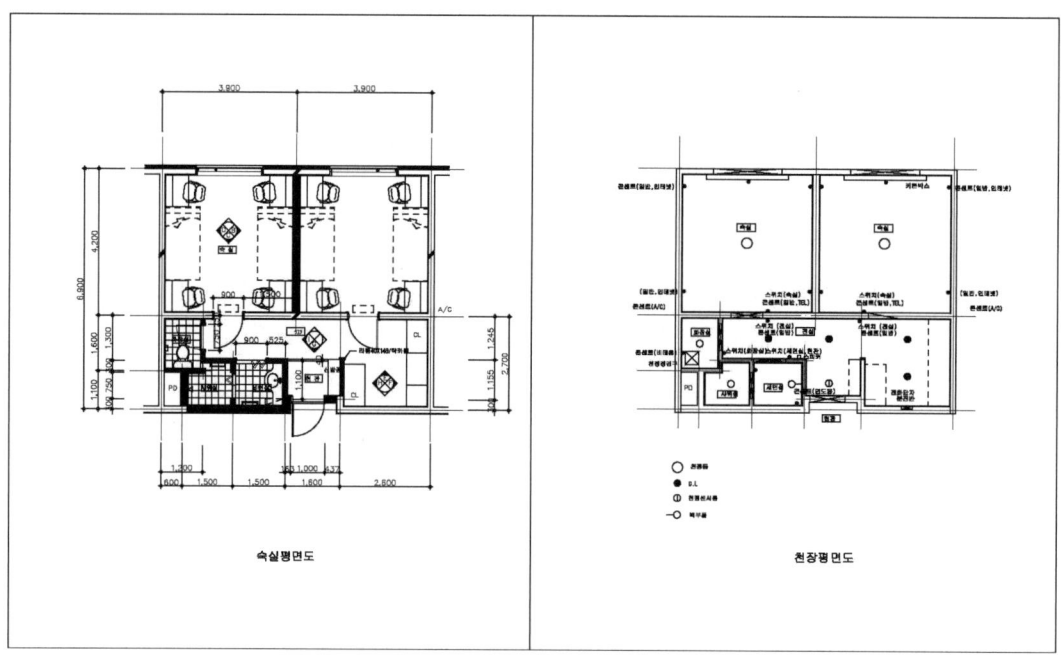

그림 5　평면도와 천장평면도 대조 예

▌천장도 검토

- 천장도면이 정확히, 그리고 합리적으로 작성되었는지 확인하는 작업이다.

천장도면에는 각종 시설물들이 각 분야별로 작성된 결과를 건축도면에 옮기는 과정에서 오류를 범하게 되고 각종 시설물이 복잡하게 배치되므로 겹치거나 불합리하게 작성되는 경우가 많다.

　　－천장도면에 표시된 각 방의 위치표시가 평면도와 일치한지 확인
　　　· 각 실 크기를 표시한 각 벽의 위치와 치수를 점검하여 천장도면에 표시된 크기와 일치한지 확인하고, 벽 두께에 따른 천장 경계선을 확인한다.

- 각 방의 천장재료 표시는 건축마감 계획표(finish schedule)에 나타난 재료와 일치한지 확인
- 천장도면에 표시된 각종 설비기구, 즉 전등형태, 규격 및 배치는 전기도면에 표시된 내용과, 디퓨저 / 레지스터(diffuser/register) 등은 기계설비도면에 표시된 내용과, 화재 감지기 / 스프링클러 헤드 등은 소방설비도면에 표시된 내용과, 스피커 / CCTV 등은 통신설비도면에 표시된 내용과 일치한지 확인
  · 천장에 설치되는 모든 시설물이 겹치지 않고 합리적으로 적정히 배치되었는지 확인하기 위하여 투시법을 이용하는 방법이 효율적이다. 그렇지 않으면 하나의 천장도면에 각종 시설을 축척에 맞추어 옮겨 그려보아야 확인이 가능하다. 이렇게 확인해 보는 작업은 시공단계에서 시공상세도(Shop Drawing)를 작성해 보는 것과는 별개의 문제이다. 왜냐하면 설계도가 합리적으로 작성되었나를 검토해 보는 것이기 때문이다.
- 공기배출구(Air Vent)와 천장 액세스 도어(Access Door), 모든 천장부착물 등의 표시와 위치가 적정한지 확인

건축마감 계획표(Finish Schedule)를 확인하고 설계도면과 서로 일치하는지 확인한다.

■ 재 료 마 감 표 - 1

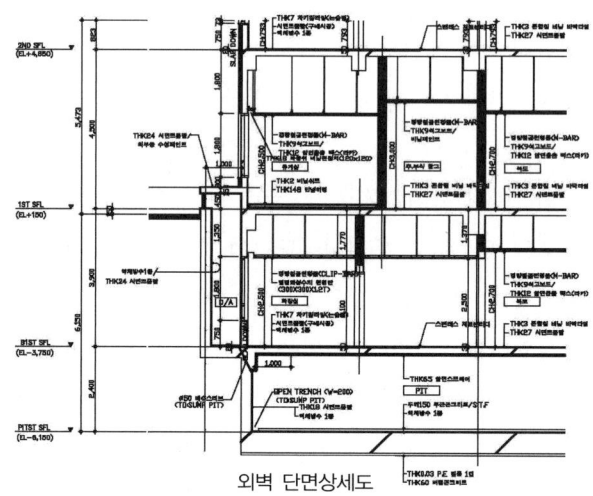

그림 6 건축마감표와 설계도면상의 마감과 일치 여부 예

■ 마감계획표 검토

- 건축마감계획표는 건축디자인 내용을 종합적으로 표현한 도면이므로 어떠한 도면 보다 정확히 작성되어야 될 도면이다.
    - 마감계획표에 표시된 실 번호 및 명칭은 평면도에서 표시된 내용과 일치한지 확인
    - 마감계획표에 표시된 마감재료 및 천장 높이는 주 단면도, 벽 단면도와 단면상세도, 그리고 실내전개도 등에 표시된 내용과 일치한지 확인

건축마감계획표 내용이 시방서 내용과 일치한지 확인한다.

■ 마감계획표 및 시방서 검토

- 건축마감계획표(Finish schedule)에 표시된 자재와 공종이 시방서와 일치한지 또는 빠짐없이 기록되어 있는지 확인하는 작업이다. 이 점검은 시방서 점검에서도 확인해야 할 일이지만 해당 자재와 공종에 관하여 품질내용이 기술되었는지 확인해야 한다.
    - 건축마감계획표에 나타낸 모든 마감자재와 공종에 해당하는 시방서가 작성되었는지 확인
    - 각 해당 시방서에 기술된 내용이 마감계획표에 나타낸 내용과 일치한지 확인
        · 재료명칭, 규격, 질, 마감두께, 마감상태 또는 시공방법 등이 일치한지 확인
        · 시방서와 불일치한 것이 발생하는 원인은 시방서 작성시 오류와 설계과정에서

변경된 내용을 보완·수정하지 않은 경우 또한 시방서 내용을 면밀히 파악하지 않고 다른 시방서를 인용한 경우, 그리고 설계도서 검토를 소홀히 했기 때문이다. 창호 일람표(Door & Window Schedule)에 표시된 내용을 확인하고 중요 표기 사항의 누락 및 오기가 있는지 확인하고 관련 설계도면에 표시된 내용과 일치한지 확인한다.

창호도 및 창호 일람표 검토

- 창호 크기, 형태, 재료, 방화문 등급, 창호철물, 설치 위치, 수량 등의 누락 및 오기가 있는지 확인하고 각 표시가 각 설계도면에 표시한 내용과 일치한지 확인하는 일이다.
  - 우선 창호 일람표(창호도)에 구분하여 표기된 부호가 창호의 종류(재질), 등급, 형태(모양)상 분류에 이상이 있는지 확인
  - 창호의 분류에 따라 번호의 중복 또는 번호의 누락이 있는지 확인
  - 방화문의 등급은 명확히 명시되었는지 확인
  - 창호배치 안내도(창호배치도) 및 평면도와 입면도에 표시된 내용과 창호 일람표에 기재된 내용이 일치한지 확인
  - 창호의 크기는 "**창호공간(개구부) 확보 확인**"에서 확인한 것처럼 재확인
  - 창호 배치안내도 또는 창호 위치를 표시한 평면도 및 입면도에서 창호 종류별로 그 개수가 창호 일람표 내용과 일치한지 확인

건축평면도의 마감바닥 높이(finish level)와 구조도면의 구조바닥 높이(Structure level) 표시가 정확한지 확인한다.

평면도 검토

- 마감레벨과 구조레벨의 차이는 일반적으로 마감재 설치 두께만큼 차이가 나는데 마감두께를 잘못 알았거나 레벨계산을 잘못하였거나 표기를 잘못하였을 경우 정확하지 않은 레벨이 표시된다.
  - 우선 구조바닥 높이와 건축마감 높이가 구분되어 표기되었는지 확인
  - 마감계획표, 표준상세도 또는 해당 시방서에서 마감자재별 적정한 마감두께를 확인
    - 마감계획표에 표시된 마감두께가 잘못된 경우도 있고 표준상세도 또는 시방서에 기술된 마감두께가 각각 다를 수 있기 때문에 시공 가능한 마감두께를 확인할 필요가 있다. 즉 적정한 마감두께를 확정해야 한다.
  - 확인된 마감두께를 가지고 건축 및 건축평면도상에 표기된 바닥 높이 표기 치수에 가감해 보아 표기된 바닥 높이 표기치수가 정확한 것인지 확인

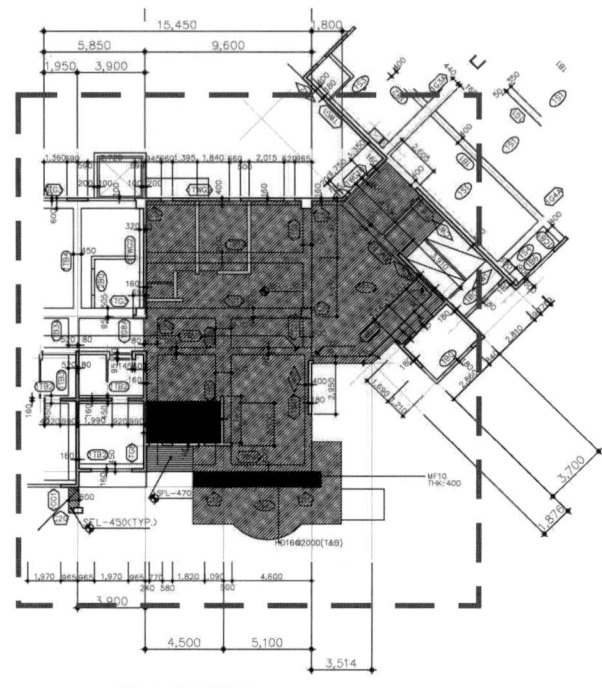

1층 구조평면도

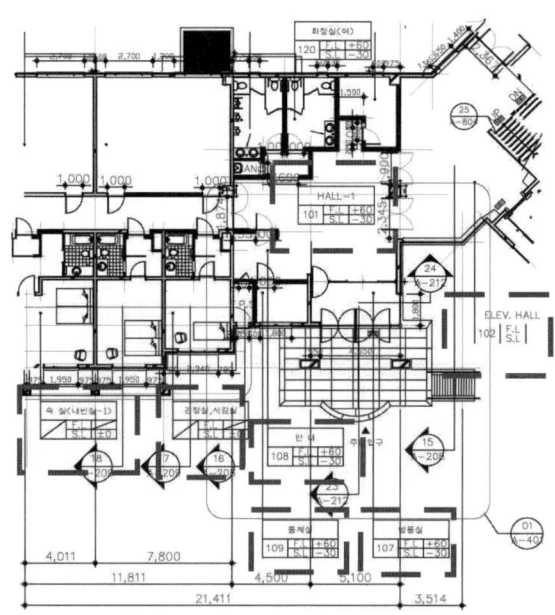

1층 평면도

그림 7 구조평면도의 바닥 높이와 건축마감 바닥 높이 비교 예

－단면도에서 층간 높이와 그 부분의 마감두께를 확인하고 계산해 보아 표시된 바닥 높이 표기치수가 정확한지 확인

모든 종류의 방화벽을 확인해 본다.

■ 평면도 및 단면도 검토

- 안전상 방화벽의 구조와 등급은 매우 중요한 부분이다. 일반적으로 벽 상세도면에 벽구조 구성표기로서 1종, 2종을 구별하도록 설계하고 있으나 평면상에서는 구분이 없어 어느 것이 방화벽이고, 몇 종 방화벽인지 표시가 없는 경우에는 알 수가 없다.

　방화벽은 법에 규제된 부분이므로 철저히 규정에 맞도록 설계 및 시공되어야 하고, 방화벽을 통과하는 모든 기계설비, 전기설비, 가스, 통신설비물 등 설치에 유의할 사항이 많으므로 벽 중 방화벽에 대한 인식은 도면작성 및 검토와 시공관리에 지대한 도움이 된다.

　　－평면도, 단면도에 방화벽 표기가 있는지 확인
　　－표준단면도에 방화벽 또는 방화벽 등급이 명시되어 있는 것이 있는지 확인
　　－방화문, 방화셔터 등이 설치된 벽을 확인하고, 방화벽 범위를 확인
　　－방화벽(방화구획) 표시가 없는 경우 건축법령에서 방화벽 설치기준을 확인하여 어느 벽이 방화벽(방화구획)인지 확인
　　　· [참조] 건축법 제49조 2항, 영 제46조(방화구획 등의 설치), [건축물의 피난·방화구조 등의 기준에 관한 규칙] 제14조(방화구획의 설치기준)

모든 가구와 장비(Furniture & Equipment) 설치에 지장이 있는지 확인한다.

■ 가구 및 장비 배치도 검토

- 생활에 필요한 가구와 가전제품 및 각종 기계·전기설비 장비설치에 지장이 없도록 공간 확보와 각종 장비가동에 필요한 각종 설비, 즉 전기, 가스, 급수, 배수시설이 설계되어 있는지 확인할 필요가 있다.

　설계를 할 때에 가구나 가전제품, 각종 설비를 위한 기계기구의 규격과 기능상 또는 설치를 위한 공간검토 미흡 및 각종 장비가동에 필요한 배선·배관시설을 누락시킨 경우가 있다.

　　－가구 및 장비의 규격을 확인하고, 이들이 배치도면 축척에 모두 맞게 작성되었는지 확인
　　－가구 및 장비 설치를 위한 수평 및 수직공간과 가동에 필요한 여유공간이 있는지

확인

—각종 기구 및 장비가동에 필요한 배선·배관이 설계되었는지 확인

모든 도면치수(dimensions)를 확인한다.

■ 치수 검토

- 설계도면에 표시된 치수는 공간의 크기와 물체의 크기를 분명히 나타낸 숫자이므로, 도면상에서 축척으로 실측한 수치보다 우선하기 때문에 설계도상의 치수는 정확해야 하며 누락이 있어서는 안 된다.

품질보증체제에서 치수를 축척으로 측정해야 알 수 있도록 작성된 도면은 바람직하지 않다고 보며, 반드시 숫자로 표시하기를 강조하고 있다. 품질의 크기를 표시하는데 치수는 가장 중요한 수단이므로 틀려서는 안 된다.

최근에는 컴퓨터로 도면을 작성하기 때문에 예전에 손으로 작성할 때보다 수치의 정확성은 높아졌으나 입력상의 실수와 작업상 오차로 잘못된 치수가 기록되는 경우가 있으므로 반드시 점검해야 한다.

—건축도면부터 도면상에 표시된 치수를 큰 치수(지점 간 큰 거리)부터 확인하고 점차 작은 치수를 확인

—작은 치수의 합이 큰 치수와 일치하는지 확인

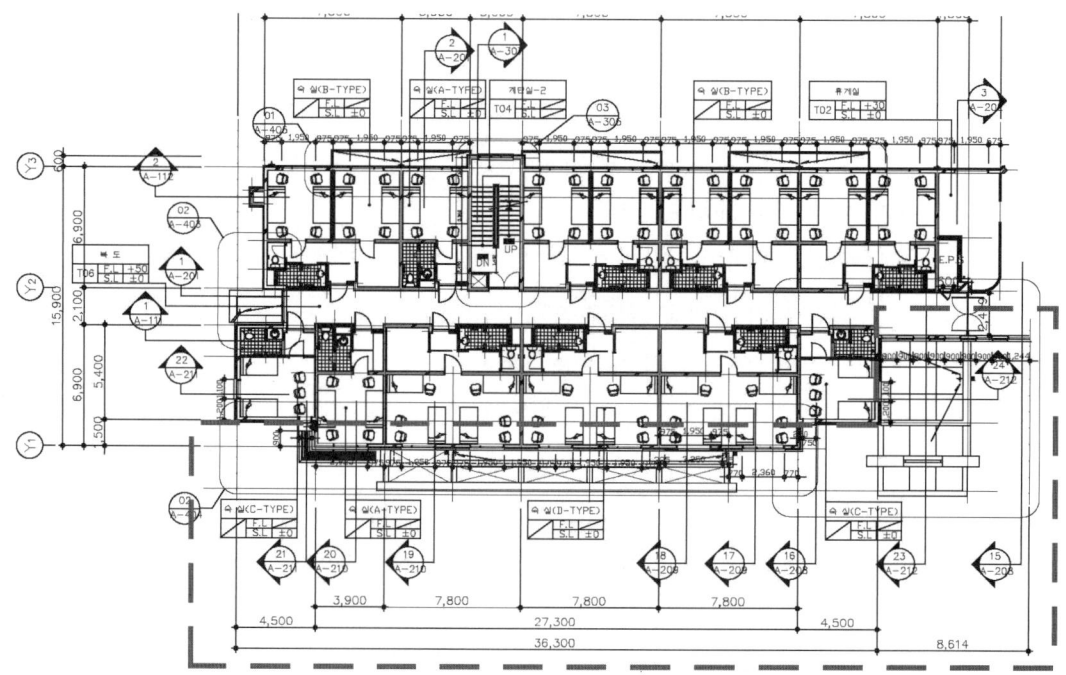

그림 8 표면의 치수가 친절하게 표시된 예

― 하나도 빠짐없이 표시(가급적 색연필이나 형광펜 사용)해 가면서 확인
  · 대체로 작은 치수부터 확인하여 그 합을 이루는 큰 치수를 확인하여 이상 유무를 확인하는 것보다 설계상 공간을 결정한 절대 한계치수를 먼저 확인하는 것이 편리하지만 그 순서가 절대적은 아니다.

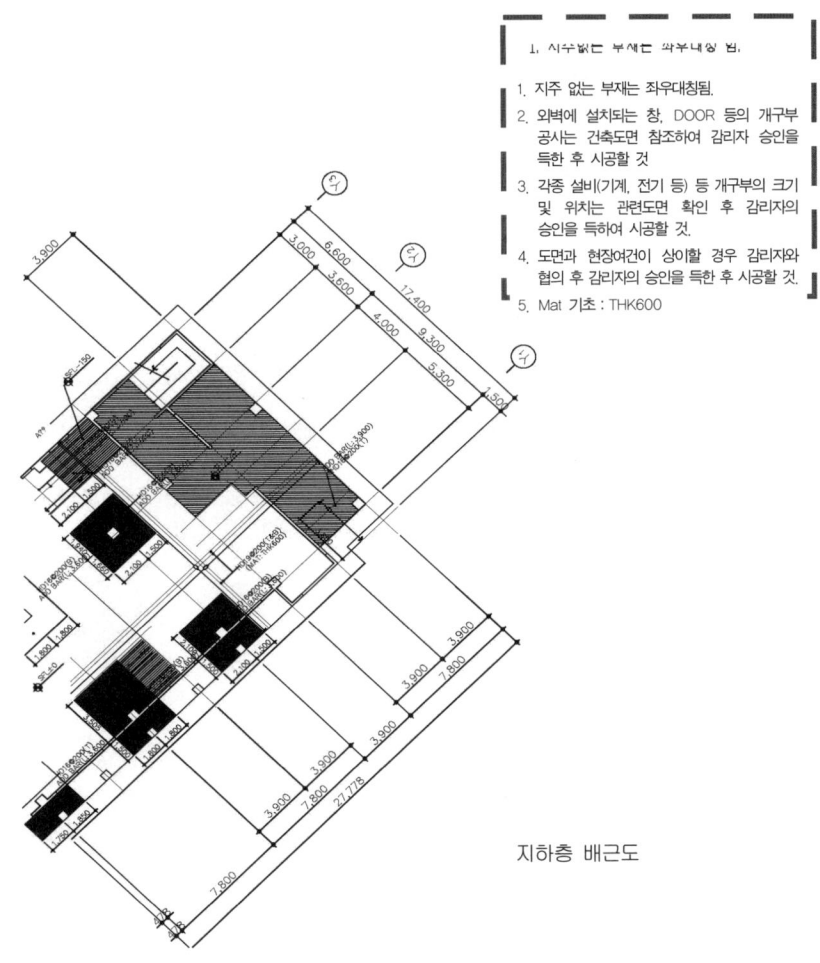

그림 9 주기 표시 예

도면상에 기록된 모든 【주기(朱記) : notes】 표시내용을 확인한다.

■ 주기 검토

• 도면 작성자가 도면 오른쪽 여백이나 밑에 어떤 모양의 그림이나 문자로 표시하여 설계품질(品質)을 규정짓거나 이해를 돕기 위하여 또는 중요성을 강조할 목적으로 기록된 내용이다. 그러므로 지나쳐 버릴 수 없는 설계품질 구성상 중요한 요소

이므로 작은 글씨로 기록되었더라도 반드시 유념하여 확인해야 한다.
- 설계도면을 볼 때마다 문자로 기록된 [주기]사항이 있는지 찾아본다.
- [주기]사항 내용을 확인
- [주기]사항 내용이 설계도면이나 시방서에 있는 내용과 상치되는 점이 있는지 검토하고 상치되는 점이 있으면 설계도서 해석상 우선순위로 가늠해본다.

약어(略語 : Abbreviation)의 뜻 설명이 명확히 기록되었는지 확인한다.

▎약어 검토

- 설계도면에 사용된 약어의 뜻이 분명해야 설계도면의 이해와 해석에 문제가 발생하지 않으므로 약어의 뜻이 불명확한 것이 있는지 확인해야 한다.
  - 설계도면 목록에서 약어설명도면 또는 설명하는 면(面)이 있는지 확인
  - 약어설명이 이해하기 쉽도록 명확히 설명되었는지 확인
  - 약어누락이 있는지 확인
  ※ 약어 누락은 발견하기가 어렵다. 설계도면을 검토할 때 발견되는 약어를 메모하여 약어 표에 기술되었는지 확인하는 것이 바람직하다.

---

* ARCHITECTURE, January 1987, pp.83-84. 실린 곳 : AIA Manual 1994, 2.6 Construction Documents에서 부분적으로 인용

1.1.2 ▎기본설계도면 검토

1.1.2.1 배치도 검토

- 배치도에는 대지경계선, 건축선, 건물, 기존 시설물, 신설시설물 등 종합적으로 명확히 표시되어야 한다.

대지경계선을 확인한다.
- 지적도와 비교하여 확인
  · 신뢰도가 높은 지적도 확보 필요
- 현황측량 성과도와 비교하여 확인
  · 대지 확인 정밀측정을 하지 않고 지적도를 확대하여 설계하는 경우가 있기 때문에 확대과정에서 오는 실수와 오차, 그리고 지적도 자체가 대지와 맞지 않는 경우가 있어 정밀 현황측량 확인이 절대로 필요하다.

도로경계선을 확인한다.

- 도로경계선과 대지경계선과 일치 여부 확인
- 도로계획선이 있는지 확인

건축선(법적 한계선)을 확인한다.
- 대지와 도로의 경계선 확인
- 소요폭 미달 도로에서의 건축선 확인
- 도로 모퉁이에서의 건축선 확인
- 지정건축선 확인
- 건축선 후퇴 건축선 확인
  · 건축법 제46조 참조
  · 건축관련 각종 법령이 매우 복잡하고 계속 개정되므로 일반엔지니어는 몇 가지를 제외하고는 정확히 검토하는 일은 어렵다고 본다.
  · 최근에 발간된 관련 법령집 또는 건축관련법령 체크리스트 등 자료를 숙지하여 검토하는 방법 또는 설계자나 설계전문가의 자문을 받는 방법이 바람직할 것이다.
  · 자치단체 조례는 행정기관마다 다르므로 당해 허가행정기관에 확인해야 한다.

건축선에 의한 건축제한선을 확인한다.
- 건축법 제47조 참조
  - 건축물과 담장은 건축선의 수직면을 넘어서는지 확인
  - 지표하의 부분 시설의 가능 여부 검토(경우에 따라 관계법령 검토 필요)
  - 도로면으로부터 높이 4.5m 이하에 있는 출입구, 창문 등의 구조물 개폐시 건축선의 수직면을 넘어서는지 확인

> **참고** **각종 규제선 검토를 위한 방법 및 관련법령**
> ▫ 최신 발행되는 건축법 및 관련법령 해설, 허가를 위한 법령 체크리스트 문서를 이용하여 검토
> ▫ 건축설계자의 도움을 받아 또는 건축설계전문가의 도움을 받아 검토하는 방법
>   · 건축선 : 건축법 제46조 참조
>   · 건축선에 따른 건축제한 : 건축법 제47조
>   · 건축물의 높이제한 : 건축법 제60조, 시행령 제82조 참조
>   · 일조 등의 확보를 위한 건축물의 높이제한 : 건축법 제61조, 시행령 제86조 참조

B.M(Bench Mark : 水準点) 표시를 확인한다.
- 대지 B.M(대지, 배수구, 맨홀, 도로 등) 확인

- 건물 B.M(기준층 바닥, 기타 부속 건축물) 확인

건물위치 확인 및 규제선을 침범하였는지 확인한다.
- 건물의 기준점(基準点 : Reference Point) 확인
- 대지경계선과 건축선 또는 건축규제선과의 거리 확인
- 대지경계선과 건물(건물외벽선)과의 거리 확인
- 지상층의 처마, 차양, 발코니 끝선 및 지하층 구조물의 외곽선이 건축규제선을 침범했는지 확인

신축건물과 기존 구조물과의 관계 표시를 확인한다.
- 신축과 기존 건물 구별 표시 및 거리 표시 확인
- 지상 시설물(건물 외) 표시 및 거리 표시 확인
    · 도로, 변전대, 전주, 맨홀, 옹벽, 담장, 옥외소화전, 교통통제시설물 등 확인
- 지하 기반시설물 위치 표시와 신설시설물과의 거리 표시 및 서로 간섭되는 것이 있는지 확인
    · 상수관, 우수관 및 오수관, 전력관로 및 통신관로, 가스관 및 중온수관 등 확인

부지 인접 건물 및 시설물 현황 표시를 확인한다.
- 주변건물 표시 확인
- 주변도로 표시 확인
- 둑, 교량 등 표시 확인

우배수계획이 적정한지 확인한다.
- 토목설계도와 비교하여 일치 여부를 확인해야 한다.(상호 점검사항)
    - 기준층 바닥 계획고 확인
        · 건물 기준층 바닥(마감) 높이(B.M)와 건물인접계획 지반고(G.L) 확인
    - 주변지반 배수구배 확인
        · 건물 인접계획 지반 높이와 배수시설(배수구, 트렌치 등) 높이 표시 확인
    - 우수배수계획과 인접도로 및 포장레벨 높이와의 관계 검토
    - 우수구는 건물의 반대방향으로 표시되었는지 확인
    - 홈통 우수처리방법 확인
        · 우수배수관에 연결·방출되는지 확인

옥외소화전, 장비 반입구 및 유류 반입구에 장비 접근이 가능한지 확인한다.
- 중(重)차량이 접근 가능한 도로 또는 공간이 확보되었는지 확인

주차장 표시가 되었는지 확인한다.
　－주차장 범위 표시가 명확히 되었는지 확인

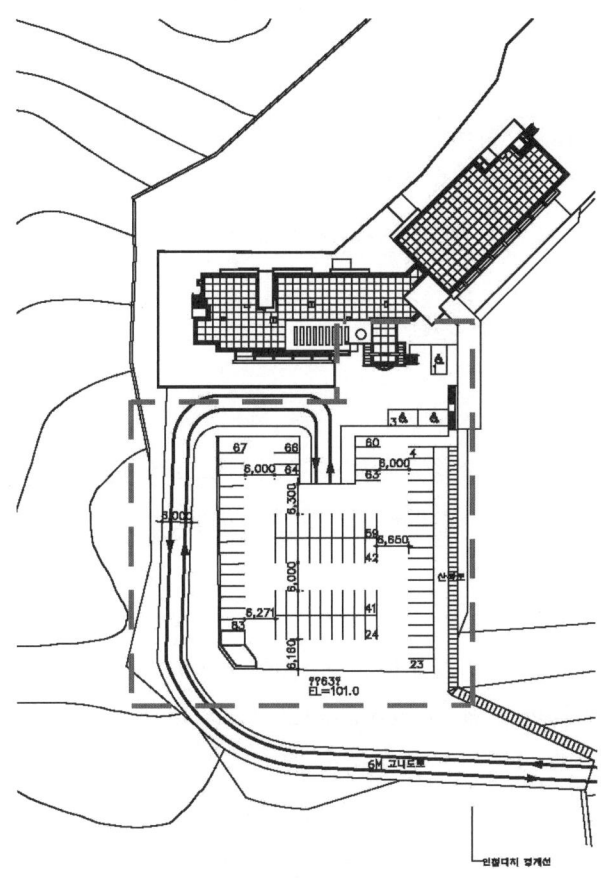

그림 10 주차장 표시 예

　－주차장 진·출입 동선 표시 확인
　－램프(Ramp) 출구 끝에서 도로까지 2m 이상 공간이 확보되었는지 확인
　－주차대수 및 위치표기 확인
　　·자주식 / 기계식 : 주차대수 표기
　　·기계식 주차정류장 위치 표기
도로 및 토목시설물은 토목설계도와 일치한지 확인한다(상호 확인사항).
포장계획(범위, 포장 종류, 높이)이 명시되었는지 확인한다.

- 주차통로 확인
- 보행포장도로 확인
- 기타 확인

조경시설물과 토목시설물이 서로 간섭되는 부분이 있는지 확인한다.
조경등과 전기 가로등 또는 방범등(燈)과 서로 간섭되는 부분이 있는지 확인한다.
울타리 및 정문·후문 등이 표시되었는지 확인한다.
국기게양대는 명확히 표시되었는지 확인한다.
- 게양할 국기 규격 선정에 따라 깃대 간격 및 높이 결정

예술장식품 설치 위치와 규격은 명확히 표시되었는지 확인한다.

1.1.2.2 평면도 검토

1. 평면도 일반

- 설계도면 중 가장 기본이 되는 설계도로서 공간의 크기, 형태, 동선 등을 결정하고 구조계획, 설비계획을 충분히 고려하여 작성한 가장 정확한 설계도면이 되어야 한다.

평면 명칭과 축척 표기 및 도면번호를 확인한다.
기준선(基準線 : Reference Line)의 위치를 확인한다.
- 기준점(基準点 : Reference Point)을 확인
- 기준선(X. Y축)과 기둥 외측 면과의 거리를 확인
- 기준선(X. Y축)과 벽면과의 거리를 확인

X·Y축, 번호(①,②), 기호(Ⓐ,Ⓑ) 표시가 적정한지 확인한다.
- 오기나 누락이 있는지 확인
- 기준선 간격 또는 실의 크기를 수치로 표기 확인

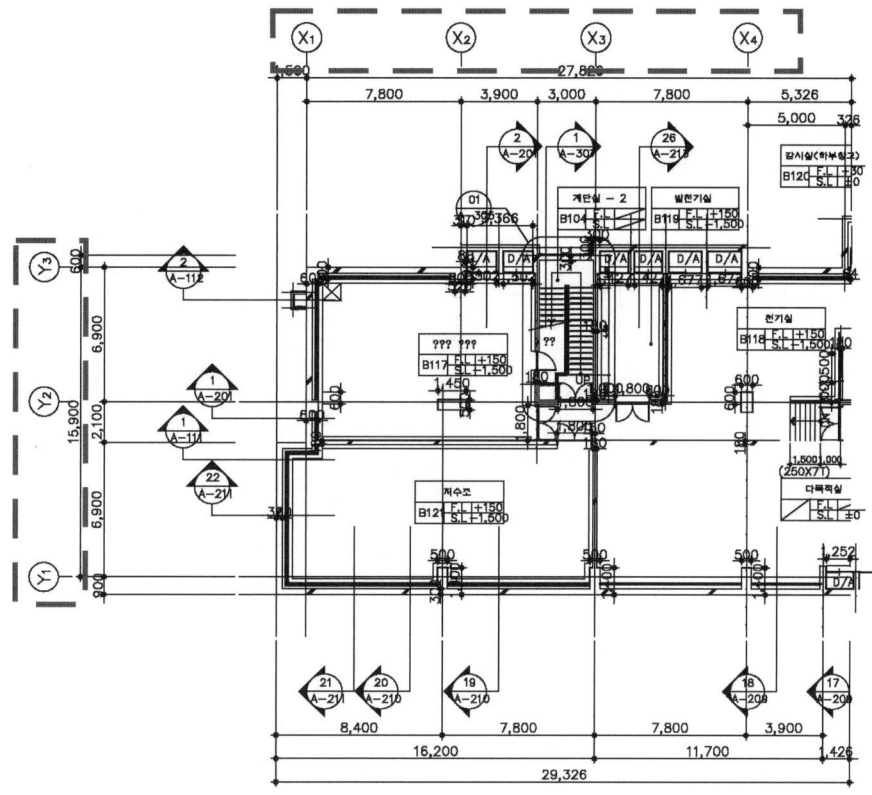

그림 11 X·Y축 ①,② 표시 예

경량 칸막이 또는 간이 칸막이 위치 및 명칭 표시를 확인한다.
방화벽 유무 및 방화벽 표시를 확인한다.
- 방화벽이 있을 경우 방화벽임을 명시하는 것이 바람직하다. 방화벽은 안전을 위한 벽이므로 설계할 때나 시공할 때 주의를 기울여야 하기 때문이다.

실 명칭 및 번호표기를 확인한다.
  - 오기나 누락이 있는지 확인
  - 마감표와 일치한지 확인
    · 마감표에 표시된 실명, 실 번호 또는 평면도에 기재된 마감재와 일치한지 확인

마감표

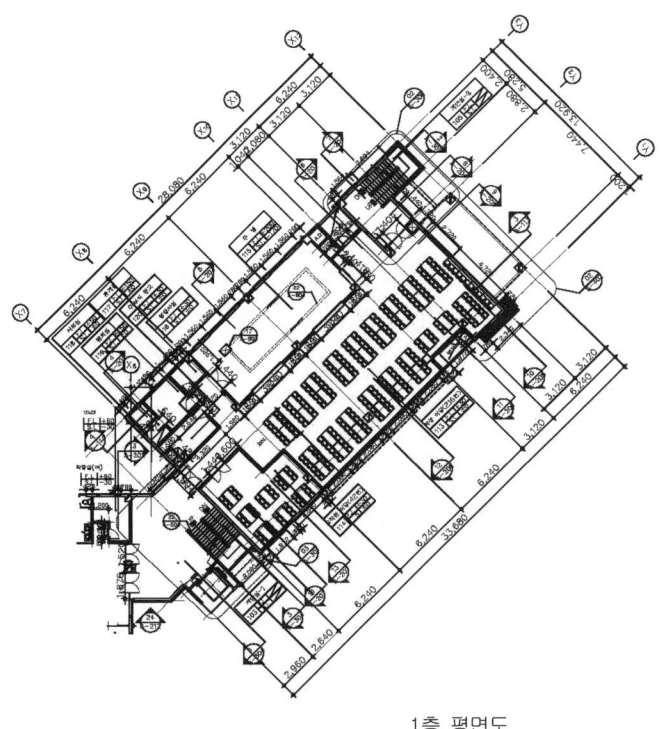

1층 평면도

그림 12 마감표의 실명과 평면도의 실명 대조 예

건물 부위의 치수표기를 확인한다.
- 구조체, 벽체 길이, 개구부(창호 등) 폭 및 실 폭 등 수치 표시를 확인
- 각 치수와 축척으로 측정한 수치와 일치한지 확인

안내표기 정확도를 확인한다.
- 평면에 표시된 안내표기 내용이 안내된 도면 또는 도면에 그려진 설계내용과 일치한지 확인하는 작업이다.
  - 단면(주단면도 또는 단면도) 위치 표시와 단면도 명칭, 부호 및 도면번호가 일치한지 확인
  - 표시된 상세도 안내 표시와 상세도 명칭, 부호 및 도면번호가 일치한지 확인
  - 부분 단면상세도 안내 표시와 상세도면 명칭과 도면번호가 일치한지 확인

바닥레벨(마감 : F.L·구조 : S.L) 표시를 확인한다.
- 건물 내에 표시된 벤치마크 또는 지반 벤치마크로부터 계산된 각 바닥 높이(각층 레벨) 표시를 확인
- 표시된 각 레벨이 단면도와 일치한지 확인
- 단면도에 표시된 층고 표시가 정확한지 대비해 볼 수 있도록 평면도에 층 레벨 표시를 하는 것이 바람직하다.

실명, 실 번호 표시를 확인한다.
캐노피, 발코니 및 홈통 등 돌출된 부분이 표시되었는지 확인한다.
주기 및 범례 표시를 확인한다.
- 설계도면을 검토할 때 주기 및 범례가 있는지 확인하고 이를 숙지한다.

계단 시작의 기준 레벨 표시가 되었는지 확인한다.
계단의 위치, 계단의 폭이 명확히 표시되었는지 확인한다.
승강기(엘리베이터, 에스컬레이터, 리프트 등) 위치가 명확히 표시되었는지 확인한다.
익스팬션 조인트 위치가 정확히 표시되었는지 확인한다.
구조평면도와 일치 여부를 확인한다.(상호 확인사항)

2. 지붕층 평면도

- 지붕평면도는 건물 상부에서 내려다 본 투영 평면도이므로 지붕층에 표시된 것 뿐만 아니라 투영상태에서 보이는 모든 것(차양, 발코니 등)을 그리는 것이 원칙이라 본다.

1) 지붕 일반

기준선 표시 위치와 기준선 간의 치수가 일층평면도와 일치한지 확인한다.
평면 외벽기준선으로부터(또는 외벽면으로부터) 지붕처마 경계선 끝까지의 거리(치수)를 확인한다.

펜트하우스 평면 위치가 명확히 표시되었는지 확인한다.
캐노피, 차양, 발코니, 외부계단 등 수평돌출부 표시가 각층의 평면도에 표시된 내용과 일치한지 확인한다.

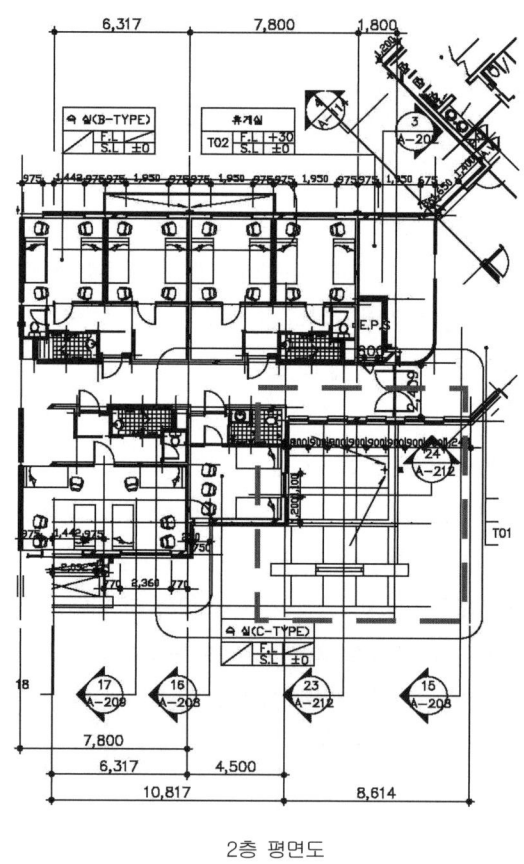

2층 평면도

그림 13 캐노피 표시 확인 여부 예

지붕구조평면도와 일치 여부를 확인한다.

옥상설치물과 위치를 확인한다.
- 고가수조, 쿨링타워, 트롤리(Trolley) 설치 등 공작물 크기와 위치 표시를 확인
- 지붕조형물 설치가 명확하게 표시되었는지 확인
  · 풍하중에 대한 안전도 검토는 되었는지 확인
- 지붕조경계획이 명확히 표시되었는지 확인
  · 조경계획과 일치한지 확인
- 헬리포트 설치가 명확히 표시되었는지 확인
- 곤돌라 설치 표시가 곤돌라 설치도와 일치한지 확인
- 청소용 고리 설치 표시 및 규격 확인

옥상설치물로 인한 방수층 손상 우려가 있는지 확인한다.

루프드레인 위치가 명확히 표시되었는지 확인한다.

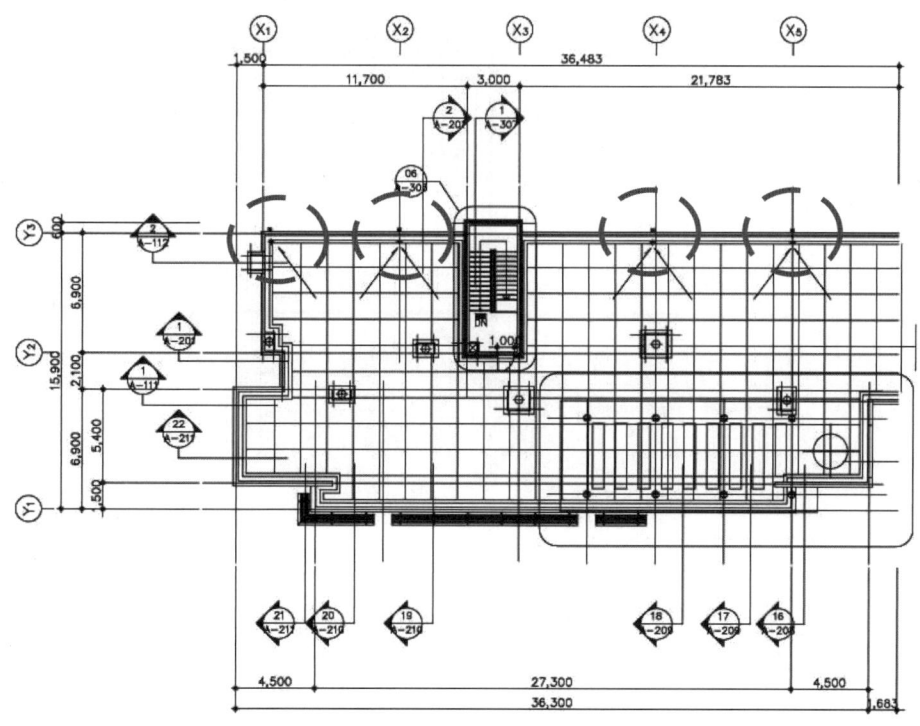

그림 14 루프드레인 위치 확인 예

2) 평지붕

지붕방수 누름콘크리트 물매, 조종줄눈 간격, 트렌치 설치와 루프드레인 규격과 설치위치

적정 여부를 확인한다.(방수도면 검토 및 방수상세도 참조)
- 물매 : 1/100 이상, 조종줄눈 : 3m~6m 범위, 트렌치 폭 : 약 45㎝, 루프드레인 : 가급적 2개소 이상, 용량은 강우강도 180mm/hr 집중호우를 고려한 루프드레인 설치 권장.

파라펫 및 난간 설치를 검토한다.
- 파라펫 및 난간 설치 높이 적정 여부 검토
  · 높이 : 지붕 마감선으로부터 1,200mm 이상
- 파라펫에 방수턱이 있는 경우 파라펫 구조의 약화 우려 유무 검토
  · 두께 150mm 이상 확보

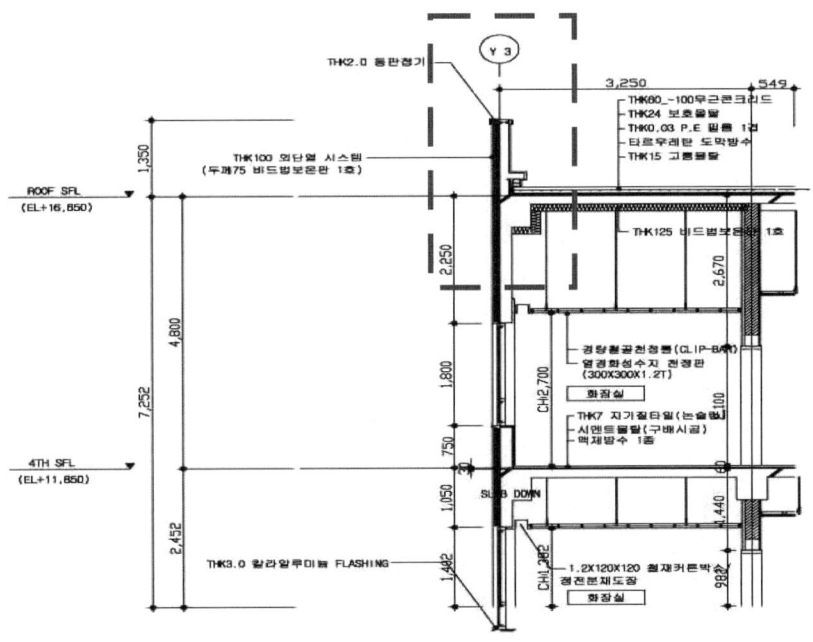

그림 15 파라펫 예

- 파라펫에 물끊기 설치는 콘크리트에 설치되었는지 확인

지붕의 익스팬션 조인트(Expansion Joint : E.J) 설치 위치와 조인트 구조가 적정한지 검토한다.
- E.J 설치 위치가 적정한지 검토
- E.J 상세도가 적정한지 검토
- E.J 시스템은 누수 우려가 있는지 검토
- E.J 수명은 건물수명에 비추어 적정한지 검토

천창(sky Light) 설치도가 적정한지 검토한다.
- 천창 위치는 명확히 표시되었는지 확인
- 90kg 정도의 하중에 안전한지 검토
- 안전유리로 설계되었는지 확인
- 가로 창틀이 물 흐름을 가로막아 물고임이 발생하는 구조인지 확인
- 유리 또는 대용유리 규격은 적정한지 검토
  · 유리가 지나치게 크면 설치에 어려움이 있고 렉산시트(폴리카보네이트 시트) 등은 열팽창 수축률이 크기 때문에 개스킷에서 이완되어 누수가 발생하므로 규격이 지나치게 크지 않은 것이 좋다.
- 천창과 지붕이 접한 면에 방수턱 설치 등 누수 우려가 없도록 방수상세도가 작성되었는지 확인

3) 경사지붕 평면도

용마루 기준선을 확인한다.
기둥 또는 벽 기준선이 1층 평면도와 일치한지 확인한다.
구조지붕평면도와 일치한지 확인한다.
지붕처마 끝선 위치가 정확하며 입면도와 일치한지 확인한다.
지붕 물매 표시가 적정한지 확인한다.
지붕방수재료 및 방수 마무리 상세도가 모두 작성되었는지 확인한다.
처마홈통 상세도 및 부착방법이 적정한지 검토한다.
천창(sky Light) 설치도가 적정한지 검토한다.
- 안전유리로 설계되었는지 확인
- 지붕면과 부착 상세도에 누수 우려가 있는지 확인
- 천창시스템은 적정한지 확인
- 천창시스템 메이커 시방서 확인

4) 지하층 평면도

기준선 및 기준선 간의 각 치수가 지상평면도와 일치한지 확인한다.
외곽 기둥 또는 내력벽의 기준선 위치가 분명한지 확인한다.
- 기준선으로부터 기둥 또는 내력벽의 좌우 면까지 거리(치수) 확인
- 구조도면의 기준선과 일치한지 확인

지하 외벽구조물(기둥, 벽, 드라이에리어 등)이 대지경계선 및 건축제한선을 침범했는지 확인한다.
- 대지경계선 및 건축제한선을 침범한 경우 적법 여부 검토 필요

지하 각층 레벨(Level) 표기를 확인하고 단면도에 표시된 층고 표시와 일치한지 확인한다. 마감두께 차이로 발생하는 단차 문제가 있는지 검토한다.
- 마감두께를 고려하지 아니한 구조레벨을 표시한 것 등

바닥 또는 벽체에 개구부 위치 및 규격 표시가 적정한지 확인한다.
  - 개구부 위치와 규격이 수치로 명확히 표시되었는지 확인
  - 구조 및 설비도면과 일치하는지 확인

이중벽 설치는 적정한지 확인한다.
  - 이중벽 공간 폭 150mm 이상 설치 확인
  - 이중벽 공간에 통수구 100mm관 설치 확인
    · 이중벽 내 결로수 배출 및 청소 가능한 크기의 관 설치
  - 이중벽 하부 청소구(200×400 이상) 설치 및 상부 통기구(200×400 정도) 설치(스팬당 2개소 정도) 확인
  - 조적조 이중벽인 경우 10m 이내마다 부벽 설치(벽이 높거나 장대할 경우 구조전문가와 상의 필요) 확인
  - 방수턱 설치 적정성 확인(슬래브와 일체되도록 바닥마감선보다 100mm 이상 높게)

드라이에리어(Dry Area) 위치 및 크기가 적절한지 확인한다.
  - 위치 및 크기 표시가 명확한지 확인
  - 위치와 규격이 설비도면에 요구된 내용에 충족되는지 확인
  - 우수가 유입될 경우 배수가 되도록 플로어 드레인 설치 및 배수관에 연결되었는지 확인
  - 드라이에리어 연결 부분(Construction Joint 또는 Cold Joint) 방수보강처리가 되었는지 확인
  - 드라이에리어 바닥과 접촉 부분에 벽쪽으로 방수턱이 설치되었는지 확인(H : 300mm 이상)
  - 유지보수를 위한 점검구가 설치되었는지 확인(최하층에 설치)

급기·배기구의 위치 및 규격 표시가 적정한지 확인한다.
  - 급기와 배기구가 최소 5m 이상 이격 여부 확인(가까우면 급기 시 배기된 공기를 흡입)

- 급기구는 매연, 분진 및 악취 발생 지역에 면해 있는지 확인
- 배기구는 통행인 또는 이웃 건물에 직접 접하게 설치되었는지 확인

지하층 방수공법의 적정성을 검토한다.
- 가급적 외부방수(도막 및 시트 방수)가 바람직함.
- Cold Joint에는 침투방수 보완

지하 피트에 방수처리가 되었는지 확인한다.

바닥에 배수트렌치, 집수정, 맨홀 설치 및 바닥 배수구배의 적정성을 검토한다.
- 규격(폭, 깊이)과 트렌치 커버 및 뚜껑의 재질과 규격이 적정한지 검토
- 배수구배는 적정한지 검토(구배 : 1/100)
- 트렌치, 집수정, 맨홀상세도가 작성되었는지 확인

공동구 위치 표시 및 규격 표시가 명확히 되었는지 확인한다.

장비반입통로는 확보되었는지 확인한다.

방화벽구조와 방화문 설치는 적정한지 확인한다.

정화조 위치와 정화조 접근통로가 적정한지 확인한다.

지하층 구조는 건축물의 피난·방화구조 등의 기준에 관한 규칙 제4조[지하층의 구조]에 충족되는지 확인한다.
- 직통계단 설치조건 확인
- 비상탈출구 설치조건 확인
- 환기통 설치조건 확인

(주기) 기계실, 전기실, 발전기실, 배터리실 등 일반적으로 지하에 계획되는 실에 관해서는 "실 상세도면 검토"를 참조 바람.

1.1.2.3 입면도 검토

- 완성된 설계도에서는 평면도와 주단면도 및 외벽단면도들이 조합하여 만들어진 모양, 즉 건물의 겉모양을 나타낸 도면을 입면도라고 할 수 있으므로 평면도 및 단면도에 표시된 모양과 크기대로 작성되었는지 확인하는 작업이다.

Key Plan에 표기한 입면도 명칭과 일치한지 확인한다.
- 입면도 명칭과 번호 확인
- 동·서·남·북 입면도 명칭과 방위방향이 일치한지 확인

입면도에 표시한 기준선이 평면도에 표시한 기준선과 일치한지 확인
입면도의 건물 높이 레벨 표시와 수치가 단면도에 표시된 내용과 일치한지 확인한다.

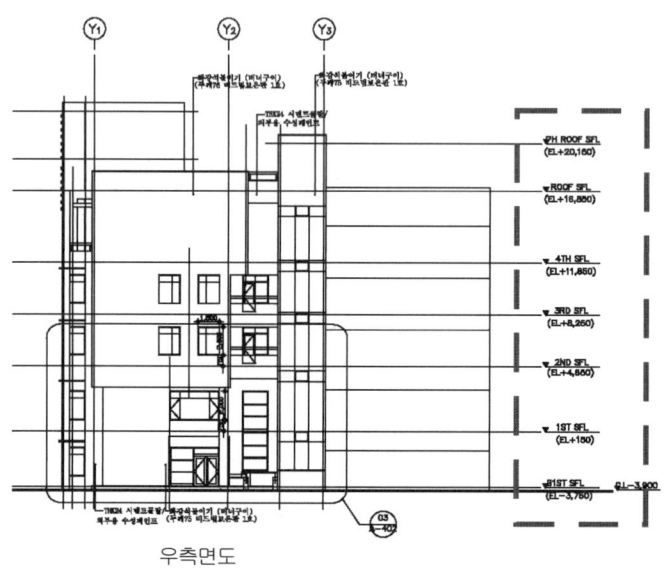

우측면도

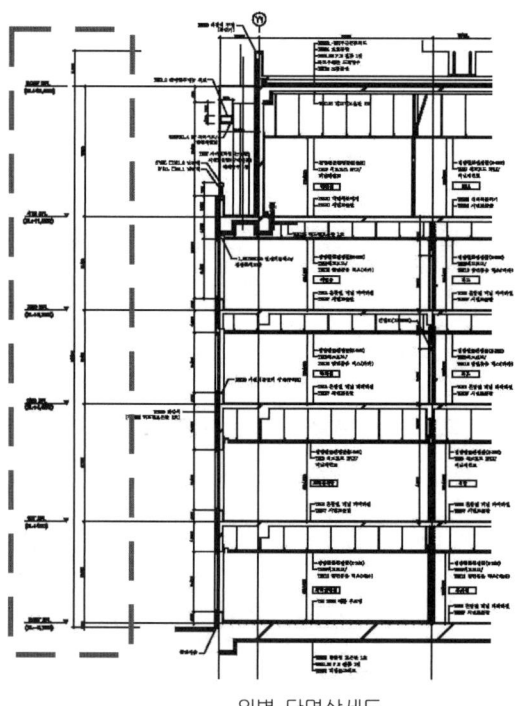

외벽 단면상세도

그림 16 입면도의 건물 높이 레벨 표시와 수치가 단면도에 표시된 내용과 일치 여부 예

- 지반고, 건물 기준 바닥레벨, 각 층고, 처마 높이, 지붕 높이 등의 높이 또는 수치 표시를 확인
- 끝선 및 최고 높은 구조물까지의 레벨과 수치를 확인

대지경계선, 건축제한선, 도로선, 인근 건물 또는 구조물과 입면도와의 관계를 수치로 나타냈는지 확인한다.
- 이격거리 관계
- 사선제한 관계
- 일조권 관계
- 공개공지와의 관계

입면도에 표시된 창호(루버 포함) 또는 개구부 위치와 크기가 평면도와 단면도에 표시된 내용과 일치한지 확인한다.

입면도에 표시된 좌·우 끝과 지붕층에 표시된 모양과 위치가 평면도 및 단면도에 표시된 내용과 일치한지 확인한다.
- 좌·우 : 계단실, 차양, 현관 캐노피, 발코니, 처마 및 기타 돌출물 위치 확인
- 지붕 층 : 처마, 펜트하우스, 파라펫, 차양, 조형물, 굴뚝 등 위치 확인

입면도에 표시된 창호의 모양과 크기 및 개폐표시 등이 창호도면 및 커튼월 도면에 표기된 내용과 일치하는지 확인한다.

익스팬션 조인트(신축줄눈) 표시 여부를 확인한다.
- 익스팬션 조인트 위치 확인
- 익스팬션 조인트 상세도 유무 확인

외부 마감재료 및 범위 표시 확인
- 외부 마감표 내용과 일치 여부 확인
- 재료별 마감한계 표시 명확 여부 확인

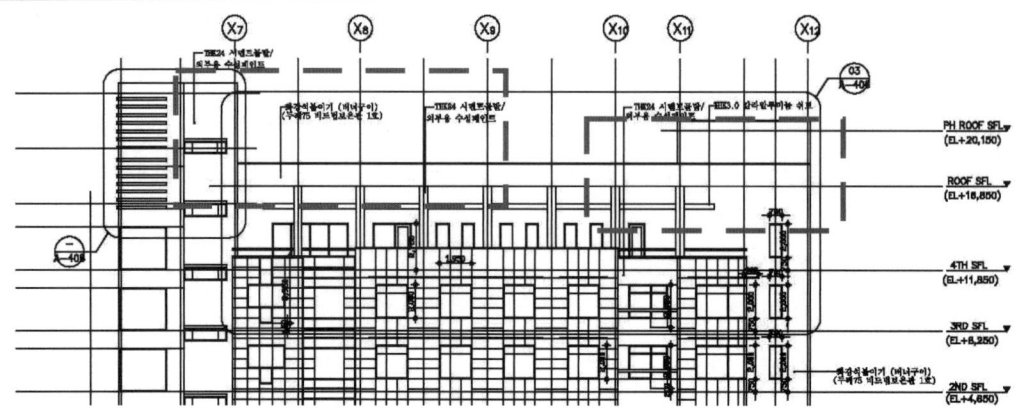

그림 17 외부 마감재료별 마감 한계 예

    -자재의 내구성, 시공성 및 유지보수 용이성 검토

출입구 캐노피 표시가 정확한지 확인한다.

    -캐노피 표시는 단면상세도 및 캐노피 상세도와 일치한지 확인

    -캐노피 우수처리 선홈통 유무 확인

(참고)
- □ 캐노피 상세도 유무 확인
- □ 캐노피의 구조도 및 캐노피 지지에 대한 안전도 확인(구조계산서 확인)
- □ 캐노피와 관련된 천장마감, 우수처리, 출입구 등 구체적인 관계는 캐노피 상세도에서 확인

홈통, 배기구, 팬(Fan) 등의 표시가 누락되었는지 확인한다.
항공장애등 설치 여부 확인

    -지표면 또는 수면으로부터 60m 이상 높이 구조물에 설치

    -항공법 참조

1.1.2.4 주단면도 검토

- 2차원적인 평면적 공간을 구성하는 설계도를 평면도라고 하면 주단면도는 3차원적인 입체적 공간을 나타내는 설계도로서 건물이 지상 및 지하공간을 차지하는 범위(외부공간과의 경계)와 그 공간을 구성하는 구조와 디자인 특성을 개략적으로 나타내는 설계도면이다.

단면 위치(절단 위치)가 정확히 표시되었는지 확인한다.

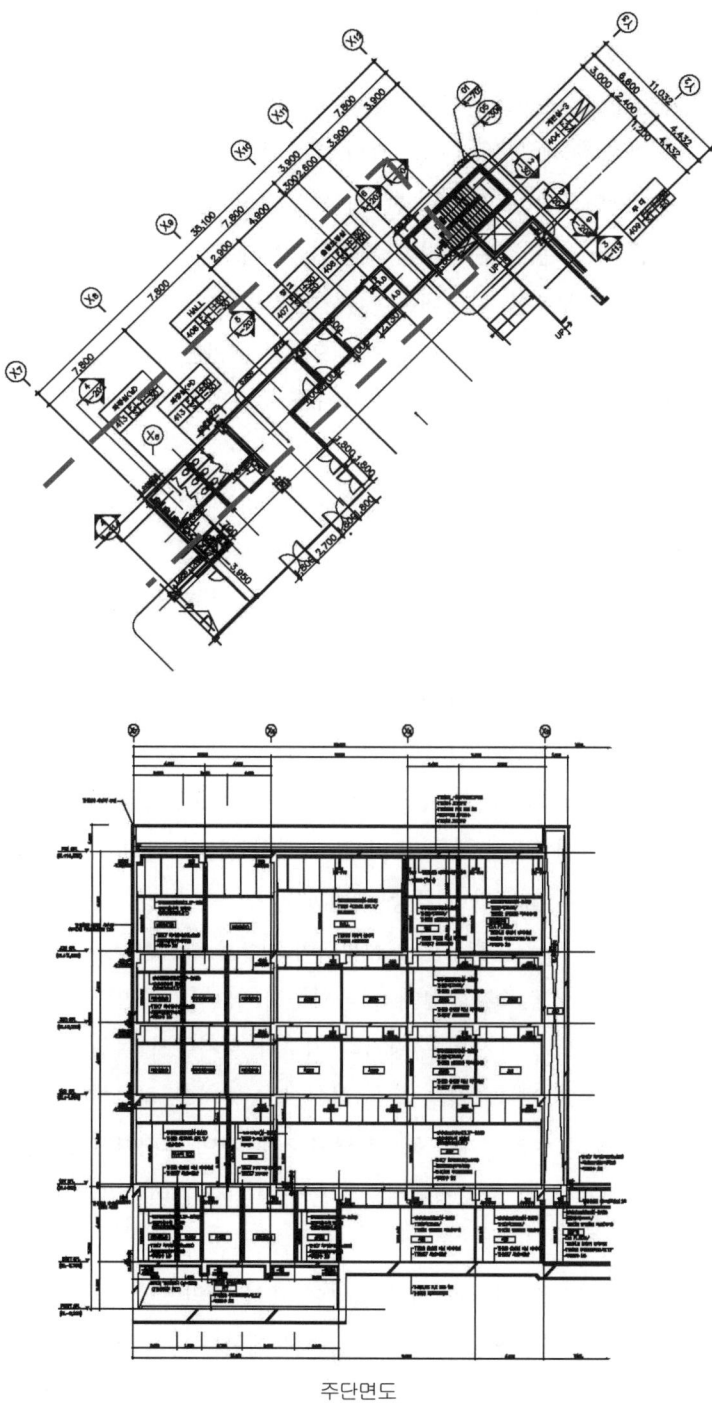

주단면도

그림 18 단면 위치가 정확한지 여부 예

건축설계도서 체크리스트 | 53

- Key Plan에 표시된 절단 위치 확인
- 평면도에 표시된 절단 위치 확인

가로(횡)와 세로(종)단면도가 모두 작성되었는지 확인한다.
- 가로와 세로 단면도를 작성하는 것이 정상이다.
- 주단면도에는 가능한 한 건물의 가장 높은 부분(기계실, 물탱크실, 펜트하우스 등)과 낮은 부분(최하층 지하실 및 피트 등), 그리고 가로 세로로 가장 넓은 부분과 긴 부분을 나타내는 것이 바람직하다.

기준선 및 기준선과의 사이 치수 표시를 확인한다.
- 기준선(①,② 또는 Ⓐ,Ⓑ) 표시를 주단면도 상부에 표시하여 건물의 골조 파악을 쉽도록 한다.
  - 단면도에 기준선부호(①,② 또는 Ⓐ,Ⓑ) 및 기준선 사이 치수가 표시되었는지 확인
  - 단면 전체길이 치수가 표시되었는지 확인
  - 지붕 처마 끝, 발코니, 차양 등 좌우 돌출부 끝까지의 거리 치수를 표시하였는지 확인 표시
  - 평면도에 표기된 기준선(부호)과 기준선 간의 수치가 일치한지 확인
  - 구조평면도와 일치하는지 확인(상호 확인)

지반 기준레벨과 건물 기준층 레벨(B.M)이 명시되었는지 확인한다.
- 마감선 위(예 ; 1층 로비)에 표시되었는지 확인
- 지반선 레벨과 기준층 레벨과의 차이를 확인

상부 또는 좌우 돌출부분 끝선까지의 치수를 확인한다.
- 돌출부가 건축제한선에 저촉되는지 여부를 확인하기 위한 검토
  - 평면도에 표시된 수평거리 치수와 일치한지 확인
  - 지상으로부터 상부 돌출 부분 높이까지의 치수를 확인

대지경계선, 도로경계선 등으로부터 건물 간의 수평거리 표시치수를 확인한다.
- 경계선 및 도로경계선으로부터 건물과의 이격거리 표시치수는 배치도에 표시된 것과 일치한지 확인
- 지반기준 레벨과 지반 높낮이 표시 확인

전체 높이(최고 높이), 층 높이 및 사선제한선 등이 명기되었는지 확인한다.
- 최고 높이는 지반기준선으로부터 지붕구조물 최고 높이까지 표시되었는지 확인
- 층 높이는 마감선 높이와 골조바닥선 높이와 구별하여 표시되었는지 확인
- 각층 높이는 평면도에 표시한 층 레벨 표시내용과 일치한지 확인한다.

> **참고** **각종 규제선 관련법령**
> ▫ 건축선 : 건축법 제46조 참조
> ▫ 건축선에 의한 건축제한 : 건축법 제47조 참조
> ▫ 건축물의 높이제한 : 건축법 제60조, 시행령 제82조 참조
> ▫ 일조 등의 확보를 위한 건축물의 높이제한 : 건축법 제61조, 시행령 제86조 참조

천장 높이를 표시하였으며 그 높이는 적정한지 확인한다.
　-천장 높이가 모두 표시되었는지 확인

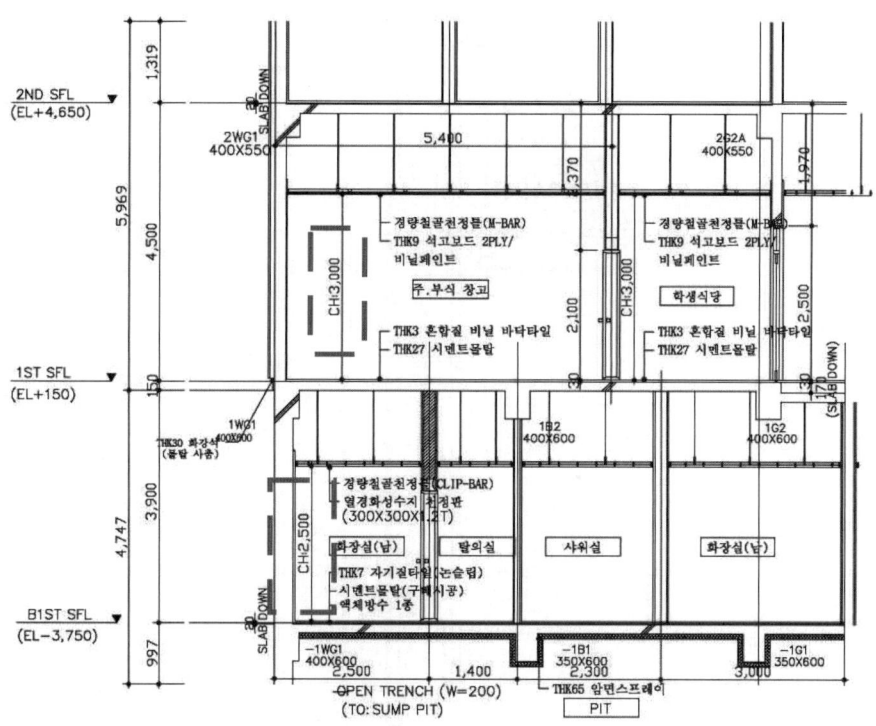

그림 19 천장 높이 표시 여부 예

　-실의 종류별로 천장 높이가 적정한지 검토
　　· 천장 높이는 사무실 : 약 2.6m 이상, 집회실 : 4m 이상, 아파트 : 2.1m 이상으로 한다.
　　· 일반적으로 최상층 층고는 우수배관, 단열층 및 우수구배 등을 고려하여 일반 층보다 약 300mm 더 높인다.(아파트의 경우)
샤프트 및 피트가 표시되었으며 명칭이 명기되었는지 확인한다.

- 엘리베이터, PD, AD, EPS, ST 등 표시

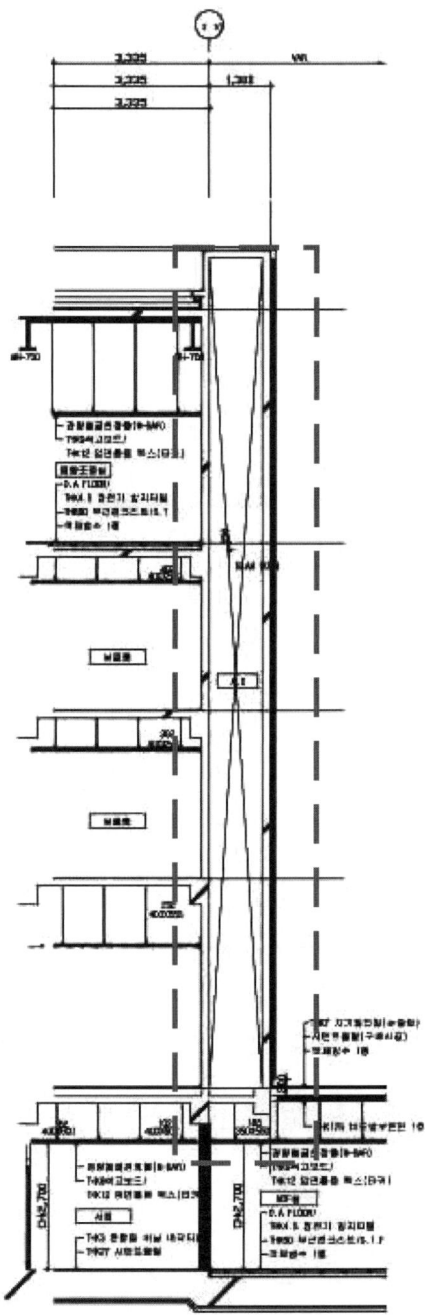

그림 20 샤프트 표시 (PD, AD등) 예

계단단면이 표시되었는지 확인한다.
칸막이벽 위치 및 높이가 명확히 표시되었는지 확인한다.
- 기준선으로부터 벽까지의 거리 표시 확인
- 벽 높이가 천장까지 또는 슬래브 밑까지인지 구별하여 표시되었는지 확인

파라펫, 난간 및 지붕구조물이 모두 표시되었는지 확인한다.
- 파라펫 또는 난간 높이는 바닥마감선으로부터 1.2m 이상(난간의 간살 간격은 10㎝ 미만 : 주택건설촉진법)

단면도에 표시된 부분상세도 안내 표시는 안내된 상세도 명칭과 번호가 일치한지 확인한다.
- 주단면도 일부분에 단면도 또는 상세도 안내표시가 된 것이 있으면 안내 표시된 도면을 확인하여 안내내용과 일치한지 확인하는 작업이다.

실명 표기는 되었으며 표기된 실명은 평면도와 일치한지 확인한다.
- 중요한 실명은 표기되었는지 확인
- 평면도에 표시된 실명과 일치한지 확인

주단면도와 입면도가 일치한지 확인한다.
- 지반선은 입면도와 일치한지 확인
- 마감층고는 입면도에 표시된 내용과 일치한지 확인
- 지붕선과 건물외곽선은 입면도와 일치한지 확인

주기 및 특기사항이 있는지 확인한다.

1.1.2.5 마감계획표(Finish Schedule) 검토

- 마감계획표(마감표)는 건축물이 완성될 안팎의 모양을 모두 나타내는 도면이므로 마감표가 정확히 작성되었으며 관련된 도면 및 시방서와 일치한지 검토·확인하는 일은 어떠한 설계도면 검토보다 중요하다. 마감표 내용과 설계도서를 구성하는 설계도면 또는 시방서에 기재된 내용과 일치한다는 것은 마감 부분 모두가 일치한다는 것을 의미한다.

마감계획표(마감표) 구성을 확인한다.
- 내부 및 외부 마감표로 구분하여 작성되었는지 확인
- 실내마감표 구성내용을 확인
  · ① 층별, ② 실 번호, ③ 실명, ④ 바닥, 걸레받이, 벽, 천장의 바탕, 마감자재,

마감두께, 마감 높이, 상세도 번호 등의 내용표시 확인
- 외부마감표 구성내용을 확인
  · ① 외벽을 구성하는 모든 마감자재를 포함하였는지 확인, ② 바탕, 마감자재, 마감두께, 마감범위, 상세도 번호 등의 내용 표시 확인
- 비고란이 있는지 확인

외부마감표에 기재된 내용이 입면도 또는 외벽단면도에 표시된 내용과 일치한지 확인한다.
내부마감표에 기재된 내용이 건축도면에 표시된 마감내용과 일치한지 확인한다.
- 실번호 및 실명 누락 여부 확인
- 마감표 내용이 평면도, 단면도, 단면상세도, 천장도 및 전개도에 표기된 내용과 일치한지 확인
  · 우선 관련 상세도 번호가 표시된 경우 상세도를 찾아 확인하고 단면상세도를 확인

> (참고) 마감표 구성에 '상세도'란을 두어 관련 상세도 번호를 기재한 경우에 마감이 일치한지 확인하는 데 크게 도움이 되므로 설계도면을 작성할 때 마감표에 관련 상세도 또는 단면도 번호를 기재하는 것이 바람직하다.

◼ 재 료 마 감 표 - 2

층별	실번호	실명	바닥 바탕	바닥 마감	마감 THK	상세 NO.	비고	벽명
지상 2층 지상 3층	T07	회의실(써클룸)	THK27 시멘트몰탈	THK3 혼합질 비닐 바닥타일	30	FF-02		THK18 시멘트몰탈
	T08	탈의실(남,여)/장애인화장실	1중방수+/시멘트몰탈(구배시공)	THK7 자기질타일(논슬립)	30~50	FF-05		THK18 시멘트몰탈
지상 4층	401	ELEV. HALL	THK30 시멘트몰탈	THK30 대리석 붙이기	60	FF-01		-
	402	사무실	THK27 시멘트몰탈	THK3 혼합질 비닐 바닥타일	30	FF-02		THK18 시멘트몰탈
	403	사무실	THK27 시멘트몰탈	THK3 혼합질 비닐 바닥타일	30	FF-02		THK18 시멘트몰탈
	404	사무실	THK27 시멘트몰탈	THK3 혼합질 비닐 바닥타일	30	FF-02		THK18 시멘트몰탈
	405	복도	THK18 시멘트몰탈	THK3 혼합질 비닐 바닥타일	30	FF-02		THK18 시멘트몰탈
	406	HALL	THK30 시멘트몰탈	THK30 대리석 붙이기	60	FF-01		-
	407	창고	THK27 시멘트몰탈	THK3 혼합질 비닐 바닥타일	30	FF-02		THK18 시멘트몰탈
	408	환향조정실	S.T.F	O.A FLOOR 위 두께4.5 정전기 방지타일	180	FF-03		THK18 시멘트몰탈
	409	무 실	S.T.F	·	·	·		THK18 시멘트몰탈
	410	준비실	S.T.F THK27 시멘트몰탈	THK3 혼합질 비닐 바닥타일	30	FF-02		THK18 시멘트몰탈
	411	회의실	THK27 시멘트몰탈	THK3 혼합질 비닐 바닥타일	30	FF-02		·
	412	접견실	THK30 시멘트몰탈	THK30 대리석 붙이기	60	FF-01		-
	413	화장실(남,여)	액체방수 1종/시멘트몰탈(구배시공)자기질타일(논슬립) THK30 시멘트몰탈	THK30 대리석 붙이기	30~60 60	FF-05 FF-01		- -

실내재료 마감상세도

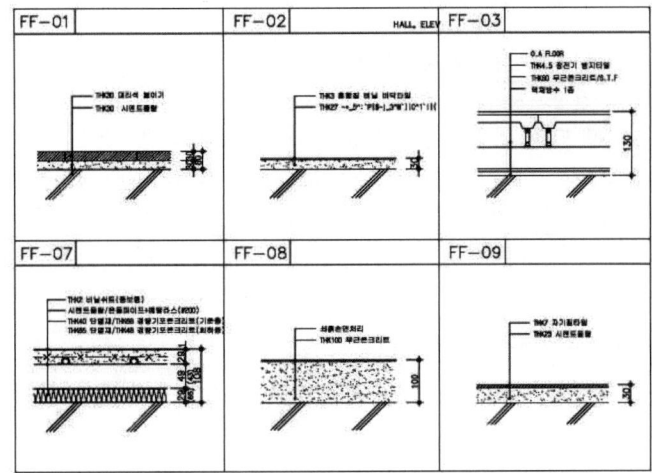

그림 21 마감표에 관련 상세도 번호 기재 여부 예

　－표시된 각 마감두께가 표준마감상세도 또는 상세도에 표시된 두께와 일치한지 확인
　　· 표시된 마감두께가 서로 일치하더라도 시공성이 있는지도 검토한다.
　－걸레받이 높이가 단면도에 표시된 높이와 일치한지 확인
　－벽체 중도리 높이 표시 확인 및 전개도 또는 단면도에 표시된 높이와 일치한지 확인
　－천장고가 주단면도 및 외벽 또는 내벽단면도에 표시된 높이와 일치한지 확인

비고란 기재사항(주기 및 범례)을 확인한다.
- 비고란 기재사항 및 주기는 설계도서 작성자가 반드시 강조할 필요가 있어서 의도적으로 기재한 것이므로 설계도면을 파악하는 사람은 빠짐없이 읽어 그 의미를 파악해 두어야 한다. 기재된 내용에 따라 설계품질에 많은 영향을 줄 수 있기 때문이다.

마감계획표에 기재된 내용이 시방서에 기재된 내용과 일치한지 확인한다.
　－시방서에 기재된 마감재료 품질과 시공방법이 일치한지 확인
　－시방서에 기재된 해당 공종 마감재료의 시공범위 표기와 일치한지 확인

마감색상 표기가 모두 되었는지 확인한다.
　－마감색상 표기가 누락되었는지 확인
　－마감색상 표기 미결정 사항이 있는지 확인

·예 : 지정색, 견본 승인시 결정, 시공시 건축주와 협의 결정 등

> (참고) 설계도서를 작성할 때 특별한 이유가 있지 않은 한 설계자는 마감색상을 결정하여야 한다. 색상이 결정되지 않은 경우 비전문인의 안목기준으로 색상이 결정되거나 저렴한 색상으로 유도되어 당초 디자인 개념과 동떨어진 조잡한 디자인으로 되기 쉽고, 일반적으로 시공 중 색상 결정과정이 복잡하고 시간이 소요되어 관리비용과 공정상에 영향을 미치고 때로는 색상 종류에 의한 가격 차이로 공사비에도 영향을 주어 공사계약상의 마찰을 일으킬 수 있기 때문이다. 설계자는 최소한도 색상개념 계획을 나타내 주는 것이 바람직하다.

마감재료는 법령기준에 적합한지 확인한다.
- 화재로부터 안전을 위한 마감재료 기준이므로 반드시 기준에 일치한지 확인해야 한다.
- 건축물의 피난·방화구조 등의 기준에 관한 규칙 제24조[건축물의 내부마감재료] 제14조의2 [복합건축물의 피난시설 등] 제5항 참조(특수부위별 불연재료, 준불연재료, 난연재료 적용기준)

1.1.2.6 창호도면 검토

1. 일반창호 점검

창호 일반사항
- 창호 일반사항을 작성하는 경우와 하지 않는 경우가 있고, 그 내용도 작성자 의도에 따라 다르지만 일반적으로 작성기준, 약어표기, 창호 종류의 분류 등 창호도 작성의 기본이 되는 사항을 기재한다.
  - 약어표기 등 기준이 되는 사항이 기재되었는지 확인
  - 창호 종류별 분류에 대한 기호 부여 방법이 적정한지 확인
  - 창호규격에 따른 창호 설치를 위한 개구부 크기 결정 방법(또는 방침)이 명시되었는지 확인
    · "개구부 크기는 창호도에 표시된 창호 규격에 몇 cm를 더 크게 하라" 는 등의 방침 표기

창호배치도(평면도)

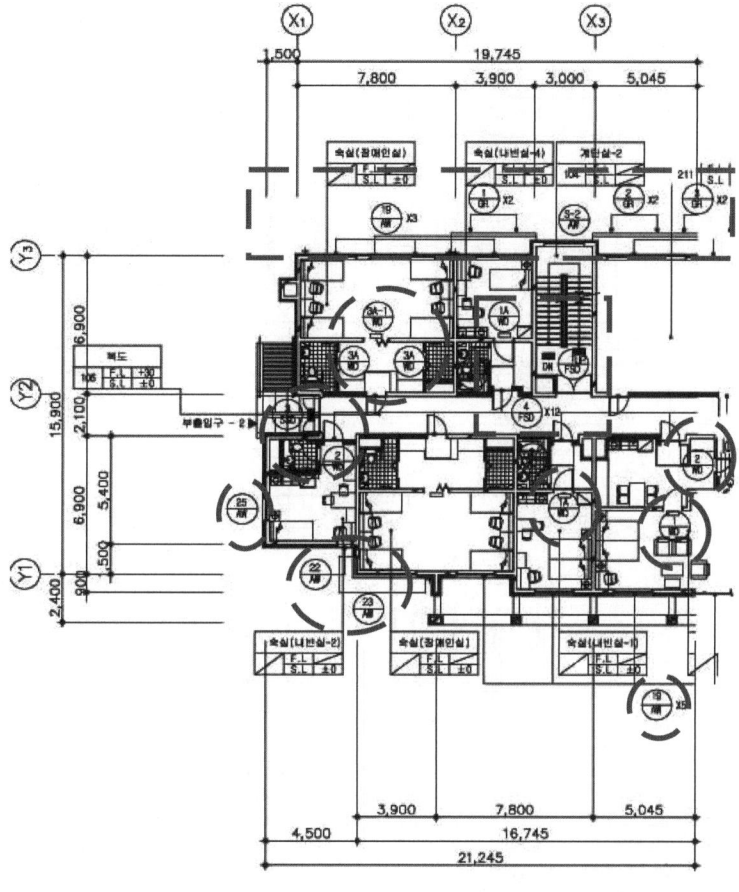

1층 창호 평면도

그림 22 창호배치도(평면도) 예

- 규모가 작은 설계도면에서는 평면도에 창호 표시를 하는 경우도 있으나 창호도와 연관해 볼 수 있도록 창호배치도를 별도로 작성하는 것이 좋다.
  - 창호부호 표시가 누락된 것이 있는지 확인
  - 창호부호 표시가 창호도 및 창호 일람표와 일치한지 확인
  - 창호의 개폐방향이 평면도에 표시된 것과 일치한지 확인

창호 일람표

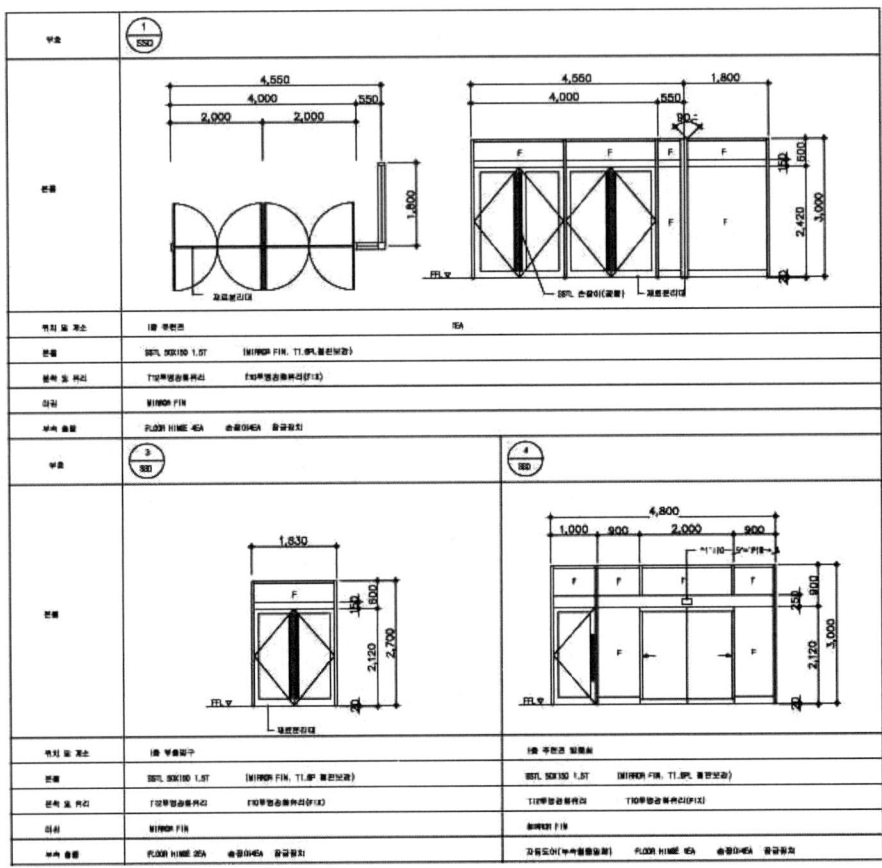

그림 23 창호 일람표 예

- 창호 일람표는 작성자에 따라 다르지만 일반적으로 층별, 창호부호 및 번호, 위치, 형태, 규격, 문짝, 문틀, 상세, 창호철물, 개수, 비고 등 필요한 요소를 포함하여 종합적으로 한눈에 알아볼 수 있도록 작성한 표이므로 이 표와 창호 관계도면과 일치해야 한다.
  - 창호 일람표에 표시된 창호부호와 창호배치도에 표시된 것과 일치한지 확인
  - 창호 일람표에 표시된 내용이 창호도 내용과 일치한지 확인
    · 종류, 재질, 형태, 규격, 개수, 창호철물, 관계상세도 등이 일치한지 확인한다.

창호도
- 창호에 요구되는 주된 사항을 표시한 도면이기 때문에 창호관련 도면 중 가장 기본이 되는 도면이다.

- 창호부호가 창호배치도에 표시한 내용과 일치한지 확인
- 창호규격이 평면도, 단면도 및 입면도에 표시된 크기와 일치한지 확인
- 창호의 열림과 고정 표시가 적정한지 확인
- 창호틀(프레임) 규격과 재질이 창호상세도에 표시된 내용과 일치한지 확인
- 유리 규격 및 품질이 명시되었는지 확인
- 창호철물 표시가 창호철물 일람표와 일치한지 확인
- 표시된 창호수량이 창호배치도와 일치한지 확인
- 창호도에 표시된 내용이 창호 일람표와 일치한지 확인
- 창호도에 표시된 품질내용이 시방서에 표시된 내용과 일치한지 확인
- 창호철물 부착 위치가 적정한지 확인
- 내역서에 기재된 창호 품질, 규격 및 수량이 창호도 내용과 일치한지 확인(상호 점검사항)
- 창호 규격 설계치수와 제작치수는 구별되어 표시되었는지 확인
    · 표시방법으로는 창호 규격치수와 제작치수를 구별하여 표시한 경우, 창호 제작 치수는 창호 규격치수에서 몇 mm 감하여 제작하라는 주기를 표시한 경우, 또는 창호 설치 개구부 크기 치수는 창호 규격 치수에 몇 mm 더한 치수로 하라는 주기를 표시한 경우가 있다. 어떠한 방법이든 창호 크기와 제작 크기 또는 개구부 크기에 대한 언급이 표시되어야 한다.

창호철물(하드웨어) 일람표
- 창호철물 표시가 누락된 것이 있는지 확인
- 설계된 창호철물이 각 창호에 적정한지 검토한다.
    □ 창호 하중에 적합한 창호철물인지 확인
        · 정첩, 도어체크, 플로어힌지, 자동문개폐장치, 방화문 및 배연창 개폐장치 등
    □ 창호기능에 적합한 창호철물인지 확인
        · 실내에서 언제나 열 수 있는 철물, 외부에서 키로만 열 수 있는 철물 등
    □ 재질, 형태(Style), 색상 등이 창호와 실내디자인에 적정한지 확인
- 창호철물 일람표 내용이 창호도 또는 창호 일람표에 표시된 내용과 일치한지 확인
- 창호철물 일람표에 표시된 철물품질은 시방서에 기록된 내용과 일치한지 확인
- 사용된 제품의 통일성이 있는지 확인
- 마스터 키 스케줄(Master Key Schedule)에 관한 내용이 시방서에 언급되었는지 확인

창호상세도
- 필요한 창호상세도가 모두 작성되었는지 확인
- 상세도에 표시된 명칭, 부호, 번호가 어느 부분의 상세도인지 알 수 있도록 작성되었는지 확인
- 창호틀 및 문짝 규격과 구조가 명확히 표시되었는지 확인
- 창호틀 설치 위치와 벽 두께와의 관계가 명확히 표시되었는지 확인
- 창호틀(프레임)과 개구부와의 간격(틈)이 적정한지 확인
- 창호의 품질 표시내용이 시방서 내용과 일치한지 확인
- 창호 설치 및 문틀 고정방법이 적정하게 표시되었는지 확인
- 창호철물이 창호도 또는 창호철물 일람표에 표시된 내용과 일치한지 확인
- 기밀성, 단열성, 방음성 및 방수성이 있는지 검토

2. 특수창호 점검

방화문
- 화재 시 불길 번짐을 막아주는 안전을 위한 문이므로 적법한 재질, 구조 및 설치가 요구된다.
  - 방화문은 방화구획 및 방화벽에 설치되었는지 확인
  - 문열림 방향은 피난방향으로 열리는지 확인
  - 방화문은 법령에 맞는 갑종방화문 및 을종방화문인지 확인
    · KS F 2268-1(방화문의 내화시험방법) 참조
    · 건축물의 피난·방화구조 등의 기준에 관한 규칙 제26조 [방화문의 구조] 참조
    (한국산업규격이 정하는 바에 따라 시험한 결과 갑종방화문은 비차열 1시간 이상, 을종방화문은 비차열 30분 이상의 성능인 것)
  - 방화문에 설치된 유리는 법령에 맞는지 확인
    · 망입유리
  - 방화도어 체크는 피난방향 문 열림 반대면에 설치되었는지 확인
    · 기능상 또는 관련법에 의하여 상시폐쇄형 또는 상시개방형인지 확인한다.
  - 상시개방형인 경우 벽면에 문 집(Pocket) 설치공간이 확보되었는지 확인
  - 내부공간에서 항상 열 수 있는 창호철물(하드웨어)이 설치되었는지 확인
  - 방화문과 바닥 사이(틈새)가 방화기준에 적합한지 확인

- 상시개방형 방화문은 화재시 열감지기 및 연기감지기와 연계되어 자동으로 닫히도록 설치되었는지 확인
    - 소방도면에서 확인

방화셔터
- 셔터의 재료, 구성부재, 형상, 가공조립 및 설치규정에 적합한지 확인
    - 한국산업규격의 '방화셔터 중 갑종방화문용 셔터 규격' 및 KS F 4510 참조
- 개폐장치는 전동 및 수동에 의해 수시로 작동되고 임의의 위치에서 정지시킬 수 있는 구조이며, 자중에 의한 폐쇄가 가능한지 확인
- 전동기는 한국산업규격의 '저압 3상유도전동기' 또는 '단상유도전동기'에 적합한 표시품인지 확인
- 개폐기와 샤프트를 연결하는 '샤프트 롤러체인'은 한국산업규격의 '전동용 롤러체인'에 적합한지 확인
- 화재발생시 열감지기, 연기감지기 및 온도퓨즈에 의하여 자동으로 작동되어 닫히는지 확인
- 방화셔터 박스 설치공간은 확보되었는지 확인
    - 보 등의 구조부재가 있는지 구조도면에서 확인한다.
- 방화셔터 상부에 방화구획벽(방화벽)이 있는지 확인
- 셔터 설치 높이 및 유효폭은 가드레일 설치를 고려하여 확보되었는지 확인
- 가드레일 규격은 셔터 크기에 따른 폭과 깊이가 적정한지 확인

방음문 또는 방음·방화문
- 방음문은 주로 문화 및 집회시설에 설치되므로 대부분이 방음 및 방화성능이 요구된다.
    - 소요되는 방음효과를 가진 문 구조인지 확인
        - 방음 또는 차음성능을 증명하는 문서 확인
    - 방음·방화문 제작 및 설치에 대한 상세도는 작성되었는지 확인
        - 일반적으로 방음 또는 방음·방화문 제작업자의 설계도와 시방서를 이용함으로써 전문제조업자의 기술자료(카탈로그 등)를 확보하여 검토하는 것이 좋다.
    - 방음을 위한 구조인지와 문 표면재는 불연재로 설계되었는지 확인
    - 문의 무게를 고려한 힌지가 설치되었는지 확인
    - 문틀 규격은 방음·방화문 설치에 적정한 크기인지 확인

- 문 틈새처리는 방음 및 방연에 적정하게 설계되었는지 확인
- 문 밖에 잠금장치가 설치되었는지 확인
    · 대중이 피난할 수 있는 문에는 문 외부에 잠금장치가 있어서는 안 된다.
- 관람실 문의 폭은 적정한지 확인
    · 문폭 : 최소 1.5m 이상(유효폭)
- 문이 피난방향으로 열리는지 확인
- 방음·방화문 제작 및 설치에 대한 설계내용은 시방서에 기재된 내용과 일치한지 확인
- 내역서에 표시된 방음문 또는 방음·방화문의 규격 및 품질 표현이 적정한지 확인

회전문
- 회전문은 계단으로부터 2m 이상 이격거리가 확보되었는지 확인
- 회전문 옆에 여닫이문이 설치되었는지 확인
    · 회전문이 작동되지 않을 경우 또는 비상시 신속히 외부로 대피할 수 있도록 여닫이문 설치가 필요하다.
- 건축물의 피난·방화구조 등의 기준에 관한 규칙 [회전문의 설치기준](제12조)에 충족하는지 확인
- 제작 및 설치에 대한 설계도면 및 시방서가 작성되었는지 확인
    · 회전문 전문업체의 기술자료를 수집하여 검토하는 것이 좋다.

배연창
- 자동 및 수동으로 개폐할 수 있도록 설계되었는지 확인
    · 소방도면에서 확인
- 열린 방향이 연기 이동에 저항받지 않는 방향으로 열리는지 확인
- 창의 프레임과 힌지가 자중과 풍압에 견딜 수 있는 구조인지 확인
- 우수침투가 우려되는 점이 있는지 확인
- 유리두께 및 재질이 적합하게 설계되었는지 확인

커튼월
- 상세한 검토는 "커튼월도면 검토" 참조 바람
    - 풍력에 의한 설계조건 확인
        ▫ 설계기준 및 구조계산
        ▫ 시험기준과 방법
        ▫ 고층건물의 경우 Wind Tunnel Test 실시

- 커튼월에 대한 시방서 내용 확인
- 시스템을 검토한다.
    - □ 조립방식에 의한 공법(Unit, Stick, Half Unit)
    - □ 구조안전성(Mullion, Transom, Fastener)
    - □ 현장 양중작업 여건 및 특성
    - □ 프레임 단면
    - □ 앵커방법
    - □ 단열바 여부
    - □ 유리 설치방법
- 층고가 기준 층고보다 높은 부분(1층 홀 등)에 설치되는 커튼월은 풍압 및 자중에 안전한지 확인
    - □ 좌굴보강
    - □ 휨보강
- 스팬드럴(Spandrel)구조 검토
    - □ 재질 및 규격
    - □ 패널 평활도 유지 가능 두께
    - □ 코팅색상
    - □ 보온과 슬래브 사이 방화구역 처리
    - □ 팬코일 유닛 설치와 횡프레임과의 높이 관계 검토
    - □ 석재마감 두께 적정성(30mm 정도 적합)
- 실런트, 개스킷의 내구성 및 이질재간 상응성(Compatirbility) 검토
    - □ 커튼월용 실런트 사용 여부
    - □ 개스킷의 품질 적정 여부
    - □ 이질재간 화학적인 부정적 반응 여부
- 커튼월 상세평면도와 기본 평면도와 일치한지 확인
- 커튼월 상세단면도와 건축 외벽단면도와 일치한지 확인
- 유리재질 및 규격이 적정한지 확인
    - □ 커튼월 프레임과 유리가 걸치는 최소 치수 확인
    - □ 안전검토 : 파손시 반사로 인한 사고
        - · 안전유리(접합유리, 강화유리, 망입유리 등) 사용, 반사유리 사용 확인

□ 환경 검토 : 에너지손실, 불규칙한 반사, 색상과 심리, 결로 등
   □ 시공성 검토 : 제작 및 설치(크기 및 무게)
 - 커튼월 하단과 상단 및 모서리와 구조부와 접속 부분 상세도가 적정한지 확인
 - 수직·수평 간 변위에 대응하는 시스템인지 검토
   · 열에 의한 팽창수축에 대해 대책이 마련 또는 검토되었는지 확인한다.
   □ Fastener System
   □ 수직 또는 수평으로 길 경우 열에 의한 신축 팽창 대응책 검토
   □ 유리의 Face Clearance, Edge Clearance 기준 검토
 - 결로수, 침입수 방지대책이 되어 있는지 검토
   □ Flashing 처리
   □ 배수홀
 - Embed Anchor 설치는 안전한지 검토
   □ 앵커 설치 상세도 확인
   □ 앵커 설치 보강 여부 확인
   □ Set Anchor 설치할 경우 안전성 확인

> [참고] □ 건축물의 에너지절약 설계기준 참조

1.1.2.7 천장도면 검토

- 천장은 실 공간을 구성하는 어느 부분보다 각종 시설물이 복잡하게 설치되는 부분이다.

  천장면의 건축적 디자인 문제뿐만 아니라 각종 설비시설의 배치와 천장공간에서 각 시설물이 간섭받지 않고 설치될 수 있도록 설계되어야 하지만, 일반적으로 여러 가지의 설비 분야가 관련되고 다른 공간에서 분야별로 설계도서가 작성되므로 종합적으로 치밀하게 관리하지 않으면 설계도서 작성 또는 시공에 불합리한 문제가 발생하곤 한다.

- 천장도면을 철저히 검토하는 것은 높은 품질의 설계도 작성과 효율적인 시공관리를 위하여 중요한 검토활동이 될 것이다.

1. 건축부분 검토

천장 크기는 정확히 표시되었는지 확인한다.
- 천장 크기는 평면도면과 같을 수도 있지만 보 위치와 천장 디자인에 따라 다르기 때문에 정확한 크기와 모양 표시가 요구된다.
    - 천장 크기가 평면도 크기와 일치한지 확인
    - 천장도면의 각 기준선이 평면도 기준선과 일치한지 확인
    - 보 및 기둥의 위치와 크기, 벽 위치와 두께 등이 평면도와 일치한지 확인

천장재가 마감계획표 내용과 일치한지 확인한다.
- 마감계획표에 표시된 천장재 내용이 도면 작성 중 오류 또는 마감재료 변경내용이 수정되지 않아 일치하지 않는 경우가 있다.
    - 마감계획표에 표시된 천장재료와 일치한지 확인
    - 내역서에 표시된 내용과 일치한지 확인
        · 마감도면에 표시된 천장재가 천장도면에 표시된 자재와 일치하지 않은 경우 설계자 의도를 확인하는 것이 좋다.

천장재 규격에 맞는 나누기가 작성되었는지 확인한다.
- 시공할 때 시공상세도를 작성한다고 해서 천장도면을 적당히 그리는 경우와 자재의 규격을 잘못 알고 작성되는 경우 또는 천장 크기가 정확하지 않게 그려진 상태에서 작성되어 현실성 없는 도면이 되는 경우도 있다.
    - 설계된 천장재의 공업규격을 확인
    - 천장재 규격 크기와 일치하게 작성되었는지 확인
    - 나누기도 작성을 위한 기준(선)이 표시되었는지 확인
    - 시방서에 기술된 천장나누기 기준과 일치한지 확인
        · 시방서에 천장나누기 방법 또는 기준이 기술된 경우
    - 천장 단차 부분에 재료분리대 또는 기타 처리방법이 표시되었는지 확인
        · 상세도 확인 필요

천장틀 구조를 확인한다.
- 천장틀 재질 및 규격은 표시되었는지 확인
- 천장틀은 규격품인지 확인
- 천장틀은 마감자재 설치에 맞는 천장틀 시스템인지 확인
    · 천장마감재 규격에 알맞은 천장틀인지 확인한다.

- 마감자재 붙임 밑바탕재는 적정한지 확인
    - 석고보드 천장일 경우 두꺼운 한(1)겹보다 얇은 두(2)겹으로 시공되는 것이 진동 또는 온도변화로 발생하는 균열 방지 등을 대비해 좋다.
- 천장틀은 받을 수 있는 하중 표시가 되었는지 확인
- 달대 재료, 규격 및 간격 표시는 되었는지 확인
- 천장면에 적정구배를 두었는지 확인
    - 물을 많이 취급하는 장소 또는 수증기가 많이 발생하는 장소의 천장에 생긴 물방울을 처리하기 위한 천장구배가 적정한지 확인한다.
- 천장에 유지보수를 위한 통로(Cat-Way)가 설치되었는지 확인
    강당, 체육관, 수영장, 극장 또는 천장이 높은 건물에서 천장 안이나 천장의 유지보수에 필요한 작업원 접근통로시설이 설계되었는지 확인한다.
    - 시설 설치에만 치중하고 유지보수를 고려치 않은 설계도서에서 유지보수용 천장통로(Cat-Way)가 누락되거나 적정치 못한 위치와 구조로 되어 있는 경우가 있다.

커튼박스 및 반자돌림 표시가 되었는지 확인한다.
- 커튼박스 또는 반자돌림 디자인 표시가 되었는지 확인한다.
    - 커튼박스 또는 반자돌림이 표시되었는지 확인
    - 커튼박스 또는 반자돌림은 상세도와 일치한지 확인
    - 커튼박스 또는 반자돌림은 규격 및 재질이 명확히 표시되었는지 확인
        - 상세도 확인

점검구(access door)는 표시되었는지 확인한다.
- 건축설계도를 작성할 때 점검구를 때때로 누락하는 경우가 많다. 일반적으로 설비도면은 분리하여 작성되고 설계도 작성자가 설비설계자와 협의를 충분히 못하고 설계도서 작성을 하는 경우에 발생된다.
    - 점검구가 명확히 표시되었는지 확인
    - 점검구가 기계설비 또는 전기설비도면에 표시된 점검구 위치와 일치한지 확인
        - 점검구가 각종 설비시설 유지보수에 필요한 위치에 설치되었는지 확인한다.
    - 점검구 규격과 형태 및 재질은 명확히 표시되었는지 확인
    - 점검구가 상세도와 일치하는지 확인
    - 점검구가 시방서에 기술된 내용과 일치하는지 확인

　　　　　－내역서에 표시된 규격과 수량이 일치하는지 확인
익스팬션 조인트는 설치되어 있는지 확인한다.
- 일반적으로 익스팬션 조인트가 있는 곳에서는 천장에도 천장 익스팬션 조인트가 설치되는 것이 정상이므로 천장설계도면에 천장 익스팬션 조인트가 설치되었는지 확인할 필요가 있다.
　　　　　－건축구조 및 건축설계도에 익스팬션 조인트가 설계되었는지 확인
　　　　　－익스팬션 조인트가 있는 위치에 천장 익스팬션 조인트가 있는지 확인
　　　　　－천장 익스팬션 조인트 상세도가 설계되었는지 확인

2. 각종 설비 설치 검토

- 시공 중에는 시공상세도를 작성하여 천장디자인 및 각종 시설물 배치와 천장 내에서 시설물 간에 간섭 등을 검토한다 하더라도, 설계도서 작성 또는 공사 초기에 설계도서 검토에서도 각종 시설물이 적정하게 천장에 설치되었는지 확인해야 한다.

전등배치는 적정한지 확인한다.
- 등(燈) 종류 및 배치가 정확한지 확인하는 작업이다.
　　　　　－등 종류는 전기도면에 표시된 내용과 일치한지 확인
　　　　　－등 배치는 전기도면에 표시된 내용과 일치한지 확인
　　　　　－등 설치는 다른 설비시설과 겹치는지 확인
　　　　　－천장 내에서 보 또는 덕트 및 각종 배관설비 시설에 간섭받는지 확인

디퓨저 또는 레지스터 배치는 적절한지 확인한다.
- 디퓨저 또는 레지스터가 합리적으로 배치되었는지 확인하는 작업이다.
　　　　　－디퓨저 또는 레지스터의 종류와 규격이 기계설비도면에 표시된 내용과 일치하는지 확인
　　　　　－디퓨저 또는 레지스터 배치가 기계설비도면에 표시된 내용과 일치하는지 확인
　　　　　－디퓨저 또는 레지스터 연결용 덕트 설치가 보 등 또는 각종 배관설비에 간섭받는지 확인

배기팬 위치는 명확히 표시되었는지 확인한다.
- 벽뿐만 아니라 천장에도 배기팬 설치가 있으므로 기계설비 또는 전기설비 설계도

에 표시된 배기팬 설치 위치 확인이 필요하다.
- 배기팬 위치는 기계설비 설계도에 표시된 배기팬 위치와 일치한지 확인
- 배기팬이 다른 천장시설물과 겹치는지 확인
- 배기팬의 크기와 모양이 명시되었는지 확인

스프링클러는 적정히 배치되었는지 확인한다.

- 스프링클러는 소화에 절대적인 시설물이며 실 면적에 비례하여 기준에 적합하도록 배치되어야 하고 다른 시설물에 지장을 받아서는 안 된다.
  - 스프링클러 헤드 배치가 소방설비설계도면 내용과 일치한지 확인
  - 스프링클러 헤드가 다른 시설물과 겹치는지 확인
  - 스프링클러 배관이 천장 내에서 보, 덕트 또는 각종 설비배관에 간섭받는지 확인
  - 스프링클러 설치 수량은 규정에 적합한지 확인(상호 검토사항)

화재탐지기는 적정히 배치되었는지 확인한다.

- 화재탐지기 설치는 화재예방에 가장 중요한 시설물이므로 적법하게 설치해야 한다.
  - 화재탐지기 위치가 소방도면에 표시된 내용과 일치한지 확인
  - 화재탐지기 위치가 다른 시설물과 겹치는지 확인
  - 화재탐지기 설치수량이 규정에 적합한지 확인(상호 검토사항)

스피커 위치가 적절한지 확인한다.

- 스피커는 일반적인 방송시설인 동시에 비상시 위급상황을 알리는 안전시설이다.
  - 스피커 위치가 통신설계도면 또는 전기도면에 표시된 내용과 일치한지 확인
  - 스피커 위치가 다른 시설물과 겹치는지 확인
  - 스피커 규격 및 모양을 전기 또는 통신도면에서 검토하여 문제가 있는지 확인

매입 카메라 위치가 적절한지 확인한다.

- 매입 카메라 설치는 방범 및 기타 관리목적으로 설치하기 때문에 설치목적이 부합하는 위치에 설치되어야 하며 그 설치가 전등, 스피커, 화재감지기, 스프링클러 등 각종 시설에 간섭받지 않는 위치에 설치되어야 한다.
  - 매입 카메라 위치가 통신설계도면과 일치한지 확인
  - 매입 카메라 위치가 다른 시설물과 겹치는지 확인

에어커튼 설치 표시가 되었는지 확인한다.

- 에어커튼은 일반적으로 문틀과 천장 사이에 설치하게 되므로 문틀 위치와 에어커튼 설치를 위한 천장공간이 확보되는지 검토해야 한다.

- 에어커튼 위치가 명확히 표시되었는지 확인
- 에어커튼 형태와 규격이 명시되었는지 확인
  · 노출형인지 매립형인지 확인한다.
- 에어커튼 설치공간은 적정한지 확인
  · 천장과 문틀 사이 : 400mm~500mm 확보
- 에어커튼이 전력공급선과 연결되었는지 확인

천장내 각종 시설이 서로 간섭되는 것이 있는지 확인한다.
- 천장 내 공간은 천장 표면에 설치되는 각종 시설물의 배후설비, 즉 보, 덕트, 각종 배관 등의 시설이 얼기설기 설치되기 때문에 서로 간섭받는 경우가 많으므로 적절한 공간이 확보되는지 반드시 검토할 필요가 있다.
  - 천장평면도에서 보, 덕트, 기계설비배관 또는 전기 및 통신설비배관의 위치와 크기를 천장평면도에 표시해서 간섭 여부를 확인
  - 천장틀, 각종 천장시설물 두께, 배수 배관 구배, 덕트(보온 포함) 및 각종 배관 표준도와 상세도를 검토하여 설치두께(깊이)를 확인
  - 각종 시설물이 겹치는(간섭받는) 위치에서 간섭받는 시설물들의 설치두께를 산출하여 천장공간의 적정 여부 확인

천장을 관통하는 시설물이 있는지 확인한다.
- 건축평면도에 표시되지 않은 방에 노출된 수직배관 및 덕트시설이 있는지 확인하는 작업이다.
  - 기계설비, 전기 또는 통신설계도면에서 노출된 수직배관 및 덕트시설 등이 있는지 확인
    · 건축 벽으로 보호되지 않은 노출 덕트(Duct) 또는 파이프(Pipe) 설치물을 뜻한다.
  - 시설물 위치와 규격이 명시되었는지 확인

1.1.3 주요 상세도면 검토

1.1.3.1 표준마감상세도 검토

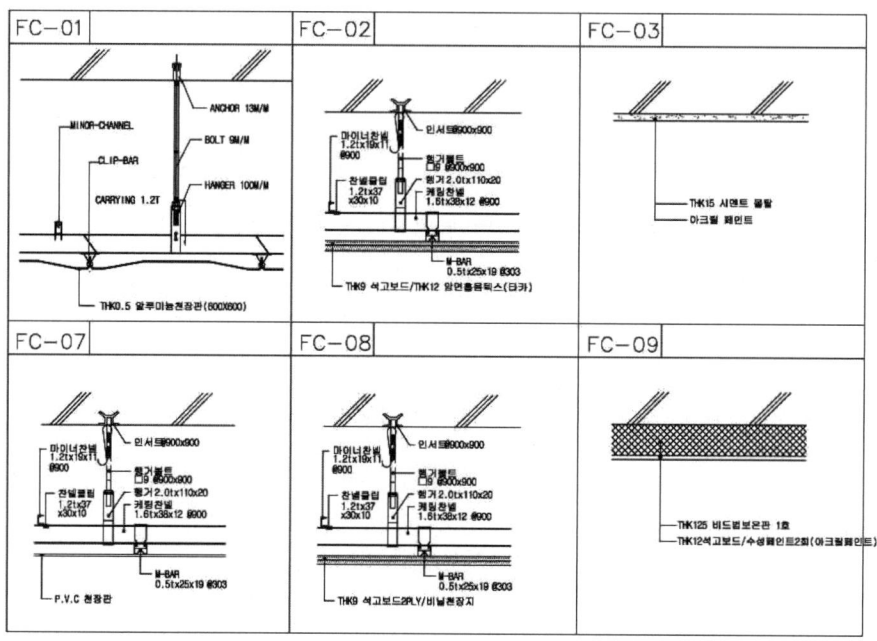

그림 24 표준마감상세도 예

- 표준마감상세도 검토에서는 표준마감상세도에 표시된 재료와 마감두께가 마감계획표에 기재된 내용과 일치한지와 상세도가 시공성 있게 작성되었는지 확인해가며 점검한다.
- 마감상세도는 설계마다 다르고 종류도 다양하므로 유사한 것은 공통으로 적용한다.

각종 마감상세도 재료와 두께가 마감계획표에 표시된 내용과 일치한지 확인한다.

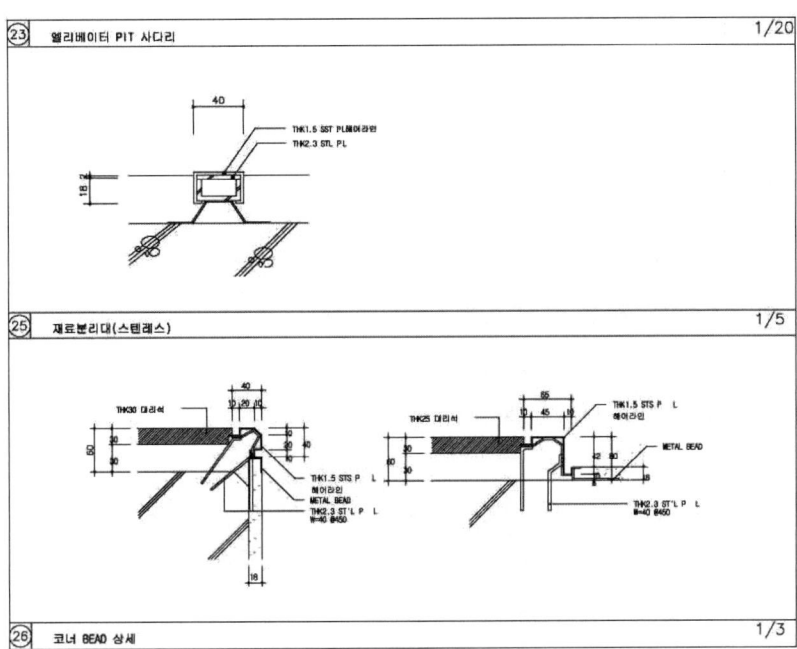

그림 25 각종 마감상세도 예

- 모든 상세도 공통 확인사항
- 특히 바닥마감 두께는 구조바닥(슬래브 레벨)선을 결정짓는 요소이므로 표준상세도에서 마감 총 두께는 분명히 표시하여 마감계획표에 표시한 내용과 일치해야 한다.

각 마감상세도에 표시된 시공방법은 해당 시방서에 기술된 내용과 일치한지 확인한다.
- 모든 상세도 공통 확인사항

각 마감상세도가 시공이 가능한지 확인한다.
- 모든 상세도 공통 확인사항

모노륨(타일류) 마감상세도를 검토한다.
- 고무타일, 비닐타일, 비닐시트 등
  - 마감자재 및 두께 확인
  - 바탕자재 및 두께 확인
  - 마감층 총 두께 확인

타일 마감상세도를 검토한다.
- 각종 타일, 모자이크타일, 장애인용 유도안전타일 등
  - 자재 재질 및 규격 확인

- 방수층 유무 확인
- 마감층 총 두께 확인
- 줄눈 크기 및 마감 표시 확인

석재타일 마감상세도를 검토한다.
- 자재 재질 및 규격 확인
- 바탕재료 두께를 확인
- 마감층 총 두께 확인
- 줄눈 크기 및 마감 표시 확인

석재바닥 마감상세도를 검토한다.
- 현관 석재바닥 마감상세도 작성 확인
- 석재 내·외부 계단상세도 작성 확인
- 석재 규격과 두께 및 마감층 총 두께 확인
- 줄눈 크기와 줄눈마감 표시 확인

각종 코팅 마감상세도를 검토한다.
- 코팅두께 확인
- 바탕재료와 두께 확인
- 바탕재 보강방법 확인
- 마감 총 두께 확인

플로어링재 마감상세도를 검토한다.
- 플로어링재 두께 확인
- 바탕재 두께 확인
- 총 마감두께 확인
- 마감재 부착방법 확인

마루깔기 상세도를 검토한다.
- 자재 재질 및 규격 확인
- 줄눈 크기 및 마감 검토
- 방진매트 설치 유무 확인
- 방습층 유무 확인
- 부착방법 표시 유무 확인
- 마감층 총 두께 확인
- 마감선 위치를 확인

카펫 마감상세도를 검토한다.
- 카펫 종류를 확인
- 카펫 마감선과 바닥마감 기준선과의 관계를 확인
- 카펫 두께를 확인
- 카펫 밑깔개 재료와 두께를 확인
- 카펫 이음방식과 부착방법 확인
- 카펫 총 두께를 확인

Access Floor(이중마루판) 마감상세도를 검토한다.
- 틀 구조형태(Pedestal, Flame) / 패널규격 확인
- 바닥판 나누기도 확인
  · 조인트, Outlet box hole, Register 위치 표시
- 패널 구조상세도 확인
  · 판 재질, 코어, 두께, 마감재 재질(전도성, 무전도성, 카펫타일 여부, 두께 등)
- 표준단면상세도 확인
  · 설치상태 설명도
- 총 두께 확인
- 램프 단면도 확인
- 패널과 벽 만남 부위 단면상세도 확인
- 시방서 내용과 일치 여부 확인

O/A Floor 마감상세도를 검토한다.
- Access Floor 참조

방수 마감상세도를 검토한다.
- 보호층 자재 및 두께 확인
- 방수층 자재 및 두께 확인
- 마감층 총 두께 확인

걸레받이 상세도를 검토한다.
- 걸레받이 높이 확인
- 걸레받이 재료와 규격 확인
- 벽선과 걸레받이 설치선과의 관계 표시 확인
- 걸레받이 부착방법 확인

경량칸막이 상세도를 검토한다.
- 칸막이 종류별 구분 확인
- 종류별 단면상세도 확인
    · 프레임, 붙임판 재질, 규격, 보온재, 상하앵커, 천장과 만남, 바닥과 만남, 걸레받이 상세도 표시
- 바닥, 천장, 벽과 만나는 부분의 마감상세도 표시 확인

방음 또는 보온 벽 상세도를 검토한다.
- 마감재 재료 및 규격 확인
- 마감재가 내화 / 내연재인지 확인
- 마감재 부착방법 확인
- 방음 또는 보온재 규격 확인
- 방음 또는 보온재 설치틀 재료와 구조 확인
- 천장, 바닥 및 문틀과 만나는 부분마감 상세 표시 확인
- 방화기준에 적합한지 확인

건식 석재 벽붙임 마감상세도(콘크리트면 / 철골 프레임)를 검토한다.
- 줄눈 크기 및 마감 확인
- 석재 벽붙임 평면상세도 확인
    · 앵커볼트 조립도, 평면, 단면, 줄눈시공 표시
- 석재 외 모서리 상세도 확인
- 석재 내 모서리 상세도 확인
- 석재 천장붙임 상세도 확인

화장실 칸막이 상세도를 검토한다.
- 패널 및 프레임의 재질 및 규격 확인
- 문 규격 확인
- 문 정첩, 잠금쇠 장식 표시 확인
- 다리 및 벽 고정 금물 표시 확인
- 고정방법 표시 확인

블록쌓기 상세도를 검토한다.
- 평면도 / 입면도 확인
- 벽체보강 "L", "T", "ㅡ" 및 개구부 보강 상세도 확인

- "U" 블록 및 콘크리트 보 상세도 확인
- 벽체, 바닥 및 천장앵커 상세도 확인
- 블록쌓기 시방서와 일치 확인

이중벽 블록쌓기 상세도를 검토한다.
- 보편적인 설계 예를 나타낸 것임.
    - 블록나누기 기준도(전개도) 확인
        · 줄눈, 환기구, 배수구, 점검구, 보강기둥, 수직·수평 보강근, 인방 표시
    - 개구부상세도(덕트 설치 등) 확인
        · 개구부 크기, 인방 U블록 보강, 수직·수평 보강근 표시
    - 개구부 콘크리트 인방 설치상세도 확인
        · 인방 규격, 인방 벽 걸침(20cm), 수직·수평 보강근 표시
    - 방수턱 기준 상세도 확인
        · 바닥마감선으로부터 10cm 이상 높이, 방수층 표시
    - 배수점검구 상세도 확인
        · 규격 : SST'L 1.5THK 390×390
    - 배수구 및 환기구 상세도 확인
        · 규격 : 190×390
    - 내벽 신축줄눈 상세도 확인
    - 출입구 인방 설치기준 확인
        · 190×(문폭+양측 200 걸침), 보강근 설치

수축줄눈 상세도를 검토한다.
- "줄눈 검토"를 참조
    - 수축줄눈 종류별 상세도 작성 및 적정성 확인
    - 수축줄눈 종류별, 설치 위치별 형태 적정성 확인
        · 바닥, 벽 및 지붕 등 위치에 따른 형태 검토

시공줄눈 상세도를 검토한다.
- "줄눈 검토"를 참조
    - 시공줄눈 종류별 상세도 작성 및 적정성 확인
    - 시공줄눈 보강 및 지수판 설치 여부 확인

조종줄눈 상세도를 검토한다.
- "줄눈 검토"를 참조

－조종줄눈 설치 위치별 상세도 작성 및 적정성 확인
　　　－조종줄눈 설치간격 표시 확인
천장마감 상세도를 확인한다.
- 공통사항
　　　－천장마감재료 및 규격 확인
　　　－천장틀의 재료와 구조 확인
　　　－달대의 규격 및 간격 확인
　　　－천장바탕재 및 규격 확인
　　　－천장마감재 부착방법 확인
천장돌림대 및 커튼박스 상세도를 확인한다.
　　　－천장돌림대 및 커튼박스 재료 및 모양 확인
　　　－부착방법 확인
　　　－커튼박스 크기(폭, 깊이) 확인
　　　－커튼박스와 창틀과의 관계 표시 확인
　　　－마감 표시 확인
기타 상세도를 확인한다.

1.1.3.2 외벽 단면상세도 검토

- 외벽단면도는 건물의 외벽구성을 이해할 수 있도록 외벽을 절단하여 설명하는 설계도면이므로 주단면도에 나타난 외벽을 포함하여 외벽구성이 다른 모든 부분의 단면도를 작성하여 구체적으로 층간 높이, 천장 높이, 구조, 내·외부 마감, 창호 및 천장과 바닥과의 관계 등을 구체적으로 나타내야 한다. 특히 외벽단면도는 건물 입면도와 일치하도록 작성되어야 한다.

평면도, 주단면도, 입면도 또는 안내도(Key Plan)에 표시된 단면도 안내 표시(부호 및 번호, 또는 명칭과 위치)와 작성된 단면도 표시(명칭, 부호, 번호)가 일치한지 확인한다.
- 단면 표시 내용(부호 또는 번호)대로 관련 단면도를 찾았을 경우 관계 단면도 부호와 번호가 일치하여 쉽게 찾을 수 있도록 작성되었는지 확인하는 일이다. 또한 단면도에 표시된 도면 명칭을 보고 단면 위치를 찾을 수 있는 방법으로 표시되어야 한다.

기준선 위치가 정확한지 확인한다.
- 기준선은 단면지점의 외벽 기준선과 일치하는지 확인
- 기준선과 외벽선 및 내벽선과의 거리가 건축평면도에 표시된 내용과 일치한지 확인
- 기준선이 구조도면과 일치한지 확인
  · 기준선과 기둥의 외면선과 내면선과의 거리 확인
  · 기준선과 보의 외면선과 내면선과의 거리 확인

기준선과 벽 중심선과의 관계 표시를 확인한다.
- 기준선과 벽 중심선이 반드시 일치하는 것이 아니므로 벽 중심선과 기준선과의 차이 치수를 표시하여 부재설치 위치 관계를 명시하는 것이 바람직하다.

창호틀 위치가 명시되었는지 확인한다.
- 창호틀 및 틀 단면 규격이 창호도면에 표시된 내용과 일치한지 확인
- 기준선과 창호틀 위치와의 관계 확인
- 창호틀 설치 위치가 입면도와 일치한지 확인
- 창호틀 설치 위치를 마감 바닥선 및 천장선으로부터의 이격거리 표시 확인

벽 구조가 명시되었는지 확인한다.
- 벽 재료, 내·외부 마감재, 보온재 등의 명칭 표시를 확인
- 각 재료의 규격과 설치 위치 명시 확인

층고, 천장고 및 천장 부분의 높이를 표시했는지 확인한다.
- 골조 층고(S.L) 확인
- 마감 층고(F.L) 확인
- 바닥마감 두께 확인
- 천장틀 및 마감두께 확인
- 천장 높이 확인
- 천장 깊이 확인

천장틀과 보 밑과의 거리가 적정히 확보되었는지 확인한다.
- 천장 내부에 설치하는 덕트, 설비배관 등 각종 설비 설치에 필요한 공간이 확보되었는지 확인

천장과 외벽 또는 창호틀과의 관계를 확인한다.
- 커튼박스 설치 여부 확인
- 천장틀 돌림 설치 여부 확인
- 커튼월과 슬래브 또는 보와의 사이(틈)가 밀폐되었는지 확인

· 바닥에서 흐르는 물, 공기의 흐름, 음의 전달, 화재 시 불길을 막을 수 있는 재료와 방법으로 층간의 공간을 막아야 한다.

외벽과 바닥마감과의 관계를 확인한다.
- 걸레받이가 설치되었는지 확인
- 방열기(FCU) 설치와 벽과의 관계가 적정히 표시되었는지 확인
- 커튼월과 슬래브 사이가 밀폐되었는지 확인

단면도에 표시된 부분상세도 안내표식(번호와 부호)이 상세도에 표시된 번호 및 부호와 상호 일치한지 확인한다.
- 단면도 일부분에 대한 상세도 안내표기가 작성된 관계 상세도를 찾아보기 쉽도록 정확히 기재되었는지 확인

지층과 접한 외벽 부분을 검토한다.
- 방습 및 방수에 대한 대책이 있는지 확인
  · 지표수 또는 지층의 습기 침투에 대한 대책이 고려되었는지 확인
- 외부 충격으로 파손 우려가 있는 부분에 대한 대책은 고려되었는지 확인
  · 드라이비트 또는 석재판 공간붙이기 등 외부 충격에 쉽게 파손이 우려되는 부분(통행로 또는 주차공간에 노출되는 등)에 파손에 안전한 재료 및 공법 선택 또는 충격방어대책, 즉 접근을 막는 가드레일 설치 등의 조치가 필요한지 확인

(참고) 충격받기 쉬운 높이 : 지표면에서 90cm~150cm 높이 정도

출입구 단면도를 검토한다.
- 출입구 바닥 높이(레벨)와 지반 높이 차이를 확인
- 현관 천장 높이를 확인
- 차양(또는 캐노피)과 방풍실과의 관계표시를 확인
- 차양(또는 캐노피)구조와 구조안전을 확인
- 차양에 설치된 등(燈)과 문 열림에 지장이 있는지 확인
- 출입문 설치는 창호도 내용과 일치한지 확인
- 차양 또는 캐노피 방수처리방법 확인
- 커튼월인 경우 가로 또는 세로 프레임이 차양 설치 및 하중에 안전한 단면이 확보되었는지 확인

지붕층 벽 단면도(처마 또는 파라펫 포함)를 검토한다.
- 외벽면으로부터 처마 끝까지의 거리(치수)를 확인
  · 지붕평면도에 표시된 기준선으로부터 처마 끝까지의 치수를 비교·검토
- 지붕 마감면으로부터 파라펫 높이 또는 난간 높이 확인
- 파라펫 방수층의 마감 적정성 확인
- 루프드레인 또는 홈통 설치상태의 적정성 확인
  · 드레인 우수 파이프 천장 내 배관 또는 보 관통 배관 상태가 있는지 확인

펜트하우스 벽 단면도를 검토한다.
- 펜트하우스 지붕 출입문 문턱 높이와 방수층 마무리 높이가 적정한지 확인
- 단면에 나타난 옥상 출입문 높이와 창호도에 표시된 문 높이와 일치하는지 확인
- 차양 크기 및 파라펫 높이 치수를 표시하였는지 확인

배기타워 개구부 위치의 적정성을 검토한다.
- 배기공기가 통행인 인체나 이웃건물에 직접 접촉되는지 확인
- 배기구 크기 및 그릴 설치 유효면적이 적정한지 확인
  · 설비 요구조건 및 건축 창호도 그릴 상세도 검토 필요

신축줄눈(Expansion Joint : E.J) 단면도를 검토한다.
- E.J 설치위치 적정성 검토
- E.J 상세도가 작성되었는지 확인
- E.J 시스템 누수 우려가 있는지 검토
- E.J 수명이 적정한지 검토

1.1.3.3 내벽 단면상세도 검토

- 내부벽은 구조벽(내력벽), 방화벽, 칸막이벽 및 단순 칸막이벽으로 구분되어 벽의 종류에 따라 검토내용이 다르므로 설계된 벽의 종류와 성격을 파악하는 것이 검토에 도움이 된다.

특히 방화벽은 화재 안전을 위한 벽이므로 확실히 구분하여 검토하는 것이 좋다.

1. 내부벽 일반

단면위치 표시내용과 일치하는지 확인한다.
- 단면도에 표시된 도면명칭, 부호, 번호가 Key Plan 또는 평면도에 표시된 단면도

안내표식과 일치한지 확인한다.

기준선 위치와 벽 위치와의 관계 표시를 확인한다.
- 기준선으로부터 벽 중심선 또는 좌우 면까지의 두께치수를 확인한다.

벽 높이를 확인한다.
- 벽 높이가 천장 아래(천장면과 공간이 있는)까지, 천장면이나 틀까지 또는 슬래브 밑까지인지 확인한다.

벽 재료와 두께가 표시되었는지 확인한다.
- 평면도와 상세도에 표시된 내용과 일치한지 확인한다.

층고를 확인한다.
  - 골조 층고(S.L : Structure Line)를 확인
  - 마감 층고(F.L : Finish Line)를 확인
  - 바닥 마감두께가 마감계획표(Finish Schedule)에 표시된 두께와 일치한지 확인

천장고(바닥 마감면으로부터 천장면까지)를 확인한다.

천장 깊이 및 천장공간 크기를 확인한다.
  - 천장 깊이 확인
    · 천장면으로부터 상층 바닥마감면까지 또는 슬래브 밑까지의 거리 치수를 확인한다.
  - 천장공간 크기 확인
    · 천장틀 상부로부터 슬래브 밑까지와 콘크리트 보 밑 또는 철골 보의 방화피복 면까지 실(實)공간 크기를 확인한다.
    · 천장 내에 설치되는 기계설비(덕트, 배관 등), 전기설비(배선, 전등 등), 소방설비(스프링클러, 각종 감지기 등), 통신설비(스피커, 감시카메라 등) 등을 설치하는 데 필요한 공간이 확보되었는지 확인한다.

벽체 좌우면의 마감은 마감계획표 내용과 일치한지 확인한다.

벽마감과 천장 및 바닥마감과 만나는 부분에 관한 상세표시를 검토한다.
- 반자돌림 및 걸레받이에 관한 디자인 의도(상세도)가 표시되었는지 확인한다.

벽체 양측 실명이 표기되었는지 확인한다.(표준 단면도일 경우 제외)
- 내벽단면도 좌우 실명을 표기하는 것은 어느 부분의 단면도인지 분명하게 한다.

단면도에 표시된 상세도 안내표시와 관련 상세도 부호 및 번호와 일치한지 확인한다.
- 단면도의 일부분을 자세히 설명하기 위하여 작성된 안내상세도를 찾아볼 수 있도록 단면도에 표시된 상세도 안내 표시내용이 서로 일치한지 확인한다.

신축줄눈(Expansion Joint : E.J)이 설치되어 있는지 확인한다.
  −E.J 설치 위치의 적정성 검토
  −E.J 상세도가 작성되었는지 확인
  −E.J 시스템에 누수 우려가 있는지 검토
  −E.J 수명 검토

2. 구조벽(내력벽) 검토

벽 위치와 구조가 구조도면에 표시된 내용과 일치한지 확인한다.
조적벽 두께는 벽 높이와 길이에 비해 적정한지 확인한다.
 • 건축물의 구조내력에 관한 기준 참조
조적벽 보강방법 및 긴결방법(바닥, 벽, 천장면)은 적정한지 확인한다.
기타 상기 "내벽일반"과 동일

3. 방화구획벽 및 방화벽

 •방화구획벽 및 방화벽은 불의 번짐을 막는 벽으로서 방화벽, 피난계단실 벽, 각종 샤프트 기계실, 전기실, 조종통제실 등에 설치된다.
단면도에 표시된 벽이 방화구획벽 또는 방화벽인지 확인한다.
 •방화구획벽 또는 방화벽은 법 기준에 적합해야 하므로 방화벽인지 또는 아닌지 확인해야 한다.
방화구획벽 및 방화벽은 법 기준에 적합한지 확인한다.
 •건축법시행령 제46조(방화구획의 설치), 제56조(건축물의 내화구조), 제57조(대규모 건축물의 방화벽 등), 건축물의 피난 및 방화구조 등의 기준에 관한 규칙 제21조(방화벽의 구조) 참조
  −철근콘크리트벽 및 조적벽 구조는 기준에 적합한지 확인
  −경량 칸막이벽 구조는 기준에 적합한지 확인
방화구획벽은 슬래브 밑까지 연장되어 설치되었는지 확인한다.
 •벽 윗면과 슬래브 사이에 불길이 통할 틈새가 없어야 한다.
방화구획벽과 접촉면 사이에 틈이 없도록 설계되었는지 확인한다.
 •벽과 벽, 벽과 기둥 사이에 불길이 통할 틈새가 없어야 한다.
방화구획벽 및 방화벽 관통 시설물(덕트, 파이프 등) 주변 틈새에 불연재로 충진되었는지

확인한다.
- 벽을 관통하는 각종 시설물 주변 틈새에는 불길이 통하지 못하도록 불연재료로 충진해야 한다.
- 벽을 관통하는 덕트에는 벽 위치에 방화댐퍼를 설치해야 한다.

방화구획벽 및 방화벽에 설치되는 문은 갑종방화문인지 확인한다.
벽 마감재가 불연재인지 확인한다.
기타 상기"내벽일반"과 동일

4. 칸막이벽

1) 조적벽

벽 재료와 규격 및 마감재료가 명기되었는지 확인한다.
벽 마감을 위한 나무벽돌 설치 여부를 확인한다.
벽 두께는 벽 높이 및 길이에 적정한지 검토한다.
기타 상기"내벽일반"과 동일

2) 경량칸막이

조립식 칸막이를 검토한다.
 - "칸막이 표준상세도"와 일치 여부 또는 생산자 카탈로그 및 표준도와 일치한지 확인
 - 시방서 내용과 일치한지 확인
 - 조립·해체방법이 기술되었는지 확인
 - 각종 설비배선이 가능한지 확인

현장 건립 칸막이를 검토한다.
 - 칸막이 골조(프레임)자재 재질, 규격 및 간격 확인
 - 칸막이 양면재 재질 및 규격 확인
 - 칸막이 양면 마감재 확인
 - 시방서 내용과 일치 여부 확인
 - 양면재가 석고보드일 경우 1겹 또는 2겹인지 확인
   · 조인트 균열 방지를 위하여 두꺼운 1겹보다 얇은 2겹이 바람직함.
 - 각종 설비배선이 가능한지 확인

기타 상기 "내벽일반"과 동일

1.1.3.4 코어상세도 검토

- 고층건물 설계에 있어서 코어(Core) 부분은 평면의 중심이 될 뿐만 아니라 구조, 동선 및 각종 설비의 배선·배관의 중추적인 부분이 되므로 코어 부분을 철저히 검토하는 것은 매우 중요한 작업이다.

코어평면도가 각층 기본 평면도와 일치한지 확인한다.
- 코어 확대 평면도 작성과정에서 변경된 내용이 기본 평면도에 수정되지 않는 경우가 있다.

기준선은 기본 평면도와 일치한지 확인한다.
코어 벽 중심선(주열선)과 벽 두께가 구조도면과 일치한지 확인한다.
철골조인 경우 내화피복 및 양측마감 등을 포함한 벽 두께와 일치한지 확인한다.
코어에 표시된 마감자재가 마감계획표 내용과 일치한지 확인한다.
마감재료는 불연재로 설계되었는지 확인한다.

코어에 있는 각종 설비 개구부의 크기(Opening size)는 구조, 전기, 설비도면 등에 표시된 개구부 크기와 일치한지 확인한다.
- 즉 Elevator shaft(ES), Pipe shaft(PS), Electric pipe shaft(EPS), Air duct(AD), Smoke tower(ST) 등과 일치 여부

각종 Shaft 공간은 보, 기둥 및 기타 구조물에 의하여 공간이 침범당하지 아니한지 확인한다.

각종 Shaft는 물 침투 방지 및 기밀성이 있는 구조인지 확인한다.
- 물 침투 방지턱 등을 설치하여 물 침투를 방지하고, 화재 시 방화벽 역할과 소음 방지도 되어야 하므로 기밀성이 요구된다.

코어에 있는 계단도면이 계단상세도와 일치한지 확인한다.

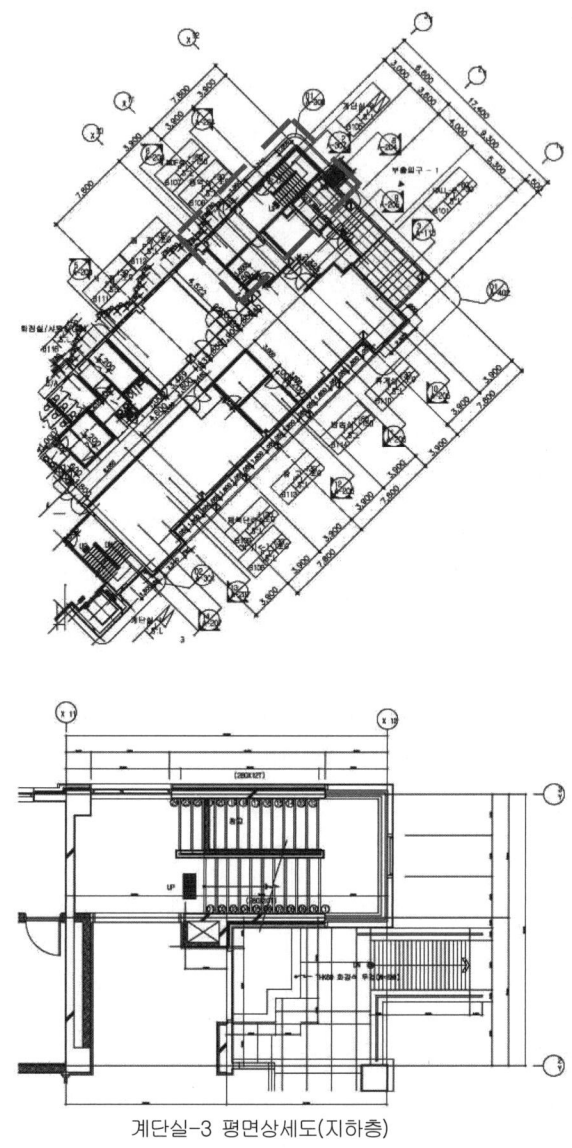

계단실-3 평면상세도(지하층)

그림 26 평면상의 계단과 계단상세도 비교 예

- 계단실 안목치수 크기, 계단참 크기, 단 높이 및 단 너비 크기, 손잡이 난간 등 적법성 확인

피난계단·특별피난계단 기준에 적정한지를 확인한다.

- 건축법시행령 제35조 참조

코어에 있는 계단실 방화문의 열리는 방향이 피난방향과 일치한지 확인한다.

- 피난방향으로 문이 열려야 한다.

코어에 설치되는 모든 문은 방화문으로 설계되었으며 방화문 기능이 적정한지 확인한다.
- 방화문의 구조 및 작동기능이 적법한지 확인한다.

승강기 기계실은 승강기 설치 상세도면과 일치한지 확인한다.
- 반드시 승강기 설치 설계도와 비교하여 일치한지 확인해야 한다.

승강기 Shaft 안목치수 크기는 승강기 설치 상세도면과 일치한지 반드시 확인한다.
- Shaft 내에 보 및 기타 구조물 또는 설비설치물이 돌출되어서는 안 된다.

승강기 출입구에 대한 마감상세와 일치한지 확인한다.
- 출입구 크기, 출입구 턱, 마감두께 등 확인

비상용 승강기의 승강장 및 승강로의 구조는 적법한지 확인한다.
- 건축물의 설비기준 등에 관한 규칙 제9조, 제10조 참조
    - 승강장은 내화구조의 바닥 및 벽으로 구획되었는지 확인
    - 승강장은 각층의 내부와 연결되고 출입구에는 갑종방화문이 설치되었는지 확인
    - 노대 또는 외부를 향하여 열 수 있는 창문이나 배연설비가 설치되었는지 확인
    - 벽 및 반자의 실내에 면하는 부분(마감 및 바탕 포함)이 불연재료로 되었는지 확인
    - 채광이 되는 창문 또는 예비전원에 의한 조명설비는 설치되었는지 확인
    - 승강장의 바닥면적은 승강기 1대에 대하여 6㎡ 이상 확보되었는지 확인

각종 Shaft에 설치된 점검구 위치와 크기가 명확히 표시되었는지 확인한다.
스모크 타워에 배연댐퍼 설치위치와 규격이 표시되었는지 확인한다.
지붕 코어에 물탱크실이 있는 경우 물탱크 하중을 구조계산에 계상되었는지 확인한다.
지붕 코어에 물탱크가 있는 경우 물탱크 하단에서 물 사용 부분까지 7m 이상 확보되었는지 확인한다.
- 최상층 사용수압 확보를 위하여 검토한다.

지붕 코어에 냉각탑이 있는 경우 냉각탑과 냉각탑 패드(Pad) 하중을 구조계산에 계상되었는지 확인한다.

1.1.3.5 계단상세도 검토

- 계단은 사람이 안전하게 다니고 물건을 운반하도록 적법하게, 그리고 인간공학적으로 안전하고 안락하게 설계되어야 한다.

1. 계단 일반

계단상세 평면도는 기본 평면도와 일치한지 확인

계단상세 평면도는 구조평면도와 일치한지 확인

계단상세 평면도의 내측 공간 유효폭 치수(Clearance)가 표시되었는지 확인

계단 각 지점의 높이(레벨) 표시가 계단단면도에 표시된 내용과 일치한지 확인

계단 시작 바닥 높이(레벨)와 계단참 높이(레벨) 표시가 되었는지 확인

계단마감 표시는 마감계획표 내용과 일치한지 확인

계단구조 층 높이와 바닥마감 높이는 명시되었는지 확인
- 마감두께로 인한 구조층 레벨과 마감레벨 차이를 확인한다.

계단 각 부분의 치수는 용도별로 법령 요구에 적합한지 확인
- 건축법시행령 제48조, 건축물의 피난·방화구조 등의 기준에 관한 규칙 제15조 참조

계단의 폭 및 계단참의 폭은 적정한지 검토
- 120㎝ 이상(초등·중고등학교 : 150 이상), 최소 60㎝ 이상

계단의 단 너비와 단 높이는 적정한지 검토
- 단 높이 – 16~18㎝, 초등학교 : 16㎝ 이하, 중고등학교 : 18㎝ 이하
- 단 너비 – 26~30㎝, 초등학교 : 26㎝ 이상, 중고등학교 : 26㎝ 이상
- 돌음계단의 단 너비는 그 좁은 너비의 끝으로부터 30㎝ 위치에서 측정
- 계단각도는 30°~50°범위 내

계단참은 계단의 높이에 따라 적정히 설치되었는지 확인
- 높이 3m 이내마다 너비 1.2m 이상 계단참 설치

경사로(RAMP)의 경사도가 적정한지 확인
- 기울기 – 1 : 8

계단실 유효 높이가 적정한지 확인
- 최소 높이 : 210㎝(계단 끝단에서 천장까지 높이) 이상

난간 높이가 적정한지 확인
- 일반 : 약 85㎝~90㎝, 주택 : 120㎝ 이상

난간 또는 손잡이 앵커상세도는 작성되었는지 확인

난간이 외력에 견디는 힘은 적정한지 확인
- 어느 방향으로나 90kgf의 힘에 견디도록 설치

논슬립(Non Slip)은 설치되었는지 확인

논슬립은 시각적으로 계단의 디딤판과 구별되는 색상인지 확인

- 안전상 논슬립은 색상이 구별되는 것이 좋다.

주기내용 확인

2. 직통계단

직통계단의 설치는 법령에 적정한지 확인
- 건축법시행령 제34조 참조

난간이 안전한 구조 및 형태인지 확인
- 높이 : 85cm 이상(주택의 경우 : 90cm 이상)
- 손잡이 직경 : 32mm~38mm 원형 또는 타원형
- 손잡이와 벽과 사이 : 5cm 이상
- 손잡이 끝부분 형태 : 둥근 형태(옷이 걸리거나 몸이 부딪치지 않도록)
- 어느 방향으로나 90kgf의 힘에 견디도록 설치

건축물의 피난·방화구조 등의 기준에 관한 규칙 제8조[직통계단의 설치기준]에 적합한지 확인

3. 피난계단

직통계단 및 피난계단의 설치는 법령 및 기준에 적정한지 확인
- 건축법시행령 제34조, 제35조 참조

문은 피난방향으로 열리는지 확인
문폭 및 구조는 방화문 규준에 맞는지 확인
- 유효폭 : 90cm 이상, 창호도면 및 건축물의 피난·방화구조 등의 기준에 관한 규칙 제26조

건축물의 피난·방화구조 등의 기준에 관한 규칙 제9조[피난계단 및 특별계단의 구조]에 적합한지 확인

4. 특별피난계단

특별피난계단의 설치는 법령에 적정한지 확인
- 건축법시행령 제35조 참조

배연설비가 있는 전실이 설치되었는지 확인
방화문이 설치되었는지 확인

방화문이 피난방향으로 열리는지 확인
문폭 및 구조는 방화문 규준에 맞는지 확인
외부개방창이 있는 부속실과 연결되었는지 확인
배연설비는 설비기준 및 규칙에 적합한지 확인
- 건축물의 설비기준 등에 관한 규칙 제14조 2항

건축물의 피난·방화구조 등의 기준에 관한 규칙 제9조[피난계단 및 특별계단의 구조]에 적합한지 확인한다.

5. 피난계단

내구성 있는 재료인지 확인
계단 높이는 150mm 이하인지 확인
단 높이 150mm 이상일 경우 계단폭 3m마다 난간이 설치되었는지 확인
미끄럼 방지 바닥재료로 설계되었는지 확인
계단의 유효너비는 900mm 이상인지 확인

6. 돌음계단

구조적으로 안전한지 확인
난간 설치는 외력에 안전하도록 설치되었는지 확인
디딤판의 유효폭은 확보되었는지 확인
- 돌음계단의 단 너비는 그 좁은 너비의 끝으로부터 30㎝ 위치에서 측정

7. 경사로

- 건축물의 피난 · 방화구조 등의 기준에 관한 규칙 참조
- 장애인, 임산부 및 노인 등을 위한 법률 참조

경사로 폭과 길이의 안목치수가 적정한지 확인
- 경사로 설치 목적에 따라 다르지만 일반적으로 신체적으로 불편한 통행인 또는 운반용 기구를 이용한 사람, 또는 물건을 운반하는 통로이므로 통행에 안전하고 운반용 기구 이용이 용이하도록 넉넉한 유효폭과 구배를 확보해야 한다.

경사로의 구배는 1 : 8 이하인지 확인
경사로 유효폭(Clearance)이 135㎝ 이상인지 확인
경사로의 바닥재 마감은 미끄럼 방지가 되는지 확인

8. 장애인 통로

- 다른 계단 검토에 포함된 것과 중복되지만 분리하여 정리하였다.
- 장애인 임산부 및 노인 등을 위한 법률 참조

통로폭과 참은 적정한지 확인
- 유효폭 : 120㎝ 이상
- 참 : 1.5m×1.5m 이상 활동공간

경사로의 기울기가 적정한지 확인
- 기울기 - 1 : 18 이상 1 : 12 이하

난간의 높이가 적정한지 확인
- 80㎝ 이상 90㎝ 이하

난간 또는 손잡이가 양측에 설치되었는지 확인

통로 높이는 적정한지 확인
- 높이 : 210㎝ 이상

계단 밑에 접근 방지 난간 또는 보호벽이 설치되어 있는지 확인

통로에 돌출된 부분이 있는지 확인
- 통로의 바닥면으로부터 높이 60㎝에서 210㎝ 이내에 벽면으로부터 돌출된 물체의 돌출폭은 10㎝ 이하이어야 한다.
- 통로의 바닥면으로부터 높이 60㎝에서 210㎝ 이내에 독립기둥이나 받침대에 부착된 설치물의 돌출폭은 30㎝ 이하인지 확인한다.

바닥은 거친 면으로 하거나 미끄러지지 않는 재료인지 확인

9. 난간 및 벽 등의 손잡이

- 난간 및 손잡이에 대한 기술은 건축 상세도면 검토, 계단도면 검토, 장애인 관련 시설, 안전에 대한 디자인 검토 등에 유사한 내용을 중복 기술하여 이해가 쉽도록 하였다.

난간 또는 손잡이 높이가 적정한지 확인
- 계단 또는 마감바닥으로부터 85㎝ 이상
- 주택의 경우 120㎝ 이상, 난간살 간격은 10㎝ 미만

손잡이 지름은 적정한지 확인
- 최대 지름 3.2㎝ 이상, 3.8㎝ 이하인 원 또는 타원형

손잡이는 벽으로부터 손이 다치지 않고 사용하기 좋도록 적절하게 떨어졌는지 확인
- 벽 등으로부터 5㎝ 이상 확보

계단이 끝나는 수평 부분에서의 손잡이는 바깥쪽으로 30㎝ 이상 나오도록 설치되었는지 확인

손잡이 끝은 손에 상처를 입히거나 옷이 걸리지 않도록 둥근 모양으로 되었는지 확인

난간 또는 손잡이는 어느 방향으로나 90kgf 힘에 견디도록 설계되었는지 확인

장애인 사용 난간 또는 손잡이로 적정한지 확인
- 2021'장애인시설 검토'를 참고 바람
  - 난간 또는 손잡이는 통로 양측에 설치하였는지 확인
  - 난간 또는 손잡이 높이는 80㎝ 이상 90㎝ 이하
  - 손잡이 끝에 점자 설치가 되었는지 확인

> 참고 **계단이 구비해야 할 조건**
> 1. 폭이 적당할 것.
> 2. 계단 높이(챌판)와 너비(디딤판)의 길이가 적당할 것.
> 3. 경사가 너무 크지 않을 것.
> 4. 계단 높이와 너비가 해당 계단에서 같은 크기일 것.
> 5. 계단의 양옆으로 떨어질 우려가 있는 곳은 난간을 설치할 것.
> 6. 계단의 디딤판 앞(코) 부분에는 보강 또는 눈에 띄도록 할 것.
> 7. 채광 또는 조명 때문에 계단 디딤판 상단에 그림자가 생기지 않을 것.
>   (또한 채광·조명 때문에 눈이 부셔 계단 디딤판 인식에 지장이 없어야 함)
> 8. 계단 높이 부분(챌판)은 수직일 것.
> 9. 계단 너비 부분(디딤판)은 수평일 것.
> 10. 디딤판은 미끄럽지 않을 것.
> 11. 최초계단, 최종계단인 것이 분명히 인식될 것.

1.1.3.6 화장실상세도 검토

1. 일반화장실

화장실 확대 평면도는 기본 평면도와 일치한지 확인한다.

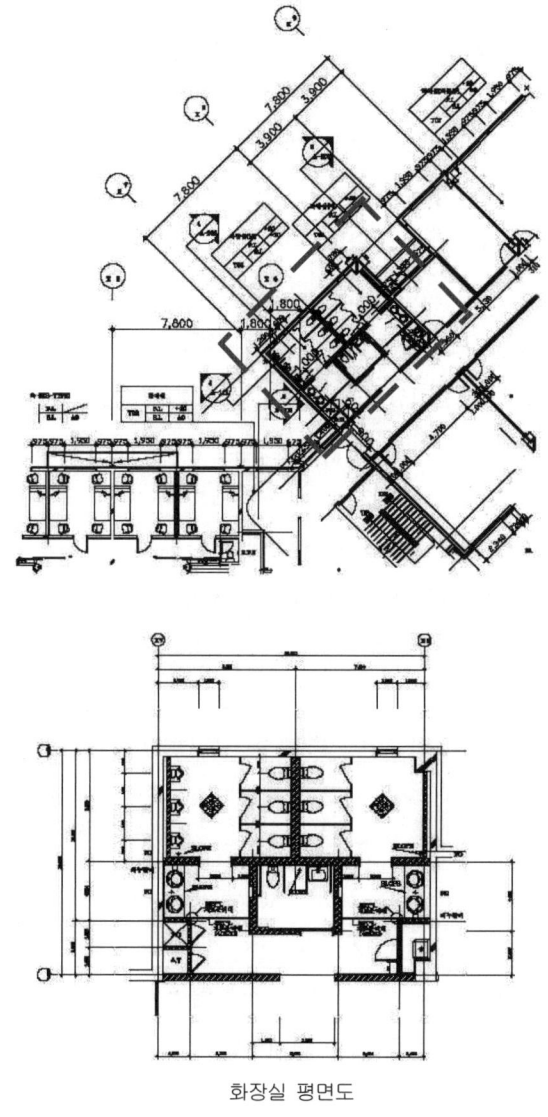

화장실 평면도

그림 27 화장실 확대 평면도와 기존 평면도(화장실 부위) 비교 예

- 확대된 상세평면도는 위생기구 및 가구배치로 인한 평면 변경이 기본 건축도면과 달라질 수 있으므로 변경이 있는 경우 기본 평면도와 일치하지 않을 수 있다.
    - 화장실 기둥의 기준선 또는 벽 중심선이 기본 평면도와 일치한지 확인
    - 창과 문의 위치가 기본 평면도와 일치한지 확인
    - 벽과 벽 사이 거리(Clearance)가 일치한지 확인

화장실 확대 평면도를 검토한다.
- 화장실 확대(또는 상세) 평면도는 실제 공간을 착오 없이 측정할 수 있도록 정확히 작성하고 위생기구 및 위생금물(Sanitary accessary) 배치가 수치로 명확하게 작성되어야 한다.
    - 화장실의 실(實)공간(가로, 세로, 높이) 크기(Clearance)가 수치로 표시되었는지 확인
    - 위생기구(衛生器具)의 크기가 규격과 일치하게 그려졌는지 확인
    - 위생기구 설치간격은 사용에 적정하며 수치로 분명히 표시되었는지 확인
    - 위생기구 설치는 벽 또는 문으로부터 사용상 불편 없는 최소 거리가 확보되었는지 확인
        · 화장실 문 열림으로 인하여 대변기 사용에 불편함이 있는지 반드시 확인한다.
    - 대변기의 칸막이 공간 크기는 적정한지 확인한다.
        · 양변기 경우 폭 100cm × 길이 130cm 이상
    - 소변기의 칸막이 간격과 크기는 적정한지 확인
    - 바닥 배수구배 표시 및 배수구(F.D) 위치가 표시되었는지 확인
    - 타일 또는 석재의 규격과 나누기도가 일치한지와 나누기 기준이 표시되었는지 확인
    - 위생기구 금물(Sanitary Accesories : 타월걸이, 휴지걸이, 욕조손잡이, 비누선반, 거울 등) 위치가 적정한지 확인
    - 배기팬(Exaust Fan) 설치 위치를 확인
    - 위생배관 설치를 위한 파이프덕트(PD) 설치가 누락되었는지 확인
    - 파이프덕트 크기가 배관에 지장이 있는지 확인
    - 배기를 위한 에어덕트 설치가 필요한지와 크기가 적정한지 확인
    - 드라이월 벽체에 소변기가 설치될 경우 배관을 위한 가벽 설치가 설계되었는지 확인

전개도를 검토한다.

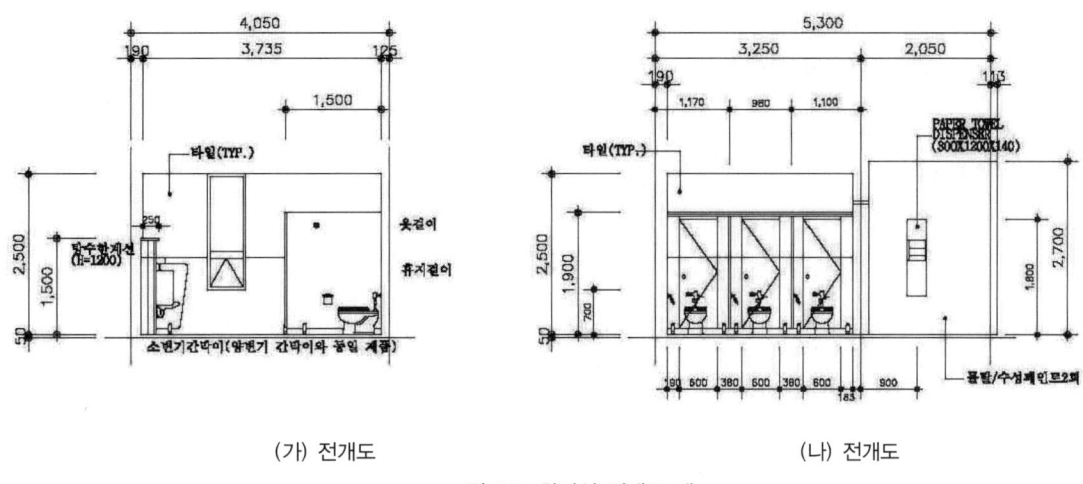

(가) 전개도   (나) 전개도

그림 28 화장실 전개도 예

- 화장실 전개도는 평면 및 벽면에 설치되는 모든 시설 현황을 종합적으로 나타내므로 사실대로 정확한 크기로 정확한 위치를 표현해야 한다. 간혹 화장실 전개도를 형식적으로 작성한 것 같이 무성의하게 작성된 설계도가 있으나 전개도는 실제로 시공되어야 하는 설계도이기 때문에 정확하게 작성되지 않으면 유명무실한 설계도가 된다.
  - 전개도는 모든 벽면을 포함하여 축척에 맞게 정확히 작성되었는지 확인
  - 실(實) 공간 크기(가로, 세로)가 확대 평면도에 표시된 크기와 일치한지 확인
  - 천장 높이는 단면도에 표시된 높이와 일치한지 확인
  - 각 전개도 명칭 또는 부호는 바라보는 방향안내 표시의 명칭이나 부호와 일치한지 확인
  - 각 전개도상의 크기가 축척에 맞게 정확히 작성되었는지 확인
  - 위생기구(衛生器具 : Sanitary Fixture)와 위생금물은 규격 크기대로 표시되었는지 확인
  - 위생기구, 위생금물 및 가구위치는 평면도에 표시된 위치와 일치한지 확인
  - 위생기구, 위생금물 및 가구 설치가 사용에 적절한 높이 치수인지 확인
    · 특히 샤워헤드 높이는 명확히 수치로 표시해야 한다.
  - 조명등 높이와 위치는 밝기와 거울보기에 적절한지 확인
  - 스위치 및 콘센트 위치와 높이 확인

- 타일 또는 석재의 규격과 나누기도가 일치한지와 나누기 기준이 표시되었는지 확인
- 각종 위생기구와 위생금물 설치위치가 벽 자재 나누기도에 어울리지 않게 배치되었는지 확인
- 주기내용을 확인

천장도면을 검토한다.
- 천장도면이 평면도와 일치한지 확인
- 커튼박스, 반자돌림, 노출 보 등이 표시되었는지 확인
- 천장에 설치되는 각종 설비 설치물이 적절하게 배치되었는지 확인
    · 등, 스프링클러, 스피커, 화재감지기, CCTV카메라 등 설치가 중복되는지 또는 불규칙하게 배치되었는지 확인
- 특히 조명등의 위치가 대변공간 위에 그늘지지 않도록 적정한 위치에 배치되었는지 확인
- 액세스 도어의 위치와 규격과 재질이 표시되었는지 확인
- 배기팬 또는 배기덕트 위치가 표시되었는지 확인

(참고) 기타는 '천장도면 검토'를 참고 바람.

단면도를 검토한다.
- 전개도와 함께 단면도를 작성한 경우에 검토한다.
    - 천장고를 확인하여 전개도에 표시된 천장고와 일치한지 확인
    - 화장실 바닥면과 문턱과의 높이 차이가 있는지 확인
    - 화장실 바닥면과 창대 높이가 입면도와 일치한지 확인
    - 콘크리트벽에 위생기구가 설치되어 있는지 확인
        · 콘크리트벽 속에 배관의 불합리(철근 배근 및 콘크리트 피복두께 확보로 인함)
    - 커튼박스 및 반자돌림 상세도 확인
    - 벽 마감재료와 범위가 벽 전개도와 일치한지 확인
    - 배수배관이 보에 장애를 받고 있는지 확인
    - 바닥 및 벽 방수종류 및 범위가 표시되었는지 확인
    - 천장에 설치되는 모든 설비시설이 설치될 수 있는 천장 깊이가 확보되는지 확인

2. 장애인 화장실

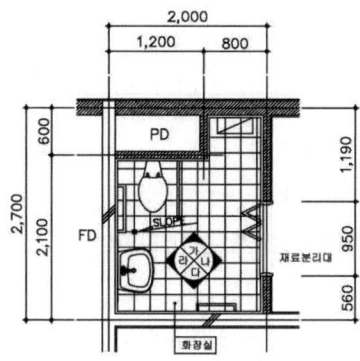

화장실 평면도(장애인실-화장실)

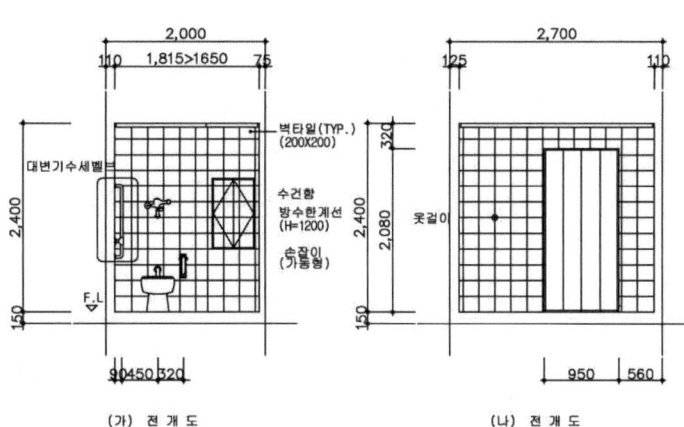

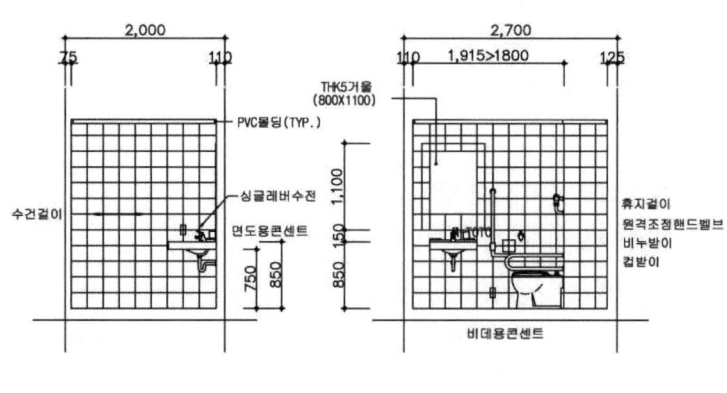

그림 29 장애인용 화장실 예

- 여기서는 간단히 기술함. 상세한 조건은 '장애인 임산부 및 노인(이하 장애인)을 위한 편의시설기준'을 참조 바람.

장애인을 위한 평면계획이 되었는지 확인한다.
- 화장실 : 폭 1.4m×깊이 1.8m 이상
- 복도폭 : 1.2m 이상
- 휠체어 회전가능 공간 : 1.4m×1.4m

문의 유효폭은 확보되었는지 확인한다.
- 유효폭 : 0.9m 이상

출입문은 미닫이 또는 접이문으로 설계되었는지 확인한다.
- 여닫이문일 경우 바깥쪽으로 열림.
- 휠체어 회전공간 확보시에는 안쪽으로 열림 가능하도록
- 손잡이는 레버용 설치

장애인용 안전대(난간) 설치는 되었는지 확인한다.
- 대변기, 소변기, 세면대 및 욕조에 설치하는 기준에 적합해야 한다.

세면대 상단 높이는 바닥면에서 85cm
- 휠체어 바퀴가 세면대 밑으로 들어갈 수 있도록 설치

1.1.3.7 주방(부엌)상세도(또는 확대도) 검토*

- 원칙적으로 주방설계는 주방규모 및 성격에 따라 사용될 주방장비(Kitchen Equipment)를 정하여 배치하고 사용자의 인체조건에 맞도록 설계되어야 한다. 주방은 주택주방으로부터 호텔, 병원, 음식점, 공장, 군사시설 등 다양하여 시설규모에 따라 주방장비의 종류와 용량이 다르므로 주방장비의 전문지식 없이는 검토하기가 어려운 영역이다.

주방설계도면(확대도면)을 검토한다.
- 건축도면과 일치한지 확인한다.
  · 확대된 상세평면도는 주방기구 및 가구 배치로 인하여 합리적인 평면 변경이 있을 경우 기본 건축도면이 수정되지 않아 기본 평면도와 일치하지 않을 수 있다.
- 주방 벽 또는 기둥의 중심선 및 창과 문의 위치가 기본 평면도와 일치한지 확인한다.
- 주방공간 실(實) 크기(Clearance)를 확인

－주방기구 및 가구 배치는 실제 크기와 같도록 축척에 맞게 표시되었는지 확인
　　　－주방기구 및 가구의 문 여는 방향이 벽 반대방향이거나 동선을 방해하는 것이 있는지 확인
　　　－주방기구 및 가구 배치는 사용하기에 불편 없이 배치되었는지 확인
　　　　・주방기구 및 가구는 인체조건에 맞도록 배치하는 것이 좋다.
　　　－문폭은 주방장비 반입 및 반출에 지장이 없는지 확인

전개도가 작성되었는지 확인한다.
- 전개도는 벽면에 나타나는 모든 설계된 현황을 사실대로 정확한 크기로 표현하여야 한다.
　　　－전개도는 모든 벽면을 작성하였는지 확인
　　　－천장 높이가 단면도에 표시된 높이와 일치한지 확인
　　　－전개도 작성 방향 표시는 전개도 명칭 및 부호 표시와 일치하는지 확인
　　　－각 전개도 크기가 축척에 맞게 정확히 작성되었는지 확인
　　　－주방장비(Kitchen Equipment) 규격 크기대로 표시되었는지 확인
　　　－주방장비 및 가구 위치가 평면도에 표시된 위치와 일치한지 확인
　　　－주방장비 및 가구 설치 높이와 위치가 인체조건(인간공학상)에 적절한지 확인
　　　－후드 설치 및 배기방법이 명시되었는지 확인
　　　－레인지 상부에 소화시설 공간이 마련되었는지 확인

바닥 배수구배는 적정한지 확인한다.
- 일반적으로 주택 주방을 제외한 대형 주방에서는 물을 많이 사용하고, 위생상 물 청소를 많이 하여 배수가 잘되도록 설계되어야 한다.
　　　－배수방향과 구배 표시가 되었는지 확인
　　　－배수구배는 적절한지 확인
　　　－설계된 배수구배가 시공이 가능한지 확인
　　　－배수 플로어드레인의 위치가 적정한지 확인

방수설계는 적절한지 확인한다.
- 주방은 물 취급이 많기 때문에 주방 위치에 따라 방수설계에 대한 검토가 요구된다.
　　　－방수설계가 요구되는지 확인
　　　－방수공법이 적정한지 확인

모든 주방장비는 가동에 필요한 각종 설비시설에 연결되었는지 확인한다.
- 주방장비의 종류 및 기능에 따라 작동을 위하여 공급되어야 할 에너지원과 물, 그

리고 배기 및 배수시설 등과의 연결 또는 연결될 수 있는지 확인한다.
- 주방장비 작동을 위한 에너지원(전기, 가스) 공급시설과 연결되었는지 확인
- 주방장비에 요구되는 물(온·냉수) 공급시설과 연결되었는지 확인
- 주방장비에 요구되는 배수시설과 연결되었는지 확인
- 주방장비에 요구되는 배기시설과 연결되었는지 확인

각종 주방장비 및 가구배치가 적정한지 검토한다.
- 주방 규모가 큰 시설에는 주방장비 및 가구배치도(Kitchen Equipment & Furniture Layout)를 별도로 작성하며, 검토를 위하여 주방장비 및 주방기구에 대한 자료수집과 사전검토가 요구된다.
  - 주방장비 및 가구 규격을 축척에 맞도록 그려졌는지 확인
  - 주방장비의 명칭, 규격, 용량이 명확히 표시되었는지 확인
  - 각 장비와 가구의 열림과 닫힘이 정확히 표시되었는지 확인
  - 방문 열림 방향에 의하여 장비 사용에 지장이 있는지 확인
  - 장비 문 열림 방향이 벽이나 설치된 가구에 의해 지장을 받는지 확인
  - 주방장비 계획표와 내용이 일치한지 확인
    · 장비명칭, 규격, 용량 각종 에너지 공급원, 상·하수 등과의 연결관계 표시

---

* ARCHITECTURE, January 1987, pp.83~84. 실린 곳 : AIA Manual 1994,
 2.6 Construction Documents에서 부분적으로 인용

1.1.3.8 주차장상세도 검토

1. 법적 사항

주차장의 주차구획은 기준에 일치한지 확인한다.
- 주차장법 제6조 및 시행규칙 제3조 참조

노상 및 노외 주차장의 구조·설비는 기준에 일치한지 확인한다.
- 주차장법 제6조 및 시행규칙 제4조, 제6조 참조

노외 주차장의 설치에 대한 계획 기준에 일치한지 확인한다.
- 주차장법 제6조 및 시행규칙 제5조 참조

2. 바닥마감

바닥마감방법은 명시되었는지 확인한다.

시공줄눈(Construction Joint) 및 균열조정줄눈(Control Joint)이 명시되었는지 확인한다.
- 상세도면과 시방서 내용을 확인한다.

각 줄눈간격과 배치가 공학적으로 적정한지 확인한다.

각종 줄눈 표준상세도는 작성되었으며 줄눈 시공방법이 적절한지 검토한다.
- 각종 줄눈 설치방법이 이론에 맞지 않게 설치될 경우 문제를 일으킬 수 있으므로 면밀히 검토해야 한다.

바닥 슬래브 두께는 주차장시설로서 적정한 두께인지 확인한다.
- 200mm 이상 확보

바닥 마모 및 방진(防塵)에 적절한 마감인지 확인한다.
- 제물마감, 하드너, 에폭시 코팅 등

주차장과 경사로가 만나는 경계부분에 균열 유도줄눈이 설치되었는지 확인한다.

코어 주위에 자동차와 코어벽 충돌 방지 및 물막이 처리를 위한 시설이 되었는지 확인한다.
- 코어부분 약 100mm 레벨 업 단차 마련, 엘리베이터 홀과는 경사지게 처리 등

배수트렌치는 마감시공이 가능하도록 설계되었는지 확인한다.

배수트렌치 상세도는 작성되었는지 확인한다.

3. 보호시설

구조체에 면해 주차하는 경우 벽과 충돌 방지턱(Wheel Stop)이 설치되었는지 확인한다.

주차장 기둥 모서리 보호대(Corner Protector)가 설치되었는지 확인한다.

1.1.3.9 주차장램프 상세도 검토

1. 일반사항

외부에 접한 램프인 경우 트렌치(Trench) 및 스노우 멜트(Snow melt)시설이 설계되었는지 확인한다.

연석 설치가 되었는지, 연석 규격은 명시되었는지 확인한다.
- 연석 규격은 일반적으로 폭 300mm, 높이 100mm~150mm 크기로 한다.

경사로의 차로바닥으로부터 천장 높이가 최소 2.3m 이상 확보되는지 확인한다.

경사로 표면처리(미끄럼 방지)방법이 명시되었는지 확인한다.
경사로 표면처리방법이 시방서에 기술되었는지 확인한다.
차로너비 및 구배 또는 완충구배가 적정한지 확인한다.
- 적정구배 : 12%

최소 내변 반경이 확보되었는지 확인한다.
지하1층 슬래브와 진입램프가 만나는 지점에 배수트렌치는 설치되었는지 확인한다.
배수트렌치 상세도가 작성되었는지 차량통행에 적절한 시설인지 검토한다.

2. 기계식 주차장 카 리프트

자동차 30대마다 자동차승강기가 설치되었는지 확인한다.

3. 주차권 발매와 요금계산서

위치표시를 확인한다.
전기, 설비기계 설치 및 배관배선이 되었는지 확인한다.
- 장비설치시설
- 냉난방시설
- 통신시설

1.1.3.10 커튼월 상세도 검토

풍력에 의한 설계조건을 확인한다.
- 설계기준 및 구조계산 확인
- 시험기준과 방법 확인
- 고층건물의 경우 Wind Tunnel Test 실시 확인

구조시스템을 검토한다.
- 조립방식에 의한 공법(Unit, Stick, Half Unit) 확인
- 구조안전성(Mullion, Transom, Fastener) 확인
- 현장양중작업 여건 및 특성 확인
- 프레임 단면 적정성 확인
- 앵커방법 확인
- 단열바로 되었는지 확인

　　　　－유리 설치방법 검토
커튼월에 대한 시방서 내용과 일치한지 확인한다.
　　　　－설계조건 확인
　　　　－구조시스템 확인
　　　　－재질 및 코팅관계 확인
층고가 기준 층고보다 높은 부분(1층 홀 등)에 설치되는 커튼월은 풍압 및 자중에 안전한지 확인한다.
　　　　－좌굴보강 검토
　　　　－휨보강 검토
스팬드럴(Spandrel)구조를 검토한다.
　　　　－재질 및 규격 검토
　　　　－유리의 경우 열에 의한 균열 검토
　　　　－패널 평활도 유지 가능 두께인지 검토
　　　　－코팅색상 적정성 검토
　　　　－커튼월 시스템과 슬래브 사이 공간막이 검토
　　　　　　・방수, 방음, 통풍 및 방화를 위한 방법으로 슬래브와 커튼월 시스템 사이를 밀폐시켜야 한다.
　　　　－팬코일 유닛(FCU) 설치와 횡프레임과의 높이 관계 검토
　　　　　　・일반적으로 팬코일 커버 높이와 커튼월 횡프레임 높이와 같도록 설계한다.
　　　　－석재마감 두께 적정성(30mm 정도 적합)
실런트, 개스킷의 내구성 및 이질재간 상응성(Compatirbility)을 검토한다.
　　　　－커튼월용 실런트를 사용하였는지 확인
　　　　－개스킷의 품질이 적정한지 확인
　　　　－이질재간 화학적 반응 가능성이 있는지 검토
커튼월 상세평면도와 기본 평면도와 일치한지 확인한다.
　　　　－커튼월의 평면도 양끝 위치 확인
　　　　－커튼월 멀리온 위치와 평면도에 표시된 간벽 위치가 일치한지 확인
　　　　　　・가급적 간벽과 멀리온이 일치해야 건축적인 마무리가 편리하다.
　　　　－커튼월 멀리온과 간벽 공간막이 방법 표시 및 적정성 확인
커튼월 상세도와 건축단면도가 일치한지 확인한다.
　　　　－커튼월 위치와 기준선과의 거리 확인

－커튼월 위치와 슬래브 끝선과의 거리 확인
　　　－커튼월과 슬래브 끝선과의 공간 충진 확인
　　　－각 층별 커튼월 수평 멀리온 위치와 바닥마감 또는 구조층 레벨과의 관계 확인
　　　－각 층별 커튼월 수평 멀리온 위치와 팬코일 유닛(FCU) 커버 위치와의 관계 확인
유리 재질 및 규격이 적정한지 확인한다.
　　　－커튼월 프레임과 유리가 걸치는 최소치수 확인
　　　－안전검토 : 파손시 또는 반사로 인한 사고 가능성 확인
　　　　·안전유리(접합유리, 강화유리, 망입유리 등) 사용 및 반사유리 사용 확인
　　　－환경검토 : 에너지 손실, 불규칙한 반사, 색상과 심리, 결로 등
커튼월 각 부분상세도가 적정하게 작성되었는지 확인한다.
　　　－상단과 하단
　　　－모서리
　　　－구조부와 접속부분
　　　－스팬드럴
수직, 수평 간 변위에 대응하는 시스템인지 검토한다.
　　　－Fastener System 검토
　　　－수직 또는 수평 길이가 길 경우 열에 의한 신축·팽창 대응책 검토
　　　－유리의 Face Clearance, Edge Clearance 기준
결로수, 침입수 방지대책이 되어 있는지 검토한다.
　　　－Flashing 검토
　　　－배수구멍(Hole) 설치 검토
Embed Anchor 설치는 안전한지 검토한다.
　　　－앵커 설치 상세도 확인
　　　－앵커 설치 보강 여부 확인
　　　－Set Anchor 설치의 경우 안전성 확인

1.1.3.11 옥상정원 상세도 검토

1. 일반사항

화단벽은 건물외벽 또는 파라펫과 분리되었는지 확인한다.
　• 화단벽을 구조물과 분리되도록 설치하여 구조체에 영향을 주지 않도록 한다.

화단벽은 방수층 보호콘크리트 위에 설치되었는지 확인한다.
- 화단벽이 방수층 위에 직접 설치될 경우 방수층에 손상을 줄 가능성이 있다.

화단벽은 토압에 견딜 수 있는 구조인지 확인한다.

조성토 높이는 방수층 높이보다 낮게 조성되었는지 확인한다.
- 약 10cm 정도 낮게 조성토를 설치하여 화단의 물이 방수층에 침투되지 않도록 한다.

화단 설치와 조성토 하중이 구조계산에 계상되었는지 확인한다.
- 구조계산서에서 지붕층 하중계상 확인

2. 화단방수 및 드레인

화단방수는 구조체 방수와 분리하여 설치하였는지 확인한다.

토양과 구조체가 분리되었는지 확인한다.
- 배수판 설치를 확인한다.

화단 하부에 드레인이 설치되었는지 확인한다.
- 화단에 침투된 과잉수분이 배출되도록 적정한 간격과 위치에 배수드레인을 설치한다.

드레인의 재질과 규격이 표시되었으며 적정한지 확인한다.

드레인으로부터 흘러나온 물이 지붕을 더럽히지 않도록 배수계획이 되었는지 확인한다.

3. 출입문

옥상정원과 연결된 출입구에는 열손실을 최소화할 수 있는 시설이 설치되었는지 확인한다.
- 방풍실 또는 특수문 등을 설치하였는지 확인한다.

4. 급수시설

화단에 물을 공급할 수 있는 급수시설이 지붕에 설치되었는지 확인한다.

급수시설이 겨울에 동파될 우려가 있는지 확인한다.

5. 안전

화단 설치로 인하여 파라펫 또는 난간을 높이 설치하는 이유가 반감되는 경우가 있는지 확인한다.
- 화단 설치로 인하여 추락 우려가 있는지 검토한다.

화단 설치로 청소용 고리(파라펫에 설치된) 설치가 불가한 경우가 있는지 검토한다.

1.1.3.12 옥상 상세도 검토

옥상난간 상세도를 검토한다.
- 난간 설치로 방수층에 손상이 있는지 확인
- 90kgf의 외력에 견딜 수 있는지 확인
- 난간이 바닥 마감선으로부터 적정 높이에 설치되었는지 확인
  - 주거건물인 경우 120㎝ 이상
- 난간살 간격은 안전에 적정한지 확인
  - 주거건물인 경우 10㎝ 이내
- 발로 짚고 설 수 있는 가로 난간살이 설치되었는지 확인
  - 추락 방지를 위하여 주거건물 난간에는 어린아이가 발로 짚고 설 수 있는 가로대가 없이 설계하는 것이 좋다.

청소용 고리 설치 상세도를 검토한다.
- 고리 재질, 고리 직경, 단면 직경 확인
- 고리 설치간격 확인
- 고리 앵커 설치 상세도 확인
  - 청소작업 하중에 충분히 안전한지 확인한다.
- 앵커 설치로 방수층에 손상이 있는지 확인

루프드레인 설치 상세도를 검토한다.
- 방수상세도, 외벽단면도 또는 표준상세도와 일치한지 확인
- 그려진 루프드레인은 시중 생산품인지 확인
  - 생산되지 않는 루프드레인 모델을 가지고 상세도를 작성하였다면 시공성이 없는 그림에 불과하므로 루프드레인이 시중에 있는 생산품인지 확인해야 한다.
- 시중 생산품일 경우 제조회사의 표준상세와 비교 검토
- 루프드레인 구조가 설계된 방수공법에 적합한지 확인
- 루프드레인 규격이 적정한지 확인
  - 강우강도 180mm/hr 경우 : ϕ100 : 78~160㎡, ϕ125 : 160~280㎡, 150 : 290~430㎡, 2개 이상 루프드레인 설치가 안전을 위해 바람직함.

지붕을 관통하여 설치되는 각종 설비시설물 설치상세도를 검토한다.
- 배기 벤트 및 급·배기덕트 등 설치를 검토한다.
  - 지붕 관통부분 방수층 처리 상세도 확인

　　　　· 일반적으로 지붕 관통 부분에 방수처리가 미흡하여 누수원인이 된다.
　　－배기 부분의 우수 유입 방지에 대한 상세도 검토
　　　　· 빗물이 바람에 날려 배기 부분을 통하여 우수가 유입되는 경우가 있는지 세밀하게 검토해야 한다.

각종 기계장비 설치 상세도를 검토한다.
- 쿨링타워, 에어 컴프레서, 물탱크 등 설치
　　－장비기초 상세도가 작성되었는지 확인
　　－기초상세도는 지붕방수층에 영향이 있는지 확인
　　　　· 일반적으로 방수보호층 위에 설치한다.
　　－장비에 연결된 배관의 지붕 관통 부분을 방수와 관련하여 검토
　　－각종 기계장비 설치 및 가동 하중이 구조계산시 계상되었는지 확인

각종 통신안테나 설치 상세도를 검토한다.
　　－안테나 기초상세도는 작성되었는지 확인
　　　　· 통신안테나도 대형화되기 때문에 안테나 기초상세도를 반드시 확인해야 한다.
　　－안테나와 관련된 통신선 인입관로 상세도 검토
　　　　· 안테나만 설치되고 안테나와 연결되는 선 관로는 누락되는 경우가 있다.

곤돌라 설치 상세도를 검토한다.
　　－곤돌라 설치도 및 상세도는 작성되었는지 확인
　　－곤돌라 전문업체의 제작 및 설치도와 일치한지 확인
　　－곤돌라 시방서 내용과 일치한지 확인

방수보호 콘크리트 조인트 상세도를 검토한다.
　　－익스팬션 조인트 상세도가 적정한지 확인
　　－컨트롤 조인트 상세도가 적정한지 확인
　　－각 조인트 간격과 설치 위치가 공학적으로 합리적인지 확인

헬리포트 규격과 표시방법은 적정한지 확인한다.
- 건축물의 피난·방화구조 등의 기준에 관한 규칙 제13조 [헬리포트의 설치기준] 참조
　　－헬리포트의 길이와 너비(22m, 15m까지 감축 가능) 확인
　　－헬리포트의 중심으로부터 반경(12m) 이내의 장애물이 있는지 확인
　　－헬리포트의 주위 한계선 표시방법 확인
　　－"Ⓗ" 표시방법 확인
　　－진동완충을 위한 상세도 확인

- 헬리포트 내 조명 매입 계획 및 상세도 확인

위성수신기 설치위치와 상세도는 명확히 표시되었는지 확인한다.

항공장애등 설치를 검토한다.

1.1.3.13 승강기 관련 상세도 검토

1. 승강기(일반)

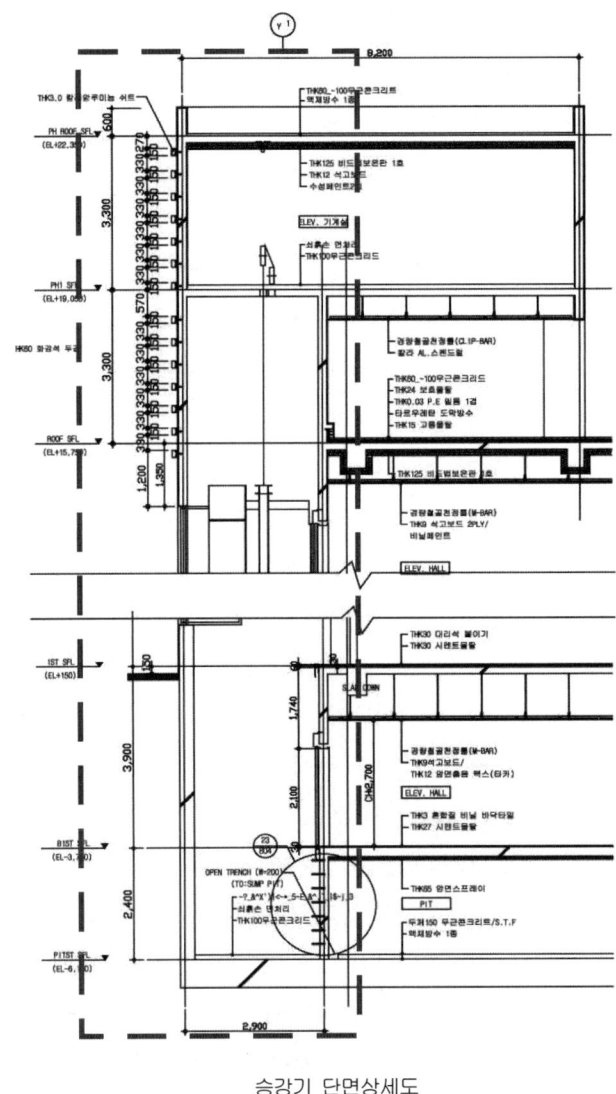

승강기 단면상세도

그림 30 승강로 단면 예

승강기 설치가 법적 요구에 충족되는지 확인한다.
- 건축법 제64조 및 시행령 제89조, 제90조 참조
- 승강기 제조 및 관리에 관한 법률을 참조한다.

사용할 엘리베이터 제품의 시방서를 검토한다.
- 승강기 샤프트 유효폭 확인
- O.H(Over Head) 높이 확인
- 피트(Pit) 깊이 확인
- 기계실 유효 높이 및 넓이 확인

승강기 상세도면이 엘리베이터 시방서 내용과 일치한지 확인한다.

엘리베이터 피트 하부를 실(室)로 사용하는 경우, 천장고 확인과 소음 및 진동 방지를 검토한다.

피트는 방수처리가 되었는지 확인한다.

비상용 엘리베이터의 피트에 집수정이 설치되었는지 확인한다.

엘리베이터 Head 및 Jamb 상세도가 적정한지 확인한다.

전기, 설비관련 부착물의 크기와 위치가 분명히 표시되었는지 확인한다.
- 스위치, 운행 층 표시기 등의 위치와 크기 표시가 분명히 명시되었는지 확인

전기, 설비관련 부착물의 크기와 위치가 전기, 설비도면 내용과 일치한지 확인한다.

2. 비상용 승강기

- 건축법 제64조 제2항, 시행령 제90조 참조
- 건축물 설비기준 등에 관한 규칙 제9조, 10조 참조
- 비상용 승강기 설치장소는 대부분 방화구획 부분이므로 화재에 안전한 시설이 되어야 한다.

비상용 승강기 설치시 법적 요구에 충족되는지 확인한다.
- 높이 31m를 넘는 건축물에 설치
- 건축법 제64조 제2항 및 시행령 제90조 참조
- 건축물 설비기준 등에 관한 규칙 제9조, 제10조 참조

승강로는 내화구조로 구획되었는지 확인한다.

전실은 비상용승강기 1대상 6㎡ 이상 확보되었는지 확인한다.

승강장에는 외부를 향하여 열 수 있는 창문이나 배연설비가 설치되어 있는지 확인한다.

출입문은 갑종 방화문으로 설치되었는지 확인한다.

마감은 불연재료로 설계되었는지 확인한다.

피난층이 있는 승강장의 출입구로부터 도로 또는 공지에 이르는 거리가 30미터 이하인지 확인한다.

3. 승강기 기계실

기계실 유효 높이(보 하단까지) 및 면적이 엘리베이터 시방서 내용을 충족시키는지 확인한다.

기계실 구조(바닥 및 보)는 기계 설치하중 및 작동하중을 구조계산에 계상되었는지 확인한다.

- 구조계산서에서 실별 하중계상 내용을 확인한다.

기계양중용 훅(Hook) 고정용 앵커 매입과 보강이 되었는지 확인한다.

바닥의 엘리베이터 샤프트(Shaft) 개구부는 엘리베이터 설치 기계도면 내용과 일치한지 확인한다.

- 엘리베이터 전문업체가 작성한 엘리베이터 제작 및 설치 도면을 비교·검토한다.

엘리베이터 샤프트 크기는 소음을 줄이기 위한 최선의 크기인지 검토한다.

- 소음을 줄이기 위한 엘리베이터 샤프트 크기에 대하여 엘리베이터 전문가와 협의 필요

기계실 면적의 1/20 이상의 환기창이 설치되었는지 확인한다.

- 법령 요구사항임

출입구 유효폭과 높이가 확보되었는지 확인한다.

- 일반적으로는 750mm×1800mm의 개구부가 필요하나 지정된 또는 승인된 엘리베이터 전문업체와 협의하여 결정해야 한다.

1.1.4 설비관련(확대) 도면 검토

1.1.4.1 기계실 도면 검토

기계실 평면도가 건축평면도와 일치한지 확인한다.
- 벽 및 기둥 중심축이 일치한지 확인
- 벽, 문, 창 및 각종 개구부 위치가 기본 평면도와 일치한지 확인
- 벽 및 기둥 규격은 구조도면에 표시된 크기와 일치한지 확인

장비 배치는 기계도면에 표시된 장비 배치와 일치한지 확인한다.
- 장비 배치가 불일치한 경우가 많이 발생한다.

장비기초(Pad) 배치와 크기 표시가 정확히 표시되었는지 확인한다.

- 기초 크기가 축척에 맞고 치수 기입이 되었는지 확인

장비와 장비 또는 구조물(벽, 기둥)과의 이격거리는 적정한지 확인한다.
- 장비 설치, 배관덕트 설치 및 유지관리에 지장이 없는 공간 확보 확인

장비와 천장 사이의 거리는 적정한지 확인한다.
- 덕트 및 기계설비배관, 케이블 트레이, 소방배관, 연도 등과의 간섭을 받는지 확인

물탱크 받침 규격 및 배치 간격은 배관 또는 배수밸브 설치에 지장이 없는지 확인한다.
- 받침 높이는 약 450mm 이상 확보

배관 피트(Pit) 배치와 규격은 적정한지 확인한다.
섬 피트(Sum Pit)와 연결되는 트렌치 규격과 물 구배는 적정한지 확인한다.
굴뚝은 보일러 설치와 인접한 위치에 설치되었는지 확인한다.
굴뚝과 관련 있는 장비(보일러 또는 발전기 등)는 굴뚝에 인접하여 배치되었는지 확인한다.
각종 장비 배치는 샤프트(PS, DS)와 인접하여 배관이 단순하게 배열되도록 배치되었는지 확인한다.

소음과 진동에 대한 대책은 고려되었는지 확인한다.
   －장비 방진 및 소음 방지기 설치 확인
   －기계실 소음 방지 마감시설은 되었는지 확인

장비 반입구 설치 및 크기는 장비 반입·반출에 지장이 없는지 확인한다.
장비의 반입·반출을 위한 운반통로(바닥 및 공간) 및 출입문 크기는 확보되었는지 확인한다.
연소공기 공급 및 환기대책시설은 되어 있는지 확인한다.
   －드라이에리어(D.A)시설 설치 확인
   －강제 배기시설 설치 확인
   －배기창은 설치되었는지 확인

배관으로 인하여 통행에 지장이 없는지 확인한다.
건축마감이 불연재인지 확인한다.
방화구획벽 및 방화문 설치는 적정한지 확인한다.
   －방화벽의 구조는 기준에 적합한지 확인
   －방화문 또는 방화셔터는 설치되었는지 확인

장비 반입구 덮개는 이동 및 설치에 용이하게 설계되었는지 확인한다.
장비 반입구로부터 유입되는 우수처리 트렌치는 적정히 배수시설에 연결되었는지 확인한다.
트렌치 상세도 작성이 되었는지, 또 그 상세도가 적정한지 확인한다.
- 트렌치 규격, 스틸 그레이팅 또는 스틸 플레이트 커버 규격 및 받침구조 등 확인

드라이에리어에 유입되는 우수처리는 적정한지 확인한다.
- 우수가 벽체에 부딪쳐 흘러내리는 막대한 양의 우수처리와 드레인 규격 및 배수 배관과의 연결 확인

기계실 바닥마감은 유지보수 및 관리에 적정한 재료인지 확인한다.

장비 패드 및 물탱크 받침 시설비 및 도장비용이 누락되었는지 확인한다.

주기내용을 확인한다.

1.1.4.2 공조실 도면 검토

공기조화기실 확대 평면도와 기본 평면도와 일치한지 확인한다.
  - 벽 및 기둥 중심축이 일치한지 확인
  - 벽, 문, 창(루버창 포함) 및 각종 개구부 위치가 기본 평면도와 일치한지 확인

장비패드 위치가 기계설비 장비 배치도와 일치한지 확인

공기조화기 및 배치는 적정하게 그려졌는지 확인한다.
  - 공기조화기 크기는 기계설비도면에 표시된 크기와 일치한지 확인
  - 공기조화기 크기가 축척에 맞게 그려졌는지 확인
  - 공기조화기와 주변 벽 및 천장과의 이격거리가 표시되었는지 확인
    · 덕트 배치에 지장이 없을 정도로 여유공간이 있어야 한다.
  - 조명시설은 공기조화기 및 덕트 설치에 지장이 없도록 배치되었는지 확인

공기조화기 반입구 및 공기조화실 문 규격이 설계된 장비 반입에 지장이 없는지 확인한다.
  - 공기조화기 크기를 기계설비도면에서 확인
  - 공기조화기 반입 및 설치방법을 확인
    · 기계설비 엔지니어와 협의한다.
  - 장비 반입구 또는 공기조화실 문 규격을 확인하여 장비 반입이 가능한지 확인

천장의 높이는 공기조화기 설치 및 덕트(보온재 포함) 설치에 지장이 있는지 확인한다.
  - 천장 높이를 확인한다.
  - 장비 높이와 천장 사이 공간의 크기를 확인하고, 상부 공간이 보 및 배관시설 등으로 덕트 설치에 제약을 받는지 확인

기계 공조설비도면을 참조하여 공기조화기 및 덕트 설치가 가능한지 확인한다.
- 기계설비 엔지니어와 협의한다.

급기 및 배기를 위한 개구부 및 배기그릴 등이 설치되었는지 확인한다.
  - 급기 및 배기구 위치가 기계설비도면에 표시된 내용과 일치한지 확인

－급기 및 배기 개구부 크기가 기계설비도면에 표시된 덕트 및 개구부 크기와 일치한지 확인
　　　－그릴 규격과 개구면적이 배기 및 급기에 지장이 없는지 확인
　　　－그릴의 구조는 배기로 인하여 소음과 떨림 문제는 없는지 확인

기계 운영 및 유지보수에 필요한 공간이 마련되었는지 확인한다.
　　　－장비와 벽 및 천장 간의 공간 크기를 확인
　　　－확인된 공간이 기계 운영 및 유지보수에 지장이 없는지 확인
　　　－기계 운영 및 유지보수에 필요한 공간은 작업에 필요한 최소의 공간이 되는지 확인
　　　　· 기계설비 엔지니어와 협의한다.

공조실 소음 및 방진시설은 마련되었는지 확인한다.
　　　－방진시설은 설치되었는지 확인
　　　－공조실 내에 방음시설은 되었는지 확인
　　　－공기흡입 또는 배출구 위치가 통행인 또는 이웃시설에 영향을 줄 가능성이 있는지 확인
　　　－소음발생으로 민원발생 우려가 있는지 검토

전기배선 배관 및 설비배관시설과 겹침이 있는지 확인한다.
　　　－공조실 내에 전기설비배관 및 전기기기 위치 확인
　　　－공조실 내에 각종 기계설비배관의 위치와 크기 확인
　　　－공조장비 및 덕트배관과 간섭받는지 확인

1.1.4.3 고가저수탱크실 도면 검토

고가저수탱크실 평면도가 기본 평면도와 일치한지 확인
　　　－기준선 및 기둥 중심선이 일치한지 확인
　　　－창호 및 개구부가 기본 평면도와 일치한지 확인
　　　－기둥 및 보 등 구조부재 규격은 구조도면에 표시된 내용과 일치한지 확인

고가저수탱크 중량을 구조계산에 반영하였는지 확인한다.
- 구조계산시 저수량 하중을 누락하거나 적게 계상하여 바닥구조에 무리가 발생하는 경우가 있다. 또한 저수탱크 받침 설계가 되기 전에 구조계산을 일반적으로 하게 되므로 받침대 하중이 누락되는 경우도 있다.
　　　－구조계산서에서 물탱크의 저수량 하중을 계상하였는지 확인

- 구조계산에 적용된 저수량 하중은 적정한지 확인
- 물탱크 받침대 구조무게를 구조계산에 계상하였는지 확인
- 구조도면에서 보 및 슬래브 구조재 크기와 배근은 구조계산 내용과 일치한지 확인

고가저수탱크실 접근 및 관리공간은 확보되었는지 확인한다.

- 고가수조탱크실(이하 물탱크실) 관리를 위한 접근통로와 공간이 확보되었는지 확인하는 작업이다.
  - 물탱크 크기와 배치 및 고가저수탱크실 크기 확인
  - 물탱크실 출입을 위한 계단, 사다리, 개구부 등이 사용에 안전하도록 마련되었는지 확인
  - 물탱크 주변 벽과 사이공간이 관리에 적정한지 확인
    · 최소 750mm 이상 확보
  - 물탱크 상부와 슬래브 사이공간이 관리에 적정한지 확인
    · 배관 및 청소를 위한 공간이 필요. 약 900mm 이상 확보

고가저수탱크실은 방수처리되었는지 확인한다.

- 물탱크 청소, 배관 유지보수 및 물이 넘칠 때를 위한 방수처리가 요구된다.
  - 물탱크실에 방수설계가 되었는지 확인
  - 설계된 방수공법은 물탱크실에 적합한지 확인
    · 방수계획표에 표시된 내용과 일치한지 확인한다.
  - 문턱 또는 바닥 개구부 주위 턱은 있으며 그 높이는 물이 넘칠 때 감당할 수 있는 높이인지 확인

바닥 배수를 위한 드레인 설치는 되었는지 확인한다.

- 오버플로우(Over Flow), 물탱크 청소를 위한 배수시설이 요구된다.
  - 바닥 배수드레인은 설치되었는지 확인
  - 설계된 배수드레인 크기는 물이 넘칠 때의 물을 배수시킬 수 있는 구경이 되는지 확인
  - 배수드레인 연결 또는 외부 방출은 적정한지 확인

고가저수탱크실은 보온처리되었는지 확인한다.

- 고가저수탱크실은 높은 위치에 있고, 특히 고층 건물인 경우에는 평지보다 온도가 낮아 동결의 우려가 있으므로 보온된 탱크를 설치하든가 물탱크실을 보온을 해야 한다.

−물탱크 동결 방지를 위한 설계가 되었는지 확인
  −물탱크는 보온처리된 구조인지 확인
  −물탱크실은 보온설계가 되었는지 확인
    ▫ 벽체 및 천장면에 보온재 설치 확인
    ▫ 물탱크실 문은 보온이 되었는지 확인
    ▫ 창은 이중창 또는 복층유리로 설계되었는지 확인

고가저수탱크실에 난방시설은 되었는지 확인한다.
- 물탱크 동결 방지를 위해 보온된 물탱크 설치, 물탱크실 보온처리방법 외에 난방기구를 설치하는 방법과 필요에 따라 난방기구를 이동 설치하여 난방하는 보온방법을 생각할 수 있다.
  −난방시설은 되어 있는지 확인
  −난방기구를 설치할 장소는 확보되었는지 확인
  −난방기구에 필요한 에너지원(전기 또는 가스) 연결시설은 되었는지 확인

방충망이 설치되었는지 확인한다.
- 높은 위치라고 하여 곤충이 없는 것이 아니므로 고가저수탱크실에 곤충이 날아들지 않도록 방충망 설치가 필요하다.
  −물탱크실 창에 방충망이 설치되었는지 확인
  −오버플로우관에 방충망이 설치되었는지 확인
  −배기팬에 방충망이 설치되었는지 확인

(참고)
▫ 고가저수탱크 수압이 최상층 필요 수압에 충족되는지 확인해야 한다.
▫ 고가저수탱크 수압이 최상층 소화전 및 스프링클러 필요 수압에 충족되는지 확인해야 한다.

1.1.4.4 변압기실 도면 검토

건축평면도와 일치한지 확인한다.
  −기준선 및 기둥 중심선이 일치한지 확인
  −창호 및 개구부가 기본 평면도와 일치한지 확인
  −기둥 및 보 등 구조부재 규격은 구조도면에 표시된 내용과 일치한지 확인

변압기의 반입 및 반출이 용이한지 확인한다.
- 변압기는 비교적 부피가 있고 중량물이므로 설치 또는 유지보수시 반입·반출이 가능하도록 설계되어야 한다.

- 장비 반입구는 마련되었는지 크기는 충분한지 확인
- 장비운반 통로에 장애물이 있는지 확인
- 변압기실 문폭은 기기 운반에 지장이 없도록 충분히 넓은지 확인

방수, 방습처리 및 배수처리 시설이 되었는지 확인한다.
- 변압기실은 건조해야 하므로 방수 및 방습시설은 절대적 요소이다.
  - 방수설계는 되어 있는지 확인
    · 설계된 방수공법은 변전실 방수로서 적정한 공법인지 확인한다.
  - 방습을 위한 설계는 되어 있는지 확인
    □ 결로 우려가 있는 곳이 있는지 확인
    □ 설계된 결로 방지 공법은 적정한지 확인
    □ 습기가 유입될 우려가 있는 곳이 있는지 확인
  - 외부로부터 물 침투 또는 유입 우려가 있는지 확인
    □ 채광 또는 환기창으로부터 빗물이 들어올 가능성이 있는지 확인
    □ 누수로 인하여 트렌치에 물 유입 우려가 있는지 확인
  - 변압기실(또는 변전실) 상부에 물을 사용하는 시설이 설치되어 있는지 확인
    · 수변전 설비 상부(상층)에는 원칙적으로 물을 사용하는 시설을 금하고 있다. 만일 수변전설비 상부 시설로부터 누수가 발생하였을 때 큰 사고가 발생하기 때문이다. 불가피하게 수변전설비 상부에 물을 사용하는 시설 설치가 불가피할 경우에는 유사시를 대비한 특별 방어조치를 해야 한다.
  - 변압기실 상부(슬래브 밑 공간)에 물을 사용하는 설비배관 종류가 설계되어 있는지 확인
    □ 급수, 배수, 난방 및 냉방 또는 우수(홈통)배관 등이 설치되었는지 확인
    □ 물을 사용하는 배관 설치가 불가피할 경우 물이 떨어지지 않도록 적절한 방어 시설이 마련되었는지 확인
  - 침수 또는 물이 흘렀을 경우 즉시 배수시킬 트렌치가 설치되었는지 확인
  - 트렌치(Trench)는 배수펌프시설(섬 피트)에 연결되었는지 확인
  - 변압기 패드(Pad)는 바닥보다 약 200~300mm 높이에 설치되었는지 확인
    · 변압기 침수 방지를 위한 방법 중 하나임.

천장 높이가 충분한지 확인한다.
- 변압기 상부에는 전기안전 및 유지보수에 필요한 적정한 공간을 확보해야 한다.

- 설계된 변압기의 종류 및 규격을 제조원으로부터 확인
- 천장 높이와 변압기 높이를 비교하여 변압기 상부공간 크기 확인
  · 변압기 상부에서 최소 1.0m 이상은 확보되어야 한다.

소음저감시설이 되어 있는지 확인한다.
- 수변전실은 소음발생 지역이므로 소음저감시설이 요구된다.
  - 벽, 문, 창 등의 구조는 소음 방지를 위한 구조로 설계되었는지 확인
  - 내부마감은 소음 흡수재로 설계되었는지 확인

방화구조로 되어 있는지 확인한다.
- 화재로부터 보호되어야 한다.
  - 벽구조는 방화구조로 설계되었는지 확인
  - 문, 창 등은 방화구조로 되었는지 확인
  - 마감은 불연재로 되었는지 확인

자냉식 변압기에 대하여 충분한 배기공을 설치하였는지 확인한다.
- 자냉식 변압기는 공기순환으로 변압기의 열을 제거해주므로 충분한 공기순환이 필요하다.
  - 환기창시설이 되었는지 확인
  - 강제 환기시설이 있는지 확인

유입변압기의 경우 다른 방과 격리되었는지 확인한다.
- 변압기의 기름유출 및 화재의 번짐을 막기 위하여 격리벽을 설치한다.
  - 격리벽은 설치되었는지 확인
  - 격리벽은 방화벽의 성능을 가진 구조인지 확인
  - 격리벽에 설치된 출입문은 방화문 구조이며 기름 방지턱이 설치되었는지 확인

소화장치가 설치되었는지 확인한다.
- 고압전기가 흐르고 있으므로 전기감전에 영향을 주지 않는 소화장치 설치가 절대로 요구된다.
  - 가스소화장치 설치가 되었는지 확인
    · 하론 및 기타 가스 소화시스템
  - 전기 및 유류 화재에 사용할 수 있는 소화기(ⒶⒷⒸ 소화기)가 설치되었는지 확인
  - 화재감지기 설치가 되었는지 확인

기초는 안전한 구조로 되었는지 확인한다.
- 기초는 변압기 하중과 진동에 견딜 수 있도록 견고하여야 한다.

- 변압기 기초는 하중과 진동에 견딜 수 있는 구조인지 확인
- 변압기 고정에 지장이 없도록 두께와 폭이 충분한지 확인
- 방진장치가 설치되었는지 확인

변압기와 주위 구조물과의 거리는 적정한지 확인한다.

- 전기안전과 운영 및 관리를 위하여 벽과 천장으로부터 안전거리를 확보해야 한다.
  - 변압기와 벽과의 거리가 0.6m 이상 확보되는지 확인
  - 변압기와 천장과의 거리가 1~1.5m 이상 확보되는지 확인
  - 보통 고압의 경우 변압기와 천장과의 거리를 보 아래 3.0m 이상 확보되었는지 확인
  - 20~30kV의 경우 변압기와 천장과의 거리를 보 아래 4.5m 이상 확보되었는지 확인

변압기 주위에 안전울타리(보호망)가 설치되었는지 확인한다.

- 고압이므로 사람의 접근을 막기 위한 안전울타리를 설치해야 한다.
  - 변압기 주변 및 통로에 안전울타리가 설치되었는지 확인
  - 안전울타리는 전기안전 규정에 적합한지 확인
  - 안전울타리 문은 시건장치가 있는지 확인
  - 안전울타리는 접지되었는지 확인

먼지 없이 청결을 유지할 수 있는 재료를 사용하였는지 확인한다.

- 먼지가 전기접점에 부착되어 전기저항을 일으키고 전기기에 부착될 경우 냉각효과를 저하시키는 원인이 생긴다.
  - 바닥마감 재료는 청결을 유지할 수 있는(분진을 제거할 수 있는) 재료인지 확인
  - 벽 및 천장 재료는 분진을 발생시키거나 먼지가 잘 끼는(부착되는) 재료인지 확인

환기설비는 되었는지 확인한다.

- 전기에너지로 인하여 발생한 열 배출과 변압기의 온도를 낮추어 주기 위하여 변전실에는 환기가 필요하다.
  - 환기를 위한 창은 설치되었는지 확인
  - 강제 배기시설이 있는지 확인

유지보수작업에 지장이 없도록 조명시설은 확보되었는지 확인한다.

- 수변전실은 위험한 지역이므로 장비운영이나 유지보수작업에 지장이 없는 조명시설이 요구된다.
  - 적정한 조명시설이 되었는지 확인
    · 변전실 기준조명을 확인한다.

- 채광창이 설치되었는지 확인

옥외로부터 들어오는 인입관로의 방수대책은 있는지 확인한다.
- 일반적으로 지하관로를 통하여 실내부로 인입되는 지점에서 방수문제가 발생되는 경우가 있다.
  - 전기 인입관로를 위한 방수용 슬리브가 설치되었는지 확인
  - 인입관로 상세도는 방수가 되도록 작성되었는지 확인
  - 관로를 통하여 누수가 발생될 가능성이 있는지 확인

변압기실(변전실) 위치는 적정한지 검토한다.
- 특히 설계자인 경우 검토할 사항
  - 부하 중심에 가까운 위치에 있는지 확인
  - 전기설비기기와 인접한 위치에 있는지 확인
  - 배선이 편리한 장소에 있는지 확인
  - 외부로부터 전선 인입이 쉬운 위치에 있는지 확인
  - 기기 반입구는 변압기 반입 및 반출에 지장이 없는지 확인

> **참고** 전기실은 중앙통제실 또는 관리실, 발전기실, 기계실, 출입구 및 장비반입, 유지관리공간 및 환기 등을 고려하여 결정한다.

1.1.4.5 배전반실, 감시제어실 도면 검토

건축평면도와 일치한지 확인한다.
- 기준선 및 기둥 중심선이 일치한지 확인
- 창호 및 개구부가 기본 평면도와 일치한지 확인
- 기둥 및 보 등 구조부재 규격은 구조도면에 표시된 내용과 일치한지 확인

운전조작, 감시제어에 지장이 없는 충분한 공간이 확보되었는지 확인한다.
- 관리자가 운전조작 및 감시제어에 용이하도록 인간공학적으로 충분한 공간과 쾌적한 환경조건 조성이 요구된다.
  - 감시제어기기 및 컨트롤 디스플레이 보드 배치는 적절한지 확인
  - 관리자 근무공간이 확보되77었는지 확인
  - 소음, 진동, 환기, 조명, 습도, 온도 등 인체조건에 적합한 환경인지 확인

배전반과 격벽과의 거리는 적정한지 확인한다.
- 운영관리와 유지보수를 위하여 작업할 수 있는 적정거리 유지가 필요하다.

- 전면 이격거리 : 3~4m(최소 1.5m)
- 측면 이격거리 : 1~2m(최소 1.0m 단, 장래 증설계획 고려)
- 배면 이격거리 : 1.5m(최소 문을 열 수 있는 거리 확보 1.2m)

액세스 플로어(Access Floor)는 설치되었는지 확인한다.
- 배전반 및 각종 컨트롤 기기와 연결되는 배선을 위하여 액세스 플로어 설치가 상식적이다.
  - 액세스 플로어 설치로 절대 천장 높이 확보에 이상이 발생하는지 확인
  - 액세스 플로어판 재질과 규격 표시는 명확히 되었는지 확인
  - 전도성 타일이 설계되었는지 확인
  - 액세스 플로어 높이와 문턱 높이 표시 확인
  - 케이블 인입 위치는 표시되었는지 확인

방음을 고려한 설계인지 확인한다.
- 배전반실 또는 감시 제어실은 수변전실, 기계실 등 소음이 지속적으로 발생하는 장소 근처에 대부분 설치되므로 소음대책이 필요하다.
  - 문 및 창(유리포함)구조는 소음 감소 기능을 갖고 있는지 확인
  - 벽 두께 및 실내마감재는 방음 및 소음 방지를 위한 설계인지 확인

환기시설이 되어 있는지 확인한다.
- 일반적으로 지하실에 위치하고 소음 방지를 위하여 밀폐된 공간이 되므로 산소공급을 위한 환기문제를 반드시 고려해야 한다.
  - 외부와 연결된 환기창이 있는지 확인
  - 강제 배기 또는 급기(신선한 공기)시설이 되었는지 확인
  - 환기시설 용량은 충분한지 확인

냉·난방시설은 되었는지 확인한다.
- 항시 관리자가 근무하는 곳이므로 근무에 적합한 온도 유지가 필요하다.
  - 난방시설은 되어 있는지 확인
  - 냉방시설은 되어 있는지 확인
  - 냉·난방시설 용량은 적정한지 확인

조명은 적절한지 확인한다.
- 대부분 인공조명하에서 근무하고 각종 기기의 계기와 감지기를 확인해야 하므로 필요한 조도(照度)를 확보하고 디스플레이 보드를 잘 볼 수 있도록 조명방향도 고려해야 한다.

-필요한 조도는 확보되는지 확인

-조명시설 배치는 기기관리에 적절한지 확인

방화시설은 되었는지 확인한다.
- 화재에 안전한 시설이어야 한다.
  - -벽구조는 방화구조로 되었는지 확인
  - -방화문과 창이 설치되었는지 확인
  - -내부마감재는 불연재인지 확인
  - -화재감지시설은 되었는지 확인

소화장치가 설치되었는지 확인한다.
- 전기가 흐르고 있으므로 전기감전에 영향을 주지 않는 소화장치 설치가 절대로 요구된다.
  - -가스소화장치 설치가 되었는지 확인
    - · 하론 및 기타 가스소화시스템
  - -전기 및 유류 화재에 사용할 수 있는 소화기(ⓐⓑⓒ 소화기)가 설치되었는지 확인

1.1.4.6 발전기실 도면 검토

건축평면도와 일치한지 확인한다.
- -기준선 및 기둥 중심선이 일치한지 확인
- -창호 및 개구부가 기본 평면도와 일치한지 확인
- -기둥 및 보 등 구조부재 규격은 구조도면에 표시된 내용과 일치한지 확인

설치될 발전기의 종류 및 규격을 확인한다.
- 설계된 발전기 용량, 종류 및 규격을 확인해야 발전기실 공간이 적정한지 확인할 수 있기 때문에 설계도면 검토를 위하여 반드시 제품규격을 확인해야 한다.
  - -시방서에 기술된 내용에 적합한 발전기 제조원을 우선 확인
  - -동력엔진 배기관 위치와 배관방향 확인
  - -전기배선 위치 확인
  - -제조회사에서 권고하는 벽체 및 천장과의 이격거리 확인

발전기와 벽 및 천장과의 이격거리는 운영 및 안전관리에 적정한지 확인한다.
- 제조회사의 정보에 의하여 검토하거나 설계자료에 의하여 적정거리를 판단한다.
  - -발전기실의 실(實)공간 크기(가로, 세로, 높이)를 확인

－발전기 기초(동력 엔진 및 발전기)규격과 위치는 명확히 표시되었는지 확인
　　　－발전기(동력엔진 및 발전기) 위치로부터 각 방향 벽과 천장 간의 이격거리 확인
　　　－확인된 이격거리가 적정한지 제조회사 제공 또는 수집된 정보에 의하여 판단
　　　　· 최소 소요 이격거리
　　　　　□ 전면 : 2~2.5m
　　　　　□ 측면 : 1~1.5m(배기덕트 등이 있는 경우는 별도 계산해야 한다.)
　　　　　□ 배면 : 1~1.5m

냉각수 탱크와 연료탱크의 크기 및 위치는 적정한지 확인한다.
- 발전기 및 엔진 설치만을 고려하고 냉각수 또는 연료탱크의 크기와 배치를 소홀히 취급하기 쉽다.
　　－냉각수 및 연료탱크 배치와 크기 확인
　　－냉각수 및 연료공급 배관 인입은 적절한지 확인
　　－각 탱크의 받침 설치 및 배수 또는 배유처리방법은 마련되었는지 확인

발전실의 천장 높이는 엔진 배기관 및 연도 설치, 그리고 연료탱크 설치에 지장이 있는지 확인한다.
- 천장 높이가 작아서 배기관 및 연도를 설치할 공간이 확보되지 않는 경우가 있다.
　　－연도 규격 및 위치는 분명히 표시되었는지 확인
　　－연도(굴뚝)와 발전기 동력엔진 배기관의 연결이 될 수 있는 공간이 있는지 확인
　　－연료탱크와 천장 간의 거리 확인

엔진기초는 방진을 위한 설계가 되어 있는지 확인한다.
- 발전을 하려면 동력엔진을 가동해야 하므로 엔진 가동에 의한 진동 방지를 하기 위해 일반적으로 건물기초 또는 구조체와 분리시키고 방진 조인트 설치나 특수장치를 설치한다.
　　－엔진기초(패드)는 건축구조체와 분리되었는지 확인
　　－진동 방지를 위한 설계는 되어 있는지 단면도 및 상세도에서 확인
　　－적용된 방진방법은 검증된 것인지 확인

발전실의 구조는 장비하중 및 가동하중에 안전한지, 또 운반 및 설치에 용이한지 확인한다.
- 발전기실은 발전기(엔진 및 발전기), 기름 탱크 등의 무거운 하중물의 적재와 진동이 발생하므로 구조적으로 안전해야 하며, 무거운 발전장비를 운반, 설치 및 반출에 용이하도록 설계되어야 한다.
　　－발전실의 장비 및 가동하중이 구조계산에 고려되었는지 확인

－방진시설이 설계되었는지 확인
　　　－장비 반입·반출에 지장이 있는지 확인
　　　　□ 장비 반입구는 설치되어 있는지 확인
　　　　□ 발전실 문 폭 및 높이는 장비 통과에 충분한지 확인
　　　　□ 장비 반입통로는 확보되었는지 확인
　　　　□ 장비 반입통로 바닥에 장애물(문턱, 경사면, 트렌치 등)이 있는지 확인

급기와 배기에 필요한 충분한 환기량을 공급할 수 있는지 확인한다.
- 엔진가동으로 인하여 열이 발생하고 엔진팬 가동으로 먼지가 발생하므로 상당한 환기량이 요구된다.
　　　－채광 및 환기를 위한 창 크기는 충분한지 확인
　　　－배기구 면적(루버 면적)은 충분한지 확인
　　　　강제배기시설(배기팬)은 설치되었는지 확인

엔진의 연소가스 배기와 발전실의 환기배기 및 소음에 의한 공해문제는 없는지 확인한다.
- 공기오염, 통행인에 대한 불쾌감, 소음 및 진동은 환경공해 문제이므로 반드시 설계할 때 그 대책이 마련되어야 한다.
　　　－엔진 가동에 의한 연소가스 배출방법은 분명히 설계되었는지 확인
　　　　· 연도 설치는 공해가 발생하지 않도록 적정히 배치되었는지 확인한다.
　　　－발전실 배기방향이 통로(통행인)방향으로 향하거나 배출공기가 타 실로 유입될 가능성이 있는지 확인
　　　－발전실 소음 방지 및 방진대책 설계가 되었는지 확인
　　　　□ 음 및 진동 최소화, 저소음 저진동 기계 선택, 사일런서 부착 등 확인
　　　　□ 음 및 진동전달 차단 및 흡수, 두꺼운 바닥 및 벽 선택, 방음재 설치, 창호 밀폐, 이중창 및 방음문 설치 등 확인

바닥 배수처리 시설은 되어 있는지 확인한다.
- 발전기실은 건조해야 하고 외부로부터 유입되거나 물탱크로부터 흘러나온 물을 배출시킬 배수시설이 필요하다.
　　　－배수를 위한 트렌치는 설치되었는지 확인
　　　－트렌치 규격과 배수구배는 적정한지 확인
　　　－트렌치 덮개의 재질과 규격은 적정한지 확인
　　　－트렌치는 배수처리시설(섬 피트 등)과 분명히 연결되었는지 확인
　　　－우천시 외부로부터 또는 물 취급 부주의로 물이 유입될 가능성이 있는지 확인

전력배선을 위한 트렌치는 마련되었는지 확인한다.
- 발전기실, 축전기실, 배전실 등과 연결될 배선을 위한 건조한 케이블 트렌치 설치가 요구된다.
    - 케이블 배선을 위한 트렌치는 설치되었는지 확인
    - 트렌치 규격과 덮개 재료는 적정한지 확인
    - 트렌치는 물 또는 습기 침투 방지를 위한 방수처리가 되었는지 확인

기기의 반출·반입, 운전 및 보수가 편리한지 확인한다.
- 발전기는 무겁고 규격도 비교적 크므로 새로 설치할 때나 운영 및 유지보수를 할 때 반출·반입이 쉬워야 하며, 더욱이 발전기실은 비교적 지하실에 위치함으로써 발전기기 반출·반입방법을 고려해야 한다.
    - 장비 반입구는 설치되어 있으며 크기는 적정한지 확인
    - 바닥은 장비 운반에 지장이 있는지 확인
    - 발전기실 문 폭은 장비 반출·반입에 지장이 있는지 확인

1.1.4.7 축전기실 도면 검토

건축평면도와 일치한지 확인한다.
- 기준선 및 기둥 중심선이 일치한지 확인
- 창호 및 개구부가 기본 평면도와 일치한지 확인
- 기둥 및 보 등 구조부재 규격은 구조도면에 표시된 내용과 일치한지 확인

축전지 무게를 견딜 수 있도록 구조는 안전한지 확인한다.
- 축전지의 발달로 축전지가 소형화, 경량화되는 추세가 있으나 그 무게로 인하여 구조에 미치는 영향이 있는지 검토하는 작업이다.

변압기, 배전반실 등에 멀리 설치되었는지 확인한다.
- 축전기실은 변압기, 배전반실에 가급적 근접한 위치에 설치하는 것이 배선을 하거나 관리하는데 편리하다.(설계자가 고려할 일)

축전기실이 독립적으로 설치되었는지 확인한다.
- 축전기실은 유해가스 발생 및 화학물질 유출에 대한 안전을 확보하고 비상시 작동되어야 하는 중요시설이므로 보호를 위하여 관계인 외에는 접근할 수 없도록 독립적으로 설치하여 관리되어야 한다. 개발된 축전지는 가스 발생이나 화학물질을 배출하지 않는 것이 있다.

－축전기실은 독립적으로 설치되었는지 확인
　　－축전기실은 시건장치가 되었는지 확인

일광의 직사를 받고 있지 않는지 확인한다.

- 축전지가 직사광선을 받으면 온도가 오르고 화학적인 반응을 일으켜 축전지 기능이 저하될 수 있다. 가능하면 자연채광이 없는 곳이 바람직하다.
　　－창의 위치와 방향을 검토하여 축전지가 직사광선을 받을 가능성이 있는지 확인
　　－필요 이상으로 창 넓이가 넓어 직사광선을 많이 받는지 검토
　　－창에 직사광선 차단장치가 설치되어 있는지 확인

실내마감은 내산성으로 설계되었는지 확인한다.

- 대체로 축전지에 사용되는 전해용액은 산성이므로 용액이 흘러나와 강알칼리성인 콘크리트와 접촉하면 반응하여 콘크리트가 침식되므로 내산성인 마감재료로 시공되어야 안전하다.
　　－마감재료가 내산성 재료인지 확인
　　－마감재료는 실내마감표에 표시된 마감내용과 일치한지 확인

방수처리는 되어 있는지 확인한다.

- 방수처리가 요구되는 것은 외부로부터 물의 침투 문제뿐만 아니라 축전지의 용액 유출시 누액을 막아 구조 및 타 시설에 악영향을 주지 않도록 하기 위함이다.
　　－방수설계가 되어있는지 확인
　　－방수범위를 확인
　　　· 바닥 및 벽 모두 방수처리가 되었는지 확인
　　－설계된 방수재료 성분이 내산 또는 내알칼리인지 확인

환기시설은 되었는지 확인한다.

- 축전기는 제조성분에 따라 차이는 있지만 화학물질을 이용한 제품이어서 충전 중에는 수소가스가 발생하며, 또한 충전액 유출시 배기가 필요하다.
　　－창은 설치되었으며 환기 가능한 구조로 되어 있는지 확인
　　－기계적인 환기장치는 설계되었는지 확인
　　－천장고는 최소 2.6m 이상 확보되었는지 확인

채광 및 조명은 적정한지 확인한다.

- 축전기를 안전하게 다루어야 하고 안정되게 보존 및 설치되어야 하므로 적정한 조도가 필요하다.
　　－자연채광은 가능한지 확인

　　　　－관리에 적정한 조명시설은 되어 있는지 확인
진동에는 영향이 없는지 확인한다.
- 진동에 영향이 없도록 설계되어야 한다.

실온은 외기에 좌우되지 않으며 5~25℃ 정도 유지될 수 있는지 확인한다.
- 축전기의 성능이 유지되기 위하여 적정한 온도 유지가 필요하다.
　　－축전기실은 보온처리가 되었는지 확인
　　－적정한 온도를 유지하기 위한 난방 및 냉방시설은 되었는지 확인
　　－난방 및 냉방시설은 적정한 온도 유지에 충분한 용량인지 확인

조명기구는 내산성으로 되어 있는지 확인한다.
- 화학물질 가스로 인하여 금속물체는 부식되기 쉬우므로 내산성인 조명기구 설치가 바람직하다.

축전기실 내에 싱크시설이 설치되었는지 확인한다.
- 화학물질을 취급하므로 안전을 위하여 오염된 기구 및 피부세척이 필요하다.
　　－세척을 위한 싱크 설치(급수가능)가 되었는지 확인
　　－싱크에 연결된 배수가 오수시설에 연결되었는지 확인
　　　· 우수시설에 연결되면 자연환경에 영향을 주기 때문에 반드시 오수시설에 연결되었는지 확인해야 한다.
　　－설계된 배수관이 내산 또는 내알칼리 자재인지 확인

축전지와 각 물체와의 거리는 확보되었는지 확인한다.
- 축전지 설치는 안전관리를 위하여 최소한의 거리를 확보해야 한다.
　　－축전지와 벽과의 거리는 1m 이상 확보되었는지 확인
　　－축전지와 부속기기와의 거리는 1m 이상 확보되었는지 확인
　　－축전지와 입구 사이는 1m 이상 확보되었는지 확인
　　－관계법령에 적합한지 확인

1.1.4.8 수직·수평 설비공간실 도면 검토

- 수직 · 수평 설비공간은 파이프 샤프트(PS : pipe shaft), 덕트 샤프트(DS : duct shaft), 전기배관 샤프트(EPS : electric pipe shaft), 공기덕트(AD : air duct), 엘리베이터 샤프트(Elevator Shaft) 등을 말한다.
- 각종 기계, 전기 및 통신 배관과 덕트 배치는 도면에 표시되어 있으나 설치될 공

간이 마련되어 있지 않거나 마련되었다 하더라도 위치가 적절치 못하고, 공간이 시설물 설치 또는 유지보수를 할 수 없을 정도로 협소하고 안전에도 문제 있는 공간이 계획될 수 있으므로 설계를 하거나 설계도서 검토시 유의하여 검토해야 한다. 또한 설계할 때나 설계도서를 검토할 때 중요한 공간은 신경을 써서 검토를 하지만 각종 Shaft는 소홀히 하여 시공 과정에서 문제가 발견되는 경우 이를 해결하기 위하여 많은 시간과 노력이 소모되고 평면 형태도 달라지는 경우가 발생한다.

건축평면도와 일치한지 확인한다.
- 기준선 및 중심선이 기준평면도와 일치한지 확인
- 각 샤프트 두께 및 내부공간 크기가 기준평면도와 일치한지 확인

샤프트(Shaft)는 각종 설비 계통도에 일치하게 설치되었는지 확인한다.
- 각종 배관, 배선 계통도에 따라 평면 및 단면도에 시설물 위치를 표시해 가면서 점검해 가도록 한다. 시설물 종류별로 색상을 달리 하여 표시하면 더 효과적으로 검토할 수 있다.
  - 우선 점검하려고 하는 각종 설비의 계통도를 확인
  - 각 샤프트를 해당 공종 계통도와 일치한지 확인

공간 크기는 해당 시설물 설치에 적정한지 확인한다.
- 공간 크기는 각 시설물 종류, 크기, 보온 두께, 시설물과 시설물 표준 이격거리, 시설물 고정방법을 고려하고 유지보수시 작업원이 접근 및 작업할 수 있는 공간이 확보되었는지 확인하는 작업이다. 필요한 간격과 공간 크기를 알려면 해당 설비시방서 및 표준상세도를 우선 검토하여 시설물별로 표준 스케치를 하여 점검에 이용하는 것이 효율적이다.
  - 해당 공종시설에 해당하는 표준상세도를 확인
  - 해당 공종의 배관, 배선에 관한 시방서 내용을 확인
  - 설계된 내부공간 실(實 : clearance) 크기를 확인
  - 표준상세도 및 시방서 내용 검토에 의한 필요 공간을 파악하여 설계된 샤프트 공간 크기와 비교하여 충족한지 확인
  - 작업원이 들어가는 샤프트에는 작업을 위한 공간(약 600mm 정도 이상)이 확보되었는지 확인

샤프트 공간을 막는 장애물은 없는지 확인한다.
- 수직 또는 수평 샤프트 공간에 보, 벽 및 기둥 등 샤프트 공간을 막는 구조물이

있는지 확인하는 작업이다. 평면도 상에는 샤프트 공간이 확보된 듯 보이지만 필요 공간을 구조물이나 타 시설물로 인하여 침범당할 수도 있다.

정확한 샤프트 위치 및 필요한 공간 규격과 구조물 규격을 확인하여 샤프트 공간을 막고 있는 부분이 있는지 확인한다.
- 샤프트 공간 내에 보, 벽 또는 기둥 등의 구조물이 있는지 확인
- 샤프트 공간이 타 시설물 배치로 인하여 영향을 받는지 확인

샤프트 위치는 해당 시설물 설치에 지장이 없는 위치인지 확인한다.
- 샤프트 위치가 타 시설물 설치 및 구조물 설치에 지장이 없어야 한다.
    - 샤프트 위치가 콘크리트 옹벽에 둘러싸여 구석에 위치한 경우가 있는지 확인
    - 수평 샤프트가 엘리베이터 샤프트, 계단실 등 다른 구조물에 간섭받는지 확인

시설물 고정장치(가대)는 적정한지 확인한다.
- 시설물 종류에 따라서 무게와 진동에 견디기 위하여 고정시키는 방법이 명확히 표시되어야 안전한 시공이 이루어진다.
    - 상세도 또는 표준상세도에 공종별 고정방법이 표시되었는지 확인
        · 각종 설비분야 시설물 설치 도면에 고정방법이 표시될 수 있다.
    - 시방서에 기술된 고정방법을 확인
    - 고정방법이 시방서 내용과 설계도면이 일치하며 적절한 방법인지 확인

운영 및 유지보수할 수 있는 공간은 확보되었는지 확인한다.
- 시설물 설치에 필요한 공간은 확보되었으나 시공자 또는 유지보수 요원이 작업할 수 있는 공간이 간혹 확보되지 않는 경우가 있으므로 표준 작업공간을 확보해야 한다.
    - 샤프트 내 실(實)공간 크기 확인
    - 샤프트 공간 내에 시설물 설치위치 및 실(實)을 점유하는 공간 확인
    - 작업공간은 확보되었는지 확인
        · 최소 60cm 이상 확보 필요

층간(시설물 주변 공간)은 막혀져 있는지 확인한다.
- 샤프트는 화재시 굴뚝과 같이 불길이 되므로 설비 시설물과 슬래브 개구부(OPENINGS) 사이 공간을 적정한 내화재로 막혀져 있는 것이 정상이다.
    - 층간 밀폐에 관하여 시방서에 기술된 내용을 확인
    - 층간 밀폐에 관하여 설계도면에 기재된 주기 또는 표준상세도에 표시된 내용 확인
    - 소방규정에 적합한지 확인

샤프트 액세스 도어(shaft access door : 보수용 점검문)는 방화문으로 설계되었는지 확인한다.
- 각종 샤프트는 화재시 불길이 될 수 있으므로 화재에 견딜 수 있는 방화문을 설치해야 한다.
    - 건축 창호도에서 방화문으로 설계되었는지 확인
    - 설계된 방화문은 시방서에 기술된 내용과 일치한지 확인
    - 방화문은 기준에 적합한지 확인

샤프트 액세스 도어에 시건장치가 설치되었는지 확인한다.
- 샤프트 액세스 도어에 시건장치가 없을 경우, 아무나 시설물에 접근하여 시설물을 파괴하거나 시설물 작동장치를 임의 조작할 우려가 있고, 사람이 접근하여 감전사고 또는 추락사고 발생위험이 있으며, 화재시 열려 있는 경우 불길의 통로가 되므로 샤프트 액세스 도어에는 적절한 잠금장치 설치가 반드시 필요하다.
    - 잠금장치가 설계되어 있는지 확인
    - 관리자만이 개폐할 수 있는 잠금장치인지 확인

샤프트에 물이 유입될 가능성은 없는지 확인한다.
- 샤프트에 지붕으로부터 빗물 누수 또는 관리소홀로 인하여 바닥으로부터 물이 유입될 경우 물이 시설물을 타고 아래로 흘러 누전 및 감전사고를 유발하거나 보온재가 젖어 보온재 기능이 떨어지거나 시설물이 부식되는 경우가 발생하지 않도록 물의 유입을 막는 설계가 되어야 한다.
    - 각종 샤프트에 우수가 유입될 우려가 있는지 확인
        · 지붕 방수구조와 샤프트 상부에 지붕층을 관통하여 설치되는 각종 벤트(Vent)류 및 배선, 배관 설치방법에 방수문제가 있는지 검토한다.
    - 각종 샤프트에 각층 바닥 물(상용 또는 청소물)이 스며들거나 문턱을 넘어 들어올 우려가 있는지 확인
        · 늘 쓰는 물(주방, 화장실 등), 청소 물 또는 예상 외의 물이 유입되지 않도록 액세스 도어 문턱을 높이고 샤프트 벽체에 방수턱을 설치하는 것이 좋다.
    - 전기 및 통신선로 샤프트에 물을 이용하는 시설물이 함께 설치되어 있는지 확인

1.1.5 기타 상세도면 검토

1.1.5.1 단열 및 결로방지 도면 검토

1. 단열

단열자재는 적정한지 검토한다.
- 틈 없이 설치 가능한 자재인지 검토(시공성 검토)
- 발암물질 및 진폐 유발 물질인지 검토(공해성 검토)
- 화재시 유독가스 발생 물질인지 검토(안전성 검토)
- 물 또는 습기 흡수로 인한 열전도율이 증대되는 자재인지 검토(효율성 검토)
- 단열성능에 비하여 비교적 저가 자재인지 검토(경제성 검토)

단열재는 적법하게 선정(選定)되었는지 확인한다.
- 건축물은 단열재 설치 등 열손실 방지를 위한 조치를 아래 (참조) 규정에 따라 해야 된다.
- 단열재 선정방법은 열관류율 계산과 단열재의 두께표에 의한 선정방법에 적합하면 된다.
- 에너지 절약계획서 및 설계검토서 제출대상 건축물인지를 확인한다.

(참조) **건축물의 에너지절약 설계기준**
- [별표]
  - ▶ [별표 1] 지역별 건축물 부위의 열관류율표
  - ▶ [별표 2] 단열재의 등급 분류
  - ▶ [별표 3] 단열재의 두께
  - ▶ [별표 4] 창 및 문의 단열성능
  - ▶ [별표 5] 열관류율 계산 시 적용되는 실내 및 실외측 표면 열전달저항
  - ▶ [별표 6] 열관류율 계산시 적용되는 중공층의 열저항
  - ▶ [별표 7] 냉·난방설비의 용량계산을 위한 설계 외기온·습도 기준
  - ▶ [별표 8] 냉·난방설비의 용량계산을 위한 실내 온·습도 기준
  - ▶ [별표 9] 세부 완화기준
  - ▶ [별표 10] 연간 1차 에너지 소요량 평가기준
  - ▶ [별표 11] 외피 열교부위별 선형 열관류율 기준

(참조) 단열재 설치위치(位置)는 적법한지 확인한다.

건축물의 에너지절약 설계기준
- ▶ 제6조(건축부분의 의무사항)
  - → 단열조치 일반사항
  - → 바닥난방에서 단열재 설치

→ 기밀 및 결로방지 등을 위한 조치
방습층은 적법하게 설치되었는지 확인한다.
- 방습층을 설치해야 하나 단열재 또는 마감재가 방습성이 있는 경우 제외

참조
① 건축물의 에너지절약 설계기준 제3조(에너지절약계획서 제출 예외 대상 등)
② 건축물의 에너지절약 설계기준 제4조(적용 예외)

단열재 설치에 불연속 부분이 있는지 확인한다.
- 단열재 설치 상세도를 검토
- 단열재 이음면을 확인
  · 시공상 가능한지 검토한다.
- 꺾임부분에 단열재 설치는 되었는지 확인
- 구석진 부분에 우레탄 폼(Urethane Foam) 또는 보온재 스프레이 시공이 가능한지 검토
- 두 겹 이상일 경우 줄눈 위치에서 엇갈려 설치 가능한지 검토
- 단열재 설치시방서 내용 확인

Cold Bridge(냉교 또는 열교) 부위에 보온처리는 되었는지 확인한다.
- 외단열과 내단열의 연결부분에 보온처리가 되었는지 확인
- 외부에 면하는 기둥과 보 노출부분에 보온처리가 되었는지 확인
- 커튼월, 외벽 패널 및 철재 프레임과 연결철물에 보온처리가 되었는지 확인

단열층을 관통하는 부재의 단열보완을 확인한다.
- 실외로 관통하는 슬리브, 환기구 등의 주위에 보온처리는 되었는지 확인
- 천장 내에 루프드레인 배관이 설치된 경우 보온처리는 되었는지 확인

2. 결로

결로의 우려성이 있는 부분을 검토한다.
- 철재 및 알루미늄 창호틀이 단열바인지 확인
- 철재문은 보온처리가 되었는지 확인
- 창호틀 주위에 단열재가 충진되었는지 확인
- 복층유리가 설치되었는지 확인
- 천창(天窓)에 결로 우려가 있는지 검토

- 외벽에 단열재 설치는 되었는지 확인
- 지하실 벽에 단열 설치 또는 이중벽 설치가 되었는지 확인

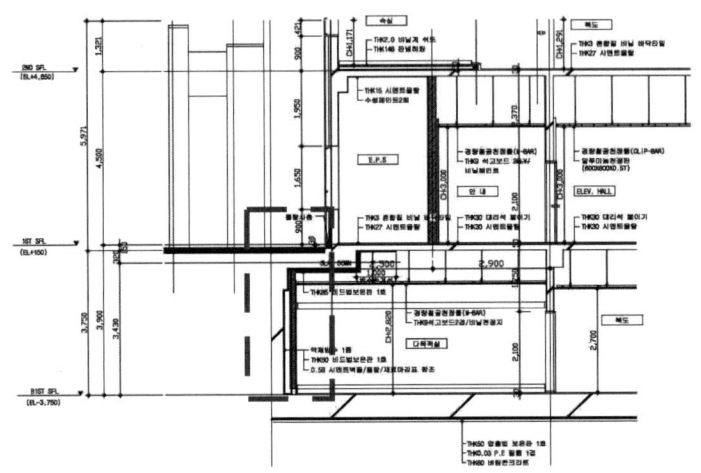

외벽 단면상세도

그림 31 지하실 이중벽 예

- 난방시설이 없거나(창고) 항시 사용하지 않는 방(거실이 아닌 방)과 면한 벽 검토
- Cold Bridge 부분이 존재하는지 확인
    □ 외단열과 내단열의 연결 부분 검토
    □ 외부에 면하는 기둥과 보 노출 부분 검토
    □ 커튼월 또는 외벽 패널 및 철재 프레임과 연결된 철물은 노출 부분이 있는지 확인
- 습기가 많이 발생하는 실에 단열재는 설치되었는지 확인
    · 수영장 및 관계실
    · 주방
    · 물리치료실 등
- 지하실 또는 습기가 많은 실의 환기시설은 적정한지 검토
- 실외로 관통하는 슬리브, 환기구 등의 주위에 단열처리는 되었는지 확인
- 천장 내에 루프드레인 배관이 설치된 경우 단열처리는 되었는지 확인
- 커튼월 스팬드럴 부분에 결로 발생 가능성이 있는지 검토
- FCU 배관이 노출된 부분이 있는지 확인

- 천장 내에 상수 및 냉수 배관과 밸브 등에 단열재 설치가 누락된 부분이 있는지 확인
- 천장 면에 설치된 에어컨 연결 관에 단열재 설치가 누락된 부분이 있는지 확인

1.1.5.2 방수도면 검토

1. 방수 일반

방수계획표와 평면도, 단면도, 상세도에 표시된 방수공법이 일치한지 확인한다.
시방서에 표시된 방수개요와 설계도면에 표시된 방수계획표가 일치한지 확인한다.
방수공법별로 시방서가 일치하게 작성되었는지 확인한다.
- 설계된 공법별 시방서 내용이 누락, 설계품질 수준에 일치하지 않은 경우가 있으므로 철저히 점검해야 한다.
  - 공법별로 시방서는 모두 작성되었는지 확인
  - 공법별로 기술된 내용이 적정한지 확인
  - 설계도면에 표시된 방수공법명과 시방서에 기술된 방수공법명이 일치한지 확인

방수공법별 시공범위는 분명하게 표시되었는지 확인한다.
- 방수는 건축설계에서 중요한 부분이므로 방수 종류별로 설계도면과 시방서에 그 범위를 명확히 표시해야 클레임 또는 부실공사 예방에 도움이 된다.
  - 방수계획표에 표시된 방수범위가 평면도, 단면도 또는 상세도에 표시된 방수범위와 일치하는지 확인
  - 물을 많이 사용하는 실의 벽에 방수가 누락되었는지 확인
    · 각 실 바닥 마감면에서 화장실은 1,000mm 높이 이상, 샤워실은 1,800mm 높이 이상, 주방은 1,500mm 높이 이상

방수자재 및 방수공법 선정은 적정한지 검토한다.
- 방수자재와 방수공법 선정은 자재의 특성, 용도, 시공성, 공법 및 신뢰성, 시공비 등을 종합하여 판단해야 하므로 보편적으로 널리 쓰이는 자재 물성과 공법의 장단점을 잘 숙지해 두어야 한다.
  - 적용된 방수자재 및 공법은 공학적으로 적용할 건물부위에 적합한 공법인지 확인
  - 적용된 방수자재 및 공법은 건물품질 수준에 적정한 공법인지 확인
  - 적용된 방수자재 및 공법은 하자 및 유지보수에 문제가 있는지 확인
  - 프로젝트 성격에 적합한 방수공법인지 확인

방수부위별로 상세도는 모두 작성되었는지 확인한다.
공법별로 방수 보호층 설치는 적정한지 검토한다.
바닥방수인 경우 적정한 구배 표시가 있는지 확인한다.
표시된 물매를 맞추기 위한 방수 보호콘크리트 두께가 건물 중앙부에서 지나치게 두꺼워져서 과하중이 발생하는 경우가 있는지 확인한다.

- 비교적 건물 폭이 넓은 지붕면에서 물 구배를 맞추기 위하여 보호콘크리트 또는 모르타르로서 구배를 잡다보면, 방수 보호콘크리트가 구조계산에 계상된 두께보다 더 두꺼워져 구조적인 문제가 발생하는 경우가 있다. 이런 경우를 해결하기 위하여 경량콘크리트 또는 경량모르타르 사용, 보온재로 구배 잡기 또는 슬래브 자체를 물 구배에 맞추어 경사지게 설치하는 방법을 적용하는 것이 좋을 것이다.

2. 상세도면 검토

각 방수 상세도는 공법에 적합하게 작성되었는지 확인한다.
모서리, 꺾임부분, 방수턱 및 출입구 부분에 보강방법은 상세도 및 시방서에 명시되었는지 확인한다.

이질재료와의 만남, 조종줄눈, 시공줄눈 등에 관한 방수보강방법이 상세도에 표시되었는지 확인한다.

배수 트렌치 상세도는 적정히 작성되었는지 확인한다.
　　-규격은 적정한지 확인
　　　·규격은 시공이 가능한 크기인지도 확인한다.
　　-트렌치 뚜껑 또는 스틸 그레이팅은 재질과 규격이 적정한지 확인한다.
방수층 끝마무리 상세도는 작성되었으며, 적정한지 확인한다.
방수층 이음방법은 시방서 내용과 일치한지 확인한다.
익스팬션 조인트에 누수 우려가 있는지 재검토한다.
- 익스팬션 조인트 하부에 물홈통을 설치하여 누수 영구 유도 배출방안도 검토
루프드레인 크기(용량)는 집중호우(300mm/hr)에도 감당할 수 있는지 검토한다.
- '드레인도면 검토' 참조
방수턱 높이는 적정한지 확인한다.
- 일반적으로 물이 다른 지역으로 넘어가지 못하도록 설치한 것으로 그 높이는 상세도에 표시된다.

- 방수턱 상세도 확인
    · 일반적으로 방수턱을 설치할 위치는 화장실, 주방, 발코니, 펜트하우스, 물탱크실, 전 기 및 배터리룸, 각종 샤프트 등 실(室) 경계벽에 설치하므로 이들 단면 상세도를 면밀히 검토해야 한다.
- 방수턱 높이는 적정한지 확인
    · 일반적으로 최소 100mm 높이 이상으로 설치

방수 보호층은 각 방수공법에 적합한지 확인
모든 방수 상세도는 시방서에 기술된 내용과 적합하게 작성되었는지 확인한다.

3. 방수 부분별 검토

최하층 방수시설이 적정한지 검토한다.
- 방수자재는 적정한지 검토
- 방수공법은 적정한지 검토
- 바닥구배는 적정한지 검토
- 트렌치 설치 및 규격이 적정한지 검토
- 지수판 재료 및 지수판 형태는 적정한지 검토
- 이중벽이 설치되었는지 확인
- 이중벽 사이 트렌치 및 환기구는 설치되었는지 확인
- 이중벽 배수구 설치는 적정한지 확인

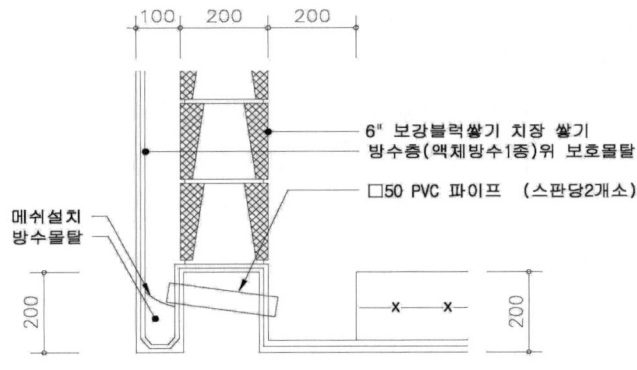

그림 32 지하실 이중벽, 트렌치 예

지하층 상부 방수시설이 적정한지 검토한다.
- 방수자재는 적정한지 검토
- 방수공법은 적정한지 검토
- 방수범위는 명확히 표시되었는지 확인
- 벽 방수와 상부 방수와 겹침 범위 확인
- 방수보호층 재료와 두께는 적정한지 확인

옥상 방수시설이 적정한지 검토한다.
- 방수자재 및 방수공법이 적정한지 검토
- 방수층을 파라펫에 치켜올림 높이와 끝마무리는 적정한지 검토
  · 상세도에서 확인
- 바닥구배는 적정한지 검토
- 파라펫 근처 트렌치 설치 규격은 적정한지 검토
- 방수보호층(보호콘크리트) 두께는 적정한지 검토
- 방수보호층 조종줄눈 간격 및 줄눈구조는 적정한지 확인
  · 상세도에서 확인
- 장비 설치 기초 및 배관용 슬리브 설치 방수보강방법이 적정한지 확인
- 옥상 화단은 방수층 위에 설치 여부
  · '옥상정원 잡상세도면 검토' 참조

피트에는 방수가 되었는지, 바닥구배는 명시되었는지 확인한다.
발코니에 방수가 되었는지 확인한다.
화단은 방수가 되었는지 확인한다.
캐노피는 방수가 되었는지, 배수구배가 적정한지 확인한다.
출입구로부터 내부바닥에 방수설계가 되었는지 확인한다.
- 비가 들이쳐서 또는 통행으로 인하여 물이 묻어 들어와 지하층으로 누수가 되지 않도록 하기 위한 방수임. 약 2m 정도 방수함.

지하1층 경사로(지하차도 등) 출입구에는 우수처리 트렌치 설치와 배수관에 연결되었는지 확인한다.
- 외부로부터 흘러 들어온 빗물 처리를 위한 트렌치와 배수를 위하여 배수 피트에 연결되어야 한다.

드라이에리어 방수 설치와 드레인이 배수관에 연결되었는지 확인한다.
지상에 노출된 지하실 상부에는 적정한 방수가 되었는지 확인한다.

- 외부 충격에 손상되지 않는 방법으로 설계되었는지 확인

1.1.5.3 줄눈도면 검토

- 건축설계에 적용되는 각종 줄눈은 구조 또는 마감에 매우 중요한 요소이므로 줄눈의 종류와 성격에 따라 합리적으로 설치되어야 한다.

1. 신축줄눈(Expansion Joint : E.J)

- 구조체의 온도변화에 의한 팽창, 수축 혹은 부동침하, 진동 등에 의해 콘크리트에 균열 발생이 예상되는 위치에 구조체를 분리시킬 목적으로 두는 탄력성 있는 줄눈
- 신축줄눈 성질의 줄눈은 모든 재료마감에서도 적용될 수 있다.

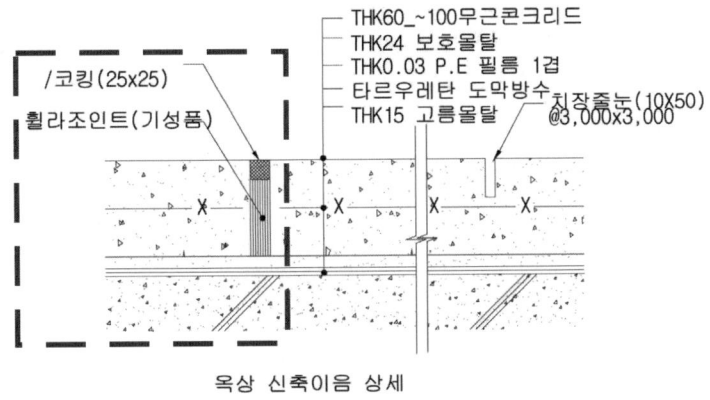

옥상 신축이음 상세

그림 33 신축줄눈 예

신축줄눈 설치가 요구되는지 검토한다.
- 길이가 긴 건물인 경우 60m~80m 지점(또는 중간지점)에 설치되었는지 확인
  · 약 60m 이상 긴 건축물에 신축줄눈 설치가 고려되지 않은 경우 반드시 신축줄눈이 없어도 문제가 없다는 상당한 이론적인 이유가 있어야 한다.
- "L", "T"자형 건물의 절곡부위에 설치되었는지 확인
  · 건축물의 수축 팽창하는 방향이 다르므로 꺾임 부위에 균열이 발생한다.
- 타 건물과 연결지점에 설치되었는지 확인
- 상부구조에만 설치되었는지 확인

· 신축줄눈이 설치되기 시작하는 지점이 확실히 표시되어야 한다.

설치위치에 따른 신축줄눈 종류의 선택이 적정한지 검토한다.

- 부위별 신축줄눈 형태가 달라질 수 있으므로 줄눈 설치부위별로 적정한 줄눈 형태가 제시되어야 한다.
  - 구조 및 마감면에 설치된 줄눈 확인
  - 바닥면(실내바닥, 지붕면)에 설치된 줄눈 확인
  - 벽체면에 설치된 줄눈 확인
  - 지붕면에 설치된 줄눈 확인

신축줄눈 설치는 꺾임부분에도 빠짐없이 건물을 관통하여 설치되었는지 확인한다.

신축줄눈 시스템이 상세도에 명시되어 있는지 검토한다.
  - 줄눈 폭(약 25mm~30mm, 계산에 의한 폭 산정이 바람직함) 확인
  - 줄눈덮개 구조(자재 및 기능) 확인
  - 줄눈앵커방법 확인
  - 충진재(Compressible filler) 확인

신축줄눈에서 누수될 우려가 있는지 검토한다.
  - 프레싱 설치 확인
  - 줄눈 밑에 홈통 설치 확인
  - 충진재 재질 확인
    · 충진재가 줄눈에 적합한지 확인
  - 지수판 설치+충진재인지 확인

신축줄눈 없이 설계한 공법을 검토해 본다.

- 구조전문가와 E.J 없는 경우 발생할 수 있는 모든 문제를 공학적인 근거를 갖고 면밀한 검토와 철저한 계획시공이 요구된다.
  - Shrinkage Strip(Delay Joint) 설치 검토
    · 간격 : 30m~45m
    · 조인트 폭 : 600mm~900mm
    · 철근이음 길이 : 조인트 폭 범위 내
    · 배근 : 구부린 철근(Bent bar)
  - 무수축콘크리트 사용 검토
  - 양생기간 조정 검토

2. 시공줄눈(Construction Joint)

- 콘크리트 공사에서 구조적 또는 시공여건으로 콘크리트 이어치기로 인하여 생기는 이음줄눈
- 특별한 경우 조종줄눈 또는 수축팽창줄눈의 기능을 가질 수 있다.

시공줄눈이 도면에 표시되었는지 확인한다.

- 디자인할 때 필요개소 지정

시공줄눈 위치는 구조적으로 타당성이 있는 위치인지 검토한다.

- 구조적으로 무리가 없는 위치에 설치
- 기둥에는 슬래브 윗선, 슬래브 및 보에는 중앙지점이 적정함

부위별 표준 시공줄눈의 종류(Type)가 상세도로 명시되었는지 확인한다.

- 맞댄 줄눈(Butt Joint) 상세도 확인
- 제혀줄눈(Tongue and Groove Joint) 상세도 확인
- 지수판(Water Stop) 설치 상세도 확인

시방서에 기술된 줄눈형태와 줄눈 설치에 대한 내용이 일치한지 확인한다.

3. 조종 또는 수축줄눈(Control Joint or Contraction Joint)

- 큰 면적의 바닥이나 벽의 콘크리트 및 시멘트모르타르 바름 면에 건조수축 또는 온도의 급강하에 의한 균열이 다방면으로 확산되는 것을 방지하기 위해 미리 조종하여 설치하는 줄눈
- 시공줄눈이 조종줄눈 기능 일부분의 역할을 할 수도 있고, 조종줄눈이 수축팽창줄눈 기능 일부분의 역할을 할 수도 있다

조종줄눈은 설계도면에 표시되었는지 확인한다.

- 지붕 방수콘크리트 보호층 조종줄눈 설치 확인
- 지하주차장 바닥 조종줄눈 설치 확인
- 벽 또는 바닥미장 조종줄눈 설치 확인

조종줄눈 간격은 적절한지 확인한다.

- 간격 : 3m~6m

부위별 표준 시공줄눈의 종류(Type)가 상세도에 명시되었는지 확인한다.

- 톱 절단(Saw Cut) 상세도 확인
  · 절단 깊이 : 부재 두께의 1/5~1/4 깊이

- 홈(Groove) 상세도 확인
  · 홈 깊이 : 부재 두께의 1/5~1/4 깊이, 양측에 설치

줄눈 홈에 설치된 조인트 재료가 적정한지 확인한다.
- 실런트, 아스팔트 컴파운드 등 충진재료가 적합한지 확인

각 조종줄눈이 시방서에 기술된 내용과 일치한지 확인한다.

4. 특수줄눈

이동줄눈(Sliding Joint) 상세도가 적정한지 검토한다.
- 교량의 이동단과 같이 온도의 변화 또는 수평하중에 의하여 수평으로 움직이는 지점에 설치하여 마찰을 막고 구조적 안정을 얻기 위하여 설치되는 받침 또는 조인트
  - 보 위에 얹혀진 보 또는 슬래브 밑에 설치되었는지 확인
  - 패드(Pad) 재질, 규격 및 구성은 적정한지 확인
    · 일반적으로 네오프렌 패드(Neoprene pad), 스테인리스 패드 사용
  - 시방서에 기술된 내용과 일치한지 확인

분리줄눈(Isolation Joint)이 적정하게 설치되었는지 확인한다.
- 다른 구조체와 만나는 부분에 분리를 목적으로 설치하는 조인트
  - 기둥 주변에 마름모 형태로 설치되었는지 확인
  - 기초와 바닥 슬래브와 만나는 사이에 설치되었는지 확인
  - 기초벽과 기초판 위에 있는 슬래브 사이에 설치되었는지 확인
  - 시방서에 기술된 내용과 일치한지 확인

재료분리줄눈(Strip Joint)이 적정하게 설치되었는지 확인한다.
- 다른 종류의 마감재료가 만나는 부분에 디자인 또는 시공효과를 위하여 설치하는 줄눈
  - 다른 종류의 마감재료가 만나는 부분에 재료분리줄눈이 설치되었는지 확인
  - 재료분리 재료의 재질과 규격이 적정한지 확인
  - 시방서에 기술된 재료분리줄눈 내용과 일치한지 확인

1.1.5.4 루프드레인도면 검토

루프드레인 위치는 정확히 표시되었는지 확인한다.

표시된 루프드레인이 벽체 설치형(形) 또는 바닥 설치형인지 구별하여 표시되었는지 확인한다.

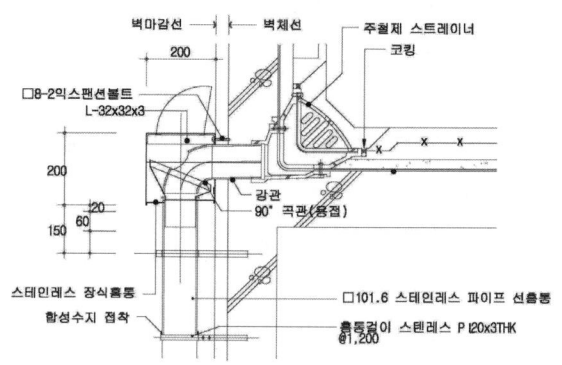

그림 34 루프드레인 예

루프드레인 상세도는 설치형에 따라 모두 작성되었는지 확인한다.
- 바닥형과 벽체형이 설치된 경우 각각의 상세도가 작성되었는지 확인한다.

상세도에 표시된 루프드레인 형태 또는 구조가 시중 제품인지 확인한다.
- 시중에서 구할 수 없는 형태의 루프드레인 상세도를 설계자료에서 본 따 설계도 작성에 반복하여 이용함으로써 그림에 지나지 않는 비현실적인 상세도가 되는 경우가 있다.

루프드레인 형태 및 구조가 설계된 방수공법에 적합한 제품인지 검토한다.

루프드레인이 보 또는 기둥 위에 설치되었는지 확인한다.
- 루프드레인이 보 또는 기둥 위에 설치될 경우 구조의 성능을 약화시킬 우려가 있을 뿐 아니라 배관에 어려움이 생긴다. 루프드레인이 의도적으로 보 또는 기둥 위에 설치될 경우 구조보강방법이 제시되었는지 확인해야 한다.

루프드레인 재질과 규격은 적정한지 확인한다.
- 집중호우에도 감당할 수 있는 규격인지 확인한다. 과거 기준에 의한 규격보다 단면적이 30% 이상 큰 규격이 변화하는 기상조건(강수량 및 집중호우 현상)에 적합할 것으로 사료된다.

지붕배수한 영역에 루프드레인이 2개소 이상 설치되었는지 확인한다.
- 루프드레인 규격이 아무리 크다 하더라도 루프드레인은 먼지의 침착, 낙엽 또는 비닐 등이 빗물에 흘러들어 루프드레인을 막을 경우 그 기능이 반감 또는 전무하

게 되어 재해를 일으킬 수 있으므로 한 루프드레인이 막혔을 경우 다른 루프드레인이 그 기능을 감당할 수 있도록 한 배수영역에 2개소 이상 설치하는 것이 재해 방지를 위하여 바람직하다고 사료된다.

루프드레인에 연결된 홈통 파이프가 천장 내부로 배관되어 누수 또는 결로문제를 일으킬 가능성이 있는지 확인한다.

기둥 또는 콘크리트벽체에 매입된 루프드레인 홈통 배관이 겨울철에 동파로 인하여 구조물이 파괴될 우려가 있는지 검토한다.
- 구조물 내에 배관된 드레인 배관이 막히거나 눈 녹은 물이 서서히 얼어붙어 관이 막힌 경우, 온도가 장기간 급강하할 때 배관의 물이 얼어 팽창하여 구조물을 파괴하는 경우가 있으므로 특히 외벽 구조물에 우수드레인관을 설치할 때는 신중한 검토가 요구된다.

루프드레인 홈통 파이프 설치는 창이나 문을 가로지르는 경우가 있는지 확인한다.
- 입면도에 표시된 홈통 표시 내용과 일치한지 확인해본다.

루프드레인 홈통 파이프로 흐르는 우수는 배수시설과 연결되었는지 확인한다.
- 간혹 홈통배관과 하수시설이 연결되지 않은 경우가 있다.

홈통으로부터 흘러나와 방출되는 물로 인한 안전문제가 있는지 검토한다.
- 우수홈통으로 방출된 물이 건물 주변 통행로에 번지거나 겨울철 눈 녹은 물이 흘러와 통로에 얼어붙어 통행인이 넘어져 상해를 입는 일이 있으므로 홈통 물이 통로에 번지지 않도록 처리를 확실히 할 필요가 있다.

1.1.5.5 돌붙임도면 검토

1. 건식 붙이기

돌붙임 범위와 종류, 모양, 색상 및 표면마감 내용이 마감계획표 내용과 일치한지 확인한다.
  - 내부·외부 돌붙임 마감 확인
    · 바닥, 벽, 천장

돌 종류와 규격이 명시되었는지 확인한다.
- 바닥 돌, 벽체 돌, 천장 돌

돌 고정철물(앵글, 앵커 포함) 표시를 확인한다.
- 재질, 형상, 규격 및 앵커 길이를 확인

돌붙임에 대한 구조계산은 되었는지 확인한다.
- 고정철물(앵글, 연결철물 및 앵커)의 구조와 앵커의 물림 조건(앵커 길이, 앵커 접착제 및 기계적인 앵커 등) 등에 대한 구조 안전성에 대해 검토하였는지 확인한다.
- 바탕이 철재 틀(프레임)일 경우 틀에 관해서도 구조계산을 하여 안전을 확인한다.

구조계산에서 정한 기준과 일치한지 확인한다.
- 설치할 돌의 최대 중량 확인
- 돌붙임 바탕 조건 확인
  · 콘크리트, 조적, 철재 프레임 등
- 돌붙임 마감면(또는 돌지지 중심선)과 바탕면과의 거리 확인
  · 바탕면과 돌 지지점 또는 마감면과의 거리는 작용 모멘트 크기(모멘트는 작용점과의 거리 자승에 비례)에 영향을 가장 많이 주므로 구조계산에서 정한 이격 거리를 확인하고 또한 준수해야 한다.
- 앵커의 성능 확인(검증)
- 처짐한계 확인($\delta \leq L/180$)

앵커 설치 표시는 적정한지 확인한다.
- 앵커위치는 적정한지 확인
  · 통줄눈일 경우 ℓ(돌 폭)/5 지점, 막힌줄눈일 경우 $\ell/4$ 지점이 좋다.
  · 하나의 돌에 3지점 앵커 설치는 균등한 하중 전달을 오히려 방해하므로 안 된다.
- 앵커 매입깊이는 표시되었는지 확인
- 앵커 설치방법은 표시되었는지 확인
  · 화학접착제 사용, 기계적(Mechanical) 앵커 사용 등을 확인한다.
- 바탕면으로부터 돌과의 거리와 마감면과의 거리는 정확히 표시되었는지 확인

줄눈 폭 및 줄눈마감 표시는 되었는지 확인한다.
- 트인(공간) 줄눈, 막힌 줄눈(실런트 등의 충진)

필요한 돌붙임 상세도는 모두 작성되었는지 확인한다.
- 표준, 다른 마감재와 경계부분, 개구부, 모서리, 특수부위(凹凸, 배관 및 장비 설치), 두겁돌, 천장 등

돌 설치에 사용되는 물질로 인하여 돌에 오염이 생길 가능성이 있는지 확인한다.
- 앵커 또는 철 프레임으로 인한 녹물오염 확인
- 돌 앵커에 사용되는 접착제로 인한 오염 또는 화학반응으로 인한 오염 확인
- 줄눈에 사용되는 실런트로 인한 오염 또는 화학반응으로 인한 오염 확인

－돌에 사용되는 방수재로 인한 오염 확인
  －기타 인접 부재로 인한 오염 확인

눈물 구멍(Weep Hole) 표시를 확인한다.

- 약 3㎡마다 1개소

돌의 크기와 두께는 용도에 적합한지 확인한다.

- 크기는 1㎡ 정도, 두께는 바닥 : 가능한 40mm 이상, 벽체 : 24mm 이상(일반적으로 30mm)이 보편적임.

시방서 내용과 일치한지 확인한다.

- 자재(돌, 앵커철물, 접착제 등), 시공상세도 작성기준, 시공방법, 구조계산 확인 조건 등 확인

주기내용을 확인한다.

2. 습식 붙이기

긴결철물 설치에 필요한 보강근은 표시되었는지 확인한다.
긴결철물의 재질, 종류, 모양, 치수, 사용 개소를 확인한다.

- 앵커, 바탕철근, 당김쇠, 꽂임쇠, 쥠쇠, 꺾쇠 등 확인

대리석의 긴결철물은 황동선으로, 기타는 아연도철선으로 지정되었는지 확인한다.

- 시방서에 기술된 내용과 일치한지 확인

돌 뒷면 처리법 등이 명기되었는지 확인한다.

- 돌 뒷면 방수처리, 뒤채움 방법 등 확인

충진 모르타르 두께는 명시되었는지 확인한다.
깔개 모르타르 두께는 명시되었으며 시공에 적정한지 확인한다.

- 모르타르 두께가 너무 얇을 경우 수평 조정하기가 어렵다. 돌 두께보다 3㎝ 이상 필요

깔개 또는 충진 모르타르 배합비는 적정한지 확인한다.
바닥 돌 두께는 적정한지 확인한다.

- 바닥 돌이 너무 얇으면 사용시 충격을 받아 쉽게 떨어지고 반동이 탄탄치 않게 느껴지므로 가급적 벽체 사용 돌보다 두꺼운(가능한 40mm 이상) 돌이 바람직하다.

특히 낙하할 염려가 있는 곳의 돌 상세도는 작성되었는지 확인한다.
줄눈 폭 및 줄눈 마감 표시는 되었는지 확인한다.

- 줄눈상세도 작성을 확인

시방서 내용과 일치한지 확인한다.
- 습식 붙이기 상세도와 시방서 내용이 일치한지 확인

주기내용을 확인한다.

1.1.5.6 경량칸막이도면 검토

1. 경량칸막이 일반

경량칸막이 일람표를 검토한다.
- 경량칸막이 일람표를 작성한 경우에 검토
  - 벽체 일람표 부호와 평면도에 표시된 칸막이 표시가 일치한지 확인한다.
    · 평면도에 표시된 칸막이 부호와 벽체 일람표에 표시된 유형별 표시를 비교해 봄으로써 쉽게 누락이나 불일치한 것을 발견할 수 있다.
  - 기준선 표시가 평면도 기준선과 일치한지 확인한다.
  - 벽체 높이와 길이 표시는 평면도 및 단면도에 표시된 길이와 높이가 일치한지 확인
  - 슬래브 밑선, 천장마감선, 걸레받이선, 바닥선 등이 명확히 표시되었는지 확인
  - 칸막이 패널 유닛(Panel Unit) 크기 또는 패널조인트 간격은 표시되었는지 확인
  - 구조재료 및 마감재료, 벽 충진재(단열재, 차음재), 부속철물 등이 명시되었는지 확인
  - 주기내용 확인

경량칸막이는 용도별로 명확히 분류되었는지 확인한다.
  - 방화칸막이, 방음칸막이 또는 일반칸막이 등 용도가 표시되었는지 확인
  - 조립식 또는 현장건조식인지 구별되도록 작성되었는지 확인
  - 칸막이 구조 및 구성재 재질 표시 확인
  - 두께 표시 확인

방화벽을 설치해야 할 위치에 일반칸막이가 설치되었는지 확인한다.
- 방화구획벽, 세대간 칸막이벽, 엘리베이터 칸막이벽, 각종 샤프트, 피난계단실벽 등 방화벽을 설치해야 할 위치에 방화벽이 아닌 벽으로 계획되었는지 확인한다.

방화구획 칸막이는 방화기준에 적합한지 확인한다.
  - 천장속 슬래브 밑까지 설치되었는지 확인
  - 불연구조체(프레임)인지 확인

- 벽 두께는 기준에 맞는지 확인
- 단열재 종류 및 성능기준이 명시되었는지 확인
- 불연재(방화석고보드 등)를 사용하였는지 확인

차음이 요구되는 벽에 방음벽이 설치되었는지 확인한다.
- 집회실, 교실, 공조실 등 소음 차단이 요구되는 실의 칸막이는 방음벽 설치를 해야 한다.
  - 천장속 슬래브 밑까지 설치되었는지 확인
  - 벽 두께 확인
  - 차음재 또는 단열재 재질 및 성능 표시 확인

일반 칸막이벽을 천장 속까지 설치하였는지 확인한다.
- 일반 칸막이벽은 천장면까지 설치하여 공간의 가변성, 시공성 및 경제성을 높이는 것이 바람직하다.

경량칸막이에 대한 시방서 내용과 일치한지 확인한다.
- 조립식에 대한 시방서 내용 확인
- 현장건조식에 대한 시방서 내용 확인

2. 상세도 검토

현장건조식
- 벽 구조체의 구조와 부재의 규격이 명시되었는지 확인
- 천장, 벽 및 바닥에 고정 및 해체방법이 명시되었는지 확인
- 천장, 벽 및 바닥과 접합부에 대한 상세도가 있는지 확인
- 벽판재의 규격과 품질이 명시되었는지 확인
- 판재의 부착방법이 명시되었는지 확인
- 표면마감재가 명시되었는지 확인
- 조인트 상세도가 작성되었는지 확인
- 걸레받이 상세도는 작성되었는지 확인
- 각종 배선이 가능한지 확인
- 시방서 내용과 일치한지 확인

조립식(공장제작)
- 상세도와 공장생산 표준도 비교 검토

- 제작 및 설치에 대한 상세도가 작성되었는지 확인
- 패널 표준규격과 부속물에 대한 표시가 있는지 확인
- 표면재의 재질과 마감이 표시되었는지 확인
- 방화 또는 방음에 대한 성능이 표시되었는지 확인
- 조립식 칸막이와 만나는 부분에 대한 상세도가 모두 작성되었는지 확인
- 시방서와 일치한지 검토
- 각종 설비배선이 가능한지 확인
- 조립 및 해체가 용이한지 확인
- 주기를 확인

1.1.5.7 조적도면 검토

1. 벽돌 벽

- 건축물의 구조기준 등에 관한 규칙 제3절 조적식 구조 참조

벽돌의 규격과 품질이 명시되었는지 확인한다.
기초 및 기초벽의 두께는 적정한지 확인한다.
내력벽의 높이 및 길이는 기준에 적정한지 확인한다.
내력벽의 높이 4m 이하, 칸막이벽 2m 이하인 경우 벽의 길이 및 두께는 규준에 적정한지 확인한다.
벽에 있는 창·출입구 등 개구부의 구조는 기준에 적정한지 확인한다.

2. 적벽돌 및 치장벽돌 벽

벽돌의 규격과 품질이 명시되었는지 확인한다.
수직 조종줄눈(Control Joint)은 설치되었는지 확인한다.

- 간격 : 6m~9m 또는 창문이 있는 경우에 창문 왼쪽 또는 오른쪽 하부에 설치

백화 방지조치는 되었는지 확인한다.

- 조적 내부의 습기 및 물기 제거용 방수막 설치
- 층의 상·하단에 배수구 또는 통풍구 설치

창 또는 문 위에는 인방이 누락되었는지 확인한다.

- 앵글 설치(앵글 규격 : 130×130×9T 또는 150×150×9T) : 창 또는 문 폭보다 양측 20cm 이상 길게 설치. 치장벽돌쌓기에는 가급적 아연도금재료 사용

치장벽돌 벽 쌓기 연결보강 철물은 적정히 명시되었는지 확인한다.
- 벽돌제조업자의 표준 벽돌쌓기 매뉴얼 참조

치장벽돌쌓기 시방서 내용과 일치한지 확인한다.
주기내용을 확인한다.

3. 내화벽돌 벽

내화벽돌 규격과 품질이 명시되었는지 확인한다.
- 내화벽돌 표준규격 : 230×114×95

내화모르타르 종류별 및 두께(6mm)를 확인한다.
내화벽돌쌓기 시방서 내용과 일치한지 확인한다.
주기내용을 확인한다.

4. 보강블록 벽

- 건축물의 구조기준 등에 관한 규칙 참조

블록의 규격과 품질이 명시되었는지 확인한다.
보강블록쌓기의 보강방법은 명시되었는지 확인한다.
블록벽의 상하좌우 구조물에 보강방법은 명시되었는지 확인한다.
보강방법이 적정한지 확인한다.
개구부에 인방 설치는 되었는지 확인한다.
- 인방블록에 철근보강 설치
- 콘크리트 인방 설치

인방 설치방법이 명시되었는지 확인한다.
수직 조종줄눈(Control Joint)는 설치되었는지 확인한다.
- 간격 : 6m~9m, 또는 창문이 있는 경우에 창문 왼쪽 또는 오른쪽 하부에 설치

블록줄눈 폭과 모양은 명시되었는지 확인한다.
- 폭 : 10mm
- 막힌 줄눈 또는 통줄눈

눈물구멍(Weep Hole) 규격과 설치간격은 표시되었는지 확인한다.
블록쌓기 시방서와 일치한지 확인한다.
주기내용을 확인한다.

1.1.5.8 공동주택의 바닥충격음 차단구조도면 검토

- 바닥충격음은 법의 요구조건을 충족시켜야 하므로 검토 시점에서 반드시 법 개정이 있었는지 확인해야 한다.

> **참고** 관련 법규
> ① 주택건설기준등에 관한 규정
> ② 공동주택 바닥충격음 차단구조 인정 및 관리기준
> - 경량충격음 : 58dB 이하, 중량충격음 : 50dB 이하

표준바닥구조와 일치 또는 충족되는지 확인한다.
- 소음방지를 위한 층간 바닥충격음 차단 구조기준[국토교통부고시 제2015-319호] "가. 표준바닥기준 1", "나. 표준바닥구조 2", "다. 표준바닥구조 3" 중 단면구조와 설명을 대조하여 동등 이상으로 설계되었는지를 확인한다.

바닥충격음 차단구조의 인정을 받은 구조인지 확인한다.
- 바닥충격음 차단구조 성능인정서를 인정기관으로부터 받았는지 확인한다.

> **참고** 벽체의 차음구조 인정 및 관리기준

1.1.5.9 잡상세도면 검토

- 표준 또는 공통으로 쓰일 목적으로 작성된 상세도를 표준상세도, 부분적으로 쓰이는 상세도를 잡상세도로 분류하였다. 설계도서 작성자에 따라 분류가 다를 수 있다.

사다리 상세도를 검토한다.
- 기계실, 집수정, 물탱크, 엘리베이터 피트, 옥탑 물탱크 등에 설치한 사다리의 상세도가 작성되었는지 확인
- 사다리 재질 및 구조는 적정한지 검토
    · 재질 : 철재 또는 스테인리스 스틸사다리
    · 구조 : 사다리 폭 : 400mm, 디딤살 간격 : 30mm, 벽과 사다리 간격 : 150mm, 손잡이 직경 : ϕ38mm, 앵커방법 표시 확인
- 사다리 도달 층 레벨보다 75cm 이상 높은지 확인
    · 안전기준임.

FCU(Fan Coil Unit) 설치 상세도를 검토한다.
- 유형별로 상세도는 작성되었는지 확인
- FCU가 보 위에 설치되었는지 확인
  · 보 위에 설치될 경우 배관이 어렵다.
- FCU 윗단 높이는 창 가로대 또는 커튼월 가로대와 일치한지 확인
- FCU Filter 교체는 가능한지 확인

루프드레인 상세도를 검토한다.
- 바닥형 및 벽형 상세도가 각각 작성되었는지 확인
- 재질 및 규격이 표시되었는지 확인
- 설치방법이 표시되었는지 확인
- 루프드레인 상세도가 방수시스템과 부합되는지 확인
- 설계된 루프드레인은 시중에서 조달할 수 있는 제품인지 확인

선홈통 설치 상세도를 검토한다.
- 매입 또는 노출형인지 확인
- 재질 및 규격이 표시되었는지 확인
- 앵커, 앵커 간격, 앵커방법 및 연결부위 상세도가 표시되었는지 확인
- 물받이 상세도는 작성되었는지 확인
- 홈통은 배수로에 연결되었는지 확인

파라펫 상세도를 검토한다.
- 파라펫 구조 및 높이는 표시되었는지 확인
- 난간 설치 상세도는 작성되었는지 확인
- 방수층, 방수층 벽 마무리 방법 표시는 적정한지 확인
- 방수 트렌치와 관련된 표시는 적정한지 확인
- 루프드레인 설치와의 관계는 표시되었는지 확인
- 두겁대와 외벽 마감관계 상세도는 작성되었는지 확인
- 파라펫 부분을 통한 열 흐름을 막기 위하여 천장 내부에 보온재 설치가 되었는지 확인
  · Cold Bridge 관계 보온재 설치범위 검토

발코니 상세도를 검토한다.
- 발코니 폭, 높이 및 두께는 표시되었는지 확인
- 발코니 바닥레벨과 거실바닥과의 차이는 표시되었는지 확인

─ 발코니 배수구배는 표시되었는지 확인
─ 발코니 방수 및 방수 마무리 상세도 확인

드라이에리어(Dry Area : D.A) 상세도를 검토한다.
─ D.A 폭, 높이 및 두께는 표시되었는지 확인
─ D.A 바닥과 벽 개구부와의 턱 높이는 방수에 적정한지 확인
─ D.A에 드레인은 설치되었으며 배수관에 연결은 되었는지 확인
─ D.A 방수 표시 및 방수 마무리 상세도는 작성되었는지 확인

캐노피 상세도를 검토한다.
─ 캐노피 규격은 표시되었으며 크기가 적정한지 확인
─ 캐노피 부착관계는 명확히 표시되었는지 확인
─ 캐노피 설치상세도는 구조계산서에 표시된 내용과 일치한지 확인
─ 캐노피 배수관계는 표시되었는지 확인
─ 캐노피 물끊기는 표시되었는지 확인
─ 캐노피 마감관계는 상세히 표시되었는지 확인

국기게양대 설치 상세도를 검토한다.
─ 게양대 규모는 적정한지 검토
  · 기단 크기, 깃대 높이, 깃대 간격, 깃대 수는 적정한지 확인
─ 기단 마감재는 적정한지 확인
  · 미끄럽지 않은 마감이 바람직하다.
─ 깃대 재질 및 규격표시는 명확한지 확인
─ 앵커 상세도는 명확히 작성되었는지 확인
─ 깃대 간격의 적정성 검토
  · 게양할 기의 길이의 1.25배 정도가 바람직하다. 즉 게양한 기가 바람에 날릴 때 닿지 않는 여유 거리. 설계할 때 건물 규모에 어울리는 게양할 기의 호수(크기)를 정하고, 이를 기준으로 깃대 간격 및 규모를 정하는 것이 좋다.
─ 깃대의 조립 및 해체가 가능하도록 설계되었는지 확인
─ 국기봉, 게양 줄, 게양 활차 및 줄 걸고리의 재질 및 규격은 명시되었는지 확인
─ 시방서에 기술된 내용과 일치한지 확인

트렌치 상세도 검토를 한다.
• 때때로 소홀히 다루어지는 설계부분이다.
─ 위치별 규격(폭, 깊이)은 적정한지 확인

- 폭 : 250~300mm
- 깊이 : 용도에 따라 배수구배 등 고려
- 배수구배는 표시되었는지 확인
- 트렌치 덮개(Cover)의 재질, 규격 및 형태는 용도별로 적정한지 확인
  - 스틸그레이트(아연도, 스테인리스) 무늬철판, 석재, 콘크리트 PC 등
  - 차량통행 및 중량물이 이동하는 장소인지 확인
- 트렌치 커버 받침턱 부분상세도는 적정한지 검토
- 트렌치 커버 턱 철재 보강상태를 검토
- 방수처리 표시는 되었는지 확인

피트(집수정) 및 뚜껑 상세도를 검토한다.
- 때때로 소홀히 다루어지는 설계부분이다.
  - 피트 턱 철물 보강과 앵커 상세도는 적정한지 검토
  - 뚜껑 재질, 두께, 뚜껑열개 손잡이 규격 및 모양과 마감방법 표시 확인
  - 뚜껑의 걸침턱 치수가 적정한지 확인
  - 방수처리 표시는 되었는지 확인

재료분리대 상세도를 검토한다.
- 일반적으로 이질재료가 만나는 장소에 설치한다.
  - 이질 마감재료가 만나는 경계선에 재료분리대가 설치되었는지 확인
  - 재료분리대 상세도는 작성되었는지 확인
  - 재료분리대는 적정한 것인지 검토

논슬립 상세도를 검토한다.
- 논슬립 재질, 형태 및 규격은 명확히 표시되었는지 확인
- 논슬립 부착방법 상세표시는 되었는지 확인
- 논슬립 색상은 계단 디딤판 색상과 구별되도록 디자인되었는지 확인

엘리베이터 출입문 상세도를 검토한다.
- 엘리베이터 출입문 상세도는 작성되었는지 확인
  - Sill
  - Jamb
  - Elevation

커튼박스 상세도를 검토한다.
- 재질 및 규격 표시를 확인

· 천장도에 표시된 내용 확인

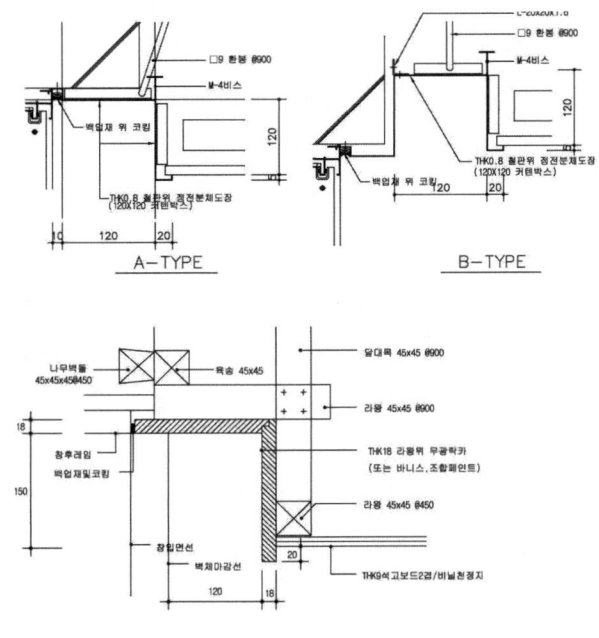

그림 35 커튼박스 예

코너비드 상세도를 검토한다.
    -코너비드 규격은 명시되었는지 확인
    -설치방법이 명시되었는지 확인
    -시방서에 기술된 내용과 일치한지 확인

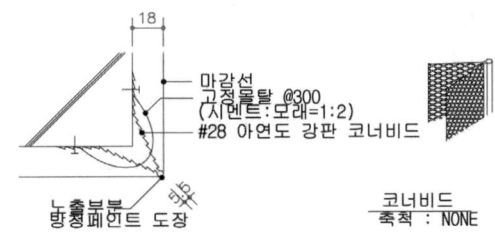

* 모든 모서리 노출기둥, 벽에 적용할 것.

코너 BEAD 상세

그림 36 코너비드 예

장비기초(PAD) 상세도를 검토한다.
- 기계실, 전기실 등에 설치하는 장비 패드(PAD)
    - 패드 두께, 콘크리트 강도 및 보강 표시는 되었는지 확인
    - 방수층과의 관계를 표시하였는지 확인
    - 방진시설은 설치되었는지 확인
    - 마감표시는 되었는지 확인
        · 제물마감, 페인트마감, 에폭시코팅 등

물탱크 받침 기초 상세도를 검토한다.
- 기초 폭과 높이, 간격, 콘크리트 강도 및 보강 표시는 되었는지 확인
    · 물탱크 물의 배수 및 퇴수를 위한 배관과 밸브 설치를 위해 최소 450mm 이상 높이의 공간이 필요함.
- 방수층과의 관계를 표시하였는지 확인
- 마감표시는 되었는지 확인

> [참고] 각종 장비패드 및 패드마감 상세가 누락되면 견적시 누락되기 쉽고 공사계약에도 누락되어 공사비 증가, 설계변경 원인 및 분쟁의 원인이 된다.

옥상 실외기 기초상세도를 검토한다.
- 패드 두께, 콘크리트 강도 및 보강은 표시되었는지 확인
- 기초 및 앵커 설치와 방수층 및 보호층과의 관계 표시 확인
- 마감은 명시되었는지 확인
- 방진시설은 설치되었는지 확인

발전기 장비 기초상세도를 검토한다.
- 패드 두께, 콘크리트 강도 및 보강은 표시되었는지 확인
- 방진시설은 설치되었는지 확인
    · 방진자재의 질과 규격, 주변 구조물과 격리되었는지 확인
- 방수관계는 표시되었는지 확인
- 마감표시는 되었는지 확인

주차장 기둥 보호대(코너가드) 상세도를 검토한다.
- 코너가드 재질 및 규격은 표시되었는지 확인
- 설치위치는 모두 표시되었는지 확인
- 부착방법은 표시되었는지 확인
    · 바닥으로부터 100~150, 길이 : 1000

주차장 Wheel Stop(Car Stopper) 상세도를 검토한다.
- 재질 및 규격은 표시되었는지 확인
- 앵커방법은 표시되었는지 확인

천장 점검구 상세도를 검토한다.
- 재질과 규격은 표시되었는지 확인
    · 규격 : 450×450 이상(유지보수자 출입이 가능한 규격)
- 점검구 주위 보강방법은 표시되었는지 확인
- 점검구 단면상세도는 작성되었는지 확인

청소용 고리 설치 상세도를 검토한다.
- 재질 및 규격은 표시되었는지 확인
    · 스테인리스, ϕ19환봉, 고리직경 100mm, 앵커플레이트 12THK×60×155(노출)+125 앵커
- 간격은 표시되었는지 확인
    · 약 3m 내외

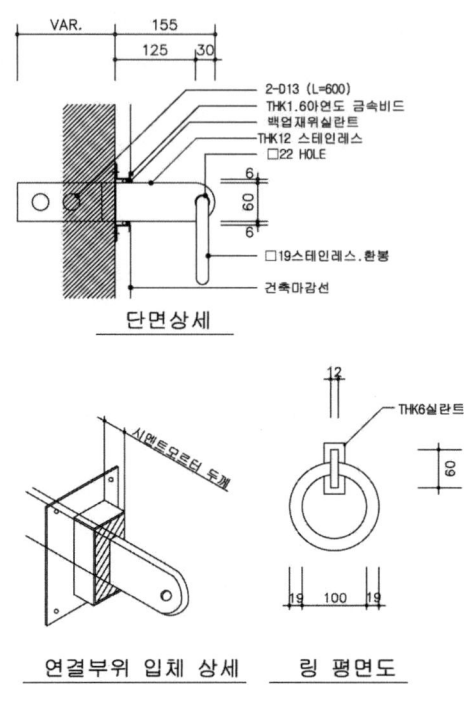

청소고리 상세

그림 37 청소용 고리 상세 예

옥상 배기구 상세도를 검토한다.
　　-배기구 형태 및 크기 확인
　　-방수턱 설치 및 방수처리 관계 검토
　　-배기구 그릴 또는 루버 규격의 적정성 검토
　　-배기구 설치방법은 적정한지 확인
　　-마감표시 확인

페이퍼 타월 및 우편함 등 상세도를 검토한다.
　　-재질과 규격은 표시되었는지 확인
　　-제작도면은 작성되었는지 확인
　　-설치방법은 명시되었는지 확인
　　-시방서에 기술된 내용과 일치한지 확인

대문 상세도를 검토한다.
　　-문기둥 상세도를 검토

　　　　－대문정첩 기능과 저항능력 확인

울타리 상세도를 검토한다.
　　　　－울타리 전개도를 확인
　　　　－울타리 기둥 또는 기초 상세도를 확인
　　　　－울타리 설치방법을 확인

창 시선차단막이 설치 상세도를 검토한다.
　　　　－재질과 규격은 표시되었는지 확인
　　　　－설치방법이 명시되었는지 확인

옥상 실외기 보호용 펜스 상세도를 검토한다.
　　　　－재질과 규격이 명시되었는지 확인
　　　　－설치방법이 명시되었는지 확인
　　　　－장비작동에는 지장이 없는지 확인
　　　　－방수층에 손상은 없는지 확인

장비 반입구 상세도를 검토한다.
　　　　－반입구 규격(내측 가로 세로 크기)은 적정한지 확인
　　　　　·반입 또는 반출장비의 크기 및 반출·반입방법을 검토한다.
　　　　－반입구 뚜껑의 재질, 크기 및 무게는 유지보수에 적정한지 검토
　　　　　·개폐가 용이할 수 있도록 크기와 무게를 검토하여 소형으로 분리함이 좋다.
　　　　－장비 반입구 우수처리방법은 표시되었는지 확인

후드(Hood) 설치 상세도를 검토한다.
　　　　－후드재료 및 규격은 명시되었는지 확인
　　　　－후드 배출구 상세는 표시되었는지 확인
　　　　－후드 설치방법은 명시되었는지 확인

1.1.6 | 안전·환경에 대한 디자인 및 장애인 등 편의시설 검토

1.1.6.1 안전에 대한 디자인 검토

1. 통로 안전

열린 여닫이문 및 창이 열렸을 때 건축선(통행 공간)을 침범하여 통행자에게 위해가 되는지 확인한다.
- 문이나 창을 열었을 때 통행공간을 침범하면 통행인 또는 차량 등에 안전사고를

일으킬 수 있으므로 문 또는 창의 열림이 지상에서 4.5m 이내에서 건축선을 넘지 않도록 설계해야 한다.(건축법 참조)

발코니가 있는 바로 밑에 통행로가 있는지 확인한다.
- 발코니나 난간이 있는 바로 밑에는 사용자의 실수로 물체를 떨어뜨릴 경우 그 밑에 있는 사람에게 상해를 입힌다.
- 벽체와 통행로 사이에 화단 또는 나무를 심어 발코니 밑에 통행로 설치를 피하는 방법도 있다.

옥외 통로 상부에 낙하물 및 눈 또는 비를 막을 수 있는 지붕이나 차양이 있는지 확인한다.
- 건물 가까이에 있는 통로 또는 출입구에는 상부로부터 어떤 낙하물에 의해 통행인이 상해를 입거나 눈 및 비가 내려 통로가 미끄러워져 통행인이 넘어져 다치는 일이 발생한다.
  - 출입구 상부에 차양이 있는지 확인
  - 건물 가까이에 있는 통로에 차양 또는 지붕이 설치되었는지 확인

추운 지방의 건물 지붕처마 밑에 통로가 있는지 확인한다.
- 특히 눈이 많이 내리는 지방이나 추운 지방 건물 지붕처마에 달려 있던 무거운 고드름이 떨어져 통행인의 몸에 맞았을 경우에는 큰 상해를 입을 수 있으므로 처마 밑에 통로 설치를 해서는 안 된다.

통로 또는 바닥에 단차(25mm 이상)가 있는 곳이 있는지 확인한다.
- 단차(바닥레벨의 차이)를 의식하지 못하고 걷다가 헛딛는 현상으로 허리에 충격을 주거나 단차로 인하여 발끝에 걸려 넘어져 상해를 입는 일이 일어난다.
  큰 단차보다 오히려 작은 단차가 안전문제를 더 일으킨다.
  - 복도와 계단실에 단차가 있는지 확인
  - 생활공간과 화장실 또는 주방에 단차가 있는지 확인
  - 실내바닥과 출입구 외부바닥 단차가 있는지 확인

통로(복도, 계단, 경사로)는 안전상 유효폭과 유효 높이(통행 유효공간)가 확보되었는지 확인한다.
- 통로바닥에 의자, 함, 자판기 또는 음수대 등이 놓여 있거나 벽체에 안내판, 선반, 공중전화 또는 벽 난간 등이 돌출되고, 천장에 전등이 달려 있는 경우 이들은 통로 유효공간을 침범한 것이 되므로 안전상 장해물이 된다.
- 일반적으로 유효공간은 폭 : 1.0~1.2m, 높이 : 2.1m 이상이어야 한다.

옥외 통로에 있는 광고판, 안내표지, 각종 기기, 가로수 가지 등의 높이는 통행 안전에 지

장이 없는지 확인한다.
- 최소한 높이 210㎝는 확보해야 한다.

산책 보행로 폭은 보행에 안전한 폭인지 확인한다.
- 산책 보행로 폭 : 최소 1.6m, 표준 1.8m

용도에 따른 통로(계단, 복도, 경사로) 구성은 건축법상 또는 인간공학상 조건에 적정한지 확인한다.
- 용도별로 통로 폭과 높이, 계단참 높이와 폭, 계단 폭, 단 너비와 높이, 경사로 구배, 난간 높이 등이 적정한지 용도별로 확인해야 한다.

보행통로 바닥재료 및 마감상태가 사용자가 미끄러져 넘어질 우려가 있는지 확인한다.
- 바닥재료 및 마감상태가 보행자에게 위해를 가할 정도로 미끄러질 우려가 있는 재료인지 검토한다.
  - 출입구 바닥재료 및 마감상태 검토
  - 복도 및 램프 바닥재료 및 마감상태 검토
  - 계단 바닥재료 및 마감상태 검토

보행통로 바닥재료 및 마감상태가 물기가 있으면 미끄러우므로 사용자가 미끄러져 넘어질 우려가 있는지 확인한다.
- 물기가 없으면 미끄러질 우려가 없으나 물기가 있으면 미끄러워 안전사고를 일으킬 수 있는 장소의 바닥재료 또는 마감상태를 검토한다.
  - 길가 상가와 같이 차양이 없는 출입문 앞(출입구) 바닥재료 검토
  - 지붕이 없는 건물 사이 연결복도 바닥재료 검토
  - 옥외 램프바닥 재료 검토
  - 화장실 및 샤워실 바닥재료 검토
  - 대중목욕탕 바닥재료 검토
  - 옥외 홈통으로 흘러나온 물이 통로 바닥에 번지거나 얼 우려가 있는 곳이 있어 통행 안전에 문제가 있는지 검토

바닥재료 마감상태가 너무 미끄러워 사용자가 미끄러져 넘어질 우려가 있는지 확인한다.
- 장애인, 임산부, 노인, 환자, 어린이 등 비정상인이 이용하는 건물 또는 다중이용시설의 바닥마감재 선정은 사용자의 안전을 위하여 신중히 선택해야 한다.
  - 병원 통행로 바닥마감재 검토
  - 유치원 또는 어린이집 바닥마감재 검토
  - 초등학교 통행로 바닥마감재 검토

　　　　－각종 터미널 출입구 및 통행로 바닥마감재 검토
　　　　－다중이용시설 및 기타

마지막 내림계단과 만나는 통로 바닥면이 경사(램프)진 면인지 확인한다.
- 계단과 만나는 통로면이 경사지면 보행자가 미끄러질 우려가 있으므로 약 1.2m 정도까지 수평면을 유지해야 보행에 안전하다.

보도 또는 차도 상에 25mm 이상 올라오거나 움푹 들어간 곳이 있는지 확인한다.
- 통행인이 걸려 넘어지거나 차량 바퀴에 충격이 가해져 안전사고가 발생한다.
　　　　－맨홀뚜껑 또는 핸드홀 뚜껑 설계레벨 확인
　　　　－트렌치 뚜껑(또는 스틸 그레이트) 설계레벨 확인

맨홀뚜껑 및 트렌치 뚜껑(스틸 그레이팅) 강도가 차량 통과 하중에 견딜 수 있는지 확인한다.
- 차량통행 하중에 적합하지 않은 맨홀 또는 트렌치 뚜껑이 파손될 경우 차량안전사고와 연결된다.
　　　　－맨홀뚜껑 구조, 재료 및 저항강도 확인
　　　　－트렌치 뚜껑 또는 스틸 그레이팅 재료, 구조 및 저항강도 확인

2. 계단 안전

계단의 디딤판코(nose)가 25㎜ 이상 튀어나와 보행시 발끝이 걸려 넘어질 우려는 없는지 확인한다.
- 디딤판코 선이 디딤판 안쪽 선보다 25mm 이상 내민 상태이면 계단을 오르내릴 때 발끝이 계단코에 걸려 넘어지기 쉽다.

계단에 논슬립은 설치되었는지 확인한다.
- 논슬립은 통행인의 안전을 위해 있는 것이므로 반드시 계단 디딤판에는 논슬립이 설치되어 있어야 한다. 석재 디딤판에 논슬립을 설치하지 않는 경우는 잘못된 것이다.
　　　　－논슬립은 모든 계단에 설치되었는지 확인
　　　　　· 디딤판 자체가 미끄럽지 않을 경우는 제외
　　　　－석재 디딤판에 홈만 파놓은 논슬립이 있는지 확인
　　　　　· 홈을 판 상태로서는 미끄럼을 방지할 수 없음.
　　　　－디딤판 색상과 구별되도록 논슬립이 설치되었는지 확인
　　　　　· 시각적으로 디딤판 경계가 구별되도록 디자인되어야 안전함.

계단의 시작과 끝나는 디딤판 면이 경사진 것이 있는지 확인한다.
- 층간에 계단을 맞추기 위해 계단 시작 또는 끝면을 경사지게 층 바닥에 연결하는 경우를 뜻하며, 경사진 경우 보행자가 미끄러질 우려가 있다.

계단 좌우 끝은 물체가 밀려 떨어져 안전사고가 발생하지 않도록 턱(Toe Board 형태) 설치가 되어 있는지 확인한다.

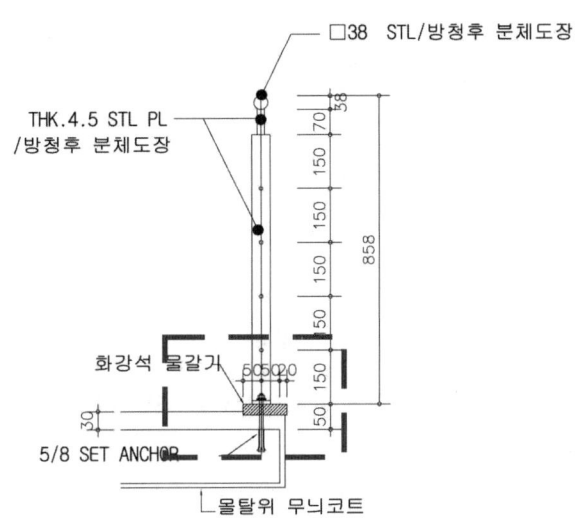

그림 38 계단 좌우 끝에 턱 설치 예

- 계단 하부에 사람이 사용하는 공간이 있는 경우 계단으로부터 떨어지는 물체로 인하여 상해가 발생하므로 가급적 물체가 떨어지지 않도록 턱을 만드는 것이 좋다.

하나의 계단에서 단 높이와 단 너비의 치수가 다른 것이 있는지 확인한다.
- 단 높이와 단 너비가 다른 것이 있으면 보행자 발걸음 폭과 높이가 일정치 않아 보행자에게 상해를 입힐 수 있다.

통로 및 계단 천장 높이는 통행인의 머리가 닿지 않을 정도의 높이를 확보하였는지 확인한다.
- 통로바닥으로부터 2,250mm, 내림 첫 계단으로부터 2,100mm, 오름 첫 계단으로부터 2,000mm를 최소한 확보해야 한다.

오르거나 내려가는 방향에 있는 계단참 벽에 창이 있거나 창에 안전난간을 설치했는지 확인한다.
- 이러한 위치에 창이 있는 경우 창으로부터 밝은 직사광선이 통행자의 눈에 들어와 앞을 어둡게 만들어 보행 안전사고를 일으킬 수 있기 때문이며, 피난시 사람이나 물건이 내려오는 관성의 힘으로 창에 부딪칠 수 있으므로 안전을 위하여 난간을 설치한다.

- 안전을 위하여 창을 설치하지 않는 것이 좋고, 불가피하게 창을 설치할 경우 난간을 반드시 설치해야 한다.

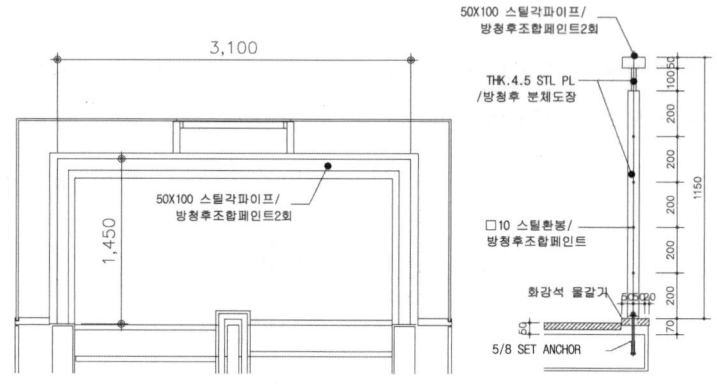

계단참 난간 상세(계단실-3)

그림 39 계단참 난간 설치 예

피난계단 전면에 창이 있어 외부로부터 들어오는 빛으로 인하여 안전상 문제가 되는 점은 없는지 확인한다.
- 실내 빛보다 전면으로부터 들어오는 강력한 빛으로 인하여 앞이 캄캄해져서 계단을 헛디뎌 안전사고가 발생할 수 있다. 그러므로 통로 끝 벽면이나 계단 통행 진행방향에 창을 설치하는 것은 숙고하여 설치해야 한다.

건축물 내부에 설치하는 피난계단의 구조는 건축관련 법규에 적합한지 확인한다.
- 건축물의 피난·방화구조 등의 기준에 관한 규칙 제9조(피난계단 및 특별피난계단의 구조) 참조

건축물의 바깥쪽에 설치하는 피난계단의 구조는 건축관련 법규에 적합한지 확인한다.
- 건축물의 피난·방화구조 등의 기준에 관한 규칙 제9조(피난계단 및 특별피난계단의 구조) 참조

특별피난계단의 구조는 건축관련 법규에 적합한지 확인한다.
- 건축물의 피난·방화구조 등의 기준에 관한 규칙 제9조(피난계단 및 특별피난계단의 구조) 참조

3. 난간 안전

난간은 안전한 높이와 간살 간격이 안전규정에 일치하며 외력에 견딜 수 있도록 긴결되어 있는지 확인한다.

- 난간 설치의 목적은 주로 안전을 위한 것이므로 어린이가 부주의하여 쉽게 난간을 넘어갈 수 없는 높이와 난간살 사이를 통과할 수 없는 간살 간격인 난간을 설치하고 외력에 넘어가지 않을 정도로 튼튼하게 설치되어야 한다.
- 주택난간 : 높이 1200mm, 간살 간격 100mm, 저항외력 90kgf

발코니 난간에는 가로살이 설치되었는지 확인한다.
- 난간에 가로살이 설치되는 경우 어린아이가 기어오르거나 발로 집고 올라 난간 너머로 추락할 수 있으므로 발코니 난간뿐만 아니라 어린아이들이 사용하는 공간에 설치한 난간에는 가로살을 설치해서는 안 된다.

계단에 설치된 난간의 손잡이(Handrail) 끝은 통행에 걸리지 않는 형태로 되었는지 확인 한다.
- 평상시 특히 화재 및 긴급 피난을 할 때 손잡이 끝이 거칠고 각이 지거나 직선으로 내민 상태일 때에 피난자의 옷이 걸리거나 손 또는 옆구리에 상해를 입힌다.
  - -손잡이 끝은 직각으로 잘려진 상태인지 확인
  - -손잡이 끝은 매끄럽고 둥글게 되었는지 확인
  - -손잡이 끝이 피난방향으로 굽게 설계되었는지 확인

계단난간 손잡이의 위치가 계단 끝선보다 짧은 것이 있는지 확인한다.
- 계단을 오르거나 내려올 때에는 상체가 기울어지므로 손잡이 위치가 계단 끝 위치보다 짧을 경우 사고를 일으킬 우려가 있다. 오히려 계단끝선 위치보다 더 나온 여장을 마련하는 것이 안전에 도움이 된다.

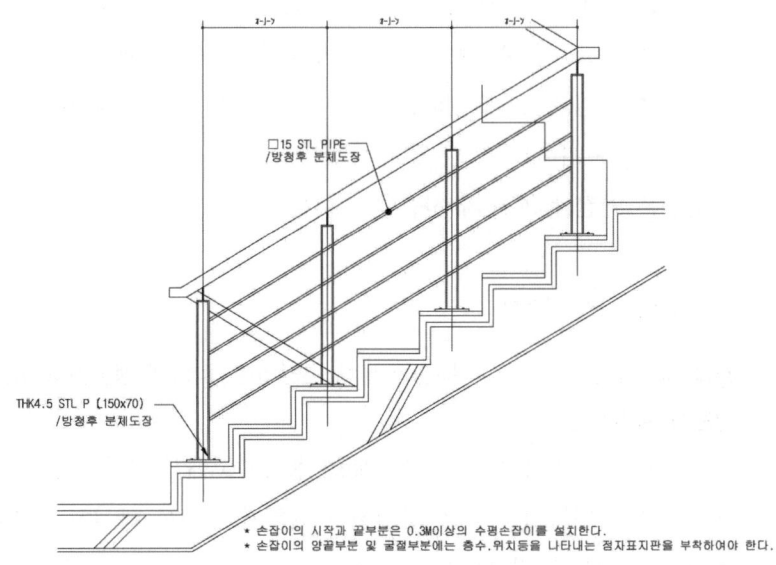

그림 40 계단난간 예

피난계단에서 출구를 향한 마지막 계단난간 손잡이 끝부분은 출구 또는 피난통로 쪽으로 30㎝ 정도 길이를 둥글게 설계했는지 확인한다.
- 계단 손잡이가 둥글게 되어 있지 않으면 피난시 난간 모서리가 인체에 부딪쳐 상해를 입을 수가 있다.

계단 또는 램프의 벽 난간(handrail) 높이, 손잡이와 벽 사이 간격, 그리고 손잡이의 직경과 외력에 견디는 힘은 적절한지 확인한다.
- 벽 난간 높이 : 850mm, 손잡이 면과 벽 사이 : 최소 50mm 이상, 손잡이 직경 : 32~38mm, 외력저항 : 90kgf(어느 방향으로나)

4. 추락 안전

파이프 또는 전기 샤프트에 층 구획을 막지 않아 사람이나 물건이 떨어져 안전사고의 위험은 없는지 확인한다.
- 규격이 큰 샤프트에는 사람이 추락할 수도 있고 화재발생시에는 불길이 되기 때문에 층 구획을 막는 것이 좋다.(설계자는 상세도를 작성하거나 시방서에 막도록 지시하는 것이 좋다.)

바닥 개구부 또는 사람이 나갈 수 있는 외벽 개구부에는 안전난간이 설치되어 있는지 확인한다.
- 난간을 설치하거나 접근 금지장치를 설치해야 한다.

천창(sky light)구조는 사람이 올라가도 견딜 수 있을 정도인지 확인한다.
- 천창은 청소 및 유지보수시 작업자가 올라가도 파괴되지 않을 정도로 튼튼하게 설치해야 한다. 근래 건축설계는 천창 규모가 커지는 경향이 있어 천창 설치에 더욱 신중을 기하는 것이 좋다.
- 천창은 안전상 90kg의 하중에 견디는 구조이어야 한다.

5. 인도와 차도 안전

건물 내외공간에서 보행자 통행과 물체 운반 또는 차량 통행공간 사이에 구별이 표시되어 있는지 확인한다.
- 공장에서 운반차량 또는 모노레일, 물류창고에서 운반차량이 다니는 장소에서는 사람과 장비와의 충돌을 방지하기 위하여 통로를 확실히 구별해야 한다.
- 바닥 높이를 달리하든가 바닥에 다른 색상으로 칠을 하거나 난간 등을 설치하여

사람통로와 차량통로를 구별한다.

지하통로는 차도와 보도가 확실히 구분되었는지 확인한다.
- 사람과 장비와의 충돌을 방지하기 위하여 통로를 확실히 구별해야 한다.
- 지하차도에서는 사람통로 높이를 달리하거나 난간을 설치하여 사람통로와 차량통로를 구분하는 것이 좋다.

자전거도로와 보행로가 확실히 구분되었는지 확인한다.
- 자전거도로와 보행로를 구분해야 하며, 또한 구분되어야 각각의 설치목적에 충족할 수 있다.
- 자전거 또는 보행로를 조금 더 넓게 하여 자전거와 보행로 공용으로 사용하게 디자인하는 것은 안전상 좋은 것이 아니다.

자전거 전용도로(일방 또는 양방)폭은 안전한 폭인지 확인한다.
- 자전거 전용도로가 양방향일 경우 적정한 폭을 확보해야 안전하다.
- 일방향 통행 : 최소 1.8m, 표준 2.75m. 양방향 통행 : 표준 3.6m

6. 문 안전

양편 여닫이 유리문에 손가락이 낄 경우 다치지 않도록 안전장치는 설치되어 있는지 확인한다.
- 플로어 힌지 또는 도어체크의 닫히는 힘으로 인하여 사용자, 특히 어린이의 손가락이 두 문짝 사이에 끼워져(문의 전단력으로) 손을 다치지 않도록 설계자는 상세도 또는 시방서에 반영해야 한다.
- 손 닿는 위치에 유리문 사이를 약 25mm 정도로 공간을 마련하든가 탄성 물질(고무 튜브 같은)로 제작한 제품을 사용하는 것이 좋다.(손 다침 방지를 위한 제품도 있음)

대문에 달린 여닫이문에 어린이가 매달린 경우 정첩이 약하여 문이 떨어져 어린이가 다칠 우려가 있는지 확인한다.
- 대문에 설치하는 정첩을 선정할 때 문의 무게와 사람이 문 끝에 매달릴 경우를 고려하여 정첩의 종류와 크기를 결정해야 한다.

문의 손잡이(knob) 중심과 문틀 사이가 좁아 손잡이 작동 시 손등이 문틀에 부딪쳐 손에 상처를 입힐 가능성이 있는지 확인한다.
- 손잡이 중심과 문틀 사이 75mm 또는 손잡이 표면과 문틀 사이를 50mm 이상 확보해야 안전하다.

공간이 작은 화장실 문이 안으로 열리도록 설치된 것이 있는지 확인한다.
- 화장실 밖으로 물의 번짐을 막기 위하여 문을 화장실 안쪽으로 열도록 설치하나, 만일 화장실에서 사람이 쓰러졌을 경우 문을 열지 못하는 사태가 발생하므로 좁은 공간의 화장실문은 밖으로 열도록(문 설치방향 조정 또는 샤워헤드 설치 조정 등을 연구하여) 설치함이 바람직하다.

7. 기타 안전

전등 스위치 위치가 외여닫이문이 열리는 뒷벽에 설치되어 방에 들어가는 사람이 방에 불을 켜지 못하고 어두운 방에 들어가게 됨으로써 신체상에 상해를 입힐 우려가 있는지 확인한다.
- 방에 들어가는 사람이 등을 켜고 방에 들어갈 수 있도록 스위치가 설치되어 있는지 확인한다.

옥외주차장에 면한 공기순환용 루버 또는 창을 통해 자동차의 배기가스가 실내로 흡입되어 일산화탄소 중독을 일으킬 가능성이 있는지 확인한다.
- 주차장에 면한 벽에 공기순환용 루버 또는 창이 설치되어 있는지 확인한다.

유리 파손에 의해 인체에 상해문제가 생길지 확인한다.
- 일반 유리가 파손되면 날카로운 칼 같이 되어 인체에 상해를 일으키며 용도에 맞지 않게 유리를 사용하면 화재나 추락 안전에 문제가 발생하게 되므로 유리의 종류 및 품질을 잘 파악하여 설계에 반영해야 한다.
  - 천창유리는 안전유리(접합유리 또는 망입유리)로 설치되었는지 확인한다.
    · 강화유리는 파손시 안전하나 천창용으로는 파손시 사물이나 사람에게 추락하기 때문에 사용해서는 안 됨.
  - 유리문, 문에 사용한 유리, 출입구 좌우에 설치된 유리창 또는 칸막이 유리 및 난간에 사용한 유리가 안전유리인지 확인한다.
  - 유리문, 문 또는 회전문 좌우에 설치된 붙박이 유리창 또는 유리칸막이(유리스크린) 유리에 유리의 존재를 식별할 수 있게 마크를 붙이거나 글을 써 넣어 주위를 환기시키거나 유리에 접근 못하게 하는 방법을 취하였는지 확인
    · 가로대 설치, 가로대 모양으로 디자인한 그림 및 문자 또는 유리 앞에 화분대 및 자갈을 깔아 접근을 막는 등이 조치되었는지 확인한다.
    · 유리가 투명할 경우 또는 위급할 때 통로로 착각하여 사람이 충돌하여 상해를

입는 경우가 많이 발생한다. 특히 어린이들의 사고가 많다.
- 테두리가 없는 붙박이창 또는 카운터의 테두리가 없는 붙박이창에 유리인지 인식시키는 어떤 조치가 되어 있는지 확인
  · 글씨나 그림문양을 부착하여 유리임을 인식시켜야 한다.
- 방화문에 설치한 유리가 망입유리인지 확인한다.

외부 창 특히 유리 커튼월에 사용된 반사유리로 인한 태양빛 반사로 자동차 안전운행을 방해하는 일이 있는지 확인한다.
- 도로가에 있는 빌딩 동서면에 설치한 반사유리에 반사된 태양빛으로 인하여 운전자의 안전운행을 방해하여 안전사고를 일으키는 경우가 있으므로 반사유리 사용시에는 설치 위치와 방향을 검토하여 설치해야 한다.

수직 사다리 윗부분의 여유길이가 안전에 적정한지 확인한다.
- 올라가려고 하는 위치에서 수직사다리가 끝나면 오르내리는 사람의 자세가 위험해져 추락위험이 있으므로 최소 750mm 이상 여유길이를 두어야 안전하다.

눈이 많이 내리는 곳에서 적설에 대한 설계가 적절하게 되었는지 확인한다.
- 눈의 하중, 장기 또는 단기하중 적용의 적정 확인
- 지붕의 기울기 적정 및 처마 밑에 통로가 있는지 확인
- 눈 처리 및 눈 녹은 물로 인한 침투수 처리방법 확인

유아가 사용하는 통로에 등 점멸기 설치는 적정한지 확인한다.
- 등 점멸장치 설치시 유아의 체격을 고려하지 않아 유아 사용시 작동하지 않은 경우가 있는지 확인. 건축설계자가 점멸기 설치장소를 지정함이 필요

외기 흡입구 근처에 굴뚝 또는 배기구가 있어서 오염된 공기가 흡입구로 들어올 가능성이 있는지 확인한다.
- 건축 및 설비 분야에서 모두 확인해야 할 사항임.

8. 장애인 안전

장애인, 임산부 및 노인 등을 위한 시설기준에 적합한지 확인한다.
- 장애인, 임산부 및 노인 등을 위한 시설기준법을 확인해야 한다.
- '장애인·임산부 및 노인 등을 위한 편의시설' 검토를 참조할 것.

통행로에 있는 볼라드 사이 순 간격은 휠체어가 통과할 수 있을 정도인지 확인한다.
- 순 간격은 최소 120cm 이상이다.

1.1.6.2 환경에 대한 디자인 검토

1. 공기환경

습식 냉각탑 냉각수 비산에 의한 문제가 있는지 확인한다.
- 냉각수 비산으로 인하여 통행인 또는 옆 건물에 불쾌감을 준다든가 레지오넬라균에 의한 감염 우려가 있다.
  - 냉각탑 위치가 냉각수 비산을 고려한 위치에 있는지 확인
  - 냉각탑 구조는 밀폐형으로 되었는지 확인
  - 레지오넬라균 발생을 억제할 수 있는 살균장치가 설치되었는지 확인

무기섬유질 자재 사용으로 인한 섬유 비산문제가 있는지 확인한다.
- 광물섬유질 흡인으로 인하여 심각한 질병을 일으키므로 사용을 억제하거나 무기섬유질이 비산되지 않도록 조치를 취해야 한다.
  - 사용이 금지된 자재를 사용했는지 확인
  - 실내에 인체에 유해한 광물섬유질 자재를 사용하였을 경우 이를 밀폐 또는 실내 공간과 구조적으로 차단시켰는지 확인

공기 오염원과 생활공간이 차단되었는지 확인한다.
바람의 방향과 대류를 이용한 자연통풍을 이용한 설계인지 확인한다.
도입 외기량이 충족한지 확인한다.
  - 법정 요구 환기율이 충족한지 확인
  - 급기풍량이 최소 환기풍량의 4배 이상 되는지 확인

냉난방 공조환기 시스템에 의한 공기정화 성능은 기준에 충족되는지 확인한다.
- 1.5micron 먼지오염을 정화하는 HVAC 여과시스템 효율이 80% 이상이 되도록 설비할 것을 권장

업무공간 환기는 충분한지 확인한다.
  - 총 면적대비 및 통풍환기가 가능한 업무공간 비율이 55% 이상이 되도록 계획되었는지 확인한다. (권장사항)
  - 환기 효과를 가지는 업무공간의 비율이 55% 이상이 되도록 개폐가 가능한 창의 수와 배치가 계획되었는지 확인한다. (권장사항)

2. 온열·습도환경

태양에너지를 이용한 설계가 되었는지 확인한다.

- 일조에 유리하도록 방위를 선정한 설계인지 확인
- 차양 등으로 일조를 조절하도록 설계되었는지 확인
- 식재로 일조를 조절하도록 설계되었는지 확인
    · 낙엽교목(落葉 喬木)을 심어 여름철에는 태양빛을 막고 겨울철에는 태양빛을 받도록 건물 앞에 식재

보온재는 적절히 설계되었는지 확인한다.
- 보온재 설치는 설치부위별로 규정에 적합한지 확인

결로 발생 우려가 있는 장소가 있는지 확인한다.
- 지하실, 땅에 접한 벽, 북쪽 벽, 지붕, 냉장실에 인접한 방 등 온도차가 큰 장소

실내 온열환경 유지가 기준에 충족한지 확인한다.
- TAC가 1% 미만이 되도록 설비계획이 되었는지 확인한다.(권장사항)

태양열에 의한 과열 방지시설이 되었는지 확인한다.
- 직사일광 차단효과를 갖는 업무공간의 비율이 60% 이상으로 설계되었는지 확인한다.(권장사항)

업무공간내 공간별 냉난방 조절이 가능하게 설계되었는지 확인한다.
- 계획공간 중 냉난방조절이 가능한 공간의 수가 25%~50% 이상인지 확인
- 야근 및 특근자를 위한 냉난방 조절이 가능한지 확인

공간 내에 자연광 도입계획은 되어 있는지 확인한다.
- 평균 주광률 20% 이상이 되도록 개구부 및 재료 반사율을 고려하였는지 확인(권장사항)

실내습도가 적정히 유지되도록 설계되었는지 확인한다.
- 냉난방 기간 중 상대습도를 40%~70% 유지할 수 있는 설비시스템이 구비되어 있는지 확인
- 상대습도 40%~70% 유지할 수 있는 공간 비율이 65% 이상이 되는지 확인

3. 시각환경

업무공간의 실내조명설비가 적절한지 확인한다.
- 업무의 다양성을 고려한 조명기구 배치와 조도 레벨이 확보되었는지 확인(권장사항)
- 눈부심 방지를 고려한 조명설계가 되었는지 확인(권장사항)

건물에 반사유리 설치로 주위환경에 악영향을 주는지 확인한다.

- 빛 반사로 또는 일그러진 영상으로 시각적으로나 정신적으로 주위에 영향을 끼칠 가능성이 있는지 확인

자연채광을 적극 이용한 설계인지 확인한다.
- 천창을 많이 이용하였는지 확인
- 자연채광을 최대로 이용한 설계인지 확인

조망에 장애가 되는지 확인한다.
- 건물의 위치, 높이 및 방향이 주위 건물 조망권에 장애가 되는지 또는 조망에 문제가 있는지 확인이 필요함.

4. 음 및 진동 환경

소음 방지를 위한 설계는 되어 있는지 확인한다.
- 외부소음대책 : 벽, 창, 문을 통한 소음, 쿨링타워, 컴프레서 등의 소음
- 내부소음대책 : 바닥을 통한 소음, 발전소음, 배관유속 소음, 덕트유속 소음

진동방지를 위한 설계는 되어 있는지 확인한다.
- 발전기 방진패드(PAD) 설치 확인
- 각종 동력 사용 장비에 방진장치 설치 확인
- 덕트에 사일런서 설치 등 확인

외부소음 차단을 위한 시설이 되어 있는지 확인한다.
- 건축물 외벽의 STC(차음계수) 값이 25 이상 유지될 수 있도록 설계 권장

실내의 설비소음 전달 방지를 위한 설계가 되어 있는지 확인한다.
- 기계실, 공조실 등에 인접한 업무공간에서의 소음치가 NRC(흡음계수)35 미만이 되도록 설계한다.(권장사항)

업무공간 소음전달 방지를 위한 설계가 되어 있는지 확인한다.
- STC 60 이상이 되도록 설계할 것을 권장

5. 물 환경

지하수를 오염시킬 우려가 있는 설계내용이 있는지 확인한다.
- 하천 또는 바다를 오염시킬 우려가 있는 설계 내용이 있는지 확인
- 오수 또는 생활하수가 정화시설을 거치지 않고 하천이나 바다로 유입되는 것이 있는지 확인

　　　　－생활 하수관 또는 청소 물 배수관이 우수관에 잘못 연결되었는지 확인
　물 자원을 절감할 수 있는 설계가 되어 있는지 확인한다.
　　　　－상수 사용량이 기준 건물 대비 10%~15% 절감할 수 있도록 설계되었는지 확인
　　　　－우수를 저장하여 용수로 사용하는 설계가 있는지 확인
　　　　－사용한 물을 정수하여 재사용하는 시설이 설계되었는지 확인

6. 토질환경

　토질을 오염시킬 우려가 있는 설계내용이 있는지 확인한다.
　　　　－생활하수가 토양에 집적 배출되도록 설계되었는지 확인
　　　　－기름류가 토양에 직접 배출되도록 설계되었는지 확인
　　　　　· 기름탱크 누유 등
　　　　－화학물질이 토양에 직접 버려지도록 설계되었는지 확인

7. 기타

　재활용률이 높은 자재를 설계에 반영하였는지 확인한다.
　• 재활용성을 높여 그린빌딩화를 추진하기 위해 재활용 자원의 재료비율이 30% 이상 되도록 설계한다.(권장사항)
　가급적 자연수목 및 자연경관을 최대한 이용(살려서)한 설계인지 확인한다.
　　　　－고목 등 자연수목을 지나치게 훼손한 설계인지 확인
　　　　－자연석을 지나치게 손상한 설계인지 확인
　　　　－하천 및 물가를 인위적인 디자인으로 자연을 손상시킨 설계인지 확인
　눈이 많이 내리는 곳에서 적설에 대한 설계가 적정히 되었는지 확인한다.
　　　　－눈의 하중, 장기 또는 단기하중 적용 확인
　　　　－눈 처리 및 눈 녹은 물로 인한 침입수 처리방법 확인
　심리적인 문제를 고려한 최소한의 공간은 확보되었는지 확인한다.
　　　　－출입구 높이
　　　　－천장 높이

1.1.6.3 장애인·노인 및 임산부 등을 위한 편의시설 검토

　• 장애인 · 노인 · 임산부 등의 편의증진 보장에 관한 법률시행규칙 [별표 1] 참조
　※ 점검시점에 관계법률의 개정이 있는지 확인해야 한다.

- 검토 시점에서 반드시 법 개정이 있었는지 확인해야 한다.
- 주로 건축물시설에 관한 사항만 간추려 기재한다.
- 법률은 변경될 수 있으므로 검토하는 시점에서 법률 변경이 있었는지 확인한다.

1. 장애인 등의 통행이 가능한 보도 및 접근로 적정성을 확인한다.

보도 유효폭은 1.2m 이상
활동공간
- 수평보도 : 수평면인 1.5m×1.5m, 50m마다 교행구역 설치(휠체어 또는 유모차 교행 가능하도록)
- 경사진 보도 : 수평면인 1.5m×1.5m, 30m마다 참 설치(휠체어 또는 유모차 휴식 가능하도록), 기울기는 보통의 경우 1/18, 곤란한 경우 1/12까지

경계는 보도와 차도 구분되도록, 연석의 높이 6cm~15cm 미만
재질과 마감은 미끄러지지 않는 재질로 평탄하게, 단차가 있는 경우 2cm 이하
보행장애물 : 가로수 지상에서 2.1m까지 가지치기
덮개설치 : 표면이 접로와 동일한 높이로 하되 격자 구멍 또는 틈새 간격은 2cm 이하

2. 삭제⟨07. 3. 9⟩

3. 삭제⟨07. 3. 9⟩

4. 장애인 전용주차 구역이 적정한지 확인한다.

설치장소
- 출입구 또는 장애인용 승강장 가까운 곳
- 통로 폭은 1.2m 이상, 가급적 높이 차를 없게 함.

주차공간
- 주차구역 크기는 3.3m(폭)×5.0m(길이), 평행주차 경우 : 2.0m(폭)×6.0m(길이)
- 주차구역의 기울기는 50분의 1 이하
- 바닥마감은 미끄러지지 않는 재질, 평탄한 마감

유도 및 표시
- 장애인 전용 표시(운전자가 식별하기 쉬운 색상으로 표시)
- 장애인 전용주차장 안내표지 설치
  · 바닥면에 설치되는 장애인 전용표시: 가로 1.3m, 세로 1.5m

· 가로 0.5m, 세로 0.58m, 지면에서 높이 1.5m

5. 높이 차이가 제거된 건축물 출입구인지 확인한다.

턱 낮추기는 출입구와 통로의 높이차가 2㎝ 이하

휠체어 리프트(제11호 참조) 및 경사로(제12호 참조) 설치

6. 장애인 등의 출입이 가능한 출입구인지 확인한다.

유효폭 및 활동공간
- 출입구 유효폭은 0.9m 이상
- 출입구 전면 유효거리는 1.2m 이상
- 경기용 휠체어 사용인 경우 출입구 통과 유효폭 1.2m 이상
- 자동문이 아닌 경우는 문 옆으로 0.6m 이상 활동공간 마련
- 출입구의 바닥면에 문턱이나 높이 차이를 두지 않음. 부득이한 경우 2cm 이하

문의 형태
- 회전문이 아닌 다른 형태의 문 설치
- 미닫이문은 가벼운 재질, 턱 또는 홈 없이 설치
- 여닫이문의 도어체크는 닫히는 시간이 3초 이상으로 충분한 시간을 확보
- 자동문은 휠체어 사용자의 통행을 고려하여 개방시간을 충분히 확보, 개폐기의 자동장치는 감지범위를 넓게 설치.

손잡이 및 점자표지판
- 손잡이 중앙지점의 높이는 바닥면으로부터 0.8m와 0.9m 사이에, 형태는 레버형이나 수평 또는 수직 막대형
- 공중 이용을 주목적으로 하는 사무실 등의 출입문 옆 벽면 1.5m 높이에 방 이름을 표기한 점자표지판 부착

기타 설비
- 출입구 전면 0.3m에 점형블록 설치
- 자동문인 경우 자동문 옆에 호출용 벨 설치

7. 장애인 등의 통행이 가능한 복도 및 통로인지 확인한다.

유효폭
- 유효폭은 1.2m 이상
- 양옆에 거실이 있는 경우는 1.5m 이상

바닥
- 바닥은 높이 차이를 두지 않음.
- 바닥마감은 미끄럽지 않은 재질, 넘어졌을 때 충격이 적은 재질 설치

손잡이
- 장애인 전용시설 복도 양 측면에 손잡이를 연속적으로 설치
- 손잡이 높이는 바닥면으로부터 0.8m 이상 0.9m 이하,
  2중 손잡이의 경우는 위쪽 손잡이는 0.85m 내외, 아래쪽 손잡이는 0.65m 내외
- 손잡이 지름은 3.2㎝ 이상 3.8㎝ 이내
- 벽과 손잡이의 간격은 5㎝ 내외
- 손잡이의 양끝부분 및 굴절 부분에 점자표지판 부착

보행 장애물
- 통로 바닥으로부터 높이 0.6m에서 2.1m 이내에는 벽면으로부터 돌출물의 돌출 폭은 0.1m 이하
- 통로 바닥으로부터 높이 0.6m에서 2.1m 이내에는 벽면으로부터 독립기둥이나 받침대 돌출 폭은 0.3m 이하
- 통로 상부는 2.1m 이상의 유효 높이 확보, 2.1m 이내 장애물이 있는 경우, 높이 0.6m 이하의 접근 방지용 난간 또는 보호벽 설치

안전성 확보
- 휠체어 사용자의 안전을 위해 복도의 벽면에 바닥면으로부터 0.15m에서 0.35m 까지 킥 플레이트(Kick Plate) 설치 가능
- 복도의 모서리 부분은 둥글게 마감

8. 장애인 등의 통행이 가능한 계단인지 확인한다.

계단의 형태
- 직선 또는 꺾임 형태
- 바닥면으로부터 높이 1.8m마다 수평면으로 된 참 설치

유효폭
- 계단 및 참의 유효폭은 1.2m 이상, 옥외 피난계단은 0.9m 이상

디딤판과 챌면
- 디딤판(단 너비)은 0.28m 이상, 챌면(단 높이)은 0.18m 이하로, 균일하게 설치

- 디딤판의 끝부분의 챌면의 기울기는 60도 이상, 계단코는 3㎝ 이하

손잡이 및 점자표지판
- 계단의 측면에 손잡이를 연속하여 설치, 방화문 설치부위 제외
- 경사면에 설치된 손잡이는 끝부분에 0.3m 이상의 수평손잡이 설치
- 손잡이의 끝부분 및 굴절부분에 층수, 위치 등을 나타내는 점자표지판 부착
- 손잡이의 세부기준은 제7호의 복도손잡이 규정 적용

재질과 마감
- 계단의 바닥마감은 미끄러지지 않는 재질로 평탄하게 설치
- 계단코에 줄눈넣기를 하거나 경질고무류 등의 미끄럼 방지재로 마감. 다만, 미끄러지지 아니하는 재질로 마감된 경우 설치하지 않아도 됨.
- 계단의 시작 및 끝나는 지점의 0.3m 전면에 계단 폭만큼 점자블록을 설치하거나 시각장애인이 감지 가능한 바닥재 질감 등을 달리 설치

기타 설비
- 난간 하부에 바닥면으로부터 높이 2㎝ 이상의 추락 방지턱 설치 가능
- 계단코의 색상은 계단의 바닥 색상과 달리할 수 있음.

9. 장애인용 승강기 시설이 적정한지 확인한다.

설치장소 및 활동공간
- 장애인용 승강기는 장애인 등의 접근이 가능한 통로에 연결하여 설치, 가급적 건축물 출입구와 가까운 위치에 설치
- 승강기의 전면에는 1.4m×1.4m 이상의 활동공간을 확보
- 승강장 바닥과 승강기 바닥의 틈은 3cm 이하

크기
- 승강기 내부의 유효바닥면적은 폭 1.1m 이상, 깊이 1.35m 이상, 신축 건물에는 폭을 1.6m 이상
- 출입문의 통과 유효폭은 0.8m 이상, 신축 건물에는 폭을 0.9m 이상

이용자 조작설비
- 호출버튼·조작반·통화장치 등 승강기의 안팎에 설치되는 모든 스위치의 높이는 바닥면으로부터 0.8m 이상, 1.2m 이하로 설치. 다만, 스위치의 수가 많아 1.2m 이내에 설치하는 것이 곤란한 경우에는 1.4m 이하까지 완화 가능

- 승강기 내부의 휠체어 사용자용 조작반은 진입방향 우측면에 가로형으로 설치하고, 그 높이는 바닥면으로부터 0.8m 이상, 1.2m 이하로 설치해야 함. 다만, 스위치수가 많아 1.2m 이내에 설치가 곤란한 경우 1.4m 이하까지 완화 가능
- 승강기 내부 휠체어 사용자용 조작반은 진입방향 우측 가로형 설치
- 조작설비의 형태는 버튼식으로 하되 시각장애인 등이 감지할 수 있도록 층수 등을 점자로 표시
- 조작반·통화장치 등에는 점자표지판을 부착
  그 높이는 바닥면으로부터 0.85m 내외. 다만, 바닥면적 1.4m×1.4m 이상의 경우 진입방향 좌측에 설치 가능

기타 설비
- 승강기의 내부에 수평손잡이를 바닥에서 0.8m 이상 0.9m 이하의 위치에 연속하여 설치하거나 수평손잡이 사이에 3cm 이내의 간격을 두고 측면과 후면에 각각 설치. 손잡이에 관한 세부기준은 제7항의 복도 손잡이 기준을 적용
- 승강기 내부의 후면에는 내부에 휠체어가 180도 회전이 불가능할 경우 휠체어가 후진하여 문의 개폐 여부를 확인하거나 내릴 수 있도록 승강기 후면의 0.6m 이상의 높이에 견고한 재질의 거울 설치
- 각 층의 승강장에는 승강기의 도착 여부를 표시하는 점멸등 및 음향신호장치를 설치해야 하며, 승강기의 내부에는 도착 층 및 운행상황을 표시하는 점멸등 및 음성신호장치를 설치해야 함.
- 광감지식 개폐장치를 설치하는 경우에는 바닥면으로부터 0.3m에서 1.4m 이내의 물체를 감지할 수 있도록 해야 함.
- 사람이나 물체가 승강기 문의 중간에 끼었을 경우 문의 작동이 자동적으로 멈추고 다시 열리는 되열림장치를 설치해야 함.
- 각 층의 장애인용 승강기의 호출버튼의 0.3m 전면에는 점형블록을 설치하거나 시각장애인이 감지할 수 있도록 바닥재의 질감 등을 달리해야 함.
- 승강기 내부의 상황을 외부에서 알 수 있도록 승강기 전면의 일부에 유리 사용 가능
- 층별로 출입구가 다른 경우에는 반드시 음성으로 출입구의 방향을 알려 주어야 함.
- 출입구, 승강대, 조작기의 조도는 저시력인 등 장애인의 안전을 위하여 최소 150Lx 이상

10. 장애인용 에스컬레이터 시설이 적정한지 확인한다.

유효폭 및 속도
- 장애인용 에스컬레이터의 유효폭은 0.8m 이상
- 속도는 분당 30m 이내

디딤판
- 휠체어 사용자가 승·하강할 수 있도록 에스컬레이터의 디딤판은 3매 이상 수평상태로 이동할 수 있게 해야 함.
- 디딤판 시작과 끝부분의 바닥판은 얇게 할 수 있음.

손잡이
- 에스컬레이터의 양 측면에는 디딤판과 같은 속도로 움직이는 이동 손잡이를 설치해야 함.
- 에스컬레이터의 양끝 부분에는 수평이동 손잡이를 1.2m 이상 설치해야 함.
- 수평이동 손잡이 전면에는 1m 이상의 수평 고정손잡이를 설치할 수 있음. 수평 고정손잡이에는 층수·위치 등을 나타내는 점자표지판을 부착해야 함.

11. 휠체어 리프트 시설이 적정한지 확인한다.

일반사항
- 계단 상부 및 하부 각 1개소에 탑승자 스스로 휠체어 리프트를 사용할 수 있는 설비를 갖춘 1.4m×1.4m 이상의 승강장을 갖추어야 함.
- 승강장에는 휠체어 리프트 사용자의 이용 편의를 위하여 시설관리자 등을 호출할 수 있는 벨을 설치하고, 작동설명서를 부착해야 함.
- 운행 중 돌발사태가 발생하는 경우 비상정지시킬 수 있고 과속을 제한할 수 있는 장치를 설치해야 함.

경사형 휠체어 리프트
- 경사형 휠체어 리프트는 휠체어 받침판의 유효면적을 폭 0.76m 이상, 길이 1.05m 이상으로 해야 하며 휠체어 사용자가 탑승 가능한 구조로 해야 함.
- 운전 중 휠체어가 구르거나 장애물과 접촉하는 경우 자동정지가 가능하도록 감지장치를 설치하며 안전판이 열린 상태로 운행되지 않도록 내부잠금장치를 갖추어야 함.

- 휠체어 리프트를 사용하지 않을 때에는 지정장소에 접어서 보관할 수 있도록 하되, 벽면으로부터 0.6m 이상 돌출되지 않도록 해야 함.

수직형 휠체어 리프트
- 수직형 휠체어 리프트는 내부의 유효바닥면적을 폭 0.9m 이상, 깊이 1.2m 이상으로 해야 함.

12. 경사로 시설이 적정한지 확인한다.

유효폭 및 활동공간
- 유효폭은 1.2m 이상, 다만 증·개축, 재축, 대수선, 용도변경 등 확보하기 어려울 경우 0.9m까지 완화 가능
- 수평참은 바닥으로부터 0.75m마다 수평면으로 설치
- 활동공간은 경사로의 시작과 끝에, 굴절부분 및 참에는 1.5m×1.5m 이상의 활동공간 확보. 다만 경사로가 직선인 경우 참의 활동공간의 폭은 (1)에 따른 경사로의 유효폭과 같게 할 수 있음.

기울기
- 경사로의 기울기는 1/12 이하
- 다음 요건을 충족시킬 경우 경사로의 기울기는 1/8까지 완화 가능
  · 신축이 아닌 기존 시설에 설치되는 경사로일 것
  · 높이가 1.0m 이하인 경우 구조 등의 이유로 1/12 이하로 설치하기 어려운 것
  · 시설관리자 등으로부터 상시 보조서비스가 제공될 것

손잡이
- 경사로 길이 1.8m 이상이거나 높이 0.15m 이상인 경우 양측에 손잡이 연속설치
- 손잡이 설치의 경우 경사로의 시작과 끝에 수평손잡이 0.3m 이상 연장
- 기타 손잡이 세부기준은 제7호의 복도 손잡이 기준에 적용

재질과 마감
- 경사로 바닥은 잘 미끄러지지 않는 재질로 평탄하게 마감
- 양측에 5cm 이상의 휠체어 바퀴 미끄럼방지턱 설치 또는 측벽설치
- 휠체어의 벽면 충돌에 의한 충격완화를 위해 벽면에 매트 부착 가능

기타 시설
- 건물과 연결된 외부 경사로의 경우 햇볕, 눈, 비 등을 가릴 수 있는 지붕과 차양 설치

13. 장애인용 화장실이 적정한지 확인한다.

1) 일반사항

설치장소
- 장애인 등이 접근 가능한 통로에 연결 설치
- 변기와 세면대는 출입구와 가까운 장소에 설치

재질과 마감
- 바닥은 높이 차이 없이 설치, 물에 젖어도 미끄러지지 않는 재질로 마감
- 화장실(장애인 전용화장실이 아닌 일반화장실) 전면 0.3m 지점에 점자블록 설치 또는 바닥재의 질감 등을 달리 설치

기타 설비
- 화장실(장애인용 변기·세면대가 설치된 화장실이 일반화장실과 별도로 설치된 경우 일반화장실을 말함)의 출입구 옆 벽면의 1.5m 높이에 남자용, 여자용 구별 점자표지판을 부착
- 출입구의 통과유효폭은 0.9m 이상, 경기용 휠체어를 위한 문의 통과 유효폭 1.2m 이상
- 세정장치·수도꼭지 등은 광감지식·누름버튼식·레버식 등 사용하기 쉬운 형태 설치
- 장애인 복지시설은 시각장애인이 화장실(장애인용 변기·세면대가 설치된 화장실이 일반화장실과 별도로 설치된 경우 일반화장실을 말함)의 위치를 쉽게 알 수 있도록 안내표시와 함께 음성유도장치를 설치

2) 대변기

활동공간
- 유효폭 1.6m 이상, 깊이 2.0m 이상이 되도록 설치
- 대변기 좌측 또는 우측에 휠체어 측면 접근을 위한 공간 유효폭 0.75m 이상 활동공간 확보 및 대변기의 전면에 휠체어가 회전 가능한 활동공간 1.4m×1.4m 이상 확보
- 신축이 아닌 경우 유효바닥면적이 폭 1.0m 이상, 깊이 1.8m 이상 설치
- 출입문 통과 유효폭 0.8m 이상 확보
- 전문체육시설 및 생활체육시설의 화장실 중 경기용 휠체어 사용자를 위한 대변

기의 바닥면적은 폭 2.0m, 깊이 2.1m, 대변기 전면 회전공간 1.5m×1.5m 확보, 문의 통과유효폭 1.2m 이상
- 출입문의 형태는 미닫이문 또는 접이문, 여닫이문 설치의 경우 바깥쪽으로 개폐 되도록 다만, 휠체어 사용을 위한 충분한 공간이 있을 경우 안쪽으로 개폐 가능

구조
- 대변기는 양변기 형태, 바닥 부착용일 경우 휠체어의 발판이 변기 트랩에 닿지 않는 형태
- 대변기의 좌대 높이는 0.4m 이상 0.45m 이하

손잡이
- 대변기의 양옆에 수평 및 수직손잡이 설치, 수평손잡이는 양쪽, 수직손잡이는 한 쪽만 설치 가능
- 수평손잡이 높이는 바닥면으로부터 0.6m 이상 0.7m 이하, 한쪽 손잡이는 변기 중심에서 0.4m 이내의 지점에 고정, 다른 손잡이는 0.6m 내외 회전식으로 설치 가능, 이 경우 손잡이의 간격은 0.7m 내외로 함.
- 수직손잡이의 길이는 0.9m 이상, 손잡이의 제일 아랫부분이 바닥면으로부터 0.6m 내외의 높이에 오도록 벽에 고정. 벽에 설치하는 것이 곤란한 경우 바닥에 고정하되 휠체어 이동에 방해가 되지 않도록 설치
- 수평손잡이와 수직손잡이는 이를 연결하여 설치할 수 있음. 이 경우 수직손잡이의 제일 아랫부분의 높이는 수평손잡이의 높이로 한다.
- 화장실의 크기가 2.0m×2.0m 이상인 경우 천장에 부착된 사다리 형태의 손잡이 설치 가능

기타 설비
- 세정장치 및 휴지걸이 등은 대변기에 앉은 상태에서 이용할 수 있는 위치에 설치
- 출입문에는 화장실 사용 여부를 시각적으로 알 수 있는 설비 및 잠금장치를 갖출 것.
- 공공업무시설, 병원, 문화 및 집회시설, 장애인복지시설, 휴게소 등은 대변기 칸막이 내부에 세면기와 샤워기 설치 가능. 이 경우 세면기는 변기의 앞쪽에 최소 규모로 설치하여 대변기 칸막이 내부에서 휠체어 회전이 가능하게 하며 세면기에 연결된 샤워기를 설치하되 바닥으로부터 0.8m에서 1.2m 높이에 설치
- 화장실 내에서 비상상태시 비상벨은 대변기 가까운 곳, 바닥면으로부터 0.6m와 0.9m 사이 높이, 바닥면으로부터 0.2m 내외 높이에서도 이용가능하도록 설치

3) 소변기

구조
- 바닥 부착형 부착 가능

손잡이
- 소변기의 양옆에는 수평 및 수직손잡이 설치
- 수평손잡이의 높이는 바닥면으로부터 0.8m 이상 0.9m 이하, 길이는 벽면으로부터 0.55m 내외, 좌우 손잡이의 간격은 0.6m 내외로 설치
- 수직손잡이의 높이는 바닥면으로부터 1.1m 이상 1.2m 이하, 돌출 폭은 벽면으로부터 0.25m 내외로, 하단부가 휠체어의 이동에 방해가 되지 않도록 설치

4) 세면대

구조
- 휠체어 사용자용 세면대의 상단 높이는 바닥면으로부터 0.85m 이하, 하단 높이는 0.65m 이상
- 세면대의 하부는 무릎 및 휠체어의 발판이 들어갈 수 있도록 설치

손잡이 및 기타 설비
- 목발 사용자 등 보행곤란 자를 위하여 세면대의 양옆에 수평손잡이를 설치
- 수도꼭지는 냉·온수의 구분을 점자로 표시할 수 있음.
- 휠체어 사용자용 세면대의 거울은 세로길이 0.65m 이상, 하단 높이는 바닥면으로부터 0.9m 내외로 설치할 수 있으며, 거울 상단부분은 15도로 고정, 앞으로 경사지게 설치 가능

14. 장애인 등의 이용이 가능한 욕실은 적정한지 확인한다.

설치장소
- 욕실은 장애인 등의 접근이 가능한 통로에 연결하여 설치

구조
- 출입문의 형태는 미닫이문 또는 접이문 가능
- 욕조의 전면에는 휠체어를 탄 채 접근이 가능한 활동공간을 확보
- 욕조의 높이는 바닥면으로부터 0.4m 이상 0.45m 이하

바닥
- 욕실의 바닥면 높이는 탈의실의 바닥면과 동일하도록

−바닥면의 기울기는 1/30 이하
−욕실 및 욕조의 바닥 표면을 물에 젖어도 미끄러지지 아니하는 재질로 마감

손잡이
−욕조 주위에는 수평 및 수직손잡이 설치 가능

기타 설비
−수도꼭지는 광감지식·누름버튼식·레버식 등 사용하기 쉬운 형태로 설치. 냉·온수의 구분은 점자로 표시 가능
−샤워기는 앉은 채 손이 도달할 수 있는 위치에 레버식 등 사용하기 쉬운 형태로 설치
−욕조에는 휠체어에서 옮겨 앉을 수 있는 좌대를 욕조와 동일한 높이로 설치 가능
−욕실 내에서의 비상사태에 대비하여 욕조로부터 손이 쉽게 닿는 위치에 비상용 벨 설치

15. 장애인 등의 이용이 가능한 샤워실 및 탈의실은 적정한지 확인한다.

설치장소
−샤워실 및 탈의실은 장애인 등의 접근이 가능한 통로에 연결하여 설치

구조
−출입문의 형태는 미닫이문 또는 접이문으로 할 수 있음
−샤워실(샤워부스 포함)의 유효바닥면적은 0.9m×0.9m 또는 0.75m×1.3m 이상

바닥
−샤워실 바닥면 기울기는 1/30 이하
−샤워실의 바닥 표면은 물에 젖어도 미끄러지지 않은 재질로 마감

손잡이
−샤워실에는 장애인 등이 신체 일부를 지지할 수 있도록 수평 또는 수직손잡이를 설치할 수 있음.

기타 설비
−수도꼭지는 광감지식·누름버튼식·레버식 등 이용하기 쉬운 형태로 설치, 냉·온수의 구분은 점자로 표시 가능
−샤워기는 앉은 채 손이 도달할 수 있는 위치에 레버식 등 사용하기 쉬운 형태로 설치
−샤워실에는 샤워용 접이식 의자를 바닥면으로부터 0.4m 이상 0.45m 이하의 높이로 설치

- 탈의실 수납공간의 높이는 휠체어 사용자가 이용할 수 있도록 바닥면으로부터 0.4m 이상 1.2m 이하로 설치, 그 하부는 무릎 및 휠체어의 발판이 들어갈 수 있도록 설치

16. 점자블록

규격 및 색상
- 시각장애인의 보행 편의를 위한 점자블록은 감지용 점형블록과 유도용 선형블록 사용
- 점자블록의 크기는 0.3m×0.3m인 것을 표준형으로 하며, 그 높이는 바닥재의 높이와 동일한 것
- 점형블록은 블록당 36개의 돌출점을 가진 것을 표준형으로 함.
- 점형블록의 돌출점은 반구형·원뿔절단형 또는 이 두 가지의 혼합 배열형으로 하며, 돌출점의 높이는 0.6±0.1cm로 함.
- 선형블록은 블록당 4개의 돌출선을 가진 것을 표준형으로 함.
- 선형블록의 돌출선은 상단부 평면형으로 하며, 돌출선의 높이는 0.5±0.1cm로 함.
- 점자블록의 색상은 원칙적으로 황색을 사용하되, 상황에 따라 다른 바닥재의 색상과 구별하기 쉬운 것을 사용
- 실외에 설치하는 점자블록은 햇빛이나 불빛 등에 반사되거나 눈, 비 등에 미끄러지지 않는 재질 사용

설치방법
- 점형블록 설치는 계단·장애인용 승강기·화장실·승강장 등 시각장애인을 유도할 필요가 있거나 시각장애인에게 위험한 장소의 0.3m 전면, 선형블록이 시작, 교차, 굴절되는 지점에 이를 설치.
- 점자블록은 매립식 설치, 매립이 불가능할 경우 부착식 설치

17. 시각장애인 유도·안내설비는 적정한지 확인한다.

점자안내판 또는 촉지도식 안내판
- 점자안내판 또는 촉지도식 안내판에는 주요시설 또는 방의 배치를 점자, 양각면 또는 선으로 간략하게 표시
- 일반 안내도가 설치되어 있는 경우에는 점자를 별기하여 점자안내판에 갈음할 수 있음.

－점자안내판 또는 촉지도식 안내판은 그 중심선이 바닥면으로부터 1.0m~1.2m의 범위에 설치. 점자안내판 또는 촉도식 안내판을 수직으로 설치 또는 안내표지의 내용이 많아 1.0m~1.2m내 설치가 곤란할 경우 1.0m~1.5m 범위에 설치 가능

　음성안내장치
　　　－시각장애인용 음성안내장치는 주요시설 또는 방의 배치를 음성으로 안내하여야 함.

　기타 유도신호장치
　　　－시각장애인용 유도신호장치는 음향·시각·음색 등을 고려하여 설치해야 하고, 특수신호장치를 소지한 시각장애인이 접근할 경우 대상 시설의 이름을 안내하는 전자식 신호장치 설치 가능

18. 시각 및 청각장애인 경보·피난설비는 적정한지 확인한다.

　시각 및 청각장애인 경보·피난설비는「화재예방소방시설 설치·유지 및 안전관리에 관한 법률」에 따른다. 이 경우 청각장애인을 위하여 비상벨 설비 주변에는 점멸형태의 비상경보등을 함께 설치해야 함. 시각 및 청각장애인용 피난구, 유도등은 화재 발생시 점멸과 동시에 음성으로 출력될 수 있도록 설치하여야함.

19. 장애인 등의 이용이 가능한 객실 또는 침실은 적정한지 확인한다.

　설치장소
　　　－장애인용 객실 또는 침실(이하 "객실 등"이라 한다)은 식당·로비 등 공용공간에 접근하기 쉬운 공간에 설치해야 하며, 승강기가 가동되지 않을 때에도 접근이 가능하도록 주출입 층에 설치

　구조
　　　－휠체어 사용자를 위한 객실 등은 온돌방보다 침대방으로 할 수 있음.
　　　－객실 등의 내부에는 휠체어가 회전할 수 있는 공간 확보
　　　－침대의 높이는 아래의 바닥면으로부터 0.4m 이상 0.45m 이하로 하며, 그 측면에 1.2m 이상의 활동공간 확보

　바닥
　　　－객실 등의 바닥면에는 높이 차이를 두어서는 안 됨.
　　　－바닥표면은 미끄러지지 않는 재질로 평탄하게 마감

　기타 설비

- 객실 등의 출입문 옆 벽면 1.5m 높이에는 방 이름을 표기한 점자표지판을 부착해야 함.
- 객실 등에 화장실 및 욕실을 설치하는 경우에는 제13항(장애인의 화장실) 및 제14항(장애인 등의 이용이 가능한 욕실)을 기준
- 콘센트·스위치·수납선반·옷걸이 등의 높이는 바닥면으로부터 0.8m 이상 1.2m 이하로 설치
- 객실등·화장실 및 욕실에는 초인종과 함께 청각장애인용 초인등 설치
- 객실등에는 건축물 전체의 비상경보시스템과 연결된 청각장애인용 경보설비 설치

20. 장애인 등의 이용이 가능한 관람석 또는 열람석 시설은 적정한지 확인한다.

설치장소
- 휠체어 사용자를 위한 관람석 또는 열람석은 출입구 및 피난통로에서 접근하기 쉬운 위치에 설치

관람석의 구조
- 휠체어 사용자 관람석은 이동식 좌석 또는 접이식 좌석 사용 마련. 이동식 좌석의 경우 한 개씩 이동 가능하도록 휠체어 사용자가 아닌 동행인이 함께 앉을 수 있도록 한다.
- 휠체어 사용자를 위한 관람석의 유효바닥면적은 1석당 폭 0.9m 이상, 깊이 1.3m 이상으로 해야 함.
- 휠체어 사용자를 위한 관람석은 시야가 확보될 수 있도록 시야를 가리는 장애물을 두어서는 아니 됨. 손잡이는 0.8m 이하 높이로 설치
- 휠체어 사용자 관람석이 중간 또는 제일 뒷줄에 설치될 경우 앞 좌석과 거리는 일반 좌석의 1.5배 이상 시야를 가리지 않도록 설치
- 영화관의 휠체어 사용자 관람석은 스크린 기준으로 중간줄 또는 제일 뒷줄에 설치
- 휠체어 사용자 좌석과 스크린 사이에 거리가 관람에 불편하지 않을 경우 스크린 기준으로 제일 앞줄에 설치할 수 있음.
- 공연장의 휠체어 사용자 관람석은 중간 또는 제일 앞줄, 무대가 잘 보이는 곳에 설치, 출입구 피난통로가 무대기준 뒷줄로만 접근 가능할 경우 제일 앞줄에 설치할 수 있음.
- 난청자를 위하여 자기(磁氣)루프, FM송수신장치 등 집단 보청장치 설치 가능

열람석의 구조
- 열람석 상단까지의 높이는 바닥면으로부터 0.7m 이상 0.9m 이하로 해야 함.
- 열람석의 하부에는 무릎 및 휠체어의 발판이 들어갈 수 있도록 바닥면으로부터 높이 0.65m 이상, 깊이 0.45m 이상의 공간을 확보

21. 장애인 등의 이용이 가능한 접수대 또는 작업대 설치는 적정한지 확인

활동공간
- 접수대 또는 작업대의 전면에는 휠체어를 탄 채 접근이 가능한 활동공간 확보

구조
- 접수대 또는 작업대 상단까지의 높이는 바닥면으로부터 0.7m 이상 0.9m 이하
- 접수대 또는 작업대의 하부에는 무릎 및 휠체어의 발판이 들어갈 수 있도록 바닥면으로부터 높이 0.65m 이상, 깊이 0.45m 이상의 공간 확보

22. 장애인 등의 이용이 가능한 매표소·판매기 또는 음료대 설치는 적정한지 확인한다.

활동공간
- 매표소·판매기 또는 음료대 전면에는 휠체어를 탄 채 접근이 가능한 활동공간 확보

구조
- 매표소의 높이는 바닥면으로부터 0.7m 이상 0.9m 이하, 하부에는 무릎 및 휠체어의 발판이 들어갈 수 있도록 바닥면으로부터 0.65m 이상, 깊이 0.45m 이상 공간 확보
- 자동판매기 또는 자동발매기의 동전투입구·조작버튼·상품출구의 높이는 0.4m 이상 1.2m 이하
- 음료대의 분출구 높이는 0.7m 이상, 0.8m 이하

기타 설비
- 자동판매기 및 자동발매기의 조작버튼에는 품목·금액·행선지 등을 점자로 표시
- 음료대의 조작기는 광감지식·누름버튼식·레버식 등 사용하기 쉬운 형태로 설치
- 매표소 또는 자동발매기의 0.3m 전면에는 점형블록을 설치하거나 시각장애인이 감지할 수 있도록 바닥재의 질감 등을 달리해야 함.

23. ~26. 삭제〈07. 3. 9〉

27. 임산부 등을 위한 휴게시설 설치는 적정한지 확인한다.

설치장소
- 휴게실은 휠체어 사용자 및 유모차가 접근 가능한 위치에 설치

구조
- 휴게시설에는 수유실로 사용할 수 있는 장소를 별도로 마련하되, 기저귀 교환대, 세면대 등의 설비를 갖추어야 함.
- 기저귀교환대, 세면대 등은 휠체어가 접근 가능하도록 가로 1.4m×가로 1.4m 공간을 확보, 각각의 상당 높이는 바닥면으로부터 0.85m 이하, 하단 높이 0.65m 이상으로 하며, 하부에는 휠체어 발판이 들어갈 수 있도록 설치
- 공간의 효율적인 이용을 위하여 기저귀대는 접이식으로 설치할 수 있음

28. 장애인 등의 이용이 가능한 공중전화 설치는 적정한지 확인한다.

설치장소
- 공중전화는 장애인 등의 접근이 가능한 보도 또는 통로에 설치

구조
- 전화대의 하부에는 무릎 및 휠체어의 발판이 들어갈 수 있도록 바닥면으로부터 높이 0.65m 이상, 깊이 0.25m 이상의 공간 확보
- 전화부스를 설치하는 경우에는 보도 또는 통로와 높이 차이를 두어서는 아니 됨.

이용자 조작설비
- 동전 또는 전화카드 투입구, 전화다이얼 및 누름버튼 등의 높이는 바닥면으로부터 0.9m 이상 1.4m 이하로 해야 함.

기타 설비
- 지팡이 및 목발 사용자가 몸을 지지할 수 있도록 전화부스의 양쪽에 손잡이를 설치하거나 지팡이 및 목발을 세울 곳을 마련할 수 있음.

29. 장애인 등의 이용이 가능한 우체통 설치가 적정한지 확인한다.

설치장소
- 우체통은 장애인 등의 접근이 가능한 보도 또는 통로에 설치

구조
- 우체통 투입구의 높이는 0.9m 이상 1.2m 이하

(참고) 편의시설의 안내표시 기준
· 장애인·노인·임산부 등의 편의증진보장에관한법률을 시행규칙 【별표 2】 참조

1.2 구조도면 검토

- KDS 41 10 05 건축구조기준 총칙 참조
- KDS 14 31 00 강구조설계(하중저항계수설계법) 참조

1.2.1 구조도면 일반(공통) 검토*

- 구조도면은 설계자의 의도를 구조계산자의 구조계산 결과에 따라 작성하여 제3자(건축주, 시공자, 감리자 등)에게 전달하는 수단으로서, 구조계산서와 시방서 내용과 일치하고 건축도면과도 일치하게 작성되어야 하고 이해하기 쉽고 정확하며 오해가 없도록 설계도에 표현되어야 잘된 구조도면이라 말할 수 있다.
- 여기에서는 초급기술자를 위하여 검토이유, 절차, 방법 등을 더하여 설명적으로 작성하였다.

구조도면 목록과 도면이 일치한지 확인한다.

- 검토대상이 된 문서는 문서로서 갖추어진 문서인지 먼저 확인하고 검토를 시작하는 것이 바람직하다. 때때로 도면이 누락되거나 도면순서가 바뀌어졌거나 도면번호 또는 도면명칭이 일치하지 않은 경우가 있다.
  - 도면목록과 도면명칭 및 도면번호가 일치한지 확인
    · 도면목록 순서대로 점검해 가면서 도면번호와 명칭을 점검한다.
    · 도면번호, 도면명칭이 일치하지 않거나 누락된 도면이 있는 경우 이를 기록한다.

구조도면에 기재된 구조개요 내용이 구조계산서 및 시방서 내용과 일치한지 확인한다.

- 일반적으로 구조도면 첫 장에는 구조설계의 기준이 되는 사항을 "구조개요"에 기재하는데, 시방서에 기재된 내용과 불일치하는 경우가 있다.
  - 구조계산서에 기록된 구조계산 조건 및 구조개요를 확인하여 구조도면에 기록된 구조개요 내용과 일치한지 확인
  - 구조도면에 기재된 구조개요 내용과 시방서에 기술된 내용과 일치한지 확인
    · 일반적으로 구조개요에 기재되는 내용은 구조형식, 구조재료의 품질기준, 지내력기준. 지질조건, 지하수위, 적용한 구조계산 이론 및 적용법규, 참조 시방서(Reference Specifications), 제조방법 및 기준 등이다.

구조도면에 표시된 내용이 구조계산서 내용과 일치한지 확인한다.

- 구조도면과 시방서 내용과는 일치하더라도 구조계산서 내용과는 일치하지 않는 경우가 있으므로 구조계산서 내용과 구조도면 내용의 일치 여부를 반드시 확인해야 한다.

  이 확인 작업은 구조계산서 내용이 빠짐없이, 그리고 정확하게 구조도면에 표시되었는지 확인하는 가장 중요한 품질관리 행위이다.
  - 구조계산서에 기재된 구조계산기준 조건이 구조도면에 기재된 조건과 일치한지 확인
    · 만일 기재된 조건 중에서 필요한 조건이 누락된 경우에는 구조 설계자에게 질의하여 그 질의결과를 문서로 확인해 둔다.
  - 구조계산서에 기재된 각종 구조부재(기초, 기둥, 보, 슬래브, 벽 등) 일람표 및 기타 내용이 구조도면에 기재된 내용과 일치한지 확인
    · 구조계산으로 산출된 결과가 분명히 도면에 옮겨졌는지 수차례 점검하여 확인하는 것이 바람직하다.
  - 구조계산서에 기재된 [주기] 내용이 구조도면에 반영되었는지 확인
    · [주기] 내용에 의하여 구조품질이 크게 달라질 수 있으므로 반드시 확인해야 한다.
  ※ 구조전문가가 아니면 구조계산방법과 내용을 이해할 수 없다. 다만, 계산결과를 표시한 부재별 리스트를 점검하면 된다. 단순히 비교만 하면 되므로 인내심만 있으면 초보자도 검토 가능한 작업이다. 몇 개 검토해 보아서 이상이 없으면 모두 맞을 것이라고 간주(看做)하고 모두 점검(전수검사)을 하지 않는 것은 바람직하지 않다.

배치도면상에 나타난 건축대지경계선 확인과 배치된 건물위치와 대지경계선과의 이격거리가 건축배치도에 표시된 내용과 일치한지 확인한다.
- 대지의 크기와 배치도상에 건물위치가 정확하게 표시되었는지 확인하는 작업이다.
  - 대지경계선은 지적도 원본 또는 현황측량도와 일치한지 확인
    · 지적도 원본 또는 현황측량도를 확보하여 배치도상에 그려진 대지축척 크기로 투명지에 복사하여 배치도에 겹쳐 보아 대지경계선이 일치한지 검토하는 것도 편리한 방법이다.
  - 건물배치 및 경계선으로부터 건물과의 거리와 각종 시설물과의 거리를 나타낸 수치가 건축배치도와 일치한지 확인
  ※ 배치도상에서 건물, 기존 시설물, 도로 등 부지경계선과 각 시설물과의 거리는

반드시 수치로 나타내야 한다. 지점간의 거리를 축척으로 측정해야만 이격거리를 알 수 있도록 작성된 도면은 잘된 설계도면이라 말할 수 없다.

대지경계선 및 각종 규제선으로부터 적정거리(법정 이격거리) 이상 후퇴하여 배치되었는지 확인한다.

- 일정규모 이상의 건물 또는 구조물은 행정기관으로부터 건축허가를 받아야 하고, 건축허가 조건 중 무엇보다 중요한 것은 건축법 및 건축관련법(민법 포함)에 규정된 규제선을 지켜야 하고 지상이나 지하에서도 침범해서는 안 된다.
- 규제선에 관계된 사항을 검토하기 위하여 법령으로 규정된 내용을 알아야 검토할 수 있다.
    - 건축규제선에 관한 정보를 파악하고 절대 이격거리 산출방법을 확인(하고)
        · 규제선 및 이격거리에 대한 정보수집은 건축에 관련된 각종 법률에 대해 종합하고 해설한 "건축관련법률집"과 해당지역 행정기관의 "조례집"을 검토하는 것이 바람직하다.
    ※ 점검자가 조심해야 할 것은 법과 규정은 계속 바뀌므로 프로젝트 점검시점에서 수집된 정보를 반드시 확인해야 한다.
    - 설계도면(배치도)에 표시된 대지경계선이 분명한지 지적도 원본 및 현황측량도에 의한 검토를 통하여 재확인
    - 수집된 정보에 의하여 산출된 이격거리 이상 건물이 검증된 대지경계선으로부터 떨어져 있는지 확인
    - 설계도면에 법정 이격거리를 병행하여 참고로 표시한 경우에는 법정 이격거리 산출에 이상이 있는지 확인하고 검증된 경계선으로부터 이격거리를 확인

모든 기둥의 위치가 건축평면도에 표시된 위치와 일치한지 확인한다.

- 기둥의 중심선 확인 과정에서 기둥의 위치가 대부분 확인되나 건축도면상의 위치와 구조도면상의 위치가 다르게 나타난 경우와 기둥 표시가 누락되는 경우가 있어 기둥 위치 점검이 필요하다.
    - 구조도면에 표시된 기둥 일람표(Column Schedule) 내용대로 구조평면도에 표시되었는지 우선 확인
    - 구조도면에 표시된 기둥 기준선이 건축도면에 나타난 기둥 기준선과 일치한지 확인
        · 기둥 기준선(基準線)과 기둥 중심선(中心線)이 다를 수 있으므로 주의해야 한다.
    - 각 기둥 주심도(柱心圖)와 구조 및 건축도면에 표시된 기둥 모양(중심선 X와 Y축

로부터 기둥 각 면까지 거리가 다름)이 일치한지 확인
- 돌출된 각 기둥면의 위치가 모두 일치한지 확인
  · 의도적인 경우를 제외하고 돌출된 기둥면이 일정하지 않는 경우를 뜻하며, 각 기둥면의 돌출된 면의 위치가 일정하지 않을 경우 시공면으로 또는 미적으로 바람직하지 않다.
  · 건축도면과 구조도면을 대조하여 기둥 하나하나를 색연필 등으로 표시해 가면서 인내를 갖고 모두 점검해야 한다.
  · 투명지에 같은 축척으로 복사된 건축도면과 구조도면을 겹쳐 빛에 의해 투과해 보아 일치한지 점검하는 것은 대략적으로 검토하는 데 좋은 방법이다.

모든 벽 중심선이 건축도면에 표시된 중심선과 일치한지 확인한다.
- 벽의 중심선이 벽 두께의 중심선이 아닐 수 있으며 기둥 중심선과 반드시 일치하지 않으므로 설계할 때 벽 중심선을 잘못 인식할 수 있다. 건축도면 작성시 벽의 위치를 변경(이동)하고 구조도면을 수정하지 못한 경우 등 벽 위치가 일치하지 않는 경우가 있다.
  - 벽 일람표(Wall Schedule)에서 벽 종류별로 벽 두께를 확인한다.
  - 구조평면 상세도(또는 단면상세도)에서 벽 종류별로 벽 위치와 벽 중심선을 확인한 다음
  - 구조도면에서 확인된 벽 중심선이 건축도면상의 벽 중심선과 일치한지 확인
  ※ 특히 복합벽(예 ; 콘크리트벽+보온재+벽돌벽)일 경우에 구조의 벽 중심선과 법적인 벽 중심선이 다를 수 있으므로 중심선 적용에 조심해야 한다.

슬래브 끝선은 건축도면과 구조도면이 일치한지 확인한다.
- 외부 또는 내부공간에 나타난 슬래브의 끝선이 구조도면에 표시된 위치와 건축도면에 표시된 위치가 불일치할 경우가 있다. 예를 들면, 구조도면에는 보의 중심선을 기둥 중심선에 일치시켜 보폭 크기에 따른 보중심선으로부터 보 외벽까지의 거리가 일정치 않아 건축도면에 표시된 면과 일치하지 않은 경우가 발생하며, 건축도면에 외부 또는 내부공간 디자인을 위하여 의도적으로 돌출시키거나 후퇴시킨 경우 또는 외장 또는 내장재 부착을 위한 상세도상의 슬래브 위치가 구조도면과 불일치한 경우가 발생한다.
  - 건축평면도와 단면도상에서 외부공간과 내부공간 경계선 위치를 파악하여 도면에 표시해 놓고,

- 단면상세도와 벽 재료마감(붙임) 상세도에서 기준선(또는 중심선)으로부터 슬래브 끝선 위치를 확인한 다음
- 구조도면에 표시된 슬래브 위치가 건축도면에 표시된 위치와 일치한지 확인
  - 일반적으로 각층 슬래브 외벽선, 차양, 발코니, 파라펫, 내·외부계단 등이 불일치한 경우가 있으므로 하나하나 색연필로 체크해 가면서 확인한다.
  - 구조도면을 투명지에 복사하여 건축도면에 투과시켜 보아 일치한지 확인하는 것은 개략적인 검토방법으로 간편한 방법이라 생각한다.

각 구조도면에 표시된 기초, 기둥, 보, 슬래브, 벽 등의 일람표(스케줄)와 각 관련 구조평면도에 표시된 구조부재의 내용이 일치한지 확인한다.

- 각 구조부재 종류별로 일람표와 도면에 표시된 내용이 일치한지 확인한다.
  - 부재 부호가 모두 해당 구조평면도에 표시되었는지 확인
  - 부재의 부호와 번호가 일람표에 표시된 내용과 일치한지 확인
  - 부재 규격이 일람표에 표시된 규격과 일치한지 확인
    - 부재 일람표와 일치한지 점검할 경우 전수점검을 원칙으로 해야 한다.

각 구조도면에 표기된 보, 기둥, 기초, 벽 등의 일람표(스케줄)와 구조계산서에 표기된 내용과 일치한지 확인한다.

- 구조계산 결과 작성된 각 구조부재 내용이 구조도면에 그 내용대로 정확히 옮겨졌는지 확인하는 작업이다.

  구조계산서에 표시된 내용을 도면에 옮길 때 착오 또는 실수로 구조계산서에 표시된 내용과 불일치하게 옮겨진 경우와 설계 중 변경 또는 추가 및 삭제된 것을 잊고 뒷정리 보완작업을 아니 한 경우 불일치가 발생한다.
  - 구조도면에 표시된 각 구조 일람표를 구조계산서에 기재된 해당 일람표와 일치한지 확인
    - 각 구조부재의 일람표를 하나하나 색연필로 표시(Mark)해 가면서 하나도 빠짐없이 점검하는 것이 좋다.
  - ※ 이 작업은 단순작업이므로 시간과 열의만 있으면 누구나 할 수 있는 작업이다. 처음에 몇 개 선별·점검해 보고 이상이 없으면 모두(전수) 점검하지 않는 것은 특히 구조도면 검토에서는 바람직하지 않다.

슬래브 높이(Elevation)는 건축도면에 부합되는 높이인지 확인한다.

- 슬래브의 높낮이 표시가 누락되었거나 잘못 기재된 경우와 마감두께를 고려치 않은 슬래브 높이(Level) 표시로 인하여 구조도면과 건축도면에 표시된 내용이 일

치하지 않은 경우가 발생한다.
- 건축평면도에 마감 높이와 구조평면도에 슬래브 높이가 표시되었는지 확인
- 건축마감 바닥 높이(Finishing Level)에서 해당 바닥마감 두께를 뺀 높이와 슬래브 높이 표시와 일치한지 확인
- 건축단면도에 표시된 마감 높이와 슬래브 높이 표시가 각 평면도에 표시된 높이와 일치한지 확인

올려진(raised) 슬래브 또는 내려진(depressed) 슬래브가 명시되었는지 확인한다.
- 같은 평면상에서 디자인과 기능상 필요에 따라 슬래브 바닥을 슬래브 기준 높이보다 부분적으로 높이거나 낮추는 경우를 뜻하는데, 이렇게 부분적으로 높이 변화를 줄 때 그 범위와 높이 위치(Level) 표기를 누락, 오기 또는 구조도면과 건축도면상 서로 불일치한 경우가 발생한다.
  - 먼저 건축평면도과 구조도면에서 올려진(Raised) 또는 내려진(Depressed) 부분이 표시되어 있는지 확인하고
  - 올려진 또는 내려진 슬래브 부분이 구조도면과 건축도면에 표시된 부분과 일치한지 확인
    · 마감시공 두께로 인한 슬래브 높이(Level) 변화는 이와 다른 문제이다.
  - 건축디자인 또는 기능상 필요하여 슬래브를 올리거나 내려야 할 부분의 표시가 누락되었는지 검토
    · 부분적으로 슬래브 레벨이 다른 경우는 화장실 바닥, 물탱크실 바닥, 주방 또는 취사장 바닥, 기계실 바닥, 엘리베이터 피트 및 각종 피트 바닥, 무대설치 바닥, 운동시설 마루설치 바닥, 액세스 플로어 설치 바닥, 발코니 바닥 또는 각종 기계·전기기기 설치 장소 등 설계자의 의도와 기능에 의하여 높낮이가 다른 슬래브가 설계된다.

모든 기초가 명시되었는지 확인한다.
- 기초 배치가 종류별로 빠짐없이 도면에 표시되었으며 구조계산서 내용과 일치한지 확인하는 작업이다. 기초 레벨(Foundation Bottom Level)이 다를 때 기초 표시가 누락되는 경우가 간혹 있으며, 기초가 비교적 복잡할 때 표기누락이나 오기가 나타난다.
  - 기초 배치도(기초 복도)에서 기초 명칭이 누락된 곳이 있는지 확인
  - 기초 명칭이 기초 일람표와 일치한지 확인

· 구조계산서의 내용과도 일치한지 확인한다.
− 각종 기초가 설치되는 지반 높이(Foundation Level)가 표시되었는지 확인

모든 기초보(또는 지중보)는 명시되었는지 확인한다.

- 기초와 기초를 연결한 보가 구조계산서 내용과 같이 모두 기입되었으며 각 보의 명칭도 바르게 빠짐없이 표시되었는지 확인하는 작업이다. 기초 바닥선이 다르든지 지중보와 벽체가 겹쳐 구조물 명칭 표기를 옹벽만 표시하고 지중보는 누락시키거나 애매하게 표시되는 경우가 있다. 매트기초 중에 설계된 기초보가 있는 경우 누락되기 쉽다.
    − 지중보 설치위치가 구조계산서에 표시된 지중보 계획과 일치한지 확인
    − 표시된 지중보가 지중보 일람표(Girder, Beam Schedule)와 일치한지 확인

지붕구조평면도에 표시된 기둥선과 기둥이 기초평면도(또는 기초 복도)에 표시된 기둥선과 기둥과 일치한지 확인한다.

- 기초평면도로부터 지붕구조평면도까지 기둥의 종류(기둥 번호)가 같으며 기둥 설치선 및 외면선이 일치한지 확인하는 작업이다.
    − 각 기둥 기준선이 가로축과 세로축 모두 기초와 지붕평면도에서 일치한지 확인
    − 외부로 보이는 각 기둥면이 기초로부터 지붕면까지 일정한지 확인
        · 각 기둥의 주심도 계획(기준선으로부터 커지는 면 결정)이 잘못되었거나 기둥 중심은 같고 기둥 크기가 각 층에서 다른 경우 외부로 보이는 기둥면 선이 일정하지 않게 되는 경우가 있다.

지붕 주변선(Perimeter Roof Line)은 건축도면에 표시된 지붕 주변선과 일치한지 확인한다.

- 지붕 외곽 끝선(공간 경계선)이 건축도면에 표시된 지붕 끝선과 불일치한 것이 있는지 검토하는 작업이다.
- 지붕경계선(처마경계선 및 지붕 용마루경계선)은 건축법상 요구되는 건축선으로부터 이격거리, 사선제한, 최고 높이 등을 계산할 때 확인해야 할 공간상의 위치가 되므로 위치 표시가 분명히 되어야 한다.
    − 지붕구조평면도에서 기준선으로부터 지붕둘레 외부 경계면 위치를 확인하고 이를 건축 지붕평면도와 일치한지 확인
    − 단면도에서 확인된 지붕처마 끝선이 입면도 또는 주단면도에 표시된 것과 일치한지 확인
        · 이격거리 및 처마 높이와 최고 높이는 마감선(구조면이 아닌)까지의 거리를 계산하므로 반드시 구조면으로부터 마감두께를 계산한(더한) 건축지붕선의 위치

를 확인해야 한다.

모든 단면도는 관련된 도면을 찾아보기 쉽도록 적절한 부호 또는 표식이 되어 있는지 확인한다.

- 단면도는 평면(2차원)한 지점을 잘라보아(1차원을 추가해) 그 지점의 구성내용을 입체(3차원)적으로 표현하기 위한 수단으로 작성되는 도면이므로 어느 지점을 자른 단면도이며, 어떤 종류(주단면도, 외·내벽단면도, 단면상세도 등)의 단면도인지 또는 작성된 단면도의 설계도면 중 어느 위치(도면번호)에 있는지 알 수 있도록 계획된 부호, 번호로 또는 단면명칭과 같이 표현하여 도면을 읽는 사람으로 하여금 쉽게 도면을 이해할 수 있도록 작성되어야 한다.
    - 단면도에 표시된 부호, 번호 또는 단면명칭이 어느 설계도면에 단면 표시가 있는지 알 수 있는 방법으로 표시되었는지 확인
    - 설계도면에 표시한 단면표식(부호, 번호 또는 명칭)은 관련된 단면도가 설계도면 중 어느 위치에 있는지 찾아볼 수 있는 표시방법으로 작성되었는지 확인
    - 모든 단면도는 단면위치 표시가 모두 되었는지 확인

모든 익스팬션 조인트(expansion joint : 신축줄눈) 위치가 건축도면과 구조도면이 일치 한지 확인한다.

- 온도변화로 구조가 팽창 또는 수축함에 따라 발생되는 균열을 방지하기 위하여 임의적으로 구조의 안정을 위하여 설치하는 열팽창줄눈(Thermal Expansion Joint)이므로 건축도면에도 줄눈위치가 일치하여 기상 온도변화에 의한 신축발생으로 구조체 및 건축마감이 손상되는 현상을 방지해야 한다. 때때로 줄눈위치가 불일치하거나 줄눈 설치위치가 평면상에만 표시되고 단면도 및 입면도에는 누락이 되어 있는 경우가 있다.
    - 구조평면도에서 익스팬션 조인트가 있는지 확인
    - 익스팬션 조인트가 있을 경우 조인트 설치위치가 건축평면도에서 같은 위치에 있는지 확인
    - 단면도와 입면도에도 같은 위치에 표시되었는지 확인
- 조인트 위치는 입체적인 확인이 필요하다.

구조물 관통부분 및 개구부 표시가 명확히 되었는지 확인한다.

- 구조부분(벽, 보, 슬래브 또는 기둥)에 각종 설비시설물, 즉 덕트, 배관, 배선 등을 설치하기 위한 관통부분 공간과 창, 문 또는 유지보수를 위한 액세스 도어(천장, 점검실, 지하통로에 설치) 등을 설치하기 위한 공간, 즉 개구부(Opening

Area) 표시가 정확한 위치에 정확한 크기로 표시되었는지 확인하는 작업이다
- 구조도면에 각종 설비 관통부와 개구부가 표시되었는지 확인
- 구조도면에 표시된 관통부 또는 개구부(또는 일람표)가 각종 설비분야 설계도면 및 건축도면에 표시된 관통부 또는 개구부(또는 일람표)와 일치한지 확인
- 관통부 또는 개구부 위치 표시가 정확하며 규격이 적정한지 확인
- 각종 설비분야 설계도면에 개구부 일람표가 작성되지 않았을 경우 각종 설비계통도와 배관 및 배선도면, 그리고 건축도면을 검토하여 구조에 설치되는 개구부가 누락되었는지 확인
  · 관련 시방서에서 각종 설비의 관통공간 확보에 관한 기술사항 파악과 건축시방서에서 개구부 보강에 관한 내용과 구조설계도면에서 개구부 보강 표준상세도 도 아울러 파악해 두는 것이 좋다.

개구부 보강 표시는 되었는지 확인한다.
- 개구부 또는 관통부는 그 위치와 크기에 따라서 구조성능에 큰 영향을 줄 수 있으므로 구조보강이 필요한지 확인해야 한다.
  - 구조도면에서 관통부와 개구부에 대한 보강상세도 또는 보강표준상세도가 작성되었는지 확인
  - 관통부와 개구부에 대한 보강방법이 분명히 표시되었는지 확인
  - 구조계산서에 제시된 관통부와 개구부 보강방법이 설계된 보강방법이나 보강 표준상세도와 일치한지 반드시 확인

캔틸레버(캐노피 등) 구조물을 지지하거나 달아매는 부분에 대한 상세도가 있는지 확인한다.
- 캔틸레버 구조물은 구조적으로 확실한 보강방법이 마련되지 않으면 처지거나 떨어져 안전에 큰 문제를 일으키기 쉬운 구조물이므로 구조물의 하중을 지지해줄 앵커 시스템, 연결방법, 인장재(引張材), 지지점의 구조, 버팀재 등에 대한 상세도 작성 또는 기술이 되어 있는지 반드시 확인해야 한다.
  - 설계도면에서 캔틸레버 구조물이 있는지 확인
  - 캔틸레버 구조물에 대한 상세도(앵커, 지지방법, 연결방법)와 기술적인 설명(자재의 규격, 설치방법 등)이 있는지 확인
  - 도면에 표시된 내용이 구조계산서에 표시된 내용 또는 시방서에 기술된 내용과 일치한지 확인

첨부된 표준상세도 내용이 모두 본 설계에 적합한지 확인한다.
- 설계자가 표준상세도(철근 배근도, 철골 용접 및 개선도 등)를 작성해 놓고 유사

한 설계마다 설계도서 작성에 첨부하는 잘 관리되지 않은 표준상세도는 잘 검토해야 한다. 이는 설계와 부합되지 않은 부분이 있거나 해당되지 않은 상세도가 포함되어 있고, 학술적인 근거(기준)가 불분명하고, 작성 후 새로운 정보로 보안되지 않아 적용에 부적합한 경우가 있기 때문이다.
- 표준도 내용이 프로젝트에 적용한 구조계산 기준이나 이론 및 구조에 관한 법령과 프로젝트에 적용된 시방서 내용과 부합하는지 확인
- 프로젝트에 관계없는 내용(상세도)이 포함 또는 분명하게 삭제되어 있는지 확인
- 표준상세도는 구조계산자가 제시한 것이거나 검토한 것인지 확인

모든 수치(Dimension)를 확인한다.
- 설계도면에 표시된 치수는 공간의 크기와 물체의 크기를 분명히 나타낸 숫자이므로 도면상에서 축척으로 실측한 수치보다 우선하기 때문에 설계도상의 치수는 정확해야 하며 누락이 있어서는 안 된다.

품질보증체제에서 치수를 축척으로 측정해야 알 수 있도록 작성된 도면은 바람직하지 않다고 보며, 반드시 숫자로 표시하기를 강조하고 있다. 품질의 크기를 표시하는 데 치수는 가장 중요한 수단이므로 틀려서는 안 된다.

컴퓨터로 도면을 작성하여 예전 손으로 작성할 때보다 수치의 정확성은 높아졌으나 입력상의 실수와 작업상 오차로 잘못된 치수가 기록되는 경우가 있기 때문에 반드시 점검해야 한다.
- 건축도면을 포함하여 도면상에 표시된 치수를 큰 치수(지점간 큰 거리)부터 확인하고 점차 작은 치수를 확인한다.
- 작은 치수의 합이 큰 치수와 일치한지 확인
- 하나도 빠짐없이 표시(가급적 색연필 이용)해 가면서 확인
  · 대체로 작은 치수부터 확인하여 그 합을 이루는 큰 치수를 확인한다. 또 이상 유무를 확인하는 것보다 설계상 공간을 결정한 절대 한계치수를 먼저 확인하는 것이 편리하며 그 순서가 절대적은 아니다.

약어(略語 : Abbreviation)의 뜻 설명이 명확히 기록되었는지 확인한다.
- 설계도면에 사용된 약어 뜻이 분명해야 설계도면 이해와 해석에 이상이 발생하지 않으므로 약어의 뜻이 불명확한 것이 있는지 또는 누락된 것이 있는지 확인해야 한다.
  - 설계도면 목록에서 약어 설명 도면 또는 설명 면(面)이 있는지 확인
  - 약어 설명이 이해가 쉽도록 명확히 설명되었는지 확인

－약어 누락이 있는지 확인
　　　　・약어 누락은 간단히 발견하기가 어렵다. 설계도면을 검토할 때 발견되는 약어를 메모하여 약어 표에 기술되었는지 확인하는 것이 바람직하다.

도면상에 기록된 모든 【주기(朱記) : notes】 표시내용을 확인한다.

- 일반적으로 도면 작성자가 도면 오른쪽 부분이나 밑에 어떤 모양의 그림이나 문자로 표시하여 설계품질(品質)을 규정짓거나 이해를 돕기 위하여 또는 중요성을 강조할 목적으로 기록된 내용이므로 무엇보다 지나쳐 버릴 수 없는 설계품질 구성상 중요한 요소이므로 작은 글씨로 기록되었더라도 반드시 유념하여 확인해야 한다.
　　　－설계도면을 볼 때마다 문자로 기록된【주기】사항이 있는지 찾아본다.
　　　－【주기】내용을 확인
　　　－【주기】내용이 시방서 또는 다른 설계도면에 있는 내용과 상치되는 점이 있는지 확인

기타 사항을 검토한다.
　　　－특수장비(엘리베이터 기계, 쿨링타워, 물탱크 등) 설치 도면이 적정한지 검토
　　　－각종 조인트(expansion joint, construction joint, control joint 등) 설치가 적정한지 검토
　　　－옥상정원 / 광고탑 등 설치 도면이 적정한지 검토
　　　－기계 / 전기장비 받침대 및 앵커 설계도면이 적정한지 검토
　　　－배수트렌치 및 섬 피트 표시가 적정한지 검토
　　　－승강기 피트 규격이 적정한지 검토
　　　－구조계산서에 표시된 상세도가 누락되었는지 검토

---

* ARCHITECTURE, January 1987, pp.83-84. 실린 곳 : AIA Manual 1994, 2.6 Construction Documents에서 부분적으로 인용

1.2.2 ┃ 건축물콘크리트구조 도면 검토

- KDS 41 20 00(건축물콘크리트구조 설계기준) 참조
- KDS 14 20 00(건축물콘크리트구조 설계기준 〈강도설계법〉) 참조
- KDS 14 20 01(1.7) 구조설계 참조

1.2.2.1 구조개요 검토

- 설계된 구조 개념과 주어진 조건을 간략하게 요약한 내용을 검토하는 일이다.

건축설계 개요와 일치한지 확인한다.
- 건축면적 / 연면적 / 지상층수 / 지하층수 등을 확인한다.

설계에 적용된 구조재료 종류와 품질 표시를 확인한다.
- 주요재 확인 : 철근, 철골재, 콘크리트 등을 확인한다.
    - 구조계산서 내용과 일치한지 확인
    - 시방서 내용과 일치한지 확인

구조방식 표시를 확인한다.
- 구조계산서 내용과 일치한지 확인한다.
    - 구조방식은 표시되었는지 확인
    - 구조는 모두 같은 구조형식인지 또는 부분적으로 다른 구조형식인지 확인

구조계산에 적용된 하중조건 표시를 확인한다.
- 구조계산서 내용과 일치한지 확인한다.
    - 고정 및 적재하중 확인
    - 풍하중 및 설하중 확인
    - 지진하중 확인
    - 기타 하중

적용된 지하수위 표시를 확인한다.
    - 지질검사 보고서 내용과 일치한지 확인
    - 지하수위 측정시기가 갈수 또는 우수기였는지 확인
    - 구조계산서에 기재된 내용과 일치한지 확인

적용된 지내력 표시를 확인한다.
    - 지질검사 보고서 내용과 일치한지 확인
    - 구조계산서에 기재된 내용과 일치한지 확인

적용된 말뚝의 허용지지력 표시를 확인한다.

구조설계 적용기준 표시를 확인한다.
- 구조계산 규준 명칭 및 법적 구조기준 등을 확인한다.
    - 적용된 구조계산 규준 및 기준 표시를 확인
    - 적용된 시방서 표시 확인

약어(Abbreviations)는 표시되었는지 확인한다.

범례(Legend)는 표시되었는지 확인한다.

1.2.2.2 건축물콘크리트조 일반사항 검토

- 건축물콘크리트조 부재 및 부위별로 배근의 기준과 방법을 도시하여 설계도 작성을 간결하게 만드는 효과가 있고, 설계도 작성자의 의도에 따라 상세도로 분리하기도 하고 별도로 작성할 상세도를 본 표준도에 포함시키기도 하여 일정하지 않다.
- 필요한 철근가공 및 배근에 관한 기준 설명이 작성자마다 대동소이하나 작성 기준에 따라 다소 다를 수 있고 그림 또는 표와 함께 설명되어야 하고 또한 작성내용이 많아 최소한 기재되어야 할 사항만을 확인하는 내용으로 작성하였다.
- 철근콘크리트 시방서 내용이 기술되는 경우가 있는데 원칙적으로 설계도면에 시방서를 기재하는 방법은 원칙은 아니라고 생각한다. 시방서 성격의 내용이 기재되어 있을 경우에는 반드시 시방서에 기재된 내용과 일치한지 확인해야 한다.

약어 및 범례는 기술되었는지 확인한다.
각 부분별 배근기준은 작성되었으며 적정한지 확인한다.

- 설계방법, 관계법규, 적용기준에 부합 여부를 확인해야 한다. 그러나 점검자가 설계자가 작성한 배근기준을 모두 관계문서의 이론 및 내용과 일치한지 확인하는 것은 어려운 일이나 작성기준 또는 작성근거로 삼은 문서만은 확인해야 한다.
- 작성근거가 명시되지 않은 구조 표준도가 복사되어 어느 구조설계도에나 분별없이 첨부하여 설계도서 작성에 이용되는 경우가 있기 때문에 이론적인 근거를 확인할 필요가 있다.
  - 철근가공 및 배근 기준 작성의 이론적인 근거 또는 문서는 명시되었는지 확인
  - 철근의 구부림(가공) 기준 확인
  - 철근의 정착 및 이음길이 기준 확인
  - 기둥철근의 정착 및 이음 기준 확인
  - 띠철근 및 보조근 기준 확인
  - 주두의 마무리 기준 확인
  - 기둥의 줄임 기준 확인
  - 콘크리트 덧살부분의 배근 기준 확인
  - 보 배근 기준 확인
  - 슬래브 배근 기준 확인
  - 슬래브 철근정착 기준 확인

- 슬래브 단차의 처리 기준 확인
- 계단의 배근 기준 확인
- 벽 배근 기준 확인
- 내력벽 단부 보강 기준 확인
- 기초배근 기준 확인
- 관통 구멍 및 개구부의 보강 기준 확인
- 파라펫 난간의 배근 기준 확인
- 캔틸레버 보 철근 정착 기준 확인
- 시공줄눈(콘크리트 이어치기 줄눈) 설치방법 확인
- 철근 피복두께 기준 확인

1.2.2.3 말뚝 배치도(말뚝 복도) 검토

- 말뚝은 기초상판과 접촉하여 상부하중을 지반층으로 전달하는 역할을 하기 때문에 기초 일람표(또는 기초도)와 함께 그려서 말뚝 배치도를 작성하기도 한다.
- 여기서는 말뚝 배치 중심으로 작성된 도면을 검토하는 경우이다.

말뚝 배치의 기준선 또는 중심선 표시가 정확한지 확인한다.
- 구조평면도 기준선과 일치한지 확인
- 기준선의 위치를 기준점(基準点 : Reference Point)으로부터 확인
  · 건물배치의 정확성을 재확인하는 작업이다.
- 말뚝 배치의 중심선이 기초 중심선과 일치한지 확인

기초 종류별 말뚝 설치(배치)개수는 구조계산서 내용과 일치한지 확인한다.
- 기초 종류별 말뚝개수는 정확해야 한다.

말뚝의 종류와 규격(직경, 길이)은 명확히 표시되었는지 확인한다.
- 여러 종류의 말뚝과 규격으로 설계되었을 경우의 검토이다.

말뚝이 배치된 기초부호(또는 번호)와 기초 일람표에 표시된 기초부호와 일치한지 확인한다.
- 기초부호가 서로 일치한지 확인한다.

말뚝이 배치된 기초(기초판) 크기와 기초 일람표에 표시된 기초 크기가 일치한지 확인한다.
- 기초 일람표에 표시된 기초 크기와 말뚝 배치 기준에 의하여 말뚝을 배치해 본 기초 크기가 다를 수 있기 때문에 기초 크기를 확인해 보아야 한다.

기초판 내에서 말뚝 배치 천장 깊이는 적정한지 확인한다.

－말뚝과 말뚝과의 간격은 적정한지 확인
　　　－말뚝중심선 또는 말뚝 외주선과 기초상판 가장자리선(Edge)과의 간격은 적정한지 확인

말뚝 중심 또는 말뚝군(君)의 중심이 기둥 중심선과 일치한지 확인한다.
- 하중 중심과 말뚝의 지지력 중심이 가급적 편심이 생기지 않도록 일치시킨다.

기초판에 말뚝두부가 묻힌 깊이가 적정한지 확인한다.
말뚝 표준상세도는 적정히 작성되었는지 확인한다.
　　　－두부 깊이 표시 확인
　　　－두부 절단시의 보강방법 표시 확인
　　　－기초판 끝선과의 간격 표시 확인
　　　－말뚝이음에 관한 상세도는 표시되었는지 확인

말뚝의 개당 허용지지력은 명시되었는지 확인한다.
말뚝의 허용지지력은 구조계산에 적용된 말뚝 허용지지력과 일치한지 확인한다.
말뚝시공 공법이 기술되었는지 확인한다.
- 자재의 품질 및 시공법은 시방서에 기재하는 것이 원칙이나 말뚝에 관하여는 간단히 말뚝의 품질, 규격, 시공 깊이 및 공법을 기술하여 말뚝 설계개념을 표시하기도 한다.

말뚝의 품질 및 시공법이 시방서에 기술되었는지 확인한다.
주기내용을 확인한다.

1.2.2.4 기초배치도(기초 복도) 검토

- 기초구조를 이해할 수 있도록 모든 관련된 구조물을 표시하고 명칭, 기호 및 부호를 표시한다.

기준선 표시 확인과 기준선과 건축선 및 각종 경계선과의 거리 치수를 확인한다.
- 배치도에 표시된 위치관계 표시 치수와 일치한지 확인한다.

기준선 표시가 건축평면도의 기준선과 일치한지 확인한다.
기초, 지중보 및 기둥의 배치 표시를 확인한다.
기초배치 부호 표시가 기초 일람표 및 구조계산서에 기재된 내용과 일치한지 확인한다.
기준선과 기초판의 각 변과의 거리 치수 표시를 확인한다.
- 기준선으로부터 기초판 설치위치를 수치로 표시되었는지 확인한다.

각 부재의 부호와 기호 표기 및 기초 크기의 정확성을 확인한다.
- 기초 표시를 중점적으로 표시하고, 기타 부재는 참고 정도로 표현하는 것이 바람직하다.

기초 돌출부분이 건축선 또는 대지경계선을 침범한 것이 있는지 확인한다.
- 지하에서도 구조물이 건축선 또는 대지경계선을 침범하지 않도록 한다.

기초바닥(지면) 위치(레벨) 표시 및 기초슬래브의 레벨 표시를 확인한다.
- 기초가 설치되는 지반레벨 표시를 확인한다.
- B.M으로부터 또는 G.L로부터의 기초 설치 깊이 표시를 확인한다.

기초 설치 지반레벨 표시내용이 건축단면도, 구조단면도(골구도) 및 기초상세도에 표시된 레벨과 일치한지 확인한다.
- 각 도면에 표시된 기초 깊이가 일치한지 확인한다.

지내력이 표시되었는지 확인한다.
주기 또는 특기사항이 있는지 확인한다.

▎말뚝 배치와 함께 표시할 경우
- '말뚝 배치도 검토'를 참조

각 기초판 위에 말뚝이 배치기준에 적합하도록 표시되었는지 확인한다.
- 말뚝 배치방법이 합리적인지 확인한다.

말뚝의 중심선과 기초 기준선과의 이격거리 치수를 확인한다.
- 말뚝의 중심선과 기준선이 일치하지 않을 경우 그 사이의 거리 치수가 정확한지 확인한다.

기초 종류별 말뚝 설치(배치)개수는 구조계산서 내용과 일치한지 확인한다.
- 기초 종류별 말뚝개수는 정확해야 한다.

말뚝의 종류와 규격(직경, 길이)은 명확히 표시되었는지 확인한다.
- 여러 종류의 말뚝과 규격으로 설계되었을 경우의 검토이다.

말뚝이 배치된 기초 부호(또는 번호)와 기초 일람표에 표시된 기초 부호와 일치한지 확인한다.
- 기초 부호가 서로 일치한지 확인한다.

말뚝이 배치된 기초(기초판) 크기와 기초 일람표에 표시된 기초 크기가 일치한지 확인한다.
- 기초 일람표에 표시된 기초 크기와 말뚝 배치 기준에 의하여 말뚝을 배치해 본 기초 크기가 다를 수 있기 때문에 기초 크기를 확인해 보아야 한다.

기초판 내에서 말뚝 배치 천장 깊이는 적정한지 확인한다.
- 말뚝과 말뚝과의 간격은 적정한지 확인
- 말뚝중심선 또는 말뚝 외주선과 기초상판 가장자리 선(Edge)과의 간격은 적정한지 확인

말뚝 중심 또는 말뚝군(君)의 중심이 기둥 중심선과 일치한지 확인한다.
- 하중 중심과 말뚝의 지지력 중심이 가급적 편심이 생기지 않도록 일치시킨다.

기초판에 말뚝 두부가 묻힌 깊이가 적정한지 확인한다.

말뚝 표준상세도는 적정히 작성되었는지 확인한다.
- 두부 깊이 표시 확인
- 두부 절단시의 보강방법 표시 확인
- 기초판 끝선과의 간격 표시 확인
- 말뚝이음에 관한 상세도는 표시되었는지 확인

말뚝의 개당 허용지지력은 명시되었는지 확인한다.

한 기초에 배치된 말뚝의 허용지지력의 합은 한 기초가 감당해야 할 지지력(또는 하중)과 같거나 그 이상인지 확인한다.
- 말뚝의 허용지지력의 합은 기초에 작용하는 하중보다 같거나 큰지 확인한다.

말뚝의 허용지지력은 구조계산에 적용된 말뚝 허용지지력과 일치한지 확인한다.

말뚝시공 공법이 기술되었는지 확인한다.
- 자재의 품질 및 시공법은 시방서에 기재하는 것이 원칙이지만 말뚝에 관해서는 간단히 말뚝의 품질, 규격, 시공깊이 및 공법을 기술하여 말뚝 설계개념을 표시하기도 한다.

말뚝의 품질 및 시공법이 시방서에 기술되었는지 확인한다.

주기내용을 확인한다.

1.2.2.5 구조평면도 검토

- 건물의 평면적인 구조 정보를 표현하는 도면이므로 각 구조재 구성을 표현한다.
- 1층 구조평면도 검토를 공통 점검사항으로 하고 중간층, 지붕층 및 지하층을 구별하여 이에 관련된 점검사항만 기술하였다.

1. 1층(지층 : Ground Floor) 구조평면도 검토

- 공통 점검사항으로 본다.

기준선 표시와 각 간격 치수를 확인한다.
기준선은 건축평면도에 표시된 기준선과 일치한지 확인한다.
- 건축도면과 일치하게 작성되었는지 확인한다.

각 방향 기준선과 부지 및 도로경계선 등과의 거리 치수를 확인한다.
- 건축배치도에 표시된 각종 경계선과의 거리가 일치한지 확인한다.

기둥, 보, 바닥, 벽 등 각 부재 표시 및 각 부호와 기호는 표시되었는지 확인한다.
- 부재 표시 및 부호와 기호 표시 누락 또는 오기가 있는지 확인한다.

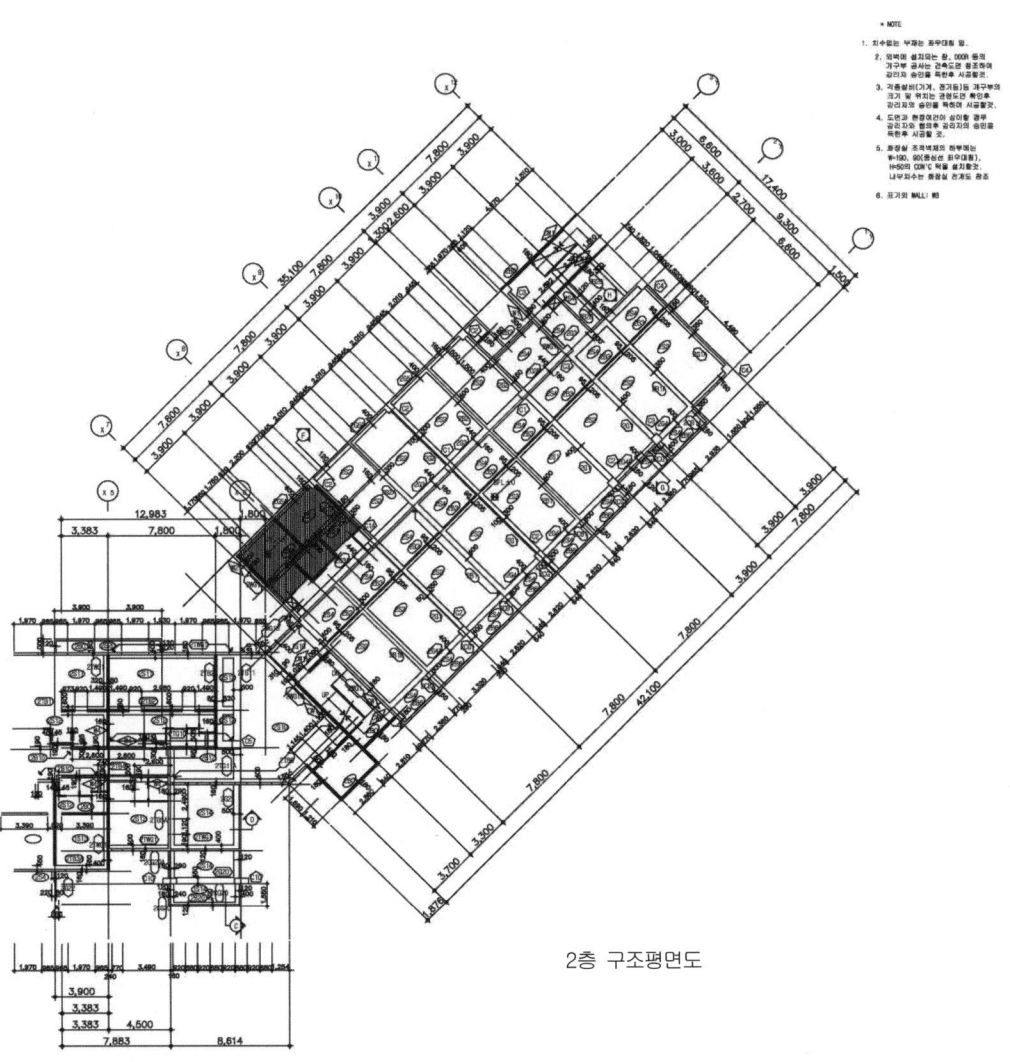

2층 구조평면도

그림 41 기둥, 보, 바닥, 벽 등 각 부재(구조)기호 표시 예

각 부재(기둥, 보, 벽 등)의 위치는 기준선과 관련하여 명확히 표시되었는지 확인한다.
- 각 부재의 위치가 건축평면도에 표시된 위치와도 일치한지 확인한다.

각 부재(기둥, 보, 슬래브, 벽)의 부호 표시는 각 부재 일람표 내용과 일치한지 확인한다.

돌출구조부가 건축제한선을 침범하였는지 확인한다.
- 지상 또는 지하에 있는 돌출된 구조 부분(예 ; 기초판, 차양, 처마 등)이 부지경계선 및 각종 건축제한선을 침범한 것이 있는지 확인한다.

각 구조 부재의 배치와 부호 및 번호가 구조계산서에 표시된 내용과 일치한지 확인한다.

철골기둥 위치 및 앵커플레이트 위치가 명확히 표시되었는지 확인한다.
- 철골 부재가 설치되는 부분이 있을 경우

각 부재의 중심축과 기준선과의 거리 치수를 확인한다.
- 기준선과 중심축이 일치한지 또는 얼마만큼 떨어져 있는지 확인한다.

각 슬래브 높이는 건축도면에 표시된 높이와 일치한지 확인한다.
- 마감두께를 감안하여 일치한지 검토한다.

바닥레벨(Level) 표시가 되었는지 확인한다.
- 기준 지반면(G.L)과 바닥레벨과 차이를 치수로 확인해 둔다.

지반면(G.L) 레벨 표시가 되었는지 확인한다.
- 1층 구조평면도에서만 확인한다.

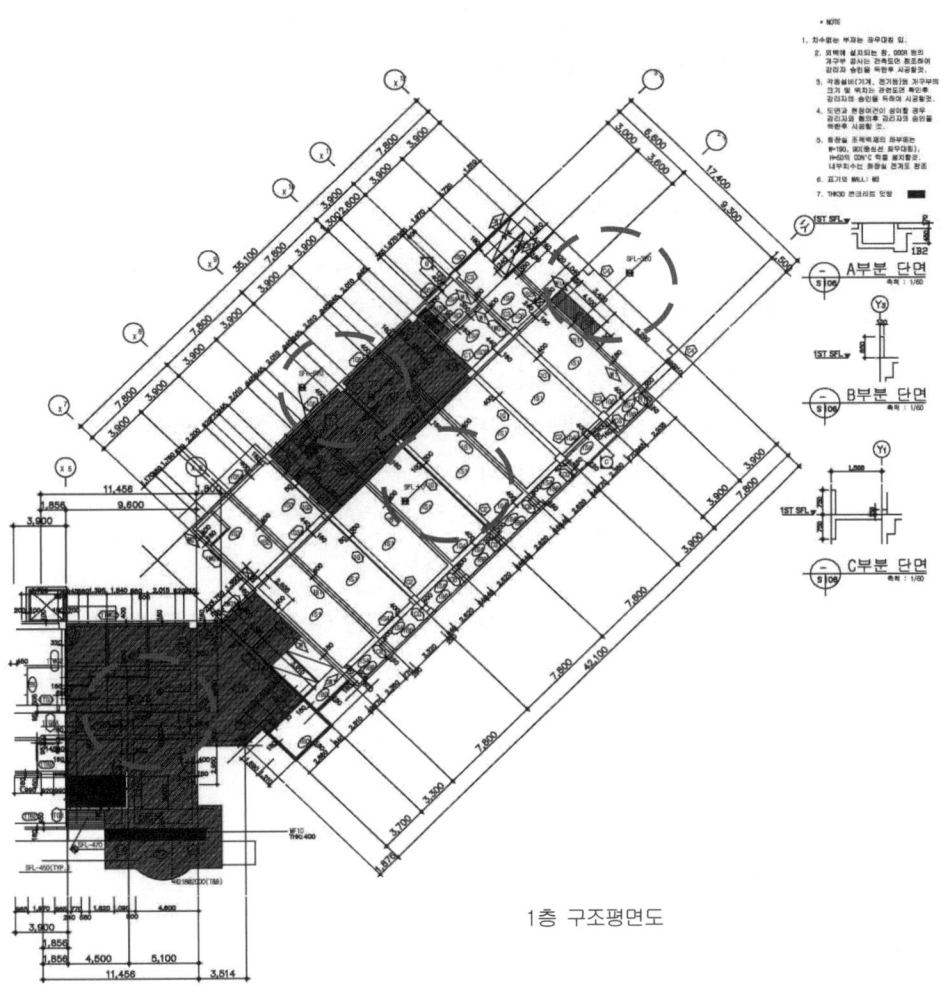

그림 42 지반면(G.L) 레벨 표시. 높거나 낮은 레벨 표시 예

기준 슬래브 높이보다 높거나 낮은 슬래브에 레벨 표시가 되었는지 확인한다.
• 슬래브의 올라감(Raised)과 내려감(Depressed)을 수치로 표시되었는지 확인한다.
기준 평면도 높이보다 올라가거나 내려앉은 부분의 경계면이 명확히 표시되었는지 확인한다.
표시된 개구부는 위치와 규격이 수치로 분명히 표시되었는지 확인한다.
표시된 개구부가 건축 및 각종 기계·전기설비도면에 표시된 위치와 규격이 일치한지 확인한다.

팽창줄눈(E.J), 시공줄눈(C.J) 및 슬릿(Slit) 벽 위치 표시는 되었는지 확인한다.
단면도 표시부호 및 상세도 표시부호가 안내된 도면에 표시된 것과 일치한지 확인한다.

건축설계도서 체크리스트 | **209**

주단면도, 단면상세도 및 골조도에 표시된 부재의 위치와 크기가 일치한지 확인한다.
모든 거리 치수가 표시되었으며 정확한지 확인한다.
- 확인이 필요한 지점 간의 거리 치수를 축척으로 측정해야 알 수 있도록 작성된 것은 잘못된 것이다.

주기 및 특기사항 유무를 확인한다.

2. 중간층 구조평면도 검토

1층 구조평면도 검토내용과 동일하게 검토한다.
기준선과 차양, 발코니, 외부계단 등 돌출물 끝단과의 거리 치수를 확인한다.
돌출물이 건축제한선을 침범했는지 확인한다.
- 부지경계선 또는 건축제한선을 침범하는지 또는 건축면적 산출에 문제가 있는지 확인한다.

층 높이(레벨) 표시는 되었으며 단면도에 표시된 층 높이 표시와 일치한지 확인한다.

3. 지붕 구조평면도 검토

중간층 구조평면도 검토내용과 동일하게 검토한다.
기준선으로부터 처마 끝면까지 거리 치수를 확인한다.
처마끝선이 건축제한선을 침범하였는지 확인한다.
펜트하우스, 엘리베이터 기계실, 물탱크실 등의 슬래브 높이(레벨) 표시를 확인한다.

4. 지하층 구조평면도 검토

1층 구조평면도 검토 내용과 동일하게 검토한다.
기초, 옹벽, 보 및 지중보, 기둥의 배치와 부호 및 기호는 명확히 표시되었는지 확인한다.
- 각종 부재 표시 누락 또는 부호 및 기호 표시 누락, 오기가 있는지 확인한다.

각종 피트 위치와 규격 및 슬래브 레벨이 적정한지 확인한다.
돌출물이 건축제한선을 침범한 것이 있는지 확인한다.
- 만일 건축제한선을 넘을 경우 법에 규제된 내용을 신중히 검토해야 한다.

1.2.2.6 골조도(구조단면도) 검토

- 골조도는 높이 방향의 구조 정보를 표현한 도면이므로 수직공간상에 구조부재 배

치(구성)의 적정성을 검토해야 한다.

기준선 표시와 기준선 표시부호 및 번호가 일치한지 확인한다.
- 골조도 전개방향이 옳은지 확인한다.

어느 부분의 단면 골조도인지 알 수 있도록 표시되었는지 확인한다.
- 예) Y1 부분 골조도, X3부분 골조도 또는 X5~X6부분 골조도 등의 표시

구조평면도에 표시된 기준선과 일치한지 확인한다.

각층의 높이 표시(레벨)가 건축평면도 및 단면도에 표시된 내용과 일치한지 확인한다.
  - 지반선(G.L)으로부터 기초레벨까지의 깊이 표시 확인
  - 1층 바닥기준선(F.L 또는 가B.M) 표시 확인
  - 각층 높이(레벨) 표시 확인
  - 파라펫 또는 구조물 최고 높은 부분까지의 관계거리와 치수 표시 확인

기초, 기둥, 보, 슬래브, 벽 등 구성 구조물의 부호 표기를 확인한다.
- 각 부재의 표기누락 또는 오기가 있는지 확인한다.

각 구조물의 표기가 구조평면도에 표시된 내용과 일치한지 확인한다.

기준선으로부터 돌출구조물 끝선까지의 거리 치수가 표시되었는지 확인한다.

표시된 각 부재는 건축단면도에 표시된 부재위치와 크기가 일치한지 확인한다.
- 기둥, 보, 벽, 처마, 차양, 발코니 등의 위치 확인

표시된 개구부의 규격과 위치는 명확히 표시되었는지 확인한다.

구조평면도에 표시된 개구부와 일치한지 확인한다.

팽창줄눈(E.J), 시공줄눈(C.J) 및 슬릿(Slit) 벽 위치 표시 확인 및 구조평면도에 표시된 위치와 일치한지 확인한다.

> [참고] **슬릿 벽(Slit-Type Wall)** : 구조벽에 의도적으로 슬릿(Slit : 길게 짼 틈)을 둠으로써 지진 시에 변형 능력을 갖도록 고안된 벽.

주기 또는 특기사항 기록 유무를 확인한다.

1.2.2.7 부재 일람표 검토

1.2.2.7.1 말뚝 일람표 검토

1. 기성 말뚝

기성 콘크리트말뚝·강말뚝의 경우 말뚝 일람표에 기재된 내용을 확인한다.
- 말뚝의 종류
- 말뚝의 규격(직경, 길이)
- 말뚝의 지지력
- 말뚝의 종류 및 규격별 수량
- 기타 품질에 관한

- 말뚝공법, 시공상의 주의사항이 간단히 병기(倂記)된 경우 시방서에 기술된 내용과 일치한지 반드시 확인해야 한다.

기성 말뚝 일람표에 표시된 부호와 번호내용이 말뚝 배치도에 표시된 내용(부호와 번호)과 일치한지 확인한다.
주기 및 특기사항이 있는지 확인한다.

2. 제자리콘크리트말뚝

말뚝 일람표를 확인한다.
- 말뚝의 구분(부호)
- 말뚝의 규격(직경, 길이)
- 철근의 배근(상단, 하단)
  · 주근 규격 및 개수
  · 대근 규격 및 간격
- 콘크리트 강도
- 기타 품질사항
  · 말뚝공법, 시공상 주의사항이 간단히 병기(倂記)된 경우 시방서에 기술된 내용과 일치한지 반드시 확인해야 한다.

제자리말뚝에 대한 내용이 말뚝 배치도에 표시된 내용(부호 및 번호)과 일치한지 확인한다.
주기 및 특기사항이 있는지 확인한다.

1.2.2.7.2 기초 일람표 검토

기초종류는 누락이 있는지 확인한다.

기초의 종류별 부호 및 번호가 누락 또는 오기가 있는지 확인한다.

기초는 구조계산에 기재된 내용과 일치한지 확인한다.

기초 배근에 관한 표준도가 작성되었는지 확인한다.
- 표준도가 작성된 경우 기초배근도와 일치한지 확인한다.

기초별 평면도와 단면도를 관련지어 작성하였는지 확인한다.
- 평면도, 단면도를 이해하기 쉽도록 상하 또는 좌우와 관련지어 작성하였는지 확인한다.

기초평면도를 검토한다.
- 기초 중심선과 기준선 관계 표시 확인
- 기초판(Footing Size)의 크기(가로×세로) 확인
- 기초의 중심선과 기초판 양끝선 간의 거리 치수 확인
- 철근 규격과 상·하단 배치간격 및 피복두께 확인
- 말뚝(Pile)이 있는 경우
    - '말뚝 배치도 검토'를 참조 바람.
        - 말뚝 규격(직경, 길이) 표시 확인
        - 말뚝의 중심 또는 말뚝군의 중심이 기초 중심선과 일치한지 확인
        - 기초 중심선으로부터 말뚝 중심선 간의 거리 표시 및 적정한지 확인(말뚝 배치 확인)
        - 말뚝 외주선으로부터 기초판 각 변까지의 거리(피치) 표시 및 적정한지 확인
        - 머리부분 보강방법 확인

입면 및 단면도를 검토한다.
- 기초 중심선이 기초평면 중심선과 일치한지 확인
- 기준선과 기초 중심선과의 관계 거리 치수 표시 확인
- 기초 폭 및 중심선으로부터 기초 양측면과의 거리 치수 확인
- 지면선(G.L)으로부터 기초 밑선(기초지반선)까지의 거리 및 기초두께 치수 표시 확인
- 철근 규격, 배근 위치, 배치 간격, 훅 길이 및 피복 두께 확인
- 말뚝(Pile)이 있는 경우

· '말뚝 배치도 검토'를 참조 바람.
  □ 말뚝 규격 표시 확인
  □ 말뚝의 중심 또는 말뚝군의 중심이 기초 중심선과 일치한지 확인
  □ 기초 중심선으로부터 말뚝 중심선 간의 거리 표시 및 적정한지 확인(말뚝 배치 확인)
  □ 말뚝머리 매입 표시(기초판에) 및 매입 깊이 확인
  □ 말뚝머리 부분에 말뚝주근 매입방법 및 보강 표시 확인

1.2.2.7.3 지중보 일람표 검토

- 설계도면 작성자에 따라서 지중보 일람표를 보 일람표에 포함하여 작성하기도 한다.

지중보의 종류별 부호 및 번호 누락이 있는지 확인한다.
- 어떤 지중보인지를 나타내는 특성 표시내용이 누락되었는지 확인한다.

지중보 표시는 지중보 일람표에 표시된 내용과 일치한지 확인한다.
지중보 종류별 단면 규격(폭, 춤) 표기 누락 및 오기가 있는지 확인한다.
지중보의 평면상의 위치 표시를 확인한다.
- 지중보가 기준선 또는 중심선으로부터 얼마만큼 떨어져 설치되었는지 확인한다.

지반선(G.L)에서 지중보 상단 또는 지중보 하단까지의 거리 치수 표시를 확인한다.
- 지중보의 수직상 위치 표시는 명확한지 확인한다.

지중보 위치는 구조단면도 또는 건축단면도에 표시된 내용과 일치한지 확인한다.
- 상호점검할 사항임.

지중보를 설치할 지반지정 표시를 확인한다.
지중보 철근배근을 확인한다.
  - 양단, 중앙 또는 전단면 구분이 적정한지 검토
  - 상부근 규격 및 개수 확인
  - 하부근 규격 및 개수 확인
  - 늑근(Stirrup) 규격 및 간격 확인
  - 복근 규격 및 간격 확인
  - 폭 고정근 규격 및 간격 확인
  - 피복두께 확인

구조계산서에 기재된 내용과 일치한지 확인한다.

주기 및 특기사항이 있는지 확인한다.

1.2.2.7.4 기둥 일람표 검토

기둥단면도의 방향은 구조평면도(층복도) 방향과 일치한지 확인한다.

기둥 일람표에 기둥 배치방향은 표시되었는지 확인한다.

기둥의 종류별 부호 및 번호를 확인한다.

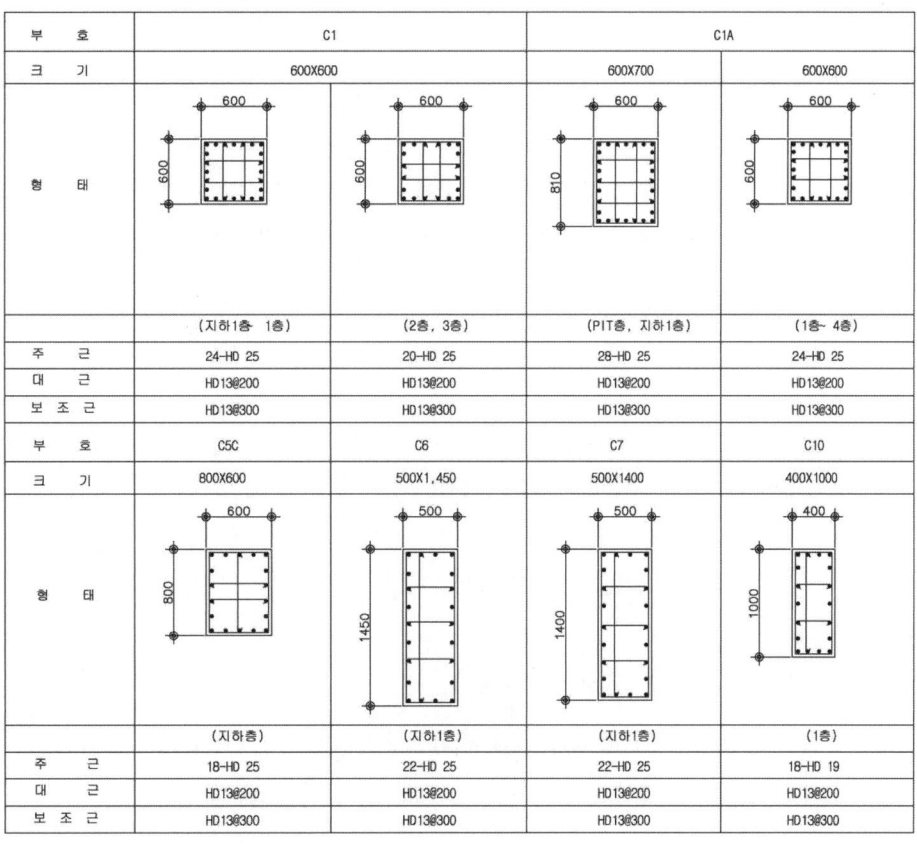

그림 43 기둥 일람표 예

기둥 일람표 구성과 기재내용을 확인한다.

- 누락 또는 오기 유무를 확인한다.
  - 부호 분류 표시 확인
  - 층 분류 표시 확인

　　　　　－기둥 단면 표시 확인
　　　　　　　▫ 기둥 규격 표시
　　　　　　　▫ 주근 배근 표시
　　　　　　　▫ 대근 배근 표시
　　　　　－기둥 규격 표시 확인
　　　　　－주근 규격 및 대수 표시 확인
　　　　　－대근 규격 및 간격 표시 확인
철근 간격이 적정한지 확인한다.
- 구조성능 및 시공관련 적정 간격 검토

기둥 일람표의 내용이 구조계산서에 기재된 내용과 일치한지 확인한다.
- 도면작업시 기둥 부호와 번호, 단면 규격, 단면방향, 주근의 방향, 주근의 개수, 철근의 규격, 층 등이 착각으로 오기되는 경우와 설계 중 조건변경으로 구조 변경 및 구조 보완 내용이 관리가 잘 안 되어 발생하는 오류가 많으므로 반드시 구조계산서를 확인해야 한다.
- 점검을 시작할 때 먼저 구조계산서와 대조하여 일치 여부를 검토하는 것도 효과적인 검토방법일 것이다.

건축평면도, 평면상세도 및 구조평면도에 표시된 기둥 규격이 기둥 일람표에 표시된 내용과 일치한지 확인한다.(상호 점검)

주기 및 특기사항이 있는지 확인한다.

1.2.2.7.5 보 일람표 검토

- 건물규모에 따라서 큰보(Girder) 일람표, 작은보(Beam) 일람표 및 지중보 일람표를 함께 작성하거나 각각 분리하여 작성하기도 한다.

보의 종류별 부호 및 번호를 확인한다.
구조평면도에 표시된 보 표시와 보 일람표가 일치한지 확인한다.
- 보의 종류별 부호 및 번호가 누락된 것이 있는지 확인한다.

보 일람표 구성과 기재내용을 확인한다.

◢ 보 철근배근 일람표-2

부 호	1G2		2-RG2	
크 기	400X600		400X550	
형 태	END(BOTH)	CEN	END(BOTH)	CEN
상부근	5-HD 22	3-HD 22	4-HD 22	3-HD 22
하부근	3-HD 22	4-HD 22	3-HD 22	4-HD 22
늑 근	HD10@120(2D구간) HD10@200(2D-L/4구간)	HD10@250	HD10@120(2D구간) HD10@200(2D-L/4구간)	HD10@250
부 호	2G2A, 4G2A		3G2A	
크 기	400X550		400X550	
형 태	END(BOTH)	CEN	END(G5A측)	CEN
상부근	6-HD 22	3-HD 22	8-HD 22	3-HD 22
하부근	3-HD 22	7-HD 22	3-HD 22	7-HD 22
늑 근	HD10@120(2D구간) HD10@150(2D-L/4구간)	HD10@150	HD13@120(2D구간) HD13@150(2D -L/4)	HD13@150

그림 44 보 일람표 예

- 표기 누락 또는 오기 유무를 확인한다.
    - 큰보(Girder)와 작은보(Beam) 일람표로 분류하여 표시하였는지 확인
    - 부호 표시는 정확한지 확인
    - 층별로 분류하여 표시하였는지 확인
    - 단면도를 그려서 표시하였는지 확인
        - □ 보 규격 치수 표시
        - □ 철근배근 도시(圖示)
        - □ 단부, 중앙, 내(內)단 또는 원(遠)단, 선(先)단 구별 표시
    - 보 단면 규격을 숫자로 표시하였는지 확인
        - · 그림으로 표시한 보 규격과 숫자로 표시한 보 규격이 일치한지 확인한다.
    - 상부근 규격 및 개수 표시는 도시(圖示)된 내용과 일치한지 확인

　　　　－하부근 규격 및 개수 표시는 도시된 내용과 일치한지 확인
　　　　－늑근 규격 및 간격 표시는 도시된 내용과 일치한지 확인
　　　　－복근 규격 및 대수 표시는 도시된 내용과 일치한지 확인
　　　　－폭 고정근 규격 및 간격 표시는 적정한지 확인
　　　　－연결된 구조물 표시(콘크리트 벽체 등)는 정확한지 확인

주근 간격이 적정한지 확인한다.
- 콘크리트 시공 및 구조성능에 영향을 주지 않을 간격이 확보되었는지 확인한다.

구조평면도, 골조도, 가구상세도 및 단면도에 표시된 보의 부호와 번호 및 규격이 일치한지 확인한다.(상호 점검)

구조계산서에 기재된 내용과 일치한지 확인한다.
- 검토를 시작할 때 먼저 구조계산서와 대조하여 점검하는 것도 효과적이다.
- 도면작업시 보 부호와 번호, 단면 규격, 단면방향, 주근의 방향, 주근의 개수, 철근의 규격, 층 등이 착각으로 오기되는 경우와 설계 중 조건 변경으로 구조변경 및 구조보완 내용이 관리가 잘 안 되어 발생하는 오류가 많으므로 반드시 구조계산서와 확인해야 한다.

주기 및 특기사항이 표시되었는지 확인한다.

1.2.2.7.6 슬래브 일람표 검토

- 슬래브 일람표는 단면을 그려서 표시하는 경우와 표 형식을 이용하여 문자로만 표현하는 방법이 있는데, 표 형식에 문자만 표현하는 방법에 대표적인 슬래브 형태를 분류하고 배근방향을 제시한 '표준 배근도'를 제시하고, 특수 슬래브는 별도로 그려 표현하는 방법이 보편적이다.
- 어느 경우이거나 슬래브 일람표로서 갖추어야 할 요소가 표시되었는지 확인하면 된다.

모든 종류의 슬래브 부호와 번호를 확인한다.
- 슬래브 일람표에 기재된 슬래브의 종류와 분류방법을 확인한다.

■ SLAB 배근도 - 1

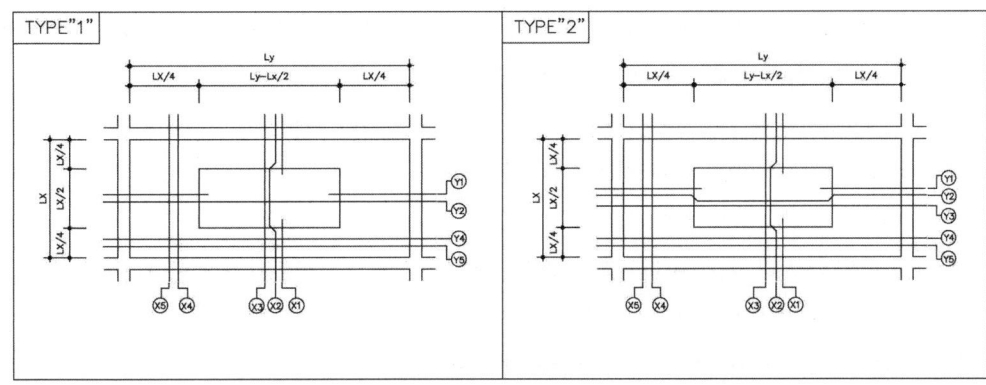

그림 45 슬래브 일람표 예

구조평면도에 표시된 슬래브 부호와 번호를 슬래브 일람표에 표시된 내용과 일치한지 확인한다.

- 슬래브 종류별 부호 및 번호가 누락 또는 오기가 있는지 확인한다.

구조평면도에 표시된 슬래브에 슬래브 부호와 번호가 누락된 것이 있는지 확인한다.

슬래브 일람표 구성과 기재내용을 확인한다.

　　－부호 표시는 명확히 표시되었는지 확인

　　－슬래브 두께 표시는 되었는지 확인

　　－주근방향(단변방향)과 부근방향(장변방향)을 구분하여 표시되었는지 확인

　　－단부(또는 좌·우 구분) 및 중앙부로 구분되어 표시되었는지 확인

　　－철근은 상부근 하부근으로 구분되어 표시되었는지 확인

　　－배근 범위 표시는 명확하며 적정한지 확인

　　－배근 간격은 기준에 적합한지 확인

　　－철근 규격별 배근 간격 표시방법은 적정한지 확인

　　　　·배근 간격 표시방법은 잘못 해석될 수 있는 방법으로 표시되어서는 안 된다.

슬래브 형태별 배근방법을 도시한 도면 및 표준도는 작성되었는지 확인한다.
차양, 지붕처마, 발코니 등 캔틸레버 슬래브 리스트가 일람표에 포함되었는지 확인한다.
슬래브 철근 정착 또는 이음방법이 명시되었는지 확인한다.
- 배근 표준도 또는 상세도에 표시되었는지 확인한다.

개구부 보강방법을 표시하였는지 확인한다.
- 보강근 규격, 길이 및 설치위치 표시가 되었는지 확인한다.

구조계산서에 기재된 내용과 슬래브 일람표 내용이 일치한지 확인한다.
- 구조계산서 내용과 일치한지 반드시 확인해야 한다.

주기 또는 특기사항 표기가 있는지 확인한다.

1.2.2.7.7 옹벽 일람표 검토
- 각 옹벽의 두께, 배근을 일람표 형식으로 나타낸 도면이다.

모든 종류의 옹벽 부호 및 번호를 확인한다.
- 옹벽 일람표에 기재된 옹벽의 종류와 분류방법을 파악한다.

◢ WALL 배근도 - 3

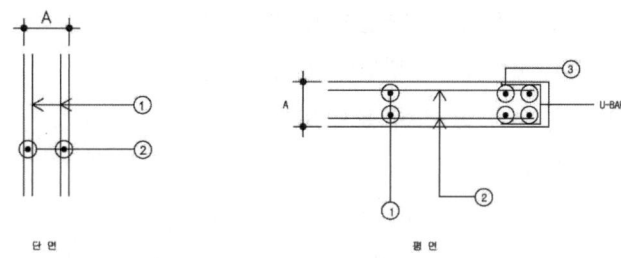

MARK	A	수직근 ①	수평근 ②	단부보강근 3	비 고
W1	180	HD10@200(EF)	HD10@250(EF)	4-HD13	
W2	180	HD13@200(EF)	HD10@200(EF)	4-HD13	
W3	180	HD10@200(EF)	HD10@250(EF)	4-HD13	
CW1	180	HD13@200(EF)	HD10@200(EF)	4-HD13	
W4	190	HD10@200(EF)	HD10@200(EF)	4-HD13	
W1A					

그림 46 옹벽 일람표 예

구조평면도에 표시된 옹벽 표시(부호와 번호)와 옹벽 일람표 내용과 일치한지 확인한다.
• 옹벽 종류별 부호 및 번호가 누락된 것이 있는지 확인한다.

건축단면도 및 골조도에 표시된 옹벽 부호와 일치한지 확인한다.
• (상호 점검)

옹벽 일람표 구성과 기재내용을 확인한다.
• 표기 누락 또는 오기(誤記)가 있는지 확인한다.
  - 부호 표시는 정확한지 확인
  - 단면도를 그려서 표시하였는지 확인
    □ 벽 두께 표시
    □ 철근 배치 도시(圖示)
    □ 더블(Double)배근과 지그재그(Zig Zag)배근 구별 표시

(참고) **더블배근** : 벽 두께 180mm 이상, **지그재그배근** : 180mm 이하

- 종근 규격과 간격 표시 확인
- 횡근 규격과 간격 표시 확인
- 보강근 규격과 간격 표시 확인

개구부 보강방법을 표시하였는지 확인한다.
- 개구부 종류별 보강방법이 표시되었는지 확인
- 보강근 규격 및 길이 표시 확인
- 설치위치 및 대수 표시 확인

구조계산서에 표시된 내용과 일치한지 확인한다.
- 구조계산서 내용과 일치한지 반드시 확인해야 한다.

주기 또는 특기사항이 있는지 확인한다.

1.2.2.8 주심도 검토

- 기준선을 기준으로 각 기둥의 수평단면 크기가 어떤 모양으로 구성되며 어느 방향으로, 층별로 축소 변화하는지 나타낸 도면 검토이다.

모든 기둥의 종류 및 부호와 번호를 확인한다.
모든 종류의 기둥 주심도를 작성하였는지 확인한다.
기준선은 건축평면도 및 구조평면도에 표시된 기준선과 일치한지 확인한다.
주심도 작성의 방향은 구조평면도 방향과 일치한지 확인한다.
가로 세로의 기준선 표시를 확인하고 기준선과 기둥의 변하지 않는 면까지 사이 치수 표시를 확인한다.

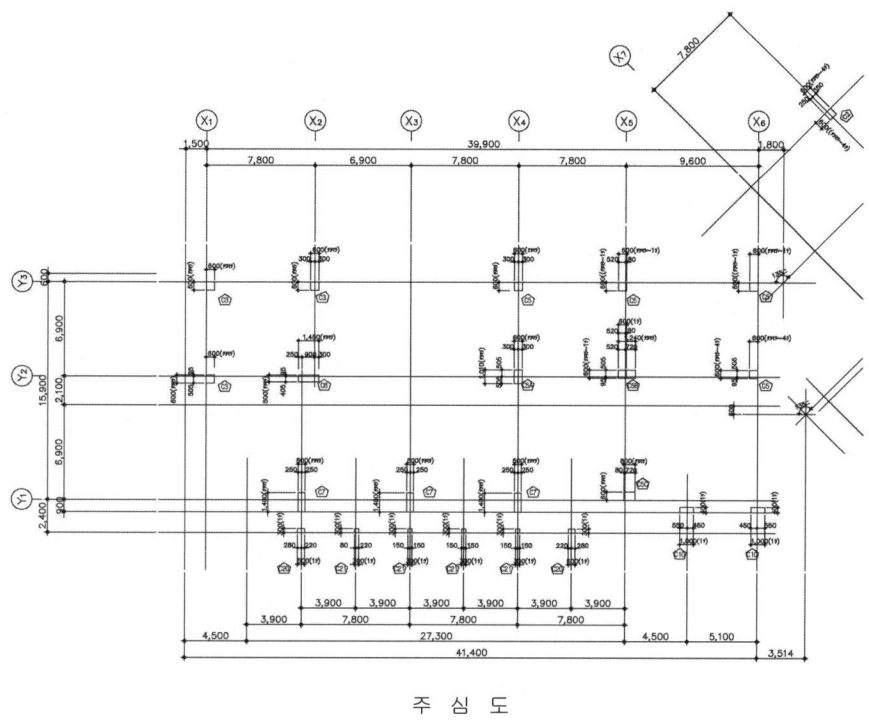

주 심 도

그림 47 주심도 검토 예

기준선을 기준으로 기둥 수평 단면의 좌우 변화면까지의 거리 치수와 단면 폭 치수 표시를 확인한다.

변화된 기둥 단면마다 해당 층수 표시가 되었는지 확인한다.
건물 외측에 면한 기둥의 규격 변화 및 각종 샤프트에 면한 기둥의 규격 변화가 일정한 입면 확보나 샤프트의 필요공간 확보에 지장이 없도록 주심도가 작성되었는지 확인한다.
- 일반적으로 지상기둥의 단면변화는 입면을 고려하여 외측 기둥의 외측면은 고정하고 내부면을 줄여간다.
- 각종 샤프트에 면한 기둥은 샤프트 공간 확보를 위하여 샤프트에 접한 기둥면은 고정시키고 반대쪽 면을 줄여간다.

보 및 벽의 설치 위치가 외관이나 공간 확보에 지장이 없도록 표시되었는지 확인한다.
- 기둥에 보 및 외벽 위치 표시가 되어 있는 경우에 보와 벽체 위치는 입면 확보와 샤프트 공간 확보를 위하여 한쪽 방향으로 일직선이 되도록 설치한다.

주심도에 표시된 기둥의 크기와 설치 위치는 기둥 일람표 내용과 일치한지 확인한다.

건축평면도 및 구조평면도에 표시된 기둥의 위치와 크기가 일치한지 확인한다.
단면도 또는 골조도에 표시된 기둥의 위치와 크기가 주심도와 일치한지 확인한다.(상호 점검)
주기 또는 특기사항이 있는지 확인한다.

1.2.2.9 부분상세도 검토

- 각종 구조도 및 일람표에서 나타내지 못한 부분의 부재 형태와 배근 및 보강을 그려 설명한 상세도이다.
- 부분상세도를 검토해야 할 내용은 그려진 상세도의 적정 여부 검토와 그려져 설명되어야 할 부분이 누락된 상세도가 있는지 확인하는 일이다.

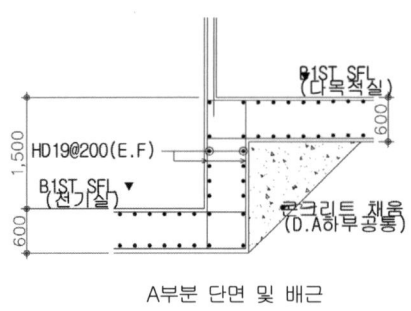

A부분 단면 및 배근

그림 48 부분상세도 검토 예

부분상세도 검토
- 계단, 파라펫, 발코니, 드라이에리어, 차양, 출입구 바닥(Stoop) 등을 그려서 나타내어야 할 부분상세도가 작성되었는지 또는 합리적으로 작성되었는지 검토한다.
    - 상세도 명칭 및 축척은 정확히 표시되었는지 확인
    - 평면도 또는 단면도에 표시된 상세도는 작성되었는지 확인
        · 상세도 작성 표시는 되었으나 상세도가 작성되지 않은 경우가 있다.
    - 상세도 안내 표시와 관련 상세도 위치 표시가 일치한지 확인
        · 상세도가 작성되었음을 또는 상세도를 참조하라는 표시를 했으나 작성된 상세도 위치 안내(작성된 도면번호 및 상세도 번호)를 하지 않았거나 작성된 상세도의 위치 표시가 일치하지 않은 경우가 있다.
    - 부재의 규격 표시 및 표시방법이 적정한지 확인
    - 구조계산서에 기재된 내용과 일치한지 확인

· 구조기능에 관계된 상세도는 구조계산서에 표시된 내용과 일치한지 확인한다.

필요한 부분상세도가 누락되었는지 검토한다.

▌검토요령

- 설계도를 검토할 경우 검토하는 입장과 관점을 달리하여 검토한다.
  - · 시공자 입장에서 검토한다.
    - → 이 부분은 구체적으로 "어떻게 시공할 것인가"의 관점
  - · 견적자 입장에서 검토한다.
    - → 이 부분은 "어떻게 물량산출 및 공사비를 산출할 것인가"의 관점
  - · 감독 또는 감리자 입장에서 검토한다.
    - → 이 부분은 "어떻게 품질을 확보할 것인가"의 관점
  - · 설계관리자(점검 책임자) 입장에서 검토한다.
    - → 이 부분은 "디자인 의도는 구체적으로 표현되었는가"의 관점
- 도면 검토 중 메모를 해두었다가 점검한다.
  - □ 상세도 작성이 필요하다고 생각되는 부분
  - □ 상세도 작성이 되었는지 의심나는 부분
  - □ 상세도 작성내용 확인이 필요한 부분
- 설계기준 자료수집과 검토능력을 배양한다.

1.2.2.10 가구 배근상세도(라멘도) 검토

- 건물의 주요 부재인 기둥, 보를 포함한 골조가구를 선택하여 확대하여 배근상태를 중심으로 배근기준에 따라 상세하게 종합적으로 나타낸 도면이며 라멘도라고도 부른다.
- 기둥, 보 등의 철근배근 기준을 표준도로 제시하고 가구 배근 상세도(라멘)를 작성하지 않고 시방서에 시공상세도(Shop Drawing) 작성을 요구하여 시공 전에 시공자가 시공상세도를 작성하여 감리자의 승인을 받도록 하여 가구 배근상세도의 역할을 대신하는 경향이 있다.

기준선 표시와 기준선 부호 및 번호가 구조평면도에 표시된 내용과 일치한지 확인한다.
가구 배근상세도를 바라보는 방향이 명확하게 표시되었는지 확인한다.

- 작성된 가구 배근상세도가 어느 방향으로 바라보고 작성되었는지 이해하기 쉽도록 작성되어야 한다.

기준선과 기둥 중심선과의 관계 표시는 주심도와 구조평면도에 표시된 내용과 일치한지 확인한다.

지면선(G.L)으로부터 지중보, 기초 밑선까지 또는 상부 최고지점까지의 거리 치수가 건축단면도 및 기초 일람표에 표시된 내용과 일치한지 확인한다.

지면선(G.L)으로부터 1층 슬래브(구조 레벨) 및 각층 구조레벨 간의 치수를 건축단면도 및 골조도와 일치한지 확인한다.

각 부재 부호 및 번호 표시가 구조평면도 또는 골조도에 표시된 내용과 일치한지 확인한다.
- 말뚝, 기초, 각 보, 슬래브, 기둥 및 벽체의 부호와 번호 표시가 일치한지 확인한다.

철근배근은 각 구조부재 일람표에 표시된 내용과 일치한지 확인한다.
  - 기둥 철근배근은 기둥 일람표에 표기된 내용과 일치한지 확인한다.
    □ 기둥 규격 및 방향
    □ 주근의 규격, 간격 및 대수
    □ 대근의 규격 및 간격
  - 보 철근배근은 보 일람표에 표기된 내용과 일치한지 확인한다.
    □ 보 규격(보폭, 보춤)
    □ 상·하부 주근의 규격 및 대수
    □ 늑근의 규격 및 간격
    □ 복근의 규격 및 간격

보의 상부근 또는 하부근 설치 길이는 표시되었는지 확인한다.
- 상부근은 기둥 내면으로부터 몇 m까지 또는 하부근은 중앙으로부터 좌우 몇 m까지 연장 설치하도록 표시가 되었는지 확인한다.

각 구조부재(기둥, 보)별 철근이음 위치와 이음 길이가 적정한지 확인한다.
- 철근배근 기준(도) 또는 근거(권위) 있는 자료에 부합한지 검토한다.
- 철근의 이음, 정착 등은 일반사항 기준을 기술하는 경향이 있다.

각 구조부재별 철근의 정착위치와 정착길이가 적정한지 확인한다.
- 철근배근 기준(도) 또는 근거(권위) 있는 자료에 부합한지 검토한다.
  - 기둥 주근의 기초 및 기둥 상부 정착 확인
  - 보의 주근의 기둥에 정착 확인

철근가공 및 조립에 대한 시방서 내용과 일치한지 확인한다.
- '일반사항'에 철근가공 및 조립에 대한 기준이 표시되어 있는 경우 시방서 내용과 일치한지 반드시 확인해야 한다.

주기 및 특기사항이 있는지 확인한다.

1.2.3 강구조도면 검토

- KDS 41 30 10(건축물 강구조 설계기준) 참조
- KDS 14 31 05(강구조설계 일반사항 〈하중 저항계수 설계법〉) 참조

1.2.3.1 구조개요 검토

- 설계된 구조개념과 주어진 조건을 간략하게 요약한 내용이다.

건축면적·연면적·지상층수·지하층수 등을 확인한다.
- 건축설계 개요와 일치한지 확인한다.

설계에 사용된 구조재료 종류와 품질을 확인한다.
- 구조계산서 및 시방서에 기술된 내용과 일치한지 확인한다.
  - 철골(강재)
  - 철근
  - 콘크리트

구조방식을 확인한다.
- 구조계산서 내용과 일치한지 확인한다.
  - 지상층
  - 지하층

적용된 하중조건을 확인한다.
- 구조계산서 내용과 일치한지 확인한다.
  - 고정 및 적재하중
  - 지진하중
  - 풍하중
  - 설하중 및 기타

적용된 지하수위를 확인한다.
- 지질검사 보고서 및 구조계산서에 기재된 내용과 일치한지 확인한다.

적용된 지내력을 확인한다.
- 지질검사 보고서 및 구조계산서에 기재된 내용과 일치한지 확인한다.

구조설계방법 및 적용 기준을 확인한다.
- 구조계산에 적용된 법령, 규준 및 기준, 시방서 등을 확인한다.
    - 법령
    - 구조계산 규준 및 기준
    - 시방서

약어(Abbreviations)는 기재되었는지 확인한다.
범례(Legend)는 기재되었는지 확인한다.

1.2.3.2 강구조 일반사항 검토

- 철골구조에서 자재의 재질, 부재의 용접, 볼트 및 볼트조임이 가장 중요한 부분이기 때문에 이들 부분에 관하여 필요한 기준은 빠짐없이 작성되었는지, 그리고 작성된 기준은 적정한지 확인하는 것이 검토대상이다.
- 검토방법은
    ① 필요한 기준이 작성되었는지 확인하기 위하여 철골구조에 보편적으로 요구되는 일반사항과 특수사항을 점검하고
    ② 작성된 기준이 적정한지 확인하기 위하여 구조설계자가 기준으로 한 구조계산 규준 및 시방서 내용을 파악한 후 작성된 기준 내용과 비교하여 검토한다.
- 철골시방서 내용이 기술되는 경우가 있는데 원칙적으로 설계도면에 시방서를 기재하는 것은 원칙이 아니라고 생각하며, 비교적 간단한 설계일 경우 시방서를 작성하지 아니하고 설계도면에 시방서를 간략히 작성하는 경우가 있다. 시방서와 같은 내용이 기술되어 있을 경우에는 반드시 시방서에 기재된 내용과 일치한지 확인해야 한다.
- 이 장에서는 보편적으로 기재되어야 할 기준(基準)사항이 기술되었는지만 확인한다.

1. 일반사항

적용 근거(규준 및 문서)를 명기하였는지 확인한다.
시공상세도 작성에 대한 의무사항은 명기되었는지 확인한다.
감리자의 승인사항에 관한 기술이 있는지 확인한다.
사용재료 기재를 확인한다.
- 종류 / 규격 / 품질

2. 용접

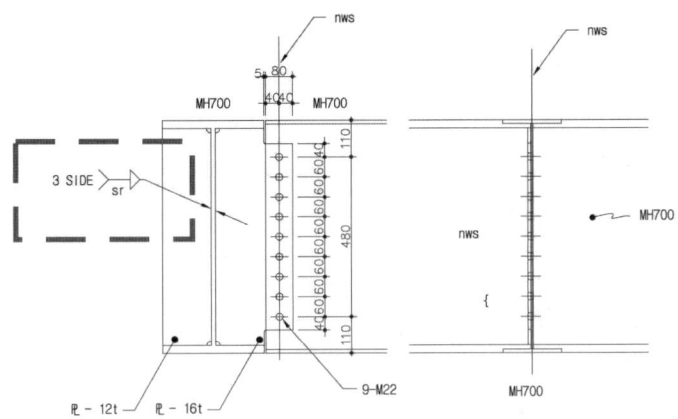

MH700 / MH700 전단접합 상세도

그림 49 용접이음 예

- 용접은 철골부재를 연결시키는 수단으로서 철골구조에 매우 중요한 요소이다.

용접기호의 기재방법에 관하여 기술되었는지 확인한다.

용접이음의 종류별 표준도 또는 기준표는 작성되었는지 확인한다.

- 이음부 형태 / Scallop(Sr) / 모재 두께 및 용입 / 용접부 형태 / 용접방법 / 용접자세 / 용접치수 등의 세부사항별로 기호화하며, 이를 이용하여 용접형태 그림과 함께 종합적으로 기준이 되는 기준표가 만들어져 설계에 이용된다.
- '용접 기준도'의 내용을 일반사항에 포함시켜 표시하기도 하고 용접 기준도를 생략하기도 한다. 본서에서는 일반사항과 용접 기준도에 같은 내용을 기재하였다.
  - 맞댄용접(Butt Weld)
  - 모살용접(Fillet Weld)
  - 부분용입용접
  - 플레아용접

용접시공의 기준도 작성을 확인한다.

- 일반적으로 표준도를 작성하여 설계에 이용한다.
  - 엔드탑
  - 스캘럽
  - 스닙커트

- 보강필렛용접
- 보강용접
- 용접판의 단차
- 헌치부 등의 용접
- 강관분기이음
- 스터드용접
- 용접부 기준표 작성
- 기타
  - □ 데크플레이트 보강
  - □ 보관통 보강
  - □ 외벽패널 설치요령

용접에 대한 주기 또는 특기사항 내용을 확인한다.

3. 볼트

- 볼트는 용접과 함께 철골부재를 연결시키는 수단으로서 철골구조에 매우 중요한 요소이다.

피치(Pitch)에 관한 기준은 기술되었는지 확인한다.
연단거리에 관한 기준은 기술되었는지 확인한다.
형강의 게이지 및 볼트의 최대 지름에 관한 기준은 기술되었는지 확인한다.
앵커볼트에 관한 기준은 기술되었는지 확인한다.
- 앵커볼트 구멍 지름
- 앵커볼트 매입 길이-훅(Hook) 설치
- 앵커볼트 설치 표준상세도

보통 볼트 규격에 관하여 기술되었는지 확인한다.
고장력볼트 규격과 길이에 관한 기준은 기술되었는지 확인한다.
고장력볼트 구멍 지름에 관한 기준은 기술되었는지 확인한다.
마찰면 처리에 관한 기준은 기술되었는지 확인한다.
고장력볼트 조임방법에 관하여 기술되었는지 확인한다.
볼트, 너트, 와셔의 등급 및 이에 대한 토크계수에 관한 기준은 기술되었는지 확인한다.
이음·맞춤 표준도 또는 규준표를 확인한다.

- '이음 일람표'의 내용을 일반사항에 포함시켜 표시하기도 하고 이음 일람표를 생략하기도 한다. 본서에서는 일반사항과 용접 기준도에 같은 내용을 기재하였다.
    - 보이음
        - ㅁ 표준이음
        - ㅁ 헌치부의 이음
        - ㅁ 플랜지 및 웨브 두께에 차이가 있는 경우 이음 등
    - 기둥이음
    - 큰보(Girder)와 작은보(Beam) 맞춤
    - 기둥과 큰보 맞춤
    - 형강 브레이스 이음

강구조세우기에 대한 특기사항을 확인한다.

1.2.3.3 말뚝 배치도(말뚝 복도) 검토

- 말뚝은 기초상판과 연계하여 상부 하중을 지지하므로 일반적으로 기초와 함께 말뚝을 그려 말뚝 배치를 나타낸다.
- 여기서는 말뚝 중심으로 도면을 작성한 경우의 검토이다.

기준선 위치는 정확히 표시되었는지 확인한다.
- 기준점(基準点 : Reference Point)으로부터 확인한다.

기준선 간의 치수와 기준선과 건축선, 도로 및 부지경계선 등과의 간격 치수는 명확히 표시되었는지 확인한다.

가로(X) 세로(Y) 기준선으로부터 말뚝의 중심선 간의 치수는 적정한지 확인한다.
- 말뚝의 위치와 간격 표시는 되었으며, 또한 적정한 간격인지 확인한다.

말뚝은 종류와 규격별로 부호는 모두 표기되었는지 확인한다.
말뚝의 규격별 부호 표기와 배치는 말뚝 일람표에 표시된 내용과 일치한지 확인한다.
말뚝 일람표 내용은 구조계산서에 기술된 내용과 일치한지 확인한다.(상호 점검사항)
말뚝이 설치되는 기초판 크기 표시와 기초부호 표기는 정확한지 확인한다.
기초판 내에서 말뚝 간격 표시와 말뚝과 기초판과의 관계를 검토한다.
- 말뚝 간격, 기초상판 가장자리 끝단과 말뚝 외주선과의 간격은 기준에 적합한지 확인한다.

말뚝 중심 또는 말뚝군(君)의 중심이 기둥 중심선과 일치한지 확인한다.
- 편심이 생기지 아니하도록 하중 중심축과 말뚝 중심축이 일치되도록 배치하는 것이 원칙이다. 만일 축이 서로 일치하지 않을 경우에는 적정한 구조적 보완이 필요하다.

말뚝의 종류와 규격(직경, 길이)은 표기되었는지 확인한다.
말뚝 윗선 위치(레벨) 표기와 기초에 묻힌 말뚝머리 깊이 표시는 적정한지 확인한다.
말뚝머리부분 보강 표시는 되었는지 확인한다.
말뚝의 한 개당 허용지지력 표시는 되었는지 확인한다.
한 기초에 배치된 말뚝의 허용지지력 합은 한 기초가 감당해야 할 지지력(또는 하중)과 같거나 그 이상인지 확인한다.
- 말뚝의 허용지지력의 합은 기초에 작용하는 하중보다 같거나 큰지 확인한다.

말뚝의 개수 표기와 수량은 정확한지 확인한다.
말뚝 시공공법 표기는 되었는지 확인한다.
- 자재의 품질 및 시공법은 시방서에 기재하는 것이 원칙이나 말뚝에 관하여 말뚝의 품질, 규격, 시공깊이 및 공법을 간단하게 기재하여 말뚝 설계개념을 표시하기도 한다.
- 말뚝시공방법이 설계도면에 기술된 경우 반드시 시방서에 기술된 공법과 일치한지 확인한다.

말뚝의 품질 및 시공공법이 시방서에 기술되었는지 확인한다.(상호 점검사항)
주기 또는 주기사항이 있는지 확인한다.

1.2.3.4 기초 배치도(기초 복도) 검토

- 기초구조를 이해할 수 있도록 모든 관련된 구조물을 표시하고 명칭, 기호 및 부호를 표시한다.

기준선 표시 확인과 기준선과 건축선 및 각종 경계선과의 관계 거리 치수를 확인한다.
- 배치도에 표시된 위치관계 표시 치수와 일치한지 확인한다.

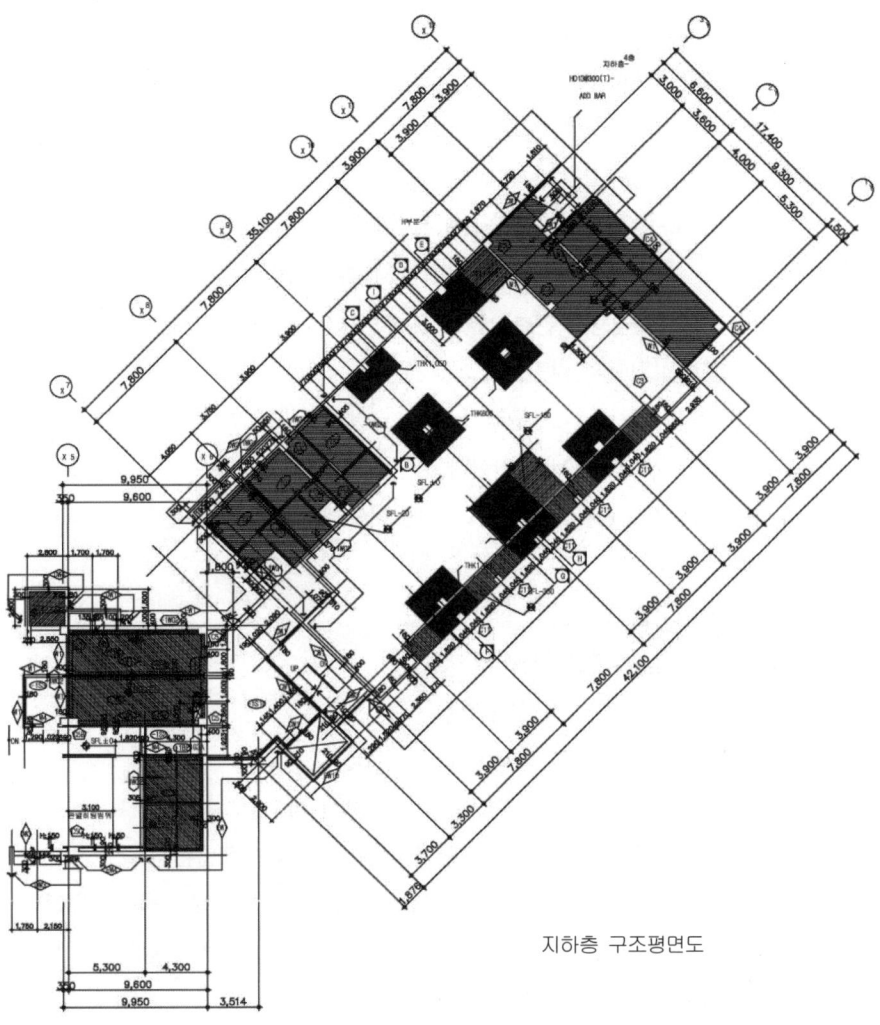

지하층 구조평면도

그림 50 기초배치도 예

기준선 표시가 건축평면도에 표시된 기준선과 일치한지 확인한다.
기초, 지중보 및 기둥 배치는 모두 표시되었는지 확인한다.
기초, 지중보 및 기둥 배치와 부호 표시가 기초 일람표에 표시된 내용과 일치한지 확인한다.
기초 일람표 내용은 구조계산서에 기재된 내용과 일치한지 확인한다.(상호 점검사항)
철골기둥의 위치 및 앵커플레이트 위치는 명확히 표시되었는지 확인한다.
기준선과 기초판의 각 변과의 거리 치수가 표시되었는지 확인한다.
각 부재의 부호와 기호는 정확히 표시되었는지 확인한다.
- 기초 표시를 중점적으로 표시하고, 기타 부재는 참고 정도로 표현하는 것이 바람

직하다.

기초 돌출 구조물이 건축선 또는 대지경계선을 침범한 것이 있는지 확인한다.

기초바닥(지면) 위치(레벨) 및 피트 또는 기초슬래브의 레벨은 표시되었는지 확인한다.

- 기초가 지반에 얹히는 레벨과 구조물의 레벨을 표시함으로써 구조물의 설치위치와 모양이 분명해진다.
- 기초 단면도에 기초가 설치되는 지반면(레벨)을 수치로 표시된 경우 기초배치도에 표시된 기초 설치 레벨과 일치한지 확인한다.

기초지반 레벨 표시내용이 건축단면도, 구조단면도(골구도), 기초 일람표 및 기초상세도에 표시된 레벨과 일치한지 확인한다.

- B.M으로부터 또는 G.L로부터의 기초가 설치될 지반면까지의 깊이 표시를 확인한다.

허용지내력이 표시되었는지 확인한다.

- 표시된 허용지내력은 구조개요 또는 구조계산서에 적용된 지내력과 일치한지 확인한다.

주기 또는 특기사항이 있는지 확인한다.

▎말뚝 배치와 함께 표시할 경우

- 말뚝 배치도 점검 리스트와 같음

표시된 기초판 위에 말뚝을 표시한다.

구조계산서에 기재된 말뚝 배치 내용과 일치한지 확인한다.

말뚝의 간격 및 말뚝 외주선과 기초판 끝선과의 간격은 적합한지 확인한다.

말뚝의 중심축 또는 말뚝군(君)의 중심축이 기둥 중심선과 일치한지 확인한다.

- 구조적으로 불가피하여 중심축이 일치하지 않은 설계의 경우 편심에 의한 하중 문제를 고려한 구조적 보완이 필요하다.

말뚝의 종류와 규격은 표시되었는지 확인한다.

말뚝의 지지력은 표시되었는지 확인한다.

- 표시된 지지력은 구조개요 또는 구조계산서에 표시된 지지력과 일치한지 확인한다.

기초 1개에 배치된 말뚝의 허용지지력 합은 기초 1개가 감당해야 할 지지력(또는 하중)과 같거나 그 이상인지 확인한다.

- 말뚝의 허용지지력 합은 기초에 작용하는 하중보다 같거나 큰지 확인한다.

말뚝의 두부 레벨은 표시되었는지 확인한다.

말뚝의 수량은 정확한지 확인한다.

말뚝의 시공법은 기술되었는지 확인한다.

- 말뚝 시공방법은 시방서에 기술되는 것이 원칙이나 시공방법이 설계도에 간략히

기술될 경우가 있다. 이 경우 반드시 시방서에 기술된 시공방법과 일치한지 확인해야 한다.

말뚝의 품질 및 시공방법이 시방서에 기술된 내용과 일치한지 확인한다.
주기 및 특기사항이 기술되었는지 확인한다.

1.2.3.5 구조평면도 검토

- 건물의 평면적인 구조정보를 표현하는 도면이므로 각 구조재 구성을 표현한다.

1. 1층(지층 : Ground Floor) 구조평면도 검토

- 1층까지는 철근콘크리트 구조, 상부는 철골조인 경우임.
- 공통 점검사항으로 본다.

기준선 표시와 기준선 간 치수를 확인한다.
기준선은 건축평면도에 표시된 기준선과 일치한지 확인한다.
- 건축도면 방향과 일치하게 작성되었는지 확인한다.

각 방향 기준선과 부지 및 도로 경계선 등과의 거리 치수는 명확히 표시되었는지 확인한다.
- 건축배치도에 표시된 각종 경계선과의 거리가 일치한지 확인한다.

각 부재종류 표시 및 각 부호와 기호는 명확히 표시되었는지 확인한다.
- 기둥, 보, 바닥, 벽 등 각 부재 표시 및 부호와 기호 표시는 누락 또는 오기가 있는지 확인한다.

각 부재(기둥, 보, 벽)의 위치는 기준선과 관련하여 명확히 표시되었는지 확인한다.
- 각 부재의 위치가 건축평면도에 표시된 위치와 일치한지 확인

각 부재(기둥, 보, 슬래브, 벽)의 부호 표시는 각 부재 일람표 내용과 일치한지 확인한다.
각 구조부재의 배치와 부호 및 번호가 구조계산서에 표시된 내용과 일치한지 확인한다.
돌출구조부가 건축제한선을 침범하였는지 확인한다.
각 부재의 중심축과 기준선과의 거리 치수는 표시되었는지 확인한다.
- 각 부재의 위치가 분명히 표시되었는지 확인한다.

바닥의 레벨(S.L, F.L)은 표시되었는지 확인한다.
지반면(G.L) 레벨은 표시되었는지 확인한다.
- 1층 구조평면도에서만 확인한다.

기준 슬래브 높이(레벨)보다 슬래브 높이가 다른 슬래브 레벨은 표시가 되었는지 확인한다.
- 슬래브가 올라감(Raised)과 내려감(Depressed)을 레벨수치 또는 부호로 표시하

였는지 확인한다.

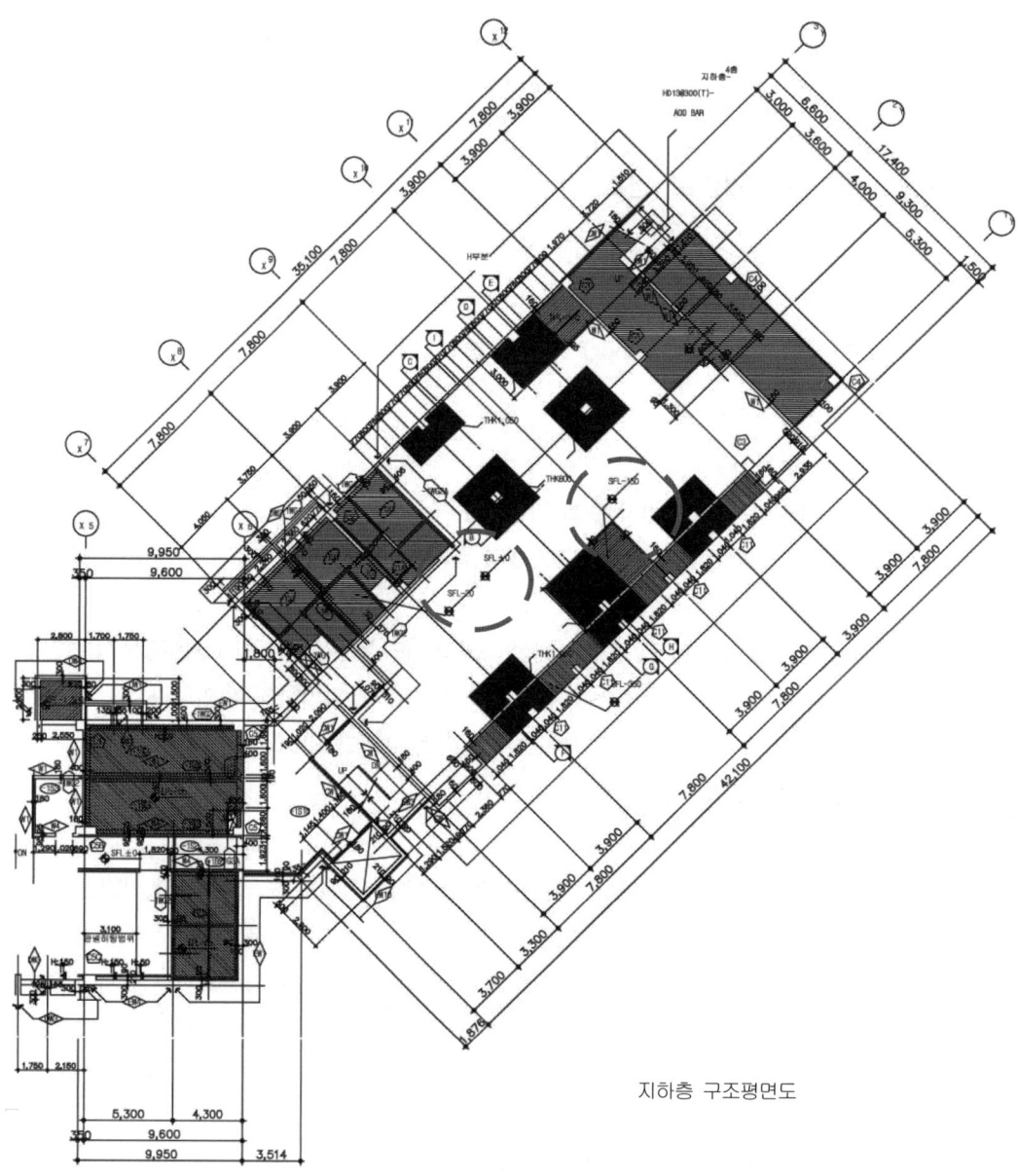

지하층 구조평면도

그림 51 기준 슬래브 높이보다 슬래브 높이가 다른 레벨 표시 여부 예

기준 슬래브 높이보다 올라가고 내려간 평면 범위는 명확히 표시되었는지 확인한다.
표시된 개구부 위치와 규격은 표시되었는지 확인한다.

표시된 개구부가 건축 및 각종 기계·전기설비도면에 표시된 위치와 규격과 일치한지 확인한다.

신축팽창줄눈(E.J), 시공줄눈(C.J)은 표시되었는지 확인한다.
단면도 표시 및 상세도 표시 안내부호는 안내된 도면에 표시된 것과 일치한지 확인한다.
부재의 위치와 규격은 주단면도, 단면상세도 및 골조도에 표시된 내용과 일치한지 확인한다.
주기 및 특기사항이 기술되었는지 확인한다.

2. 중간층 구조평면도 검토

기준선은 1층 구조평면도와 일치한지 확인한다.
- 구조평면도 작성 방향은 건축평면도 방향과 일치한지 확인한다.

각 부재의 부호와 기호 표시는 각 부재 일람표에 표시된 내용과 일치한지 확인한다.
각 부재의 부호와 위치는 구조계산서에 기재된 내용과 일치한지 확인한다.
기준선에서 기둥면까지의 치수는 명확히 표시되었는지 확인한다.
보 이음위치 표시와 치수 기입을 확인한다.
- 보 이음위치 표시 : 기둥 측면으로부터 보 이음 조인트까지 거리
- 보 관통구멍 또는 보 거싯플레이트 위치와 겹침이 있는지 검토

이음 위치가 골조도와 철골가구 상세도와 일치한지 확인한다.(상호 점검사항)
기둥과 보, 보와 보 이음이 강접합 또는 핀접합 표시인지 확인한다.
데크플레이트(Deck Plate) 방향 표시가 적정한지 확인한다.
- 데크플레이트를 설치할 경우

기준선과 차양, 발코니, 외부계단 등 돌출물 끝단과의 거리 치수는 명시되었는지 확인한다.
돌출물이 건축제한선을 침범하였는지 확인한다.
- 돌출물의 종류에 따라 건축제한선으로부터 떨어져야 할 이격거리는 적정한지 확인한다.

각 부재의 중심축과 기준선과의 거리 치수는 명확히 표시되었는지 확인한다.
- 각 부재의 위치가 분명히 표시되었는지 확인한다.

층 바닥의 레벨(S.L) 표시가 되었는지 확인한다.
슬래브 높이가 다른 경우 슬래브 레벨 표시가 되었는지 확인한다.
- 슬래브의 올라감과 내려감을 레벨수치 또는 부호로 표시하였는지 확인한다.

표시된 개구부 위치와 규격은 명확히 표시되었는지 확인한다.

표시된 개구부가 건축 및 각종 기계·전기설비도면에 표시된 위치와 규격과 일치한지 확인한다.

단면도 표시부호 및 상세도 표시부호가 안내된 도면에 표시된 것과 일치한지 확인한다. 표시된 부재의 위치와 크기는 주단면도, 단면상세도 및 골조도에 표시된 내용과 일치한지 확인한다.

주기 및 특기사항이 기술되었는지 확인한다.

3. 지붕 구조평면도 검토

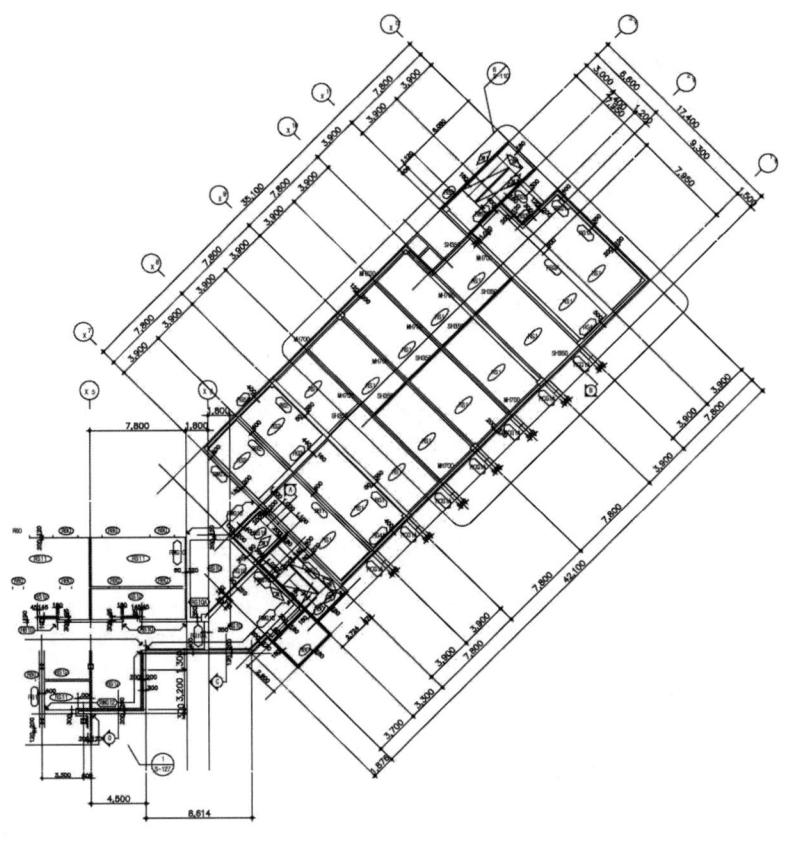

지붕 구조평면도

그림 52 지붕 구조평면도 예

중간층 구조평면도 검토 내용과 동일하게 검토한다.
기준선으로부터 처마 끝면까지 거리 치수는 명확히 표시되었는지 확인한다.
펜트하우스, 엘리베이터 기계실, 물탱크실 등의 슬래브 레벨 표기를 확인한다.

4. 지하층 구조평면도 검토

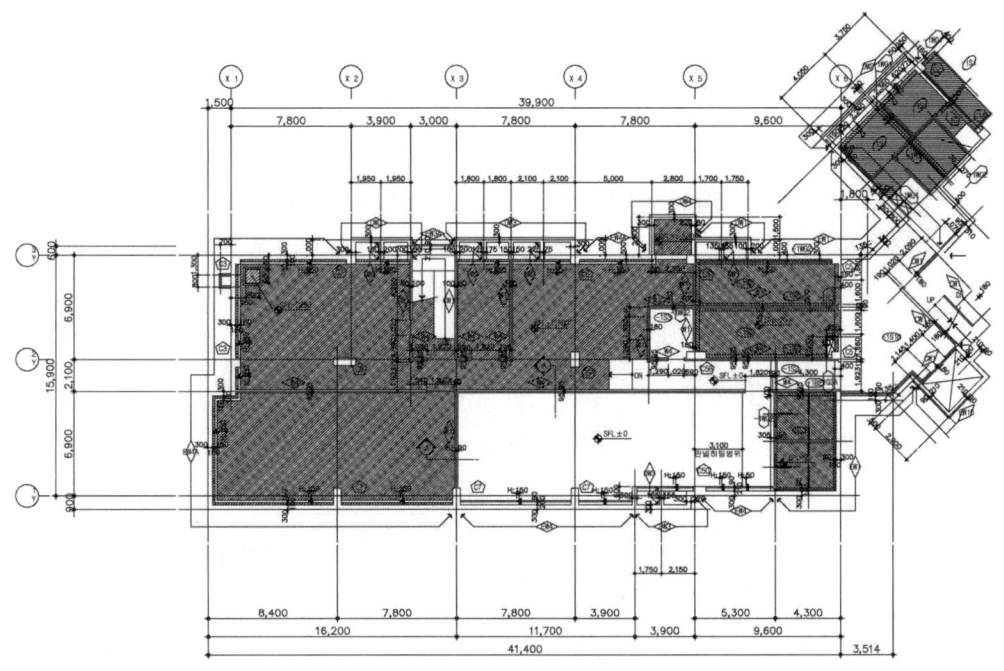

지하층 구조평면도

그림 53 지하층 구조평면도 예

1층 구조평면도 검토내용과 동일하게 검토한다.
옹벽, 보, 기둥의 위치와 부호 및 기호 표기를 확인한다.
- 각 구조 일람표 및 구조계산서 내용과 일치한지 확인

각종 피트 위치와 규격 및 슬래브 레벨을 확인한다.

1.2.3.6 골조도(구조단면도) 검토

- 평면적으로 각 부재의 배치를 표시하는 도면이 구조평면도(복도)이고, 입면적으로 부재의 배치를 표시하는 도면이 골조도이다.
- 골조도는 높이 방향의 구조 정보를 표현한 도면이므로 수직 공간상에 구조부재

배치(구성)의 적정성을 검토해야 한다.

골조도를 각 방향, 각 기준선마다 모두 작성되었는지 확인한다.
- 골조도 내용 중 다른 골조도가 빠짐없이 작성되었는지 확인한다.

기초, 기둥, 보, 슬래브, 벽 등 구조물의 부호 표기는 적정한지 확인한다.
- 표기 누락 또는 오기가 있는지 확인한다.

각 구조물의 위치와 표기가 구조평면도에 표시된 내용과 일치한지 확인한다.

기준선 표시와 기준선 간격 치수를 확인한다.
- 골조도 전개방향이 옳은지 확인한다.

기준선은 구조평면도에 표시된 기준선과 일치한지 확인한다.

지반선(G.L)으로부터 지하 및 지상 각 구조물의 높이와 치수를 확인한다.
- G.L로부터 기초 밑까지
- G.L로부터 1층(SL)까지
- 각 층(S.L)까지
- G.L로부터 구조물 최고 높이까지
- S.L과 철골보 상단 두께 표시

각 골조도 높이치수가 건축 주단면도 및 단면상세도에 표시된 내용과 일치한지 확인한다.

지붕구조재의 물매가 표시되었는지 확인한다.

건축단면도 및 단면상세도에 표시된 부재위치와 크기가 일치한지 확인한다.
- 기둥, 보, 벽, 처마, 차양, 발코니 등의 위치 확인

기준선에서 기둥면까지의 치수가 표기되었는지 확인한다.

층 높이에 따라 기둥 크기의 줄임 표시가 명확히 나타내었는지 확인한다.

보 및 기둥의 이음위치 표시 및 치수는 표시되었으며 적정한지 확인한다.
- 이음위치는 기준선 또는 기둥 측면으로부터 그리고 보 상단으로부터의 이음위치까지의 거리 표시를 확인한다.

베이스플레이트(Base Plate)의 위치는 명확히 표시되었는지 확인한다.

벽 개구부의 위치와 규격 표시는 구조평면도에 표시된 개구부와 일치한지 확인한다.

주기 또는 특기사항이 기재되었는지 확인한다.

1.2.3.7 부재 일람표 검토

1.2.3.7.1 말뚝 일람표 검토

1. 기성 말뚝

기성 콘크리트 말뚝·강말뚝의 경우 말뚝에 관한 기재사항을 확인한다.
- 말뚝의 종류
- 말뚝의 규격(직경, 길이)
- 말뚝의 지지력
- 말뚝의 종류 및 규격별 수량
- 기타 품질에 관한 사항
  - 말뚝공법, 시공상의 주의사항이 간단히 병기될 경우 시방서에 기술된 내용과 일치 여부를 반드시 확인해야 한다.

기성 말뚝에 대한 기술된 내용이 시방서에 작성된 내용과 일치한지 확인한다.
기성 말뚝에 대한 기술된 내용이 말뚝 배치도에 표시된 내용(부호와 번호)과 일치한지 확인한다.

주기 및 특기사항 유무를 확인한다.

2. 제자리콘크리트말뚝

말뚝 일람표 기재사항을 확인한다.
- 말뚝의 구분(부호)
- 말뚝의 규격(직경, 길이)
- 철근의 배근(상단, 하단)
  - 주근 규격 및 개수
  - 대근 규격 및 간격
- 콘크리트 강도
- 기타 품질사항
  - 말뚝공법, 시공상의 주의사항을 간단히 기술한 경우 시방서에 기술된 내용과 일치한지 반드시 확인해야 한다.

제자리말뚝에 대한 내용이 기술된 경우 시방서에 작성된 내용과 일치한지 확인한다.

제자리말뚝에 대한 내용이 말뚝 배치도에 표시된 내용(부호 및 번호)과 일치한지 확인한다. 주기 및 특기사항이 기술되었는지 확인한다.

1.2.3.7.2 기초 일람표 검토

기초의 종류별 부호 및 번호 누락 또는 오기가 있는지 확인한다.
기초별 규격 누락 및 오기가 있는지 확인한다.
구조계산에 기재된 내용과 일치한지 확인한다.
기초배근에 관한 표준도가 작성되었는지 확인한다.
- 표준도가 작성된 경우 기초 배근도와 일치한지 확인한다.

기초별 평면도와 단면도를 관련지어 작성하였는지 확인한다.
- 평면도, 단면도를 이해하기 쉽도록 상하, 좌우 관련지어 작성하였는지 확인한다.

기초평면도를 검토한다.
- 기초 중심선과 기준선과의 관계는 표시되었는지 확인한다.
- 기초판(Footing Size)의 크기(가로×세로) 확인
- 기초의 중심선과 기초판 양끝선 간의 거리 치수 확인
- 철근 규격과 상·하부근 배치 간격 및 피복 두께 확인
- 말뚝(Pile)이 있는 경우
    □ 말뚝 규격(직경, 길이)은 표시되었는지 확인
    □ 기초 중심축과 말뚝(말뚝군(君) 중심축) 중심축은 일치한지 확인
    □ 말뚝 배치를 확인한다.
    □ 말뚝 간격 및 말뚝 외곽선으로부터 기초판 각 변까지의 거리(피치)는 표시되었으며 간격은 적정한지 확인
    □ 말뚝머리 부분 철근보강은 표시되었는지 확인

기초 입면 및 단면도를 검토한다.
- 기초 중심선과 기준선 관계는 표시되었는지 확인
- 기초 중심축과 말뚝 중심축은 일치한지 확인
- 기초 폭 및 중심선으로부터 기초 양측 끝면과의 거리 치수 확인
- 지면선(G.L)으로부터 기초 밑선(기초 지반선) 또는 상단까지의 거리 및 기초 두께 표시치수 확인
- 철근의 규격, 배근 위치, 배치 간격, 훅 길이 및 피복 두께를 확인
- 말뚝(Pile)이 있는 경우

　　　　　□ 말뚝 규격은 표시되었는지 확인
　　　　　□ 기초 중심선축과 말뚝 중심축이 일치한지 확인
　　　　　· 말뚝 배치를 확인한다.
　　　　　□ 말뚝머리 매입 표시(기초판에) 및 매입깊이를 확인
　　　　　□ 말뚝머리 부분에 말뚝 주근 매입방법 및 보강 표시를 확인
주기 또는 특기사항이 있는지 확인한다.

1.2.3.7.3 지중보 일람표 검토

•설계도면 작성자에 따라 지중보 일람표를 보 일람표에 포함하여 작성하기도 한다.

지중보의 종류별 부호 및 번호누락이 있는지 확인한다.
지중보 종류별 단면 규격(폭, 춤) 표기 누락 및 오기가 있는지 확인한다.
지반선(G.L)에서 지중보 상단 또는 지중보 하단까지의 거리 치수 표시를 확인한다.
지중보 상단에서 슬래브 윗선(S.L)까지의 거리 치수 표시를 확인한다.
지중보 밑 지반지정에 관한 기술이 있는지 확인한다.
지중보 철근배근을 확인한다.
　　　－양단, 중앙 또는 전단면 구분이 적정한지 검토
　　　－상부근 규격 및 개수 확인
　　　－하부근 규격 및 개수 확인
　　　－늑근(Stirrup) 규격 및 간격 확인
　　　－복근 규격 및 간격 확인
　　　－폭 고정근 규격 및 간격 확인
　　　－피복두께 확인
철골 주각이 기초 또는 지중보 안에 설치되는 경우 철골부분 표시와 지중보 주근의 배치 관계 표시를 확인한다.
• 보의 주근과 철골 주각과 만나는 장소의 배근과 앵커방법 표시를 확인한다.
지중보 일람표는 구조계산서에 기재된 내용과 일치한지 확인한다.
주기 및 특기사항이 있는지 확인한다.

1.2.3.7.4 기둥 일람표 검토

1. 일반 강구조의 경우

기둥의 종류별 부호 및 번호 분류방법을 확인한다.
모든 종류의 기둥은 일람표에 작성되었는지 확인한다.
- 구조평면도에 표시된 기둥 표시가 일람표와 일치한지 확인한다.

기둥 일람표 구성과 기재내용이 적합한지 확인한다.
- 누락 또는 오기가 있는지 확인한다.
    - 부호 표시를 확인
    - 규격 표시를 확인
    - 층 표시를 확인
    - 단면 형상 및 규격 표시를 확인
        - 예 ; □−300×300×9, H−100×100×6×8
    - 형강 또는 제작 부재인지 구별하여 표시되었는지 확인
    - 기둥 단면형상을 그리는 경우 기둥 일람표에 기둥 배치방향은 표시되었는지 확인한다.
        - 일람표에 가급적 보 방향을 알 수 있도록 방향 표시를 하는 것이 좋다.
    - 기둥 단면형상을 그리는 경우 방향은 구조평면도(층복도) 방향과 일치한지 확인한다.

일반적인 주각의 경우 베이스플레이트와 앵커볼트의 규격과 개수가 표시되었는지 확인한다.
기둥 일람표에 표시된 내용은 구조계산서에 기재된 내용과 일치한지 확인한다.
주기 및 특기사항이 기재되었는지 확인한다.

2. 강구조콘크리트의 경우

기둥 일람표 구성과 기재내용이 적합한지 확인한다.
- 부호 분류 표시 확인
- 층 분류(필요시) 표시 확인
- 기둥 규격 표시 확인
- 철골기둥 형상 표시 및 규격 표시 확인
- 주근 규격 및 대수 표시 확인
- 대근 규격 및 간격 표시 확인

- 피복거리 표시 확인

철근 간격이 적정한지 확인한다.
- 구조성능 및 시공 관련 간격은 배치기준에 적정한지 검토한다.

베이스플레이트 형상, 규격, 앵커볼트 규격 및 개수는 표시되었는지 확인한다.
기초 또는 기둥에 매입되는 경우 스터드볼트를 사용할 때 스터드볼트의 지름, 길이, 배치(피치) 등은 표시되었는지 확인한다.

기둥 일람표의 내용이 구조계산서에 기재된 내용과 일치한지 확인한다.
- 도면제작시 기둥 부호와 번호, 단면 규격, 단면방향, 주근의 방향, 주근의 개수, 철근의 규격, 층 등이 착각으로 오기되는 경우와 설계중 조건변경으로 구조변경 및 구조 보완 내용이 관리가 잘 안 되어 발생하는 오류가 많으므로 반드시 구조계산서를 확인해야 한다.
- 점검을 시작할 때 먼저 구조계산서와 대조하여 일치 여부를 검토하는 것도 효과적인 검토방법일 것이다.

건축평면도, 평면상세도 및 구조평면도에 표시된 기둥 규격이 기둥 일람표에 표시된 내용과 일치한지 확인한다.(상호 점검)

주기 및 특기사항이 기재되었는지 확인한다.

1.2.3.7.5 보 일람표 검토

- 큰보(Girder) 일람표와 작은보(Beam) 일람표를 크게 분리하여 작성하는 경우도 있으나 일반적으로 보 일람표에 포함시켜 내부에서 큰보와 작은보로 분류하여 나타내고, 지중보 일람표를 분류하지 않고 보 일람표에 포함시켜 작성하기도 한다.

1. 일반 강구조일 경우

보의 종류별 부호 및 번호를 확인한다.
구조평면도에 표시된 보 표시와 보 일람표와 일치한지 확인한다.
- 보의 종류별 부호 및 번호는 누락이 있는지 확인한다.

보 일람표 구성과 기재내용을 확인한다.
- 표기누락 또는 오기는 있는지 확인한다.

　　　　－큰보(Girder)와 작은보(Beam)는 분류되어 표시되었는지 확인
　　　　－부호 표시 확인
　　　　－층별 표시 확인
　　　　－부재 표시 확인
　　　　　　▫ 단면 형상 및 규격 표시
　　　　　　▫ 또는 형상 부호와 규격 표시(예 ; H-450×200×9×14, □-300×200×9)
　　　　－보 단면 표시 확인
　　　　　　· 전(全) 단면 또는 단부 단면과 중앙 단면(단부와 중앙 단면이 다를 경우) 구별 표시
　　　　－강접합(Rigid Joint)과 핀접합(Pin Joint)을 구별하여 표시했는지 확인
　　　　－스터드볼트 규격, 길이, 피치를 표시했는지 확인(스터드볼트 설치할 경우)
구조계산서에 기재된 내용과 일치한지 확인한다.
주기 및 특기사항은 기재되었는지 확인한다.

2. 강구조콘크리트일 경우

보 일람표 구성과 기재내용을 확인한다.
　　　　－보 단면 규격 표시를 확인
　　　　－철골보 단면형상 표시 또는 형상부호와 규격 표시 확인
　　　　－전체(全體) 단면 또는 단부 단면과 중앙 단면(단부와 중앙부재가 다를 경우)은 구별하여 표시했는지 확인
　　　　－상부근 규격 및 개수 표시 확인
　　　　－하부근 규격 및 개수 표시 확인
　　　　－늑근 규격 및 간격 표시 확인
　　　　－복근 규격 및 대수 표시 확인
　　　　－폭 고정근 규격 및 간격 표시 확인
　　　　－철근 피복두께 표시 확인
주근 간격이 적정한지 확인한다.
• 구조 성능 및 시공 관련 간격은 배치기준에 적정한지 검토한다.
구조평면도, 골조도, 가구상세도 및 단면도에 표시된 보의 부호와 번호 및 규격이 일치한지 확인한다.(상호 점검)

구조계산서에 기재된 내용과 일치한지 확인한다.
- 검토를 시작할 때 먼저 구조계산서와 대조하여 점검하는 것도 효과적이다.
- 도면작업시 기둥 부호와 번호, 단면 규격, 단면방향, 주근의 방향, 주근의 개수, 철근의 규격, 층 등이 착각으로 오기되는 경우와 설계 중 조건 변경으로 구조변경 및 구조 보완내용이 관리가 잘 안 되어 발생하는 오류가 많으므로 반드시 구조계산서와 일치한지 확인해야 한다.

주기 및 특기사항은 기재되었는지 확인한다.

1.2.3.7.6 슬래브 일람표 검토

- 슬래브 일람표는 단면을 그려서 표시하는 경우와 표 형식을 이용하여 문자로만 표현하는 방법이 있는데, 표 형식에 문자만 표현하는 방법은 대표적인 슬래브 형태 등을, 그리고 배근방향을 제시한 '표준배근도'를 도시하며, 특수 슬래브는 별도로 그려 표현하는 방법으로써 보편적으로 쓰이고 있다.
- 어느 경우이거나 슬래브 일람표로서 갖추어야 할 요소가 표기되었는지 확인하면 된다.

모든 종류의 슬래브 부호와 번호 분류천장 깊이를 확인한다.
- 슬래브 일람표에 기재된 슬래브의 종류와 분류상태를 숙지한다.

구조평면도에 표시된 슬래브 부호와 번호가 슬래브 일람표와 일치한지 확인한다.
- 슬래브 종류를 누락 또는 부호 및 번호 오기가 있는지 확인한다.

슬래브 일람표 구성과 기재내용을 확인한다.

■ SLAB 배근도 - 1

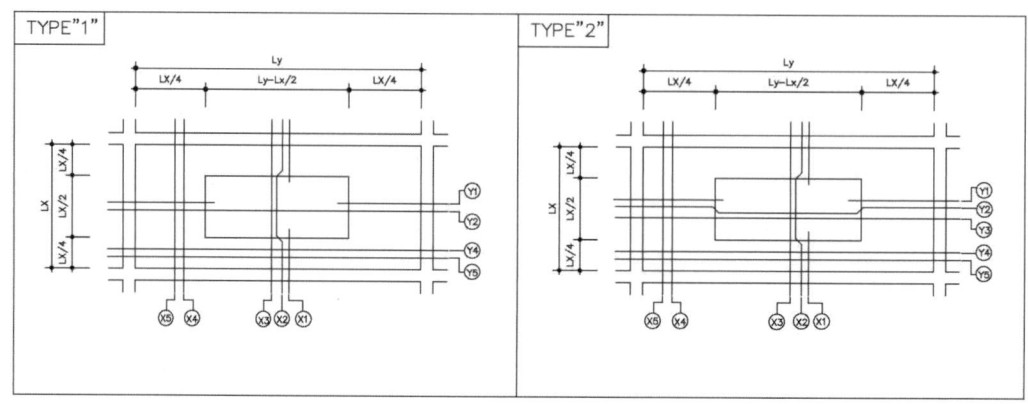

그림 54 슬래브 일람표 예

1) 철근콘크리트 슬래브

   -부호 표시 확인

   -판 두께 표시 확인

   -철근 규격 및 간격 표시 확인

   □ 주근방향(단변방향)과 부근방향(장변방향)을 구분 표시

   □ 단부(또는 좌·우 구분) 및 중앙부로 구분 표시

   □ 철근이 상부근 및 하부근으로 구분 표시를 확인

2) 합성슬래브

   -데크플레이트 종류 및 규격 표시 확인

   -판 두께 표시 확인

   -표면처리 표시 확인

슬래브 형태별 배근방법을 도시한 도면 및 표준도가 작성되었는지 확인한다.

차양, 지붕처마, 발코니 등 캔틸레버 슬래브 리스트가 일람표에 작성되었는지 확인한다.

구조계산서에 기재된 내용과 슬래브 일람표 내용이 일치한지 확인한다.
- 구조계산서 내용과의 일치 여부를 반드시 확인해야 한다.

주기 및 특기사항이 기재되어 있는지 확인한다.

1.2.3.7.7 이음 일람표 검토

- 이음 일람표는 이음과 맞춤방법을 나타내는 도면으로서 기둥 및 보의 현장이음을 일람표로 표시한 도면이다. 이음을 만드는 부재와 고력볼트의 등급, 규격, 볼트개수, 볼트구멍 크기, 배치(피치, 게이지), 그리고 스플라이스 플레이트(Splice Plate, 덧판)의 재질과 형상을 표시한다.
- 일람표 형식은 ①단면(單面) 형식과 ②표(標) 형식으로 나타내는 경우가 있다. 부재의 종류가 많은 경우에는 표 형식이 유용하다.
- 설계자의 작성방법에 따라서 '철골구조 표준도'에 '이음 일람표'를 포함시키는 경우도 있다.
- 이음 일람표 점검은 ①설계도 작성에 필요한 이음의 종류가 모두 표시되었는지 확인하는 일과 ②작성된 일람표 내용이 공학적으로 적정한지 확인하는 일이다. ①의 경우는 설계도면과 일람표를 대조하여 점검하고 ②의 경우는 구조설계자가 구조계산 규준으로 삼은 문서 또는 시방서 내용을 확인하여 비교·검토해야 한다.

> 참고
> **이음**: 같은 종류의 부재 접합부(예; 기둥과 기둥, 보와 보 이음)
> **맞춤**: 종류가 다른 부재 사이의 접합부(예; 기둥과 보, 큰보와 작은보 이음)

1) 단면형식 일람표 구성과 기재사항을 확인한다.

이음 일람표(이음, Connection)
- 큰보 이음은 기본적으로 강접합(Rigid Joint)이다.
  - 부호 표시 확인
  - 부재 표시 확인
  - 이음부 상세도 작성 확인
    - □ 평면도, 입면도, 단면도 및 축척 표시
    - □ 스플라이스 플레이트(Splice Plate, 덧판) 규격(크기 및 두께) 표시

□ 볼트 위치 표시

□ 피치 및 연단 표시

- 플랜지(Flange) 및 볼트 표시 확인

  □ 플랜지 규격 및 매수

  □ 볼트 규격(크기 및 두께) 및 개수

- 웨브 및 볼트 표시 확인

  □ 웨브플레이트 규격 및 매수

  □ 볼트 규격 및 개수

이음은 구조계산서 및 시방서에 기재된 내용과 일치한지 확인한다.

이음 일람표(맞춤)를 확인한다.

- 큰보와 작은보 이음, 기본적으로 핀접합(Pin Joint)임

  - 부재 표시 확인

  - 이음부 상세도 작성 확인

    □ 평면도, 입면도, 단면도 및 축척 표시

    □ 거싯플레이트(Gusset Plate) 및 스티프너(Stiffener) 규격(크기 및 두께) 표시

    □ 볼트위치 표시

    □ 피치 및 연단 표시

  - 웨브 표시 확인

    □ 거싯플레이트, 스티프너 규격(크기 및 두께) 표시

    □ 볼트 규격 및 개수

맞춤은 구조계산서 및 시방서에 기재된 내용과 일치한지 확인한다.

2) 표 형식 일람표의 구성과 기재사항을 확인한다.

이음 표준도를 확인한다.

- A-Type(큰보 이음, 강접합) 확인

- B-Type(큰보와 작은보 이음, 핀접합) 확인

- C-Type(기둥이음, 강접합) 확인

- D-Type 등 확인

- 형강의 게이지 라인(Guge Line) 및 볼트의 최대 지름을 확인

- 볼트종류, 규격 확인

－연단거리 및 볼트 간격(피치) 확인
　　　－볼트접합의 표시기호 및 기재방법 확인
표준 일람표를 확인한다.
- 이음 표준도를 이용한 일람표
　　－부호 표시 확인
　　－부재 표시 확인
　　－이음 표준형(Type) 표시 확인
　　－플랜지(Flange) 표시 확인
　　　□ 철판(Steel Plate) 규격 및 매수 표시
　　　□ 볼트 품질, 규격 및 개수 표시
　　－웨브(Web) 표시 확인
　　　□ 플레이트 규격 및 매수 표시
　　　□ 볼트 품질, 규격 및 개수 표시

구조계산서 및 시방서에 기재된 내용과 일치한지 확인한다.
주기 및 특기사항이 있는지 확인한다.
기타 상세도를 검토한다.
상세도의 누락이 있는지 검토한다.

1.2.3.8 주심도(또는 중심선도) 검토

- 기준선을 기준으로 각 기둥의 수평 단면 크기가 어떤 모양으로 구성되며, 어느 방향으로 층별로 축소 변화하는지 나타낸 도면 검토이다.

모든 기둥의 종류 및 부호와 번호는 기둥부재 일람표와 일치한지 확인한다.
- 구조평면도에 표시된 내용과도 일치한지 확인한다.(상호 점검사항)

모든 종류의 기둥 주심도는 작성되었는지 확인한다.
가로 세로의 기준선 표시를 확인하고 기준선 사이치수를 확인한다.
기준선은 구조평면도에 표시된 기준선과 일치한지 확인한다.
- 건축평면도에 표시된 기준선과도 일치한지 확인한다.(상호 점검사항)

기둥 중심선과 기준선(X·Y)과의 관계는 명확히 표시되었는지 확인한다.
- 기준선과 기둥 중심선은 일치한지 또는 떨어져 있는지 확인한다.

주심도 작성의 방향은 구조평면도 방향(方向)과 일치한지 확인한다.
기준선을 기준으로 기둥 수평 단면의 좌우면까지 거리 치수와 단면 폭 치수 표시를 확인한다.

기둥 부재의 규격은 명확히 기재되었는지 확인한다.
- 부재는 형강 또는 제작된 것(Build-up Colum)인지 구별되도록 표기되었는지 확인한다.

베이스플레이트(Base Plate) 및 앵커볼트는 표시되었는지 확인한다.
- 상세도에 별도로 작성될 수도 있음.

기둥다리에 스터드볼트를 설계하는 경우에는 스터드볼트의 규격(직경, 길이) 및 간격(피치)이 표시되었는지 확인한다.
- 상세도에 별도로 작성될 수도 있음.

변화된 기둥 단면마다 해당 층수 표시를 확인한다.
건물 외측에 면한 기둥과 각종 샤프트에 면한 기둥의 변화가 일정한 입면 확보나 샤프트의 필요공간 확보에 지장이 없도록 주심도를 작성했는지 확인한다.
- 일반적으로 지상 기둥의 단면변화는 입면을 고려하여 외측 기둥의 외측면은 고정하고 내부면을 줄여간다.
- 각종 샤프트에 면한 기둥은 샤프트 공간 확보를 위하여 샤프트에 접한 기둥면은 고정하고 반대쪽 면을 줄인다.

보 및 벽의 설치위치가 외관이나 공간 확보에 지장이 없도록 표시되었는지 확인한다.
- 특히 외벽 및 엘리베이터 샤프트 및 각종 샤프트에 면한(위치한) 보와 벽체 위치는 입면과 샤프트의 공간 확보를 위하여 한쪽 면을 고정하고 반대방향으로 변화를 준다.

주심도에 표시된 기둥의 크기와 설치위치는 기둥 일람표 내용과 일치한지 확인한다.
구조평면도 및 건축평면도에 표시된 기둥의 위치와 크기가 일치한지 확인한다.
단면도 또는 골조도에 표시된 기둥의 위치와 크기가 주심도와 일치한지 확인한다.(상호 점검)
주심도에 기둥 리스트(표)를 기재하였을 경우 반드시 기둥 일람표와 일치한지 확인해야 한다.
주기 또는 특기사항이 기재되었는지 확인한다.

1.2.3.9 용접 규준도 검토

- 철골구조에 있어서 용접은 볼트접합과 같이 부재를 연결시켜 주는 수단이므로 용접 정도에 따라 구조의 강성을 유지하는 척도가 된다고 해도 지나침이 없다.
- 용접을 분류하고 표준화하여 설계도 작성에 적용함으로써 설계 표현이 간결해지고 이해하는데도 혼란스럽지 않아 편리하다.

- 설계자의 작성방법에 따라 '철골구조 표준도'에 포함하는 경우도 있다. 본서 '철골구조 표준도'에 이미 유사한 리스트를 기재하였다.

용접기호의 기재방법 도시(圖示)를 확인한다.
- 용접기호 표시방법 기술(記述)을 확인한다.
    - ▢ 현장용접, 전주(全周)용접, 전주현장용접 표시 확인
    - ▢ 용접면, 용접이음, 용접공법 표시 확인
    - ▢ 단속용접의 간격, 단속용접의 길이 표시 확인
    - ▢ 용접의 보조기호 표시 확인

용접의 종류별 표준을 확인한다.
- 맞댄용접(Butt Welding) 확인
- 모살용접(Fillet Welding) 확인
- 부분용입용접 확인
- 플레어용접(Flare Groove Welding) 확인

용접 시공 표준을 확인한다.
- 엔드탭(End Tab=Run-Off Tab)
    - · End Tab : 용접 결함이 생기기 쉬운 용접비드의 시단과 종단용접을 하기 위해 용접접합하는 판재의 양단에 부착한 보조강판
    - ▢ 엔드탭의 재질은 모재와 동등한지 확인
    - ▢ 형상은 같은 두께, 같은 비벌링의 것인지 확인
    - ▢ 엔드탭 길이는 최소 10mm 이상, 용접공법에 따라 적정한 길이인지 확인
        - · 손용접 : 35mm 이상, 반자동용접 : 38mm 이상, 자동용접 : 70mm 이상
- 스캘럽(Scallop)
    - · Scallop : 용접선이 교차하는 것을 피하기 위하여 부재에 둔 부채꼴의 새김눈.
    - ▢ 스캘럽 표준 반지름은 30mm인지 확인
    - ▢ 스캘럽 형상 표준이 도시되었는지 확인
- 스닙컷(Snip Cut)
    - ▢ 스닙컷 표준치수는 강재판 두께에 따른 크기로 표시되었는지 확인
        - · 6t : 10mm, 9t : 12mm, 12t : 14mm, 16t 이상 : 15mm
    - ▢ 기성제 형강의 스닙컷 크기 결정방법이 표시되었는지 확인
        - · Sc(스닙컷) : r+2

- 보강필렛용접
    - □ T형 이음, 모서리이음 및 부분용입용접 각각의 표준 보강필렛을 도시하였는지 확인
    - □ 보강필렛 사이즈(S)는 맞댈 판 두께의 1/4 이상 또는 10mm 이하인지 확인
- 보강용접(Excess Metal)
    - □ 맞대기이음, 모서리이음, 필렛용접 및 플레어용접부 보강용접이 표시되었는지 확인
    - □ 보강용접 높이의 상한선은 표시되었는지 확인
        - · 맞대기이음, 모서리이음 : 손용접의 경우 3mm, 반자동용접 및 자동용접인 경우 각 4mm 이하
        - · 필렛용접, 플레어용접 : 손용접 및 반자동용접인 경우 각 3mm 이하
- 용접판의 단차
    - □ 맞대기이음의 맞대기 부재의 판 두께의 차이가 손용접 및 반자동용접인 경우 4mm, 자동용접인 경우 3mm를 초과할 경우 두꺼운 쪽 판에 1/5 이상의 경사를 주도록 도시되었는지 확인
        - · 단, 반자동용접 I형 비벌링(Beveling : 개선, 모떼기)의 경우에는 3mm 한도로 함
- 헌치부 등의 용접
    - □ 헌치부 등의 T형 이음에 있어서 용접판이 직교되지 않는 경우의 비벌링 표준은 도시되었는지 확인
        - · 편면용접 : 6 < t ≦ 32 경우 35°
        - · 양면용접 : 6 < t ≦ 19 경우 45° 및 19 < t ≦ 32 경우 60°(하)/45°(상)
- 강관분기이음
    - □ 지관(支管)은 주관(主管)의 외부지름보다 가는 지름인지 확인
    - □ 주관의 관축과 지관의 관축은 일치한지 확인
    - □ 비벌링 표준은 도시되었는지 확인
        - · 적용관 두께 : 3.2mm ≦ t ≦ 12mm, 교각 : 30°≦ θ ≦150°인 경우
- 스터드용접(Stud Welding)
    - □ 스터드용접은 아크스터드용접방식에 의한 직접용접으로 표시되었는지 확인
    - □ 용접자세는 하향식으로 표시되었는지 확인

　　　　　□ 스터드용접은 데크플레이트 상에 용접된 것이 있는지 확인
　　　　　　· 원칙적으로 데크플레이트에 용접해서는 안 된다.
　　　　　□ 스터드 규격은 정확히 표시되었는지 확인
　　　　　　· 스터드 규격 : 13mm, 16mm, 19mm, 22mm
　　　　　□ 스터드의 간격, 게이지 등의 치수는 표시되었는지 확인
　　－기타

1.2.3.10 강구조가구 상세도 검토

- 골조도의 일부를 확대하여 기둥, 보, 기초 등 각 구조부재의 맞춤과 이음, 그리고 구조와 관련된 부분을 종합적으로 그린 상세도이다.

기준선의 위치 및 기준레벨(GL, 가(假) BM) 표시를 확인한다.
기준선에서 기둥 기준면(또는 기둥 중심선)까지의 치수가 명시되었는지 확인한다.
기둥 폭이 작아진 기둥위치 표시가 주심도와 일치한지 확인한다.
지반선(G.L)으로부터 지하 및 지상 각 구조물의 높이와 치수를 확인한다.
　　　－G.L로부터 베이스플레이트까지 확인
　　　－G.L로부터 1층(SL, FL)까지 확인
　　　－각 층(SL, FL)까지 확인
　　　－G.L로부터 구조물 높이까지 확인
　　　－각 S.L과 철골보 상단까지 확인
각 구조물의 레벨이 건축단면도에 표시된 구조레벨과 일치한지 확인한다.
지붕구조가 경사지게 설계되었는지 확인한다.
- 우수의 흐름을 위하여 구조체를 경사지게 설계된 경우를 뜻한다.

각 부재 부호와 규격이 기입되었는지 확인한다.
표시된 각 부호가 구조평면도와 골조도에 표시한 부호와 일치한지 확인한다.
보와 기둥의 이음위치 표시와 이음거리가 적정한지 확인한다.
각 접합부 표시는 이음 일람표와 일치하는지 확인한다.
각 부분의 용접 표시는 용접 기준(또는 용접 표준)과 일치한지 확인한다.
각 부재 단면이 각 부재 일람표(기둥, 보, 슬래브)에 표시된 내용과 일치한지 확인한다.
건축평면도 및 단면도에 표시된 구조부재의 위치와 단면이 철골가구 상세도와 서로 일치한지 확인한다.

바닥 설치를 위한 턱받이 등이 표시되었는지 확인한다.
캔틸레버, Girder, 내풍(耐風)보 등이 그려졌는지 확인한다.
주각, 스터드볼트, 베이스플레이트와 앵커볼트 크기를 표시하였는지 확인한다.
슬래브와의 관계를 표시하였는지 확인한다.
브레이스 및 거싯플레이트는 표시되었는지 확인한다.
각 부분 표시는 철골구조 표준도와 일치한지 확인한다.

1.2.3.11 강구조부분 상세도 검토

- 기초배치도, 지중보배치도, 구조평면도, 골조도 및 각종 일람표만으로는 설계자의 의도를 나타내기 어려운 부분과 철골가구 상세도에서 표현되지 못한 부분을 찾아 그린 상세도이다.

어느 부분의 상세도인가를 명확히 표시(안내)되었는지 확인한다.
상세도 표시 상태를 검토한다.
  - 기준선과 부재의 위치관계(거리) 표시 확인
  - 기준레벨과 부재의 위치관계 표시 확인
  - 용접 기준도(또는 표준도)와 일치한지 확인
  - 볼트접합 기준도(또는 표준도)와 일치한지 확인
  - 부재의 규격은 명시되었는지 확인
  - 평면도 또는 단면도는 작성되었는지 확인
  - 상세부호, 상세명칭 및 축척은 명확히 기입되었는지 확인

강구조 부분상세도는 작성되었는지 확인한다.
  - 계단상세도 확인
  - 캐노피 상세도 확인
  - 데크플레이트 설치 상세도 확인
  - 파라펫 상세도 확인
  - 보 관통방식 상세도 확인
  - 기둥 관통방식 상세도 확인
  - 외벽 설치 상세도 확인
  - 특별한 맞춤과 이음 상세도 확인

1.3 토목도면 검토

- 건물설치를 위한 부지내 토목시설 점검을 대상으로 한다.
- 토목기술인이 아니라도 양식 있는 건축기술인이면 검토할 수 있는 수준을 검토대상으로 하였다.

1.3.1 기본 검토*

- 여기(기본 검토)에서는 초급기술자를 위하여 검토이유, 절차, 방법 등을 더하여 설명적으로 작성하였다.

배치도상에 표시된 지하설비 시설물들이 서로 간섭되는 것이 있는지 점검한다.
- 전력, 전화 및 통신시설, 상수, 가스, 우수, 하수, 유류, 그리스 트랩, 기름탱크 구조물 기초 등이 있는지 확인하고 수직·수평으로 서로 지장 받는 것이 있는지 확인하는 작업이다.
  - 각종 시설물을 종합하여 볼 수 있도록 각 공종별로 각각 다른 도면에 표시되어 있는 시설물을 한(1) 배치도상에 같은 축척으로 옮겨 그린다.
    · 각 시설물별로 구별이 될 수 있도록 선 모양을 달리하거나 다른 색상으로 옮겨 그리는 것이 좋다.
  - 한(1) 도면상에 각 시설물이 종합된 상태를 검토하여 각종 시설과의 간섭이 있는지 확인
    · 비교적 손쉬운 검토수단은 같은 축척으로 투명지(트레이싱지 또는 아크릴지)에 관계시설을 복사한 도면을 서로 겹쳐 빛을 투과해 보아 각 시설물 간에 간섭 여부를 확인하는 방법이다.
  - 설계를 하기 위한 기초 조사자료 또는 대지현황 측량자료들과도 비교하여 간섭되는 시설물이 있는지 확인

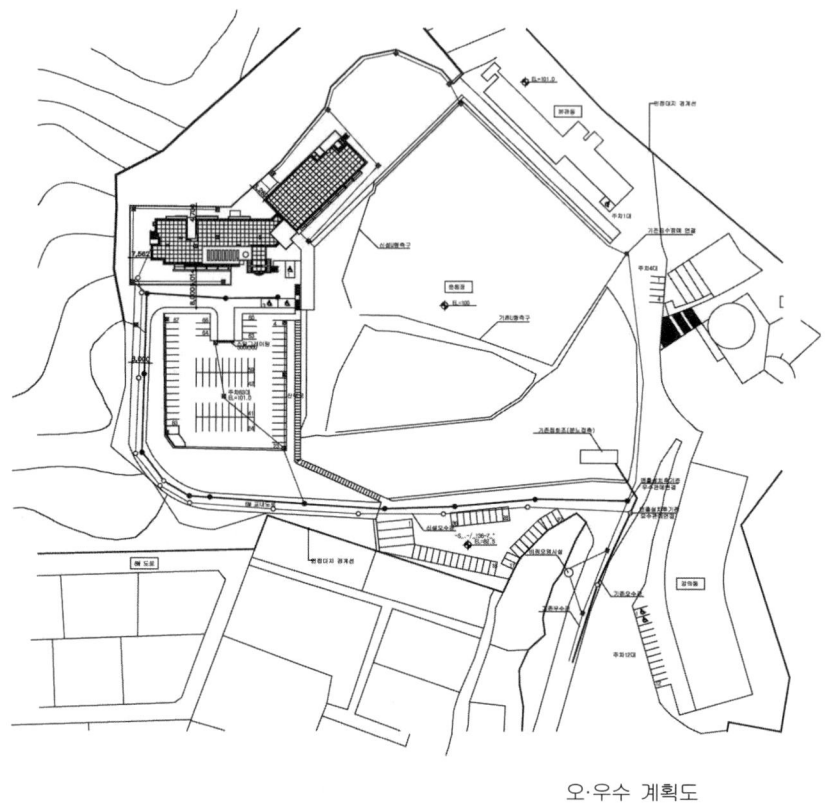

오·우수 계획도

그림 55 토목도면(지하설비 시설물 등 표기) 예

기존 지상시설물이 새로 계획된 토목시설과 간섭받고 있는지 점검한다.
- 기존 통신주, 전주 및 지지선, 도로 표지판, 하수구, 밸브 박스, 맨홀, 기타 기존 시설물이 새로 설치되는 차도와 인도, 조경시설 또는 배치도에 표시된 다른 시설물에 간섭받고 있는지 확인하는 작업이다.
  - 배치도상에 다른 공종 설계도에 나타난 기존 지상 시설물을 옮겨 그려보아 서로 간섭받는지 확인
  - 설계 기초 조사자료 또는 대지 현황측량 자료에 표시된 기존 시설물을 배치도상에 옮겨 표시하여 검토해 보고 서로 간섭받는지 확인

정지, 잔디, 나무뿌리 덮개, 경계석 등의 작업한계가 표시되었으며, 그 각각의 작업한계가 건축도면과 조경도면에 표시된 내용이 서로 일치한지 확인한다.
- 토목도면에 표시된 내용이 건축배치도와 조경도면에 표시된 내용이 불일치하거나

이중으로 표시되고 또는 분야별 작업한계 영역 표시가 오기 또는 누락되는 경우가 있어 공사집행상 불편한 문제가 많이 발생한다.
- 토목배치도, 건축배치도 및 조경평면(또는 배치도)상에 같은 종류의 시설물이 표시되었고 또한 일치하는지 확인
- 이들 도면상에 표시된 작업한계(작업 범위 명시) 표식이 서로 일치하는지 확인
- 시방서에서 각 공종별 작업범위 내용과도 일치한지 확인
- 내역서를 검토하여 작업범위 작업량이 겹침 또는 누락 없이 정확히 산출 및 반영되었는지 확인

옥외소화전 및 가로등 위치가 다른 공종도면에 표시된 내용과 일치한지 확인한다.
- 옥외소화전과 가로등 위치는 토목도면, 전기도면, 조경도면, 소방설비도면 및 건축도면에 각각 표시될 수 있고, 제작과정에서 따로 작업이 이루어지므로 불일치하는 경우가 있다.
  - 전기도면, 조경도면, 소방설비도면 및 건축도면에서 옥외소화전 위치와 가로등 위치를 확인하고 서로 일치한지 확인(각 분야 상호 점검사항)

지층 단면전개도(profile)상에 지하매설 시설물들을 나타내었고 또한 이들과 간섭받는 시설물 처리방법을 명시했는지 확인한다.
- 지하에 매설되는 시설물들을 평면에만 표시하지 말고 단면 전개도상에 시설물 수평거리와 깊이를 표시하여 지하에서 각 시설물 설치에 지장이 있거나 간섭 유무를 검토할 도면 또는 검토할 수 있는 도면이 작성되었는지 확인하는 작업이다.
  - 지하시설물에 대하여 지층 단면전개도(profile)에 지하시설물을 나타내었는지 확인
  - 지층 단면전개도에 나타난 각종 시설물이 서로 간섭받는지 확인

배수구조물과 맨홀 사이의 수평거리가 평면도와 단면전개도에 그려진 거리를 측정한 수치와 문자로 나타낸 수치가 서로 일치한지 확인한다.
- 평면도와 단면전개도를 그리는 과정에서 착오, 수평과 수직 축척을 달리하여 그리는 과정에서 착오, 축척에는 맞게 그리고 치수를 기입하지 않거나 수치가 도면상에서 측정한 수치와 다르게 기입되는 착오로 불일치가 발생한다.
  - 우선 도면상에서 축척과 그림이 일치한지 점검
  - 각 구조물 지점 간의 거리가 수치로 빠짐없이 기입되었는지 확인
  - 도면상에서 축척으로 측정한 지점 간의 수치와 문자로 기입한 수치가 일치한지 확인

토목시방서 및 설계도면상에 각종 포장 또는 보도의 마감선에 밸브박스나 각종 맨홀뚜껑의 윗선을 맞추라는 내용이 포함되었는지 확인한다.

- 안전상, 미관상 또는 기능상 각종 지반구조물 윗선이 일치해야 좋은 시공물이 된다. 특히 안전상 각 구조물의 튀어나온 정도가 규정 외로 시설하였을 경우 통행인 또는 자동차의 안전사고를 유발하므로 보도나 차도의 표면은 허용범위 내에서 일치해야 한다.
  - 설계도면상에 시설물의 윗면 맞추기에 대한 그림이나 주기가 있는지 확인
  - 각 공종에 해당하는 시방서에 포장 또는 보도의 마감선에 밸브박스나 맨홀(오수, 우수, 전력, 전화) 뚜껑의 윗선을 맞추라는 내용이 포함되었는지 확인

모든 기존 시설물의 높이와 계획(선) 높이가 표시되었는지 확인한다.

- 기존 시설물 높이와 각종 신설 시설물의 계획선 높이가 정지 및 포장과 배수시설을 포함하여 빠짐없이 명시되었는지 확인하는 작업이다.
  - 도면에 그려진 기존 시설물 높이(Level)가 표시되었는지 확인
  - 기준점(BM)과 가 기준점(TBM)이 명확히 표시되었는지 확인
  - 건물 바닥 높이(Floor Level)와 주변지반(또는 포장) 높이가 표시되었는지 확인
  - 포장과 보도 및 배수구조물(배수구, 경계석, 트렌치 등)의 높이(Level)가 표시되었는지 확인

건물 주변 배수계획은 적절한지 확인한다.

- 건물 부지 우·배수계획은 기상 통계 및 기상이변에도 건물에 피해를 주지 않을 정도로 충분히 고려된 배수구배와 배수시설 구조물을 설치하는 것이 바람직하다.
  - 배수계획에 나타난 지표면 배수구배가 적정한지 확인
  - 집수구와 배수관의 크기가 적정한지 확인
  - 대지 종말하수구 높이와 기반시설 배수구 높이를 비교하여 배수에 지장이 있는지 또는 폭우시 역류의 문제는 없는지 확인
    · 종·횡단면도를 검토한다.
    · 건물이 설치될 지역의 기상 자료와 토목시설물의 표면배수에 관한 설계자료(정보)를 알고 있어야 적정 수준을 판단할 수 있으므로 검토 전에 또는 평소에 관련 기상정보 자료와 배수설계에 관한 자료를 수집하여 준비함이 좋다. 또한 배수에 관한 보편적인 시설 기준치를 기억해두면 검토시 편리하다.

토목도면에 기재된 모든 【주기(朱記) : notes】를 확인한다.

- 일반적으로 도면 작성자가 도면 오른쪽 부분이나 밑에 어떤 모양의 그림이나 문자

로 표시하여 설계품질(品質)을 규정짓거나 이해를 돕기 위하여 또는 중요성을 강조할 목적으로 기록한 내용이므로 무엇보다 지나쳐 버릴 수 없는 설계품질 기술의 중요한 요소이다. 비록 작은 글씨로 기록되었더라도 반드시 유념하여 확인해야 한다.

- 【주기】사항이 기록되어 있는지 반드시 확인
    - 【주기】: 주기, 특기, Notes 등
- 【주기】사항에 기록된 내용을 정확히 파악
- 【주기】사항 내용이 설계도서 다른 부분, 즉 설계도면이나 시방서에 있는 내용과 상치되는 점이 있는지 검토하고 상치되는 점이 있으면 설계도서 해석상 우선 순위로 가늠해 본다.

---

* ARCHITECTURE, January 1987, pp.83~84, 실린 곳 : AIA Manual 1994, 2.6 Construction Documents에서 부분적으로 인용

1.3.2 ❙ 세부 검토

1.3.2.1 토목도면 일반(공통) 검토

1) 현황측량도를 검토한다.

- 설계시 현황측량을 실시하였을 경우

지상 및 지하 기존 시설물 표시를 확인한다.
- 방위 및 축척 표시를 확인
- 지적 도근점 표시 확인
- 지적 도근점 표시 및 좌표 확인
- 기준점(TBM) 확인
- 지상물 표시 확인
    - 건물, 도로, 보도, 담장, 옹벽, 울타리 등
- 각종 맨홀 표시 확인
    - 우수, 오수, 상수, 가스, 전력, 통신, 소화전 맨홀 등
- 기타 지상물 표시 확인
    - 제수변, 전주, 통신주, 가로등, 소화전, 표지판 등
- 지하 시설물 표시 확인

· 우수관, 생활 하수관, 오수관, 상수관, 가스관, 전력관, 통신관 등

현황측량도와 지적도가 일치한지 확인한다.
- 대지경계선 및 도로경계선 등 확인

범례 표시내용과 측량도에 표시 내용이 일치한지 확인한다.

현황측량도는 측량자격이 있는 자가 측량하였는지 확인한다.
- 잘못된 측량 성과도는 도움이 되기보다 오히려 설계 및 시공품질에 악영향을 줄 수 있으므로 자격 있는 자가 측량토록 하는 것이 바람직하다.

배치도 및 각 평면도에 표시된 지상 및 지하시설물 표시가 현황도에 표시된 시설물 내용과 일치한지 확인한다.

주기내용을 확인한다.

2) 배치도를 검토한다.

- 배치도에는 모든 기존 시설물과 계획된 시설물이 종합적으로 표시되어 있으므로 배치도를 정확히 작성하는 일과 검토하는 일은 매우 중요한 일이다.

토목배치도는 건축배치도 및 조경배치도와 일치한지 확인한다.
  - 축척 표시 확인
  - 방위 표시 확인
  - 대지경계선 확인
  - 건물배치 확인
  - 벤치마크(BM : 위치 및 지반고) 표시 확인
  - 도로, 도랑, 포장, 맨홀 등 토목시설물 확인
  - 조경시설물 확인

배치도상에 표시된 시설물 및 위치를 명확히 표시하였는지 확인한다.
  - 범례 내용과 일치하게 표시되었는지 확인
  - 각 시설물 명칭은 명확히 기재되었는지 확인
  - 기존 시설물과 새로 설계된 시설물의 구분이 쉽도록 표시되었는지 확인
  - 각 시설물과 시설물 사이 및 관계 표시를 수치(數値)로 명확히 표시하였는지 확인
    · 축척으로 확인할 필요가 없도록 숫자(數字)로 표시

배치도상에 표시된 지하 시설물들이 서로 간섭되는지 확인한다.
- 전력, 전화 및 각종 통신시설, 상수, 하수, 우수, 가스 및 유류관, 그리스 트랩, 기름탱크, 구조물 기초 등이 수직·수평으로 서로 간섭받는 것이 있는지 확인하

는 일이다.
- 다른 공사도면(기계설비, 전기설비 등)에 표시된 지하시설물 내용을 토목 도면에 표시해 본다.
    - 각 시설물 설치 간격이 적정한지 확인
    - 각 시설물 표시가 교차(Cross)되는 곳이 있는지 확인
    - 시공상 예상되는 문제가 있는지 확인

기존 지상 시설물이 새로 설계된 토목시설과 간섭되는지 확인한다.
- 기준 통신주, 전주 및 지지선, 변압기, 도로 표시판, 하수구, 밸브박스, 맨홀 등이 새로 계획된 토목시설물과 간섭되는지 확인하는 일이다.
- 설계시 또는 착공 전 조사한 기존 시설물 현황자료를 이용하여 배치도상에 표시해 본다.

3) 토목공사계획 평면도(또는 배치도)를 검토한다.

계획된 건물과 각 토목시설물 및 부지경계선이 건축배치도 및 현황측량도와 일치한지 확인한다.
- 부지경계선 및 도로경계선 확인
- 건물위치 확인
    · 경계선 및 각 구조물과의 거리 표시 확인
- 토목시설물 확인
    · 도로, 보도, 각종 포장, 트렌치, 맨홀, 옹벽, 석축, 울타리, 트렌치 및 상·하수도 등

기준점(BM) 표시를 확인한다.
부지 높이(GL : Ground Level) 및 계획 높이(FH : Final Height) 표시를 확인한다.
건물기준 바닥 높이(FL : Floor Level) 표시를 확인한다.
지하실 및 지하구조물 표시와 대지경계선과의 관계 표시를 확인한다.
평면도상에 표시된 측점번호 및 위치와 종·횡단면도(Profile)에 표시된 측점번호와 위치가 일치한지 확인한다.

평면도상에 표시된 레벨(Level)과 단면도에 표시된 레벨이 일치한지 확인한다.
- 지반고, 계획고, 절토고, 성토고 등

범례에 표시된 내용과 일치한지 확인한다.

주기내용을 확인한다.

4) 종·횡단면도를 검토한다.

종·횡단면도는 평면도에 표시된 위치의 절단면과 일치한지 확인한다.
부지경계선 표시와 건물과의 거리 표시는 평면도에 표시된 내용과 일치한지 확인한다.
부지경계선과 지하 또는 지상 건물과의 이격관계 표시가 건축 주단면도 내용과 일치한지 확인한다.
계획 지반고(GL) 및 기준층 높이(FL) 표시가 건축 주단면도에 표시된 내용과 일치한지 확인한다.
지하층의 깊이 및 지상층의 높이 표시가 건축 주단면도 내용과 일치한지 확인한다.
- 부지경계선을 지하 또는 지상구조물이 침범했는지 확인

토질층 표시는 지질조사 내용과 일치한지 확인한다.
기초(Footing) 밑바닥 위치 표시 확인 및 설치위치는 계획된 소요 지내력을 가진 토질층에 설치되는지 확인한다. 또한 말뚝기초인지도 확인한다.
말뚝이 설치될 수 있는 지층에 있는지 확인한다.
- 말뚝이 경암 또는 연암층에 설치되었는지, 아니면 토사 또는 성토층에 설치되었는지 확인한다.

5) 단지조성 도면을 검토한다.

대지경계선과 관련하여 작업범위를 확인한다.
절·성토 높이 또는 마감선 높이 표시를 확인한다.
종·횡단면도 위치 표시와 평면도에 단면 위치 표시가 일치한지 확인한다.
종·횡단면도에 표시된 축척, 수치 및 레벨은 정확한지 확인한다.
종·횡단면도에 표시된 구조물의 위치가 평면도 또는 배치도에 표시된 내용과 일치한지 확인한다.

지층 단면전개도(Profile)에 지하매설 시설물 표시를 확인한다.
    -지하 매설물이 모두 표시되었는지 확인
    -지하 매설물 간의 간섭 또는 이들과 간섭받는 시설물이 있는지 확인

6) 상수도시설 도면을 검토한다.

상수관로 위치 표시가 정확한지 확인
배관자재 재질 및 규격 표시가 적정한지 확인
건물내 상수 배관과의 연결점을 표시하였는지 확인
시수도와 연결지점을 표시하였는지 확인
연결지점의 밸브와 재질 및 규격이 명확히 표시되었는지 확인
옥외소화전과의 연결관계 확인
상수도 시방서 내용과 일치한지 확인
관 매설 표준상세도는 작성되었는지 확인
상수분기점 밸브 맨홀상세도는 작성되었는지 확인
주기 확인

7) 우수계획 평면도를 검토한다.

토목공사계획 평면도와 일치한지 확인한다.
범례(구조물 기호) 표시내용과 평면도에 표시된 내용이 일치한지 확인한다.
- 명칭, 규격, 재질 등 표시 확인

우배수계획 시설은 유역 분할 개념과 일치한지 검토한다.
- 분할된 유역에 배치된 집수정, 빗물받이, 트렌치 및 물 흐름 방향 표시의 적정성 확인

토목구조물에 계획 높이가 모두 표시되었는지 확인한다.
- 단지 배수계획에 적정한 높이인지 확인한다.

건물 기준층 바닥 높이(레벨)와 주변지반 표면 계획 높이가 명확히 표시되었는지 확인한다.
- 기준층 바닥 높이와 주변 지반 높이와의 차이가 적정한지 확인

물흐름 구배(표시)는 적정한지 확인한다.
- 건물 주변 배수구배계획이 적정한지 확인

물이 유입되는 집수정, 빗물받이(우수통) 또는 도랑(트렌치) 상단의 레벨 표시는 명확히 되었는지 확인한다.
- 대지 배수 상단 레벨과 하단 또는 배수구 레벨과 비교해 본다.

기존 우수·배수로 및 맨홀 위치는 명확히 수치로 표시하였으며 현황측량 내용과 일치한지 확인한다.
구조물 수량 집계표 규격 및 수량은 정확한지 확인한다.

기존 배수로 관경 표시와 흐름 방향 표시를 확인한다.
계획된 우수·배수로 위치 및 맨홀위치는 수치로 명확히 표시되었는지 확인한다.
계획된 배수로의 관경 및 길이는 표시되었는지 확인한다.
기존 배수로와 연결지점은 표시되었는지 확인한다.
집수정 또는 빗물받이(지붕 홈통 또는 측구)로부터 주배수로 관과의 연결배관은 명확히 표시되었는지 확인한다.

각 시설물의 상세도 작성을 확인한다.
- 배관, 맨홀, 트렌치, 우수통, 집수정 등의 재질, 규격, 설치방법 등

집수구와 우수통 연결 배수관의 크기가 적정한지 확인한다.
시방서 내용과 일치한지 확인한다.
주기내용을 확인한다.

8) 우수 종단면도를 검토한다.

종단면도 구간이 평면도와 일치한지 확인한다.
배수관 규격과 배관 길이가 우수평면도에 표시된 내용과 일치한지 확인한다.
맨홀 위치의 지반고가 우수평면도에 표시된 높이와 일치한지 확인한다.
관저고와 계획고 및 토피고를 확인한다.
횡단면도와 일치한지 확인한다.
맨홀과 맨홀 사이의 배관 기울기가 적정한지 확인한다.
- 구배(%) 수치 확인 및 배수구배로서 적정한지 확인

각종 상세도 작성을 확인한다.
- 관 연결, 맨홀과 관 연결, 기존 배수로와 연결 등

9) 우수 및 오수 배관 상세도를 검토한다.

관 기초 상세도를 검토한다.
  − 단면도 및 측면도 확인
    · 기초 두께, 폭, 기초 재료 표시 및 치수표 확인
관 접합 상세도를 검토한다.
  − 관 표준 단면도 확인
    · 관 내·외경, 관 두께, 접합점 지수재(고무링 등) 및 모르타르 품질 표시 확인

－소켓 고무링 접합 시공순서 확인
　　　　·접합순서 도시 및 설치방법 기술(記述)내용 확인
맨홀 형태별 상세도를 검토한다.
　　　－평면상세도
　　　　·맨홀 내·외경 및 두께, 배관위치, 단면위치 표시
　　　－단면상세도
　　　　·맨홀 내·외경 및 두께, 기초 크기와 두께, 사다리 간격, 맨홀뚜껑 직경, 맨홀 높이, 상판 및 뚜껑 윗면과 포장면과 일치 표시
　　　－상판 상세도
　　　　·상판 직경 및 두께, 맨홀뚜껑 직경 및 위치, 배근 표시
　　　－사다리 상세도
　　　　·사다리 재질 및 규격, 고정, 간격 표시
　　　－재료표
　　　　·콘크리트, 거푸집, 잡석, 모르타르의 사용 개소별 품질 규격, 단위 및 수량 표시
　　　－형틀 자재 및 설치 상세도
　　　－P.E 원형 맨홀 규격 상세도
　　　－인버트 상세도
　　　－맨홀뚜껑 상세도
　　　　·차도, 보도 맨홀 구별 여부 확인
집수정 상세도를 검토한다.
· 평면도 및 단면도, 스틸그레팅, 그레팅받이, 배관위치, 가로, 세로, 높이, 집수정 윗면과 주변마감과 일치 및 재료표 표시
트렌치 상세도를 검토한다.
· 평면도, 단면도, 폭, 깊이, 두께, 스틸그레이팅 규격, 그레이팅 받침 및 재료표 표시
빗물받이 상세도를 검토한다.
· 지붕 홈통 빗물받이 및 도로 빗물받이 표준상세
연결 상세도를 검토한다.
· 재료, 규격, 꺾임, 주배수로와의 연결, 소켓, 각종 곡관 등 연결 상세도, 수밀 고무시트 시공도, 콘크리트 분기관 연결 조립도 및 재료 규격별 치수표 표시
맨홀과 배수관 연결 및 소켓 고무링 접합 시공순서 등 상세도를 검토한다.

기타 상세도를 검토한다.

10) 오수관 시설 도면을 검토한다.

하수관로 위치 표시가 정확한지 확인
하수관 자재 재질 및 규격 표시가 적정한지 확인
맨홀 위치와 종류 및 간격은 정확히 표시되었는지 확인
배관 구배 표시는 적정한지 확인
배관 종·횡단면도에 표시된 맨홀 및 관 레벨 표시는 정확하며 평면 배관도에 표시된 내용과 일치한지 확인
물흐름 방향과 구배 표시는 적정한지 확인
건물내 배관과 연결점은 명시되었는지 확인
맨홀 및 관 매설 표준상세도는 작성되었는지 확인
관 연결 상세도는 작성되었는지 확인
기반시설 하수관로의 레벨과 새로 설치되는 관로의 레벨을 비교하여 확인
 • 특히 역구배 경우가 발생하는지 확인
집수정 또는 도랑(Open Ditch)과 연결점의 상세도면을 작성되었는지 확인
시방서 내용과 일치한지 확인
하수관 및 우수관 설치가 다른 공사 시설물과 간섭되는지 확인
맨홀뚜껑면 높이(레벨)가 주변 포장면 높이와 같도록 설계되었는지 확인
주기내용을 확인

11) 포장계획 평면도를 검토한다.

건축배치도 및 토목 공사계획 평면도에 표시된 내용이 일치한지 확인한다.
포장 종류가 명확히 구별되게 표시되었는지 확인한다.
포장 종류별로 작업 범위가 수치(數値)로 표시되었는지 확인한다.
 • 축척을 사용하지 않고 표시된 치수로 해당 면적을 계산할 수 있도록 크기를 수치로 표시
각 종류 포장의 계획 높이가 표시되었는지 확인한다.
각 종류 포장의 표면구배가 표시되었는지 확인한다.
조경포장계획과 중복된 포장이 있는지 확인한다.
 • 기존 시설물 및 계획 시설물(조경 및 지하 시설물 등)
각 포장 종류별로 표준 단면상세도가 작성되었는지 확인한다.

- 콘크리트포장, 아스팔트 콘크리트포장, 점토포장, 블록포장 등의 재질, 규격 표시 등

포장과 관련 부속시설물 표시와 상세도는 명확히 표시되었는지 확인한다.

- 차도경계석, 보도경계석, L형 측구 등의 재질 및 규격 표시 등

포장시방서 내용과 일치한지 확인한다.

- 자재, 규격, 시험, 검사 및 시공방법 등

주기내용을 확인한다.

- 특히 포장시공에 대한 기술이 있는지 확인

12) 옹벽도면을 검토한다.

옹벽 평면도를 검토
- 옹벽 표시가 범례 내용과 일치한지 확인
- 옹벽 측점위치 및 레벨 표시를 확인
- 옹벽 길이가 형태별로 집계표 물량과 일치한지 확인

옹벽 전개도 검토
- 측점, 거리, 지반고, 옹벽 상단고, 옹벽 하단고가 평면도에 표시된 내용과 일치한지 확인
- 옹벽의 길이가 평면도에 표시된 길이와 일치한지 확인

옹벽 상세도 확인
- 단면 규격 확인
- 철근 상세 및 배근 확인
- 배수파이프 재질, 규격 및 설치 상세도 확인
- 배수파이프 배면 드레인보드(Filter 시설) 상세도 확인
- 재료표의 규격 및 수량 확인

옹벽 시방서 내용과 일치한지 확인한다.
주기내용을 확인한다.

13) 기타

1.3.2.2 흙막이 설계도서 검토

(참고) 토목분야 전문기술자의 협력을 받아야 할 공사

① 깊이 10m 이상의 토지 굴착공사
② 높이 5m 이상의 옹벽 등의 공사를 수반하는 건축물

1) 흙막이 설계도서 일반 검토

'설계도서 문서'를 확인한다.
- 표지 및 목록 확인
- 사업명칭 확인
- 문서부수 확인
- 쪽수 누락 또는 쪽수 표시 누락이 있는지 확인
- 인쇄가 잘 안된 부분이 있는지 확인

설계자 또는 사업자를 확인한다.
- 설계자격 확인
  · 면허등급 및 번호
- 사업등록 확인
- 설계자의 날인 확인
- 작성일 확인

공사개요 및 적용 공법을 검토한다.
- 공사명
- 위치
- 공법
  □ 공법
  □ 지반보강 및 차수공
  □ 자재
  □ 지지 시스템

공사시 고려되어야 할 사항을 검토한다.
- 터파기 지역 흙막이공법 선정
  · 흙막이벽의 종류와 특징 및 장단점 비교 등
- 터파기 지역 안전시공에 대한 계획
  · 일반 및 비상시 대책 등
- 흙막이공 변위에 따른 배면토의 이동으로 인한 침하
  · 침하 및 변위의 한계 등

- 되메우기 부위의 장기침하에 대한 대책
    - 다짐재료 선정 및 다짐 등
- 지하매설물 및 인근 시설물 보호에 대한 사항
    - 지하매설물 조사 등
- 지하수 유출에 대한 대책
    - 우수 유입 및 지표수 유입 등
- 굴착시 진동에 대한 피해대책
    - 충격 진동, 정상상태 진동 등
- 배수계획
- 시공감리

터파기공사 시공계획을 확인한다.
- 흙막이벽 설치 시공계획
- 터파기공사 계획

공사시방서를 확인한다.
- 일반시방서
- 특별시방서

흙막이공 구조계산서를 확인한다.(전문기술인 검토)
- 공법
- 사용재료
- 강재의 허용응력도
- 적용 설계 Parameter
- 과재하중
    - 토류벽 배면에 인접한 지역의 하중 고려
- 굴착심도 및 말뚝간격 또는 벽(Wall)
- 지층 개요
- 해석
- 해당 현장 흙막이 설계를 위한 토질정수 산출 근거
- 토류벽 해석시 적용 Parameter
- 안정성 검토

2) 엄지말뚝공법(H-Pile+흙막이판공법)

도면표지, 목록작성 및 도면번호 확인

평면, 단면, 전개도 치수 기입 및 치수 일치 여부 확인

부지경계에 대한 표기 여부(구조물과의 이격거리 표시 등)

굴토깊이 및 지반고 확인(토층 확인 : 지반조사 보고서 일치 여부)

엄지말뚝 간격, 길이 및 규격 확인

엄지말뚝 근입 길이 확인

토류판 규격 및 재질 확인

상세도(H-Pile 이음 및 지보공과 연결상세) 확인

구조계산과의 일치 여부 확인(토층 일치 여부)

엄지말뚝과 구조물과의 간격 확보 확인

구조물과 띠장 간의 공간(작업공간) 확보 확인

띠장 및 버팀대(Strut) 위치가 건물 층별 시공에 지장이 있는지 검토

어스앵커(Earth Anchor)를 설치하는 경우
- □ 어스앵커 시스템 상세도 확인
- □ 어스앵커 자재 규격 및 재질 규준 확인
- □ 어스앵커 설치방법 확인

시방서 내용과 일치한지 확인

주기내용을 확인

3) 강널말뚝공법(Sheet Pile공법)

도면표지 및 목록작성 및 도면번호 확인

평면, 단면, 전개도 치수 기입 및 치수 일치 여부 확인

부지경계에 대한 표기 여부(구조물과의 이격거리 표시 등)

굴토 깊이 및 지반고 확인(토층 확인 : 지반조사 보고서 일치 여부)

Sheet Pile 규격 및 길이 확인

Sheet Pile 근입 길이 확인

상세도(연결부, 지보재와의 연결상세 등) 확인

구조계산과의 일치 여부 확인(토층 일치 여부)

시방서 내용과 일치한지 확인

주기내용을 확인

4) C.I.P.공법(Cast In Place Pile공법)

도면표지, 목록작성 및 도면번호 확인
평면, 단면, 전개도 치수 기입 및 치수 일치 여부 확인
부지 경계에 대한 표기(구조물과의 이격거리 표시 등) 확인
굴토 깊이 및 지반고 확인(토층 확인 : 지반조사 보고서 일치 여부)
CIP 설치 간격과 구조계산서와 일치 여부 확인
CIP 천공경 및 간격 확인
CIP 시공 심도 표시 확인
철근망 조립과 철근량(철근 규격 및 개수) 표시 확인
Cap 및 철근망 조립 상세도 작성 확인
레미콘 규격 표시 확인 또는 시멘트 모르타르 사용시 규격(강도 또는 배합비) 표시 확인
구조계산과의 일치 여부 확인
시방서 내용과 일치한지 확인

5) S.C.W.공법(Soil Cement Wall공법)

도면표지 및 목록작성 및 도면번호 확인
평면, 단면, 전개도 치수 기입 및 치수 일치 여부 확인
부지 경계에 대한 표기 여부(구조물과의 이격거리 표시 등)
굴토 깊이 및 지반고 확인(토층확인 : 지반조사 보고서 일치 여부)
S.C.W 천공 규격 및 H-Pile 간격 및 심도 확인
상세도(H-Pile과 지보공과의 연결상세) 확인
구조계산과의 일치 여부 확인
시방서 내용과 일치한지 확인
주기내용을 확인

6) 지하연속공법(Slurry Wall공법)

도면표지 및 목록작성 및 도면번호 확인
평면, 단면, 전개도 치수 기입 및 치수 일치 여부 확인
부지 경계에 대한 표기 여부(구조물과의 이격거리 표시 등)
굴토 깊이 및 지반고 확인(토층 확인 : 지반조사 보고서 일치 여부)
각 Panel별 굴착계획 확인

안내벽(Guide Wall) 설치위치 및 상세도 작성 유무 확인
지하연속벽 두께 및 배근방법 및 배근량 적정성 확인
암반부에서의 처리방법 표현 확인
구조계산과의 일치 여부 확인
시방서 내용과 일치한지 확인
주기내용을 확인

7) 흙막이공법의 적정성 검토

지반조사를 실시하였는지 확인
흙막이 구조물의 안정성 검토를 하였는지 확인
인접 지반의 침하 및 변형 예측 검토를 하였는지 확인

> **참고** **침하요인 검토**
> ① 엄지말뚝 및 토류판으로 지지되는 토류벽의 변위에 따른 배면토의 이동으로 인한 침하
> ② 지하수 유출시 토사가 함께 배수되어 발생되는 침하
> ③ 배수에 의한 점성토의 압밀침하
> ④ 굴착 바닥이 연약한 지반인 경우 지반의 융기(Heaving), 사질지반의 경우 보일링(Boiling)으로 인한 배면지반의 압밀침하
> ⑤ 토류판 설치시 뒤채움 시공불량으로 인한 배면지반의 이동 및 침하
> ⑥ 엄지말뚝 인발시 진동 및 인발 후의 처리 불량에 따른 침하
> ⑦ 2차적인 원인으로써 상기에 열거한 1차적인 원인에 의해 발생된 침하로 인접된 상·하수도관 파손이 야기되어 일시적으로 많은 물이 유출되어 토사가 다량 유출됨으로써 발생하는 함몰 침하

진동에 관한 규제에 저촉되는 문제가 있는지 확인
소음에 관한 규제에 저촉되는 문제가 있는지 확인
분진에 관한 규제에 저촉되는 문제가 있는지 확인
자격 있는 관계전문기술자의 협력을 받았는지 확인
- 깊이 10m 이상 옹벽 또는 흙막이벽 설치의 경우

8) 계측 설계도서 검토

계측 항목의 선정은 적정한지 확인한다.
- 벽체 및 벽체 두부의 수평변동 – Inclinometer
- Strut, 벽체의 응력 – Strain Gauge

- Anchor의 축력 및 변형 – Load Cell
- 벽체에 작용하는 토압 – Pressure Cell
- 지하수위 및 간극수압 – Water Level Meter, Piezometer
- 인접 구조물의 기울기 – Tilt Meter
- 진동 및 소음 – Vibration Monitor

계측위치 및 표시는 적정한지 확인한다.
- 토류 구조물을 대표하는 장소인지 확인
- 인접해서 중요 구조물이 있는 장소인지 확인
- 토류 구조물이나 지반에 투수조건 등이 공사에 영향을 미칠 것으로 예상되는 장소인지 확인
- 안정성이 가장 취약하고 토압 변형 및 응력이 가장 많이 발생할 수 있는 장소인지 확인
- 설치 가능한 장소인지 확인
- 장기간 유지에 지장이 없는 장소인지 확인
- 계측 위치 표시는 명확히 표시되었는지 확인
- 측정 위치 개소는 정확한지 확인

측정기기 설치방법은 기술되었는지 확인한다.
- 설치 상세도는 작성되었는지 확인
- 설치 설명서는 기술되었는지 확인
- 계측 시방서는 작성되었는지 확인
- 계측 설계도와 시방서 내용이 일치한지 확인

1.3.2.3 부력(양압력 : Uplif Pressure) 검토

1) 양압력을 극복하기 위해 어떤 방법이 선정되었는지 확인한다.

사하중에 의한 방법
영구 앵커(Holding Down Anchor)
배수에 의한 방법(영구배수 처리방법)
조합형 및 기타 방법

2) 사하중(Dead Weight or Pre Loading)에 의한 방법을 검토한다.

지하수위가 비교적 낮고 얕은 지하굴착의 경우인지 확인
순수하중과 외부마찰력의 합이 양압력보다 큰지 확인
- 양압력 계산은 적정한지 확인
  · 지하수위 측정치의 타당성 검토(우수기의 측정치, 유입수 유무 고려)
- 건물의 순수하중 계산은 적정한지 확인
  · 순수하중계산은 실제로 작용하는 하중만 계산
- 건물 외부에 작용하는 마찰력 계산은 적정한지 확인
  · 안전율 적용의 타당성 검토

3) 영구 앵커(Holding Down Anchor)에 의한 방법을 검토한다.

순수하중, 외부 마찰력 및 영구 앵커력의 합이 양압력보다 큰지 확인
- 양압력 계산은 적정한지 확인
  · 지하수위 측정치의 타당성 검토(우수기의 측정치, 유입수 유무 고려)
- 건물의 순수하중 계산은 적정한지 확인
  · 순수하중 계산은 실제로 작용하는 하중만 계산
- 건물 외부에 작용하는 마찰력 계산은 적정한지 확인
  · 안전율 적용의 타당성 검토
- Rock Anchor 분담 저항응력 계산은 적정한지 확인
  □ 앵커루트(Anchor root) 안정
  □ Friction Cylinder의 안정
  □ 앵커시스템의 안정(Anchor Head 및 Tendon의 인장파괴, Anchor Steel과 그라우팅과의 Slip 파괴)

영구 앵커시스템(Anchor System) 확인
• Rock Bolt, Single or Multiple Tendon
앵커 위치는 명확히 표시되었는지 확인
앵커의 종류(Type)별 설치 개소는 정확한지 확인
앵커 상세도는 정확히 작성되었는지 확인
• 앵커시스템, 재료, 규격, 설치방법 또는 재질 표시
앵커시스템의 재료 및 규격은 명확히 표시되었는지 확인
앵커 시방서는 작성되었는지 확인
설계도면에 표시된 내용은 앵커 시방서 내용과 일치한지 확인

앵커 설치 주변구조물 보강방법 확인

앵커 설치로 인한 방수문제가 있는지 확인

주기를 확인

4) 배수에 의한 방법(Permanent Under Drainage System)을 검토한다.

> **참고** 배수에 의한 방법
> ① 외부 배수시스템(Exterior Drainage System)
> ② 기초바닥 배수시스템(Permanent Under Drainage System)
> ③ 내·외부 배수시스템
> ④ 조합형 및 기타 공법

배수공법에 대한 보고서 작성 확인
- 보고서가 작성되었는지 확인한다.
  - 보고서가 문서로서 갖추어야 할 요소를 검토
  - 보고서가 자격 있는 전문가가 작성되었는지 확인

배수공법에 대한 일반사항 검토
- 내용 검토는 토질분야 전문기술자가 검토해야 할 사안이므로 다음 사항을 검토하였는지 확인한다.
  - 지반조사를 시행하였는지 확인
    · 보링조사, 실내시험, 현장투수시험, 지하수위 등
  - 예상 유입량 산정은 적정한지 확인
    · 지반조사 결과를 합리적으로 분석하여 각 지층에 대한 대표적인 투수계수를 결정한다. 그리고 유선망을 사용하여 전체 예상 유입량을 산정한다.
  - 배수량 감소기능을 가진 적용된 구조물 및 보조공법의 적정성 확인
    □ 지하연속벽 : 연속벽을 투수성이 낮은 지반까지 시공하여 지하수의 유입 차단(Cut-Off 작용)
    □ Soil Cement Wall, Sheet Pile 등 : 지하연속벽에 비하여 차수효과가 떨어짐.
    □ 그라우팅공법 : 절리가 발달된 암반은 그라우팅으로써 Curtain Wall을 형성
  - 배수시 발생 가능한 문제점 및 대책을 검토
    □ 파이핑 및 Subsurface Erosion 현상 검토
    □ 주변 침하현상 검토
  - 양압력에 의한 구조물에 작용하는 문제를 검토

□ 건물 전체의 무게와 지하 외벽과 흙과의 마찰력과의 균형
  □ 저층부의 경우 양압력에 의한 모멘트와 건물 자중에 의한 저항모멘트의 균형
  □ 대단면 스팬 슬래브일 경우 중앙부에서 발생되는 양압력 대한 균형
 -드레인·필터 설계는 적정한지 확인
  □ 간극의 크기가 적정하여 물이 빨리 빠져나가고 흙의 유실 방지
  □ 유공관은 직경이 75mm 이하, 배수 Slot Width>1.2~1.4, 배수공 직경 >1.2~1.2
  □ 필터 재료는 No. 200체 통과율이 5% 이하
  □ 암반일 경우 Plastic Filter Cloths(드레인 보드)를 부분적으로 대체하여 사용

집수정(Sump Pit) 배치 및 규격은 적정한지 확인
• 집수정 구조, 규격, 용량 및 유효고 표시

디치(Ditch) 상세도는 명확히 작성되었는지 확인
• 윗면, 아랫면, 깊이 및 배수관 규격과 설치위치 표시

집수정과 디치, 유공관·다발관과의 연결은 상세히 표시되었는지 확인

배수펌프 용량 및 제어수단이 적정한지 확인

설계된 배수필터 자재(토목섬유)의 재질 및 규격은 표시되었는지
• 중량(230g/㎡ 이상), 투수계수$\{a \times 10-1(a=1~9)\}$

설계도면에 설치방법이 기술되었는지 확인

설계도면 내용과 시방서 내용과 일치한지 확인

주기를 확인

배수계획도면(기초바닥 배수시스템)을 검토
• 도면 중심으로 검토

(1) 설계조건 확인 및 설계도면 검토

 ① 설계조건 확인

개요

배수시스템 적용 목적

지반조건
 -지층 개요
 -수리 특성
  □ 설계 지하수위
  □ 각층의 투수계수

② 배수시스템 설치공사

시공천장 깊이 및 순서
- 배수로 설치
- 유도로 설치
- 여과섬유(Filter cloth) 깔기
- P.E필름 설치
- 기타

투입재 품질기준 및 검측방법
- 자재의 재질, 규격, KS 규격 및 검사기준 기술 확인
    - 배수로 재료
        · 유공관, 다발관 등
    - 유도수로 재료
    - 여과 섬유(Filter cloth)

일반사항
- 제조자, 제품설명서, 시험성적서, 견본 제출 등
- 전문가의 컨설팅 사항 등
- 다른 분야와 협조 등

특기사항
- 설계변경 조건 등 기술

③ 유지관리 관련 사항

Sump Pit 내부에 폐수 및 이물질 유입 금지

주기적 점검 및 청소 등

(2) 설계도면 검토

① 배수계획 평면도 검토

건축도면과 일치한지 확인

바닥레벨 표시는 명확히 기재되었는지 확인

바닥레벨 표시는 주기에 표시된 부호와 일치한지 확인

바닥레벨 표시는 배수계획 단면도에 표시된 바닥레벨 표시와 일치한지 확인

바닥레벨 표시는 건축, 구조 및 터파기 계획도면과 일치한지 확인
배수로, 유도수로, 집수정 위치 표시가 명확한지 확인
배수로, 유도수로, 집수정의 명칭, 재료 및 규격 표시가 되었는지 확인
주기내용 확인

② 집수정 상세도면을 검토
집수정 위치를 수치로 명확히 표시되었는지 확인
집수정 크기(규격) 및 재질은 명확히 표시되었는지 확인
집수정 구조 표시는 명확히 표시되었는지 확인
용량 및 유효고 표시는 기재되었는지 확인
배수로와 연결부위(또는 슬리브) 상세 표시는 되었는지 확인

③ 배수로 및 유도수로 상세도 검토
배수로 및 유도수로 상세도는 작성되었는지 확인
배수로 및 유도수로 연결 / 이음 상세도는 작성되었는지 확인
배수로 및 유도수로 연결 / 이음 상세도는 형태(Type)별로 작성되었는지 확인
각 상세도는 치수가 모두 기재되었는지 화인
각 상세도는 설치에 대한 시방서 내용과 일치한지 확인
주기를 확인

④ 배수시스템 연결 소켓 상세도 검토
형태별로 모두 작성되었는지 확인
재질, 규격 및 치수는 누락이 있는지 확인
시방서 내용과 일치한지 확인
주기를 확인

1.4 조경도면 검토

- 설계도서 검토의 대상은 조경도면 디자인이 잘되고 못됨을 검토하는 것이 아니라 설계도면으로서 갖추어야 할 요건을 갖추었는가를 점검하는 것이므로 표시 누락, 오기, 타 시설물과 중복, 품질요건 표시, 불일치, 불합리한 표현 등만을 점검하는 것이다.
- 설계자 또는 전문기술자 검토가 요구되는 것은 '(설계자 검토), (전문기술인 검토)'라 표시하였다.

1.4.1 기본 검토

- 여기(기본 검토)에서는 초급기술자를 위하여 검토이유, 절차, 방법 등을 더하여 설명적으로 작성하였다.

조경계획도면과 건축배치도와 일치한지 확인한다.
- 건축배치계획과 조경계획을 조정 및 확정시키는 과정이 철저하지 아니할 경우 건축배치도면과 조경계획도면이 일치하지 않는 경우가 발생한다.

조경도면과 토목배치도면과 간섭되는 것이 있는지 확인한다.
- 토목분야에서 건물 외부 배수, 급수, 포장, 주차, 보도, 경계석 설치, 맨홀 설치 등을 계획하고, 조경분야에서도 토목과 유사한 시설물을 계획하게 됨으로써 설계도서 작성관리가 부실할 경우 서로 간섭되거나 중복되는 경우가 발생한다.

타 분야 시설물과 겹침 및 간섭되는 것이 있는지 확인한다.
- 외부시설 전반을 조경전문가에 의해 종합적으로 계획할 경우 별로 문제되지 않으나, 조경에 포함된 내용이 간단한 조경시설이거나 식재에 불과할 경우에는 토목시설(바닥마감, 경계석, 트렌치 커버 등), 전기시설(외부 변전시설, 전주, 외등 등), 통신시설(감시 카메라, 옥외용 스피커), 기타(광고판, 안내판, 쓰레기통 등), 자동차 관리시설 등과 겹치거나 부조화를 일으키는 경우가 많으므로 타 공종에 나타난 시설물을 하나하나 꼼꼼히 점검할 필요가 있다.

조경시설물의 위치 및 범위가 명확히 표시되었는지 확인한다.
- 조경도면은 비교적 작은 축척 위에 여러 가지 그림이나 기호로 표시하는 경향이 있어 디자인 범위와 정확한 시설물 위치가 표시되지 않는 경우가 종종 발견된다.

축적이 작은 도면이라 하더라도 수치로 빠짐없이 작업범위를 나타내주어야 물량 산출과 시공에도 무리가 발생하지 않아 시공품질이 확보된다.
  - 조경시설물 위치와 명칭이 누락 없이 모두 표시되었는지 확인
  - 조경시설물 설치범위가 명확히 표시되었는지 확인
  - 조경계획 부분에 타 시설물 설치가 있는지 확인

조경시설물과 식재 계획표상의 수량이 도면에 표시된 수량과 일치한지 확인한다.
- 수목과 조경시설물을 종류별로 귀찮더라도 일일이 점검하여 계획표에 나타난 수량과 일치하는지 확인해야 한다.

도면에 표시된 시설물 및 식재의 종류, 규격과 품질이 시방서 내용과 일치한지 확인한다.
- 설계과정에서 시방서 작성시 누락 또는 작성 후 조경계획을 변경하거나 예산 조정 상 변경이 발생할 경우 도서작성 관리 부실로 설계도면과 시방서간에 불일치가 발생한다.

각종 맨홀과의 간섭은 없는지 확인한다.
- 조경계획 부분에 토목 급배수 맨홀, 전기 및 통신 급배수 맨홀, 가스 맨홀 등 많은 맨홀 등이 조경계획에 간섭되는 경우가 많으므로 점검자는 반드시 맨홀 간섭 여부를 확인할 필요가 있다. 비교적 큰 맨홀이 조경부분에 있는 경우 조경효과는 반감되므로 조경 설계자는 설계 시 타 공종의 맨홀 배치가 계획된 것이 있는지 반드시 확인함이 바람직하다.

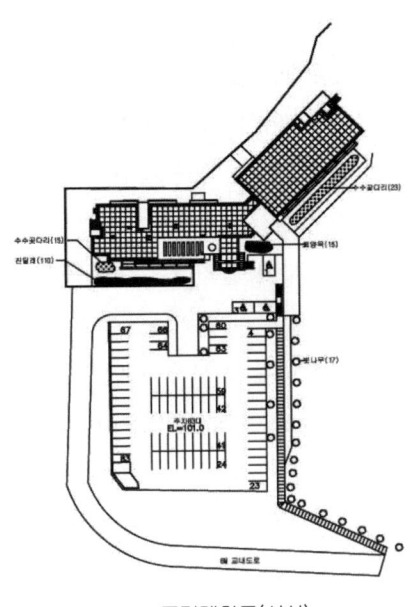

조경계획도(신설)

■ 조경 식재표

그림 56 조경계획 예

플랜트 박스 내부 물구배와 배수 물구배는 적절한지 확인한다.
- 플랜트 박스 내부에 물이 고이지 않도록 설계되었는지 또는 박스 배수구로 나온 물이 고이지 않도록 적정히 물구배가 계획되었는지 확인해야 한다. 물이 고일 경

우 미관으로나 관리상에 나쁠 뿐 아니라 누수를 일으키는 원인이 되고 겨울철에는 빙판이 생겨 통행안전에 지장을 준다.

플랜트 박스의 급수 및 배수경로는 확인되었는지 확인한다.
- 플랜트 박스에 급수시설 유무를 확인하고 급수시설이 있을 경우 어디에 연결되며 동파대책은 되어 있는지, 밸브 박스는 어떻게 어디에 설치하는 것인지 검토하고 특히 플랜트 박스로부터 흘러나오는 물을 어떠한 방법으로, 어느 방향으로, 어느 배수시설에 연결할 것인지 확인해야 한다. 종종 배수문제를 구체적으로 고려하지 않아 관리상으로나 미관상 문제를 일으키는 경우가 많다.

조경시설물 및 설치 상세도는 작성되었는지 확인한다.
- 일반적으로 조경시설물 명칭과 규격만 대충 기재되어 있어 구체적으로 시설물의 제작 설치에 대한 도면, 상세도 또는 시방서가 누락되어 적정한 품질 규정이 부실하여 가격 결정 및 시공품질 확보에 지장이 많다.

조경으로 인한 하중(흙 및 조경시설)은 구조계산에 고려되었는지 확인한다.
- 설계 당초부터 조경하중을 고려하지 않거나 설계과정에서 조경시설을 계획함으로써 지붕, 발코니, 지하층 상부 1층 슬래브 등에 계획되지 않은 막대한 조경하중이 작용하여 구체 구조물의 파괴를 유발하는 경우가 많이 발생하므로, 조경계획하중을 구조계산에 반영되었는지 반드시 확인해야 할 일이다.

지붕 조경계획에서 방수와 배수에 문제가 있는지 확인한다.
- 화단 설치구조가 방수층을 손상시킬 우려가 있는 구조인지 확인
- 화단 배수구의 규격과 위치가 적정한지 확인

식재(植栽)에 사용되는 토양과 영양제는 시방서에 규정되어 있는지 확인한다.
- 비료 종류 및 시비에 대한 시방서 내용을 확인한다.

조경시설물 및 수목 등 품질이 시방서 내용과 일치한지 확인한다.

조경도면에 기재된 모든 【주기(朱記) : notes】를 확인한다.
- 일반적으로 도면 작성자가 도면 오른쪽 부분에나 밑에 어떤 모양의 그림이나 문자로 표시하여 설계품질(品質)을 규정짓거나 이해를 돕기 위하여, 또는 중요성을 강조할 목적으로 기록된 내용이므로 무엇보다 지나쳐 버릴 수 없는 설계품질 기술에 중요한 요소이다. 비록 작은 글씨로 기록되었더라도 반드시 유념하여 확인해야 한다.
  - 【주기】사항이 기록되어 있는지 반드시 확인
    · 【주기】: 주기, 특기, Notes 등

- 【주기】사항에 기록된 내용을 정확히 파악
- 【주기】사항 내용이 설계도서 다른 부분에, 즉 설계도면이나 시방서에 있는 내용과 상치되는 점이 있는지 검토하고 상치되는 점이 있으면 설계도서 해석상 우선순위로 가늠해본다.

설계발주자 또는 조경설계 작성 의뢰자의 요구조건과 일치한지 확인한다.(설계자 검토)
- 요구조건이 있는 경우 설계 의뢰시의 요구조건 내용이 설계에 반영되었는지 설계자 또는 설계 의뢰자는 반드시 검토하여야 한다. 요구조건에 일치한지 검토하기 위하여 요구조건을 공식 문서화해야 하고 검토시에 이를 이용하도록 되어야 한다.
  - 설계 발주자의 요구조건 확인
  - 설계 의뢰자의 요구조건 확인

1.4.2 세부 검토

1. 조경계획도 검토

조경계획도는 건축배치도와 토목배치도와 일치한지 확인한다.
범례내용과 도면에 표시된 내용이 일치한지 확인한다.
조경면적을 계산할 수 있도록 수치 표시는 되었는지 확인한다.
토목시설과 겹치는 부분이 있는지 확인한다.
공개공지와 조경계획 부분과 구분되었는지 확인한다.
조경면적표(구적표)를 검토한다.
- 조경면적을 계산하여 일치한지 확인
- 법정 조경면적이 확보되었는지 확인
  · 대지면적, 조경면적, 녹지율, 어린이놀이터 등 확인

2. 조경식재(植栽) 계획도 검토

조경식재 계획도가 건축배치도와 일치한지 확인한다.
식재 범례(또는 기호)와 일치하게 표시되었는지 확인한다.
식재 명칭 표시는 범례(또는 기호)내용과 일치한지 확인한다.
식재 일람표(수량표)와 일치한지 확인한다.

- 식재종류 확인
- 식재수량 확인
  · 셀 수 있도록 표시된 나무 종류는 모두 세어 확인한다.
- 법정 요구 확인
  · 교목(상록수, 유실수 등), 관목(상록수, 낙엽수 등), 기타

수목 규격은 명확히 표시되었는지 확인한다.
식재 상세도는 작성되었는지 확인한다.
- 관목류 군식 상세도 확인
- 수고별 식재 상세도 확인
- 구덩이 크기 및 형태 확인

지주대 재질, 규격 및 설치방법(상세도) 표시는 되었는지 확인한다.
- 버팀대, 지주대, 담김줄 등

식재 시방서 내용과 일치한지 확인한다.

3. 조경시설물 공사계획도 검토

시설물은 명확히 표시되었는지 확인한다.
- 벤치, 퍼걸러, 음수대, 시소, 조합놀이대, 담장, 옥외조명등, 어린이놀이터 시설 등

시설물 일람표(수량표)와 표시된 내용이 일치한지 확인한다.
- 시설물 종류, 규격 및 수량 확인

시설물 제작에 관한 상세도 작성이 되었는지 확인한다.
시설물 조립 및 설치에 관한 상세도 작성이 되었는지 확인한다.
시방서 내용과 일치한지 확인한다.
주기내용을 확인한다.

4. 포장계획도 검토

건축 및 토목 배치도와 일치한지 확인한다.
포장종류별 표식이 명확히 구별되도록 표시되었는지 확인한다.
- 점토벽돌, 소형 고압벽돌, 우레탄, 고무탄성, 자연석 및 컬러 투수콘포장 등

포장면적을 계산할 수 있도록 수치로 표시되었는지 확인한다.
포장 부속(附屬)시설물은 명확히 표시되었는지 확인한다.

- 각종 경계석 등

각종 포장 및 부속시설물 규격과 수량을 확인한다.
각종 포장 및 부속시설물 표준상세도가 작성되었는지 확인한다.
- 포장명칭, 두께, 재료 등

토목포장계획 시설과 겹치는 것이 있는지 확인한다.
포장시방서 내용과 일치한지 확인한다.
주기내용을 확인한다.

5. 관수계획도 검토

관수계획 범위 표시가 명확한지 확인한다.
범례내용과 도면에 표시된 내용이 일치한지 확인한다.
배관, 밸브, 살수기, 점적관수기, 이음재 및 급수장치와 연결 표시가 명확한지 확인한다.
사용 자재별 종류, 규격, 재질 등이 명확히 표시되었는지 확인한다.
관 매설에 대한 표준설계도는 작성되었는지 확인한다.
관수 시방서와 내용이 일치한지 확인한다.
배수구배 및 배수방법은 명시되었는지 확인한다.
주기내용을 확인한다.

6. 기타 조경시설계획 도면 검토

계획평면도에 해당 시설이 명확히 표시되었는지 확인한다.
수량을 산출할 수 있도록 수치 표시가 되었는지 확인한다.
조경시설물 명칭이 명확히 표시되었는지 확인한다.
사용된 자재의 규격과 재질이 명시되었는지 확인한다.
필요한 상세도 작성은 되었는지 확인한다.
관계 시방서 내용과 일치한지 확인한다.
주기내용을 확인한다.

7. 유지보수 관계 검토

조경수전 설치가 적정한지 검토한다.
조경배수구 위치가 적정한지 검토한다.
수목과 조경시설물 위치가 적정한지 검토한다.

8. 디자인상 고려해야 할 사항 검토

나무가 자라지 못할 곳이 있는지 검토한다.
수목의 크기와 식재 간격의 적정성을 검토한다.
토심이 확보되었는지 확인한다.
식재지역의 기후에 적합한 것을 심었는지 확인한다.
중심목을 선정하였는지 확인한다.
사람이나 차량의 통행을 고려했는지 확인한다.
건물이나 간판과의 관계를 고려하였는지 확인한다.
차폐용과 관상용을 구별하였는지 확인한다.
공사금액에 대한 검토는 하였는지 확인한다.

1.5 기계설비도면 검토

- 기계설비 전문가 수준에서 검토되어야 할 정도의 프로젝트는 설비 전문가가 검토해야 하겠지만, 일반적인 수준에서 기계설비도면을 검토할 때에는 통상적으로 누락되거나 설계도서상에서 서로 상치하거나 현장조건에 맞는지 여부를 검토하는 정도를 대상으로 한다.
- 설계자 또는 전문기술자 검토가 요구되는 것은 '(설계자 검토), (전문기술인 검토)'라 표시하였다.

1.5.1 기본 검토*

- 여기(기본 검토)에서는 초급기술자를 위하여 검토 이유, 절차, 방법 등을 더하여 설명적으로 작성하였다.

도면목록과 설계도면이 일치한지 확인한다.
- 묶여진 도면이 도면목록과 일치한지 확인하는 작업으로서 때때로 도면이 누락되거나 도면순서가 바뀌어졌거나 도면번호 또는 도면명칭이 일치하지 않은 경우가 있다.
  - 우선 도면목록(표)을 확인
  - 도면번호와 명칭을 도면목록과 대조해 가면서 일치한지 확인
  - 도면번호, 도면명칭이 일치하지 않거나 누락된 도면이 있는지 확인

설계 요구조건 내용과 일치한지 확인한다.(설계자 검토)
- 건축주 요구조건, 기계설비 설계를 의뢰할 때 작성된 요구조건 및 엔지니어링 중에 변경 요청된 내용과 일치한지 확인하기 위하여 설계자는 설계 요구조건 및 설계 중 변경 요구한 사항을 행정적으로 유지 및 관리할 필요가 있다.
  - 계약시 건축주 요구조건 확인
  - 기계설비 설계 의뢰시 작성된 설계 요구조건 확인
  - 설계도서 작성 중 요구조건 변경내용(문서 및 메모 등) 확인
  - 설계 의뢰시 요구조건 및 변경 요구조건과 일치한지 확인

모든 기본 기계평면도가 건축평면도와 일치한지 확인한다.
- 설계도면을 손으로 그리던 때와 달라서 컴퓨터로 설계하기 때문에 건축평면도와

달라질 일이 없지만, 설계과정을 미루어보면 설계 도중 변경된 내용을 건축설계자와 기계설계자 사이에 변경정보 전달 및 교환이 적정히 이루어지지 않은 정보관리 미숙인 경우와 작업 중 착오와 오류로 인하여 도면이 서로 일치하지 않은 경우가 발생한다.

- 평면도 명칭과 축척이 일치한지 확인
- 기준선(①,② 또는 ⓐ,ⓑ)과 기준선 사이 및 기준선외의 돌출된 부분과의 거리 치수(Distance)가 건축평면도와 일치한지 확인
  · 큰 치수부터 작은 치수까지 모두 확인해야 한다.
  · 소규모 건축평면도일 경우에는 같은 축척으로 작성된 건축평면도 또는 기계평면도를 투명지(트레이싱지 또는 아크릴지)에 인쇄하여 서로 겹쳐서 비추어 보는 것도 쉬운 검토방법이다.

장비 일람표(스케줄)에 기재된 내용이 도면에 표시된 각 공종 설계도면에 표시된 내용과 일치한지 확인한다.

- 집계된 장비 일람표와 설계도면에 각 공종별로 설계된 내용이 명칭, 규격, 형태, 용량, 수량, 설치위치, 부호 등이 일치한지 확인하는 작업이다.
  - 우선 도면목록에서 장비 일람표를 찾는다.
    · 가능하면 일람표만 따로 복사하여 검토에 사용하면 편리하다.
  - 장비 일람표에 기재사항 등이 누락이 있는지 확인
  - 일람표에 있는 장비를 관련 공종 설계도에서 찾아 각 장비별로 장비명칭, 형태, 규격, 용량, 수량, 위치 및 부호 등이 일람표와 일치한지 모두 확인
    · 점검한 것과 점검하지 않은 것이 구별되도록 색연필 등으로 표시해 가면서 검토하는 것이 좋다.

설계도면에 기재된 주요자재(主要資材)와 장비 일람표에 기재된 장비(裝備) 품질내용이 기계설비 시방서에 설명된 품질내용과 일치한지 확인한다.

- 도면상에 표시된 주요자재와 장비의 품질이 시방서에 기술된 내용과 일치한지 확인하는 작업으로서, 도면 또는 시방서에만 변경·수정되어 일치하지 않은 경우가 있다.
  - 각 공종별로 설계도면을 검토할 때 주요자재 명칭과 표시된 품질내용을 기록(검토양식에)한다.

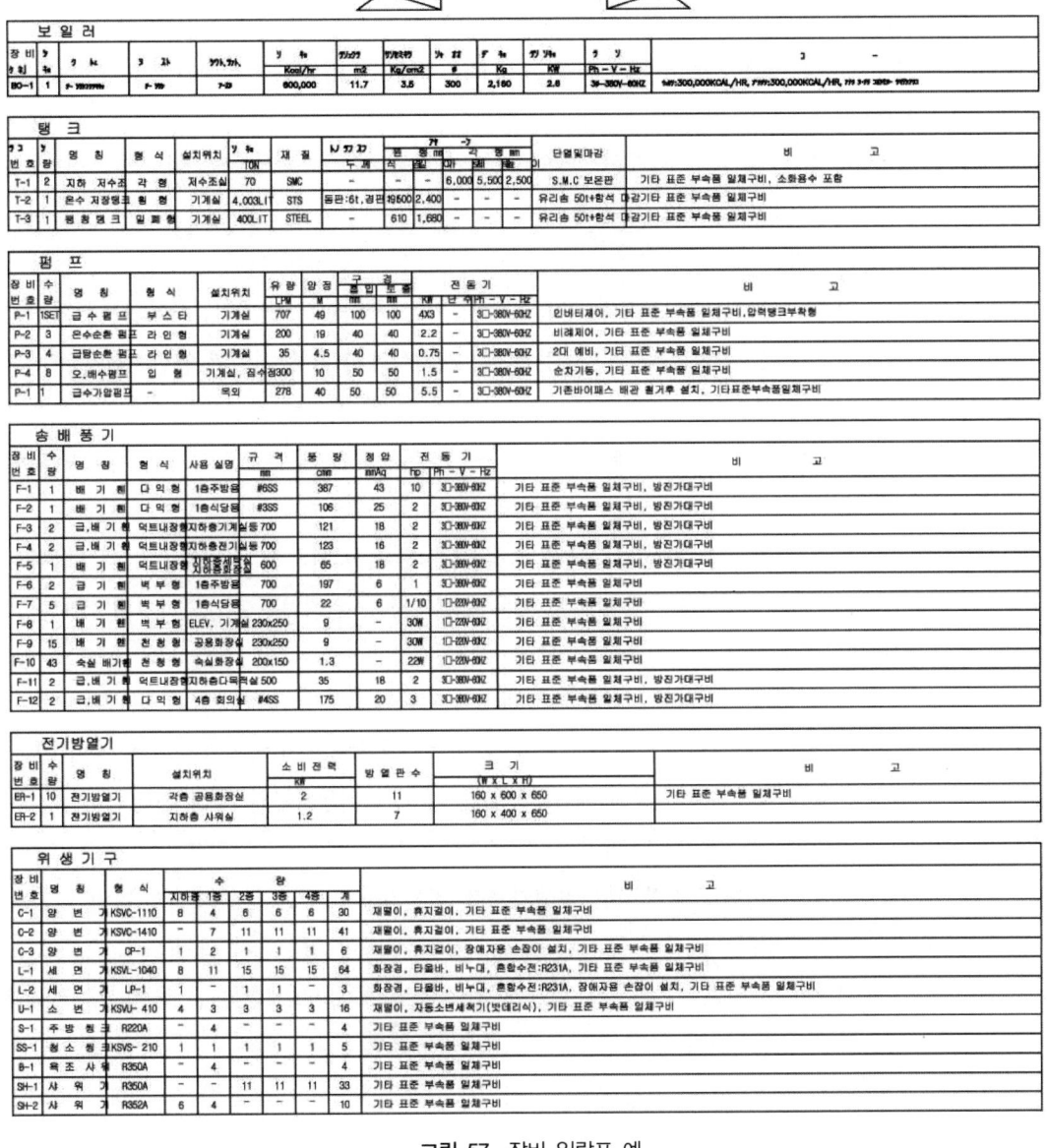

그림 57 장비 일람표 예

- 도면에서 장비 일람표를 확인하고 기록하거나 장비 일람표를 복사한다.
- 기록 또는 복사하여 발췌된 주요자재 및 장비에 관련되는 공종항목을 시방서에서 찾는다.
- 설계도면에서 발췌된 자재 및 장비 품질내용과 기계설비 시방서에 기술된 자재

및 장비 품질내용(자재 및 장비명칭, 규격, 재질, 용량, 형식 등 품질 특성치(値))을 서로 비교해보면서 일치한지 확인한다.

새로 설계된 모든 시설이 기존 시설(전기, 가스, 상수, 하수 등)과 적절히 연결되었는지 확인한다.

- 모든 장비 및 각종 기계시스템이 가동되기 위하여 동력 공급선 및 각종 기존시설과 연결되어야 한다. 연결이 되었는지 또는 연결되었으면 연결지점이 명확한지 확인한다.
  - 각종 시설별 계통도 또는 평면도에서 기존 시설과의 연결점을 추적하여 확인
  - 관계 각종 시설(토목, 전기, 가스 등) 배치도에서 각종 시설별 연결지점이 표시되었는지 확인
  - 부지현황 도면에 표시된 각종 기반시설 위치와 연결지점 표시가 일치한지 확인
  - 유지보수를 위하여 기존 시설과의 연결위치와 연결시설이 적정한지 확인
    · 맨홀 및 밸브의 종류, 규격 적정성과 타 시설과의 간섭이 있는지 검토한다.

위생기구 배치가 건축도면에 표시된 내용과 일치하며, 위생기구 스케줄과 시방서 내용과 일치한지 확인한다.

- 기계설비도면에 표시된 위생기구 내용이 건축도면에 표시된 내용과 위생기구 스케줄과 서로 일치하며 시방서에 기술된 품질내용과도 일치한지 확인하는 작업이다.
  - 건축평면도(또는 화장실 확대 도면)에 계획된 위생기구와 확대 평면도에 표시된 위생기구와 일치한지 확인
  - 기계설비평면도에 표시된 위생기구가 위생기구 스케줄과 일치한지 확인
    · 위생기구 스케줄에 표시된 종류, 규격, 수량이 일치한지 확인
  - 위생기구 스케줄에 표시한 품질 및 규격이 기계시방서에 기술된 위생기구 품질과 규격이 일치한지 확인

위생설비 급수 및 배수시스템 확인 및 파이프 규격을 확인하며 모든 위생기구에 연결되었는지 확인한다.

- 급수(냉·온수)시스템과 오수, 우수 및 잡배수 등으로 명확히 구분된 배수시스템으로 구성되었는지, 배수관의 재질과 관 규격은 적절하며 각 위생기구에 연결되어 있는지 확인하는 작업이다.
  - 급수(냉·온수) 및 배수 계통도(Diagram)를 충분히 이해한다.
    · 기계장비로부터 위생기구 설치까지의 배관 및 각 유체의 흐름 방향을 따라가면서 해당 설비시스템을 파악한다.

- 계통도에 표시된 배관규격과 평면에 그려진 배관규격이 일치한지 확인

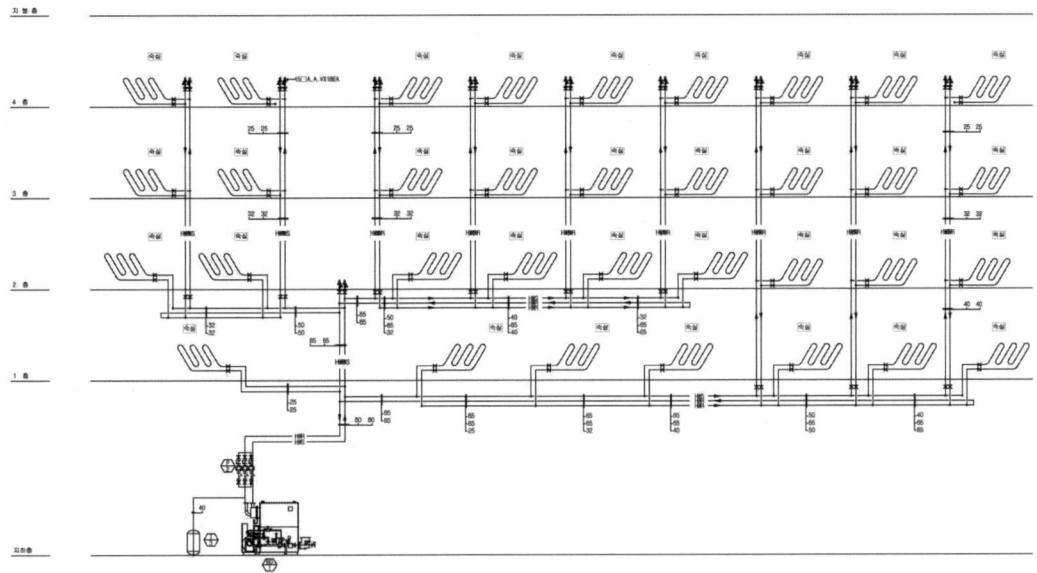

난방 배관 계통도

그림 58 난방 계통도 예

- 각 위생기구에 급·배수 배관 및 배기배관(Air Vent Pipe)이 모두 연결되었는지 확인
  · 계통도 및 기계설비도면에 표시된 배관 종류별로 색연필 등으로 색을 달리하여 표시해 가면서 확인하는 것이 효과적이다.
- 도면에 표시된 각종 배관구배(기울기)는 기계설비 시방서에 기술된 구배와 일치한지 확인

각종 우수드레인이 건축 지붕평면도 및 일반평면도에 표시된 내용과 일치한지 확인한다.
- 우수드레인 위치, 드레인 종류 및 파이프 규격 등이 각 평면도, 입면도 및 상세도 등 다른 관련 도면에 그려진 내용과 상호 일치한지 확인하는 작업이다.
  일반적으로 루프드레인 설치는 건축 분야, 드레인 파이프는 기계설비 분야에서 담당하여 설계도를 검토할 때 누락되는 경우가 많다.(건축 분야와 상호 확인사항)
  - 루프드레인 위치가 건축지붕평면도에 표시된 위치와 일치한지 확인
  - 루프드레인 종류(Type : 수평 또는 벽형)가 일치한지 확인

－루프드레인 규격과 드레인 홈통규격이 일치한지 확인
　　　－루프드레인 및 홈통규격(Size)은 충분(이상기상 현상에도)한지 재확인

모든 우수 드레인 파이프가 배수파이프 라인과 서로 연결되었으며, 벽에 홈통 설치를 위한 홈(Chase)을 마련하고 보, 기둥, 처마 등 구조물에 간섭받는지 확인한다.

- 루프드레인, 홈통(드레인 파이프) 및 배수 파이프라인과의 연결 확인과 드레인 파이프 설치에 장애물이 있는지 검토하는 작업이다.(건축 분야와 상호 확인사항) 일반적으로 루프드레인과 홈통(우수 드레인 파이프)만을 표시하고 홈통 또는 우수 드레인 파이프를 건물 내외부에 설치할 공간을 마련하지 못한 경우가 많다.
　　－루프드레인과 홈통이 연결되고 홈통(우수 드레인 파이프)이 배수파이프 라인과 연결 또는 배수구에 연결되었는지 홈통라인을 따라가며 확인
　　－홈통을 벽 외부에 설치할 경우 홈통 설치를 위한 홈(Chase)이 마련되었는지 또는 외부에 노출되었는지 건축도면에서 확인
　　－홈통을 벽 내부 또는 건물 중심부로 배관할 경우 홈통(우수 드레인 파이프)을 따라 가면서 천장, 기둥, 보 등에 간섭받는지 확인

배수시스템은 오수, 우수 및 생활배수(잡배수)로 구분되었는지 확인한다.

- 건물 설치지역의 하수 기반시설에 따라 분리배수 또는 통합배수인 경우가 있으나 건물 설계에서는 일단 오수, 우수 및 생활배수로 구분하여 설계되어야 한다.
　　－배수계통도를 충분히 이해한다.
　　－오수, 우수 및 생활배수로 구분하여 설계되었는지 확인

기계실, 공조 및 환기 확대(또는 상세) 평면도는 건축도면과 일치한지 확인한다.

- 확대 또는 상세 평면도는 기본 평면도의 적정성 확인과 기계설비시설을 배치하기 위한 구체적인 설계과정에서 내부공간의 크기와 문, 창 또는 개구부의 크기 및 위치, 그리고 장비 설치위치가 변경되는 경우가 있으므로 건축도면과 서로 일치하는지 확인할 필요가 있다.
　　－기준선과 벽 중심선 및 벽 위치가 서로 일치하는지 확인
　　　· 건축평면도 또는 기계설비평면도를 투명지(또는 반투명지)에 인쇄한 도면을 겹쳐보는 방법도 효과적이다.
　　－표시된 모든 치수가 일치한지 확인
　　－내부공간 크기(안목치수), 문, 창, 그릴 또는 개구부 위치와 기둥 및 보 등의 구조물 크기도 일치한지 확인

모든 기계장비는 할당된 공간에 적정히 배치되었는지 확인한다.

- 정확한 장비 크기와 위치 표시, 배관, 그리고 장비 작동 및 유지보수에 필요한 공간 확보 등을 고려하여 무리가 있는지 확인하는 작업이다.
- 장비와 장비 사이 또는 장비와 구조물 사이의 최소 소요거리에 대한 정보는 평소에 준비해 두는 것이 좋다.
  - 장비 배치가 명확하게 표시되었는지 확인
  - 장비 규격(크기)과 그려진 장비 크기가 일치한지 확인
  - 장비로부터 벽 및 타 시설물과의 거리와 천장 간의 거리가 적정한지 확인

모든 배관 및 덕트의 재질 및 규격(Size)이 표시되었는지 확인한다.
- 덕트 또는 배관도에서 재질 및 규격 표시가 누락 또는 오기되는 경우가 있어 확인이 필요하며, 특히 덕트는 천장 내에 설치되는 가장 큰 시설물로서 천장 내 전기, 기계, 통신, 시설물 및 보 등과의 간섭 유무를 검토하고, 천장고가 확보되는지 검토하기 위해서도 반드시 모든 덕트 규격 확인이 필요하다.
  - 배관 및 덕트 배치평면도에 표시된 재질 및 규격이 오기 또는 누락된 것이 있는지 확인
  - 시방서에 기술된 내용이 도면에 표시된 내용과 일치한지 확인
    · 규격에 대하여 기술된 내용이 설계도면과 시방서가 다를 경우 용량계산서에 산출된 규격을 확인할 필요가 있다.

스프링클러 헤드는 모든 방에 배치되었는지 확인한다.
- 스프링클러 헤드가 소방규준에 의하여 설치되어야 할 방에 누락 없이 설치되었으며 설치방법도 적정한지 확인하는 작업이다.
  - 스프링클러 헤드를 설치해야 할 방과 구역 확인
  - 방 면적에 따른 스프링클러 헤드 배치와 소요개수는 적정한지 확인

기계설비도면에 표시된 단면도는 건축 또는 구조도면과 일치한지 모두 확인한다.
- 장비 및 수직배관 등이 그려진 기계설비 단면도 공간이 건축도면 및 구조도면에서 확정지어진 공간과의 크기가 다를 때, 설비설계는 현실성이 없는 설계가 되므로 건축 및 구조도면과 일치한지 확인할 필요가 있다.
  - 건축 / 구조평면도에서 기준선 및 가로세로 공간치수(Clearance) 확인
  - 건축 / 구조평면도 위에 표시된 건축마감선과 구조마감선 레벨(Level)치수를 확인하여 층고를 산출해보고, 표시된 층고와 일치한지 확인
  - 설비단면도에 나타난 보 크기(춤 Depth) 및 슬래브 두께를 구조도면 보 및 슬래브 일람표(Schedule)에서 확인하여 서로 일치한지 확인

－상기 확인에서 설비도면 단면도가 건축 / 구조도면과 일치한지 확인
덕트가 보 밑을 통과하거나 겹치는 가장 불리한 위치에서 천장 높이가 확보되는지 확인한다.
- 설계된 천장 높이가 확보되지 못하는 경우는 여러 가지 이유가 있겠으나 대부분은 천장공간을 많이 차지하는 덕트 설치로 인하여 발생하는 것이 대부분이다. 설계도면에서 최악의 경우가 발생할 지점을 찾아 집중 검토하는 것이 효과적이다.
　　－덕트가 보를 가로질러 설치되는 지점의 보 높이, 덕트 깊이(덕트 보온두께 포함) 그리고 천장틀 두께를 합한 두께와 이들을 설치할 소요공간을 검토하여 계획된 천장 높이가 확보되는지 확인
　　－덕트가 십자(十字)로 포개지는 지점의 골조구조물 두께, 겹친 덕트의 총 두께(보온 두께를 포함)와 천장틀 두께를 합한 두께와 이들을 설치할 소요공간을 검토하여 계획된 천장 높이가 확보되는지 확인

방화벽에 방화댐퍼(Fire Damper)가 설치되었는지 확인한다.
- 건물은 구조적으로 안전해야 하고 화재로부터 안전해야 하므로 방화벽은 방화문 또는 방화셔터와 함께 화재예방에 중요한 구조물로서 방화벽에 덕트가 통과될 경우 불길이 덕트를 통하여 확산되지 않도록 반드시 방화댐퍼를 설치해야 한다.
　　－건축도면에서 어느 벽이 방화벽인지 확인
　　－기계설비도면(덕트배치도)에서 방화벽을 통과하는 덕트가 있는지 확인
　　－방화벽을 통과하는 덕트가 있는 경우 방화벽 위에 방화댐퍼가 설치되어 있는지 확인

디퓨저는 건축천장도면에 표시된 것과 일치한지 확인한다.
- 디퓨저를 건축천장도면에 표시한 경우 기계도면상 디퓨저 배치와 일치하는지, 건축천정도면에 표시되지 않은 경우 기계도면 디퓨저 배치대로 할 경우 다른 시설물과의 간섭 등 무리가 없는지 확인할 필요가 있다.
　　－건축천장도면에 그려진 디퓨저 배치가 기계설비도면상의 디퓨저 배치와 일치한지 확인
　　－디퓨저 배치가 다른 시설물, 즉 보, 전등, 화재감지기, 스피커, 스프링클러 헤드, 액세스 도어. 천장 나눔 또는 디자인 문양 등에 겹치거나 장애가 되는지 확인

모든 지붕을 관통하여 설치되는 시설물이 지붕평면도에 정확히 표시되었는지 확인한다.
- 지붕에 설치되는 기계시설물이 각종 계통도(다이어그램) 또는 배관 배선도에 지붕에 설치되는 것으로 화살표 또는 주기를 달아 대략 표현되어 있거나, 지붕평면도를 작성하지 않아 이 시설물 위치가 설계도상에 정확하게 표현되지 않아 구조

물 또는 타 시설물과 간섭받는지 가늠해 보기가 어렵고 구조 및 방수시공계획에도 애로사항이 발생한다.
- 기계설비 지붕평면도가 작성되었는지 확인
- 설계도면을 검토할 때 각종 계통도 또는 배관도 등에서 "지붕에 설치"라고 표현한 내용을 발췌하여 그 내용이 지붕평면도에 명확히 표시되었는지 확인
- 지붕에 설치될 시설물의 명칭, 규격 및 위치가 명확히 표시되었는지 확인
- 지붕 설치물의 설치상세도가 작성되었는지 확인
  · 일반적으로 쿨링타워, 냉동 컴프레서, 팬, 물탱크, 태양열시스템 등의 기초 및 앵커와 슬래브 관통 배기덕트, 배기관 슬리브 등의 상세도 확인

기계장비 설치에 필요한 구조적인 지지물들이 건축 및 구조도면에 표시되었는지 확인한다.
- 일반적으로 기계장비 설치에 대한 정보가 구조계산 의뢰시에는 누락되는 경우가 많고, 기계설비 엔지니어링이 끝날 무렵 장비 설치에 필요한 구조물을 건축도면 또는 기계설비도면에 표시되는 경우가 많다. 이러한 구조계산을 할 때 계상되지 않은 구조물의 하중이 구조체에 영향을 주어 구조물 파괴의 원인이 되며, 또한 장비 지지물을 구조도면에 반영되지 않아 적산을 할 때 누락이 발생하는 경우가 많이 발생하여 공사계약상 무리를 발생시켜 검토가 필요하다.
  - 장비 설치를 위한 지지물 종류 및 규격을 기계설비도면에서 확인
  - 건축 및 구조도면에 표시된 지지물이 기계설비도면에 표시된 내용과 일치한지 확인
  - 각 지지물의 하중이 구조계산에 계상되었는지 확인(구조안전상 확인)
    · 불분명할 때에는 반드시 구조계산자에게 문의하여 확인해 둔다.
    · 장비 지지물은 보일러, 냉동기, 공조기, 쿨링타워, 물탱크, 팬, 실외기 등의 받침매트, 받침대 및 앵커 등임.

기계설비도면에 기재된 모든 【주기(朱記) : notes】를 확인한다.
- 일반적으로 도면 작성자가 도면 오른쪽 부분에나 밑에 어떤 모양의 그림이나 문자로 표시하여 설계품질(品質)을 규정짓거나 이해를 돕기 위하여, 또는 중요성을 강조할 목적으로 기록된 내용이므로 무엇보다 지나쳐 버릴 수 없는 설계품질 기술에 중요한 요소이다. 비록 작은 글씨로 기록되었더라도 반드시 유념하여 확인해야 한다.
  - 【주기】사항이 기록되어 있는지 반드시 확인
    · 【주기】: 주기, 특기, Notes 등
  - 【주기】사항에 기록된 내용을 정확히 파악

- 【주기】사항 내용이 설계도서 다른 부분에, 즉 설계도면이나 시방서에 있는 내용과 상치되는 점이 있는지 검토하고 상치되는 점이 있으면 설계도서 해석상 우선순위로 가늠해 본다.

---

* ARCHITECTURE, January 1987, pp.83-84, 실린 곳 : AIA Manual 1994, 2.6 Construction Documents에서 부분적으로 인용

1.5.2 세부 검토

도면목록을 검토한다.
- 도면목록과 도면명칭, 도면번호, 일련번호가 일치한지 확인
- 도면목록과 설계도면을 확인해 가면서 도면구성을 대략 파악

범례 및 일반 주기사항을 검토한다.
- 범례의 오류 및 누락이 있는지 확인
- 주기내용 확인

장비 일람표를 검토한다.
- 장비 표식, 명칭, 형식, 용도, 용량, 규격 및 기타 기재내용 확인
- 평면도에 표시된 내용과 일치한지 확인
- 시방서에 기재된 내용과 일치한지 확인
- 장비용량이 계산서 내용과 일치한지 확인
- 주기 및 비고란에 기재된 내용을 확인

기계실 확대 장비 배치도를 검토한다.
- 건축평면도와 일치한지 확인
- 장비배치 표시가 장비 일람표 내용과 일치한지 확인
- 장비 설치공간(PAD)과 장비 또는 구조물과의 이격거리 표시 확인
    · 각 장비별 장비와 장비 또는 구조물(벽체, 천장)과의 적정거리는 확보되었는지 확인(예 ; 보일러와 천장, 연도와 벽, 보일러와 연도, 냉각탑과 주위 벽 및 연도, 펌프와 펌프 등의 적정 이격거리)
- 장비 반입 또는 반출경로와 입구가 확보되었는지 확인
- 전기실, 컴퓨터실 등 전기관련실 바로 위에나 주방 또는 욕실 등 물을 많이 사용하는 공간 밑에 설치되었는지 확인
- 파이프 샤프트에 가급적 가깝게 설치되어 있는지 확인

－먼지, 오물, 배수, 부식성 가스 등의 영향을 받을 염려가 있는지 확인
  －방진 및 방음에 대한 시설은 되어 있는지 확인(건축도면 확인)

기계실 확대 배관 평면도를 검토한다.
  －건축평면도와 일치한지 확인
  －장비 표시는 장비 일람표 내용과 일치한지 확인
  －배관의 경로를 확인
  －배관의 종류 및 규격은 바르게 표시되었는지 확인
  －흐름의 방향은 바르게 표시되었는지 확인
  －배관 연결 안내표시(관련 장비 명 및 도면번호와 명칭)는 정확한지 확인
  －배관 표시는 범례와 일치한지 확인
  －각종 밸브위치 표시가 적정한지 확인
  －주기내용 확인

옥외 배관배치도를 검토한다.
  －건축배치도 및 토목배치도와 일치한지 확인
  －시수 인입 지점 및 배관방향이 정확히 표시되었는지 확인
  －시수 미터함 상세도 및 규격이 적정한지 검토
  －옥외 연결 배수계통의 유트랩(U-trap) 설치를 확인
  －옥외 토목배관 관로와 우수·오수배관 연결이 각각 정확한지 확인
  －역류 우려가 있는 배관시설 부분이 있는지 확인
  －상수 및 하수 연결지점 표시와 토목도면에 표시된 내용이 일치한지 확인
  －각종 배관별 맨홀위치 표시를 확인
    ·기점, 종점, 꺾임점, 합류점 등에 맨홀 설치 확인
  －각종 배관별 관 종류와 규격 표시를 확인
  －옥외 소화전 표시 확인
  －연결송수 위치 표시는 건축도면 및 소방도면에 표시된 위치와 일치한지 확인
  －옥외배관은 동파 우려가 있는지 확인
  －옥외배관의 매립깊이 및 시공방법 표준상세도는 작성되었는지 확인
  －정원 관수배관과의 연결은 표시되었는지 확인
  －주기내용 확인

▌공조시설 검토

공조실 확대 장비 배치도를 검토한다.
- 건축평면도와 일치한지 확인
- 장비 설치 표시 크기는 장비 규격과 일치한지 확인
- 각종 배관 및 밸브 표시는 적정한지 확인
- 배관 및 덕트 연결 안내표시는 정확한지 확인
- Air Chamber, Sound Chamber, Duct 연결은 적정한지 확인
- 토출구에서 덕트 연결부까지 연결부의 규격은 적정한지 확인
  · 팬 직경(토출구 직경)의 1~1.5배 거리까지 토출구 규격과 같도록 설치
- 장비와 각 구조물과의 이격거리는 적정한지 확인
  · 배관 및 유지보수 관리공간 확보 확인
- 공조실 내부에는 흡음 및 차음시설은 적정한지 확인
  □ 공조실 내벽에 흡음처리
  □ 벽, 칸벽 및 슬래브의 방음구조
  □ 출입문 및 창의 차음성구조
- 공조실 바닥드레인 설치는 적정한지 확인
- 주기내용 확인

공조덕트 계통도를 검토한다.
- 층수 및 층고 표시는 정확한지 확인
- 공조장비 및 팬 표시는 장비 일람표 내용과 일치한지 확인
- 장비 설치 및 덕트는 기계실 덕트평면도와 일치한지 확인
- 덕트 배치는 덕트평면도의 입상덕트(Vertical Duct) 표시내용과 일치한지 확인한다.
- 공기흐름 방향 표시는 정확한지 확인
- 급기와 환기덕트 계통 표시는 정확한지 확인
- 급기 및 배기팬 위치는 적정한지 확인
- 각 공조기로부터 공급되는 공간 연결 덕트는 정확한지 확인
- 주방 및 화장실 배기덕트는 독립적으로 설치되었는지 확인
- 덕트 조닝(zoning)은 적정한지 검토
- 각종 댐퍼 설치 표시는 적정한지 확인
- 덕트 연결 안내표시는 정확한지 확인
- 주기내용 확인

공조덕트 평면도를 검토한다.
  - 건축평면도와 일치한지 확인한다.
  - 덕트 배치는 덕트 계통도 내용과 일치한지 확인
  - 각종 장비는 장비 일람표 내용과 일치한지 확인
  - 덕트 종류, 형태, 규격 및 재질 표시는 정확한지 확인
  - 디퓨저(Diffser) 및 리지스터(Register)의 위치 및 규격 확인
     · 형태, 규격, 풍량 확인 및 개소 확인
  - 방화댐퍼(Fire Damper) 설치위치 표시는 적정한지 확인
     · 방화구획(방화벽)에 설치
  - 볼륨댐퍼(Volume Damper) 설치위치 표시는 적정한지 확인
  - 각 댐퍼 설치위치는 계통도 내용과 일치한지 확인
  - 에어그릴(Air Grill) 또는 루버(Loover) 설치위치 및 개구율 표시 확인
     · 시공분담 표시 필요
  - 드라이에리어(DA) 개구부 크기는 덕트 설치에 지장이 없는지 확인
  - 파이프 샤프트(PS) 또는 덕트 샤프트(DS) 크기는 덕트 설치에 지장이 없는지 확인
  - 지붕덕트 개구부 표시는 되었는지 확인
  - 덕트 연결 안내표시는 정확한지 확인
  - 천장덕트 설치공간 검토 및 확인
     □ 보내림 슬래브
     □ 전등, 전기배관, 케이블 추레이(Tray)
     □ 스피커, 통신 배선
     □ 설비배관, 천장 냉난방기, 소방배관
     □ 덕트 겹침부분, 덕트 보온
  - 개방된 실내공간에 노출로 설치되는(지나가는) 덕트 배치가 있는지 확인한다.
  - 공조실 바닥 방수 및 드레인 설치는 되었는지 확인
  - 덕트가 노출되는 곳이 있는지 확인
  - 시방서 내용과 일치한지 확인
  - 주기내용 확인

공조실 확대 덕트 평면도를 검토한다.

- 건축평면도와 일치한지 확인
- 장비 표시는 기계장비 일람표 내용과 일치한지 확인
- 덕트의 종류와 규격 표시는 정확한지 확인
- 방화댐퍼, 볼륨댐퍼 설치 적정성 확인
- 소음기 및 에어챔버 설치는 일람표와 일치한지 확인
- 벽 개구부 크기는 덕트 설치에 지장이 없는지 확인
  · 개구부 크기와 보온을 고려한 덕트 크기 비교
- 덕트 계통도 내용과 일치한지 확인
- 덕트 연결 안내표시는 정확한지 확인
- 참조도면 표시는 정확한지 확인
- 주기내용 확인

▌냉·난방시설 검토

냉·난방 계통도를 검토한다.
- 층수 및 층고 기입은 정확한지 확인
- 실외기와 실내기 연결이 적정한지 확인
- 각 장비 표시는 장비 일람표 내용과 일치한지 확인
- 배관 표시는 평면도의 입상배관(Vertical Pipe) 표시 내용과 일치한지 확인
- 흐름 방향 표시는 적정한지 확인
- 장비 설치위치가 장비배치도에 표시된 내용과 일치한지 확인
- 냉·난방시스템과 기능이 적정한지 확인
- 공기빼기 밸브는 적정히 배치되었는지 확인
- 입상관 하부에 물빼기 드레인 밸브의 설치는 되었는지 확인
- 사용량, 급탕온도 및 급수 존(Zone) 등을 고려한 적정한 조닝(Zoning)인지 확인
- 보수를 고려하여 각 존(Zone)별로 게이트 밸브 설치는 되어 있는지 확인
- 주기내용 확인

냉·난방배관 평면도를 검토한다.
- 건축평면도와 일치한지 확인
- 장비 표시가 장비 일람표 내용과 일치한지 확인
- 배관 종류 및 규격 표시가 적정한지 확인

- 흐름 방향 표시가 정확한지 확인
- 배관 연결이 계통도와 일치한지 확인
- 익스팬션 조인트 설치는 적정한지 확인
- 점검구 위치와 규격은 적정한지 확인
    · 점검구 앞에 덕트나 배관 등 장애물이 있는지와 밸브, 계량기 등 확인이 필요한 위치와 각종 댐퍼, 배수구 청소구, 필터, 밸브개폐, 가습장비, 밸런스 콕 등이 제 위치에 있는지 확인하고 규격은 사용에 지장이 없는지 확인한다.
- 각종 계량기 위치는 적정한지 확인
    · 점검이 용이한 장소인지 확인
- FCU 설치 밑에 보 등의 구조물이 있는지 확인
- 보온재의 규격 및 재질은 표시되었는지 확인
- 결로 우려가 있는 부분은 있는지 확인
- 동결 우려가 있는 부분은 있는지 확인
- 표기가 범례와 일치한지 확인

공조실 확대 냉·난방 배관 평면도를 검토한다.
- 건축평면도와 일치한지 확인
- 장비 표시는 장비 일람표 내용과 일치한지 확인
- 장비 설치와 구조물과의 이격거리 표시는 적정한지 확인
- 흐름 방향 표시는 정확한지 확인
- 배관의 계통도 내용과 일치한지 확인
- 배관의 종류 및 규격 표시는 적정한지 확인
- 배관 연결 안내표시(관련 장비 또는 도면번호)는 정확한지 확인
- 각종 밸브의 종류와 설치위치 확인
- 실외기와 실내기와의 연결 확인
- 배관의 지지 간격 표시는 적정한지 확인
- 방진 및 소음대책은 되었는지 확인
- 주기내용 확인

냉·난방 자동제어 평면도를 검토한다.
- 건축평면도와 일치한지 확인
- 자동제어 계통도 내용과 일치한지 확인

－자동제어대상 기기에 모두 연결되어 있는지 확인
　　　－각종 선의 표식이 정확한지 확인
　　　　　·전원, 제어선, 표준 리모트컨트롤, 종합 리모트컨트롤
　　　－연결 안내표시는 정확한지 확인

■ 위생배관시설 검토

위생배관 계통도를 검토한다.
　　　－층수 및 층고 기입은 정확한지 확인
　　　－각 장비 및 위생기구 표시는 장비 또는 위생기구 일람표와 일치한지 확인
　　　－각 장비는 평면도에 표시된 내용과 일치한지 확인
　　　－배관 표시는 평면도의 입상배관(Vertical Pipe) 표시내용과 일치한지 확인
　　　－배관의 종류 및 규격 표시는 모두 되었는지 확인
　　　－사용자재, 장비 및 기기는 시방서 내용과 일치한지 확인
　　　－흐름 방향 표시는 정확한지 확인
　　　－수평배관 구배 표시는 적정한지 확인
　　　　　·관경 크기별 배수구배 확인
　　　－통기관 연결은 모두 되었으며 연결방법은 적정한지 확인
　　　－통기관의 말단 개구부 처리는 적정한지 확인
　　　－Offset 배관을 할 경우 릴리프 통기관을 설치하였는지 확인
　　　－루프드레인 배관은 표시되었는지 확인
　　　－각종 밸브 설치는 적정한지 확인
　　　－공기빼기 밸브는 설치되었는지 확인(급수)
　　　－입상관 하부에 물빼기 드레인밸브는 설치되었는지 확인(급수)
　　　－보수를 고려하여 각 존(Zone) 별로 게이트밸브가 설치되었는지 확인(급수)
　　　－청소구 위치 표시는 적정한지 확인
　　　－위생기구는 보 등의 구조물 위에 설치되었는지 확인
　　　－옥외 배관과 연결 표시는 적정한지 확인
　　　－주기내용 확인

위생배관 평면도를 검토한다.
　　　－건축평면도와 일치한지 확인

- 각 장비 표시는 계통도에 표시된 내용과 일치한지 확인
- 배관의 종류 및 규격 표시는 적정한지 확인
- 배관 연결 안내표시는 정확한지 확인
- 익스팬션 조인트 표시와 고정 위치는 적정한지 확인
- 배관의 흐름 방향 표시는 정확한지 확인
- 각 밸브 표시는 적정한지 확인
- 배관은 계통도와 일치한지 확인
- 배관 설치위치(벽, 천장, 바닥) 표시는 되었는지 확인
- 배관 고정 표시는 명기되었는지 확인
- 각종 배관의 경사도(구배) 표시는 적정한지 확인
- 청소구 표시는 유지보수관리에 적정한지 확인
- 밸브 설치는 유지보수관리에 적정한지 확인
- 통기관 연결표시는 적정한지 확인
- 배수관의 통기관 설치는 독립적인지 확인
- 통기관과 안테나 또는 피뢰침 설치와의 이격거리는 적정한지 확인
- 배관 부속자재(Pipe Fittings) 사용은 적정한지 확인
- 배관 연결 안내표시는 정확한지 확인
- 장비 및 위생기구 배치는 장비 및 위생기구 일람표와 일치한지 확인
- 파이프샤프트(PS) 공간은 배관에 적정한지 확인
- 지붕에 설치되는 배기시설물을 확인
    · 자동 배기밸브, Air Chamber, 배기벤트 및 배기팬
- 외부 배관과 연결 표시는 되었는지 확인
- 배관 설치공간은 확보되었는지 확인
    · 천장 공간, 벽, PS, PT 등
- 옥내 최종 배수관과 하수 본관과의 레벨 차이를 확인
- 배관의 지지 간격 표시는 적정한지 확인
- 자재 및 설치방법은 시방서 내용과 일치한지 확인
- 점검구 위치는 적정한지 확인
- 플로어 드레인의 위치는 건축도면과 일치한지 확인
- 배관 보온 및 단열방법은 적정한지 확인

- 결로방지(급수, 응축수, 지하수 배관), 동파방지(급수, 소화배관) 및 소음방지를 위한 조치는 되어 있는지 확인
- 주기내용 확인

확대 화장실(샤워실 포함) 위생배관 평면도를 검토한다.
- 건축평면도와 일치한지 확인
- 위생기구 배치는 건축도면에 표시된 것과 일치한지 확인
- 위생기구 크기 및 위치 표시는 정확한지 확인
- 건축 확대 화장실평면도 및 전개도에 표시된 위치와 일치한지 확인(상호 확인)
- 위생기구 간 또는 주위 벽체와의 이격거리 표시는 적정한지 확인
- 배관은 계통도 내용과 일치한지 확인
- 배관의 종류 및 규격의 표시는 적정한지 확인
- 플로어드레인 종류와 규격의 표시는 되었는지 확인
- 플로어드레인 위치는 건축도면과 일치한지 확인
- 청소구 위치 표시는 유지보수관리에 적정한지 확인
  · 적정 설치위치 및 작업공간 확보
- 배관흐름 표시는 정확한지 확인
- 위생기구와 연결부위의 배관공간은 충분한지 확인
- 통기관 연결 표시는 적정한지 확인
- 배관 연결 안내표시는 정확한지 확인
- 화장실 부속기구 표시는 적정한지 확인(상호 확인)
  · 핸드 드라이어, 비데, 세면기 및 소변기 배수센서, 배기팬 등
- 배관은 문 설치와 통로에 지장이 없는지 확인
- 변기 하부에 보가 설치되었는지 확인
- 주기내용 확인

▌주방기구 검토

주방기구 일람표를 검토한다.
- 장비 표식, 명칭, 형식, 용도, 용량, 규격 및 기타 기재내용 확인
- 기구 배치도에 표시된 내용과 일치한지 확인
- 시방서에 기재된 내용과 일치한지 확인

－장비용량이 계산서 내용과 일치한지 확인(대형 냉동 또는 냉장고 등의 경우)
　　　－주기 및 비고란에 기재된 내용 확인
주방기구 배치도를 검토한다.
　　　－건축평면도와 일치한지 확인
　　　－배치된 기구는 주방기구 일람표 내용과 일치한지 확인
　　　－주방기구 크기 표시는 주방기구 규격과 일치한지 확인
　　　　· 주방기구 설치공간의 적정성 검토
　　　－주방기구 기능에 따른 필요 시설과의 배선 및 배관 연결을 확인
　　　　· 전기, 가스, 상수 또는 냉수, 온수, 배수 및 배기관, 소방, 자동제어 또는 통신
　　　－연결된 각종 설비 선의 종류 및 규격 표시는 적정한지 확인
　　　－각종 배선의 연결위치 및 작동기기의 위치는 적정한지 확인
　　　－주방기구 설치방법 확인
　　　－그리스트랩은 설치되었는지 확인
　　　－주방 천장시스템 검토
　　　　□ 후드 배치 확인
　　　　□ 급배기시스템 확인
　　　　□ 주방기구와 조리작업과 관련하여 조명의 종류 및 위치 확인
　　　－주기내용 확인

■ 가스시설 검토
가스계통도를 검토한다.
　　　－가스 연결지점 및 맨홀 표시 확인
　　　－가스공급 개소 표시 확인(누락 여부)
　　　－가스 미터기, 형식, 용도 표시, 확인
　　　－가스관 재질 및 규격 표시 확인
　　　－가스조종기 설치 확인
　　　－가스정압기 설치 확인
　　　－밸브의 종류 및 설치위치가 적정한지 확인
　　　－배관경로 확인
　　　－상세도 작성 확인

    □ 가스밸브 박스 설치 상세도
    □ 가스정압기 상세도
    □ 가스배관 브래킷 설치 상세도
    □ 가스 입상배관지지 상세도
    □ 가스 지상인출배관 연결 상세도
   - 주기내용 확인

가스배관 평면도를 검토한다.
   - 건축평면도와 일치한지 확인
   - 배관 재질 및 규격 표시가 적정한지 확인
   - 가스계통도 내용과 일치한지 확인
   - 가스 본관과 연결지점이 적정한지 확인
   - 가스 소요기구 연결점 확인
   - 가스관 설치위치(천장, 벽, 바닥) 표시는 되었는지 확인
   - 배관 연결 안내표시는 정확한지 확인
   - 가스배관과 전기배관이 교차하는지 확인
    · 전기배관과 60cm 이상 이격 확인
   - 주기내용 확인

▌자동제어 검토 - (전문기술인 검토)

자동제어 평면도를 검토한다.
   - 건축평면도와 일치한지 확인
   - 자동제어 필요개소에 연결되었는지 확인
   - 자동제어장비는 자동제어 기기 일람표 내용과 일치한지 확인
   - 자동제어장비 배치는 적정한지 확인
   - 배선·배관의 재질 및 규격 표시는 적정한지 확인
   - 배선 연결 안내표시는 정확한지 확인

자동제어 범례표를 검토한다.
자동제어 기기 일람표를 검토한다.
자동제어 C.C.M.S 일람표를 검토한다.
자동제어 관제점 일람표를 검토한다.
자동제어 밸브 일람표를 검토한다.

자동제어 패널 일람표를 검토한다.
자동제어 계통도를 검토한다.
- AH-CONTROL DIAGRAM
- BOILER CONTROL DIAGRAM
- FAN CONTROL DIAGRAM
- H-EX CONTROL DIAGRAM
- 순간급탕가열 CONTROL DIAGRAM
- RA-V 가변선회 취출구 CONTROL DIAGRAM
- WATER TANK CONTROL DIAGRAM
- SUMP PUMP TANK COMROL DIAGRAM
- 정화조 CONTROL DIAGRAM
- 우수조 CONTROL DIAGRAM

옥외 자동제어 평면도를 검토한다.
기계실 자동제어 평면도를 검토한다.

▌기계실 연도 검토

기계실 연도 평면도를 검토한다.
- 건축평면도와 일치한지 확인
- 연도의 재질 및 관경 표시를 확인
- 달아매기 시스템 상세도를 검토
- 보일러 및 발전기 연도가 연결되었는지 확인
- 연도 입상도 및 각종 상세도 검토
- 연도와 벽 간격은 적정한지 확인
    · 약 300mm, 보일러와 연도 : 150mm 이격
- 연도에 보온처리는 되었는지 확인
- 연도의 지지 간격은 적정한지 확인
    · 약 2m 간격
- 신축이음 간격은 적정한지 확인
    · 일반적으로 10m 마다 1개소 설치
- 외부 연도 디자인은 적정한지 확인
- 굴뚝과 냉각탑이 적정히 떨어져 있는지 확인

-주기내용 확인

▮방진 검토(전문기술인 검토)
방진 일람표(VIBRATION ISOLATOR SCHDULE)가 적정한지 검토한다.
- 밀폐형 스프링방진기 : 공기 조화기
- 혼합패드 방진재 : 기계실 급배기
- 행가 방진재 : 환기유닛, EPH 난방기
- 포노리 혼합형 : 팬류
- USWP 네오프랜 : 패드

방진 상세도를 검토한다.

▮소음기 검토(전문직 검토)
소음기 일람표(SOUND ATTENUATOR SCHDULE)
- 공조기, 풍량, 정압, 덕트 치수, 소음기 모델, 소음챔버 모델, 수량을 검토

소음기(SOUND ATTENUATOR MODEL) 상세도 검토
소음챔버(SOUND CHAMBER MODEL) 상세도 검토

▮동파방지 열선 검토(전문직 검토)
난방배관 동파방지 열선 평면도를 검토한다.
- HEATER CABLE
- POWER CONNECTION KIT
- TEE CONNECTION KIT
- END SEAL KIT

위생배관 동파방지 열선도를 검토한다.
확대 위생배관 동파방지 열선 평면도를 검토한다.
- 건축평면도와 일치한지 확인
- 동파방지 케이블 설치구간은 적정한지 확인
- P.C KIT 위치 표시 확인
- TEE CON. KIT 표시 확인

동파방지 열선 상세도를 검토한다.
- SELF REGULATING HEATER CABLE

- HEAT-TRACE SYSTEM
- POWER CONNECTION KIT
- TEE CONNECTION KIT
- VALVE SYSTEM DETAIL
- FLANGE SYSTEM DETAIL
- ELBOW SYSTEM DETAIL
- TYPICAL VALVE INSTALLATION
- CONTROL PANEL
- END SEAL KIT

■ 정화조 검토(전문기술인 검토)
단독정화조 설계도를 검토한다.
- 단독정화조 장비 일람표
- 단독정화조 WATER LINE PLAN
- 단독정화조 DUCT LINE PLAN
- 단독정화조 AIR LINE, DIFFUSER PLAN
- 단독정화조 전등 배관, 배선도
- 단독정화조 배기 악취제거시스템 상세도

■ 상세도 검토(전문직 검토)
증기기관 상세도를 검토한다.
- 순간온수 가열기
- 오그덴 자동펌프 트랩
- 벨로우즈실 스톱밸브(스팀헤더)
- 액체용 에어벤트
- APTIO -AHU 가습
- 기수분리기 ASSEMBLY
- PRESSURE REDUCING VALVE STATION
- 바켓트 TRAP ASSEMBLY
- 관말 TRAP ASSEMBLY

- AIR VENT(STEAM)
- 스팀인젝션 가습기 상세도

각종 상세도를 검토한다.
- 급수유닛 상세도
- 헤더 상세도
- 급탕탱크 상세도
- 주방배기, 악취제거시스템 상세도
- 물탱크 상세도
- PIPE DUCT(PD) 상세도

■ 기타 검토

장비 설치대와 앵커방법은 분명히 명시되었는지 확인한다.
각종 장비의 방진방법은 설계도에 표시되었는지 확인한다.
물탱크 받침기초 높이는 확정되었으며 배관 및 유지보수에 적절한지 확인한다.
각종 기계장비 전원배선 및 제어배선은 연결되었는지 확인한다.
기계실, 공조실 또는 배풍실의 환기 및 배기 개구부 크기는 적정한지 확인한다.
배풍실, 공조실 등에 설치되는 배풍용 그릴의 구조 및 배기 단면은 배풍에 지장이 없는지 확인한다.
- 공기통과 단면이 부족할 경우 소리가 나든지 그릴이 떨리는 경우가 있음.

배풍실로부터 외부로 나가는 배풍통로는 확보되었는지 확인한다.
각종 기계장비 반입구 위치 및 반입구 규격은 적정한지 확인한다.
AD(air duct), PD(pipe duct) 크기는 적절한지 확인한다.
천장, 바닥 및 벽 점검구 위치와 크기는 적절한지 확인한다.

주방기구 배치와 배관은 적절히 표시되었는지 확인한다.
지하 및 최하층 배수피트 규격은 적절한지 확인한다.
피트에서 배수되는 배관 크기는 적절하며 외부 배수로와 연결되었는지 확인한다.
정화조 배기관 실내 위치와 옥외 배기구 위치는 분명한지 확인한다.
유지보수가 고려된 배관 및 덕트 시스템인지 확인한다.
각종 파이프, 덕트 및 기계설비물이 방화벽 또는 방화구획된 슬래브를 관통할 때 관통 부분에 대한 상세도(방화를 위한)는 있는지 확인한다.
각종 슬리브, 보온, 배관상세도, 인서트, PS내 배관 마무리, 옥외 배관(급수, 배수, 가스, 오일) 등 표준상세도는 작성되었는지 확인한다.

덕트, 파이프 등이 벽, 천장 및 슬래브, 보 등을 관통하는 부위의 보강 및 상세도는 있는지 확인한다.(상호 점검사항)

모든 보온방법은 시방서 내용과 일치한지 확인한다.
팬코일 및 위생기구(변기, 소변기, 욕조 등) 설치 하부에 보가 있는지 확인한다.

▌전문직 검토
- 설비계산서에서 산출기초가 되는 적용된 기준이 정당한지 확인하는 작업이다.

설계기준은 적정한지 확인한다.
- 외기온도 조건 적용 기준
- 실내온도 조건 적용 기준
- 지중온도 조건 적용 기준
- 열관류율 적용 기준
- 비난방실의 온도조건 적용 기준
- 외기 침입량 적용 기준
- 냉·난방부하 산정을 위한 면적산출 기준
- 방위계수 및 안전율 적용 기준
- 위생부하계산 기준
    - 저수조 용량산출 기준
    - 고가수조 용량산출 기준
    - 단위세대별 위생기구의 급수 FU값(개별난방)
    - 단위세대별 위생기구의 급수 FU값(지역난방)
    - 오배수·통기배관 적용기준
- 난방부하계산 기준
- 환기설비 설계 기준
- 배관경 설계 기준

장비 일람표의 장비용량이 계산서 및 시방서와 일치한지 확인한다.
- 보일러 용량
- 냉동기 용량

- 열교환기 용량
    - □ 난방 열교환기
    - □ 냉방 열교환기
    - □ 급탕 열교환기
    - □ 설계온도 기준
- 펌프 용량
    - □ 급수펌프
    - □ 난방순환펌프
    - □ 급탕순환펌프
    - □ 배수펌프
- 팬(FAN) 용량
- 탱크 용량
    - □ 팽창탱크
    - □ 물탱크(고가수조, 저수조)
- 난방기구
- 냉방기구
- 기타

계통도는 적정한지 확인한다.
- 냉·난방 계통도
- 급수·급탕 계통도
- 오배수 계통도
- 덕트 계통도

가스설비는 적정히 설계되었는지 확인한다.
- 계통도
- 자동제어설비
    - □ 지역난방방식일 경우
    - □ 중앙난방방식일 경우

물탱크실 조건을 검토한다.
- 물탱크 주변 및 상부 공간은 관리에 적정한지 확인
- 동결 우려가 있는지 확인
- 방수처리, 배수 트렌치 및 드레인 설치가 되었는지 확인

- 보온이 되었는지 확인
    - 물탱크 보온 또는 실 보온 및 보온문, 보온창(복층유리) 설치
- 물탱크 및 받침대의 하중에 안전한지 확인

펌프실·기계실·전기실·발전기실 조건을 검토한다.

지하주차장 조건을 검토한다.
- 1종 환기설비로 설계되었는지 확인
- 팬룸의 위치는 환기의 효과를 높이기 위하여 대칭으로 설치되었는지 확인
- 배관을 위한 스페이스를 확인한다.
    - □ 배관 설치를 위한 층고 확보
    - □ 공동구 인입시 배관의 정리 공간(교차구) 마련 및 상세도 표기

(참조) 주차장 통로 높이 : 2,300mm, 주차부분 높이 : 2,100mm

정화조는 적정히 설계되었는지 확인한다.
- 정화조 기계실에 15mm 급수전이 설치되어 있는지 확인
- 정화조 출입구는 외부 별도 계단식으로 처리되어 있는지 확인
- 정화조 배기는 옥상 꼭대기로 처리(배기팬 정압 결정시 고려)되어 있는지 확인
- 소음 및 진동을 고려하여 구조 벽과 연결되지 않도록 분리되어 있는지 확인
- 정화조 조작반의 위치가 적절한지 확인
    - 정화조 조작패널은 외부 출입계단에 외기와 근접하여 설치되어 있는지 확인(부식방지)
- 정화조 청소를 위한 연결관에 대한 고려가 되었는지 확인
- 정화조 오버플로우에 대한 경보장치가 설치되어 있는지 확인
- 정화조의 규격과 용량은 적정한지 확인
    - 용량 산출서를 확인
- 급배기, 펌프의 설비 및 용량이 적정한지 확인

건축물의 에너지절약 설계기준 [기계부문의 의무사항]의 내용과 일치한지 확인한다.
- 설계용 외기조건
- 열원 및 반송설비

건축물의 설비기준 등에 관한 규칙과 기계설비 내용이 일치한지 확인한다.

1.6 전기설비도면 검토

- 전기도면도 전기전문가 수준에서 검토해야 할 정도의 프로젝트는 전기전문가 또는 자격 있는 전문기술자가 각종 계산서를 포함하여 철저히 검토해야 하나, 일반적인 수준에서 전기도면을 검토할 때에는 통상적으로 누락되거나 설계도서상 서로 상치하거나 현장조건에 맞지 않는 문제점 등을 검토해 보는 정도가 검토의 목표가 된다.
- 설계자 또는 전문기술자 검토가 요구되는 것은 '(설계자 검토), (전문기술인 검토)'라 표시하였다.

1.6.1 기본 검토*

- 여기(기본 검토)에서는 초급기술자를 위하여 검토이유, 절차, 방법 등을 더하여 설명적으로 작성하였다.

전기도면 목록과 도면이 일치하는지 확인한다.
- 도면목록과 도면이 일치한지 확인하면서 프로젝트에 포함된 전기설비 내용을 개략적으로 파악한다.
  철해진 도면이 도면목록과 일치한지 확인하는 작업으로서, 때때로 도면이 누락되거나 도면순서가 바뀌어졌거나 도면번호 또는 도면명칭이 일치하지 않은 경우가 있다.
  - 우선 도면목록(표)을 확인한다.
  - 도면번호와 명칭을 도면목록과 대조해 가면서 일치한지 확인한다.
  - 도면번호, 도면명칭이 일치하지 않거나 누락된 도면이 있는지 확인한다.

요구조건 내용과 일치한지 확인한다.(설계자의 경우)
- 건축주 요구조건, 전기설계 의뢰시 작성된 요구조건 및 엔지니어링 중에 추가 또는 변경 요청된 내용과 일치한지 확인하기 위하여, 설계자는 설계조건 및 설계 중 변경 요구사항을 행정적으로 유지 및 관리할 필요가 있다.
  - 계약시 건축주 요구조건을 확인한다.
  - 전기설계 의뢰시 작성된 설계 요구조건을 확인한다.
  - 설계도서 작성 중 요구조건 변경내용(문서 및 메모 등)을 확인한다.

－설계의뢰시 요구조건 및 변경 요구조건과 일치한지 확인한다.

모든 전기평면도가 건축도면과 일치한지 확인한다.

- 설계도면을 손으로 그리던 때와 달라서 컴퓨터로 작성하기 때문에 전기설계자는 건축설계자로부터 받은 정보를 이용하여 작업하므로 건축평면도와 달라질 일이 없지만, 설계과정을 미루어 보면 설계 도중 변경된 내용을 건축설계자와 전기설계자 사이에 변경정보 전달 및 교환이 잘 이루어지지 않은 변경관리 미흡과 작업 중 착오와 오류로 인하여 도면이 서로 일치하지 않은 경우가 발생한다.
  - 평면도 명칭과 축척이 일치한지 확인한다.
  - 기준선(①,② 또는 ⓐ,ⓑ)과 기준선 사이 및 기준선 외의 돌출된 부분과의 거리 치수(Distance)가 건축평면도와 일치한지 확인한다.
    · 큰 치수부터 작은 치수까지 모두 확인해야 한다.
    · 소규모 건축평면도일 경우에는 같은 축척으로 작성된 건축평면도 또는 기계평면도를 투명지(트레이싱지 또는 아크릴지)에 인쇄하여 서로 겹쳐서 비추어보는 것도 쉬운 검토방법이다.

모든 전등이 건축천장도면에 표시된 것과 일치한지 확인한다.

- 전등을 건축천장도면에 표시한 경우 전기도면에 표시된 전등 배치와 종류가 일치하는지, 건축천장도면에 표시되지 않은 경우 전기도면 전등배치 대로 전등을 배치할 경우 무리가 없는지 확인할 필요가 있다.
  - 건축천장도면에 그리진 전등배치가 전기도면상의 전등배치와 일치하는지 확인한다.
  - 전등 배치가 다른 시설물, 즉 디퓨저, 화재감지기, 스피커, 스프링클러 헤드, 액세스 도어, 천장 나눔선, 디자인 문양 등에 겹치거나 장애가 되는지 확인한다.

주요 전기장비들이 전기적인 연결이 되어 있는지 확인한다.

- 전기공급을 받아 가동되는 각종 장비와 전기 공급선 연결이 누락되는 경우가 있다.
  - 전기계통도(Electrical Riser Diagram)를 찾아서 이해를 한 다음 해당 장비에 연결 되었는지 확인한다.
  - 각 운송장비(예 ; 엘리베이터, 리프트, 주차시설 등)에 전기적인 연결이 되었는지 확인
  - 전기 동력이 필요한 기계설비장비(기계설비 장비스케줄 참조)와 전기적인 연결이 되었는지 확인한다.
  - 전기 동력이 필요한 건축시설물(예 ; 전동셔터, 자동개폐문, 무대시설, 주차관리

시스템 등)과 연결이 되었는지 확인한다.

전기간선 계통도(Electrical Riser Diagram)에 표시된 전기 패널보드와 도면에 표시된 모든 전기 패널보드와 일치한지 확인한다.

- 전기 계통도의 패널보드의 위치와 명칭(번호)이 배선도에 표시된 내용과 일치하지 않은 경우가 있다. 패널명칭과 번호에 따라서 패널의 규격과 용량이 다르므로 패널명칭과 번호를 유의하여 확인해야 한다.
    - 전기간선 계통도에 표시된 전기 패널보드 위치와 패널번호를 확인한다.
    - 전기배선 평면도에 표시된 패널보드 위치와 패널명칭(번호)이 계통도에 표시된 것과 일치한지 확인한다.

장비 일람표(스케줄)에 기재된 내용이 도면에 표시된 장비내용과 일치한지 확인한다.

- 장비의 종류, 규격, 용량, 수량, 부호, 위치 등이 일치한지 또는 누락된 장비가 있는지 확인하는 작업이다.
    - 장비 일람표의 기재사항 등이 누락이 있는지 확인한다.
        · 장비명칭, 부호, 형식, 용량, 규격, 수량 및 설치위치 등 누락이 있는지 확인
    - 일람표에 표시된 장비와 관련 공종 설계도면에 표시된 각 장비가 서로 일치한지 확인한다.
        · 색연필 등으로 장비 하나하나를 표시해 가면서 각 장비별로 규격, 용량, 수량, 위치 및 부호 등이 일람표와 일치한지 모두 확인한다.

모든 배관 및 배선 규격(Size)이 표시되었는지 확인한다.

- 배관, 덕트 및 트레이(Tray)와 전선 및 케이블의 재질, 규격 및 설치위치 또는 범위가 누락 또는 오기 없이 명확히 표시되어 있는지 확인하는 작업이다.
    - 각종 배관 및 배선평면도에서 배관 및 배선 표시에 오기 또는 누락이 있는지 확인한다.
    - 전기시방서에 기술된 재질 및 규격내용과 일치한지 확인한다.
        · 도면에 표시된 내용과 시방서에 표시된 내용이 다를 경우 전기용량계산서에 산출된 규격과 일치한지 확인해 볼 필요가 있다.

설계도면에 기재된 주요 자재(主要資材)와 장비 일람표에 기재된 장비(裝備) 품질내용이 전기설비 시방서에 설명된 품질내용과 일치한지 확인한다.

- 도면상에 표시된 주요자재와 장비의 품질이 시방서에 기술된 내용과 일치한지 확인하는 작업으로서, 도면 또는 시방서에만 변경·수정되어 일치하지 않은 경우가 있다.

- 각 공종별로 설계도면을 검토할 때 주요자재 명칭과 표시된 품질내용을 기록(검토 양식에)한다.
- 도면에서 장비 일람표를 확인하고 기록하거나 장비 일람표를 복사한다.
- 기록 또는 복사하여 발췌된 주요자재 및 장비에 관련되는 공종 항목을 시방서에서 찾는다.
- 설계도면에서 발췌된 자재 및 장비의 품질내용과 기계설비시방서에 기술된 자재 및 장비 품질내용(자재 및 장비명칭, 규격, 재질, 용량, 형식 등 품질 특성치)을 서로 비교하여 보면서 일치한지 확인한다.

각종 전기 패널보드가 설치될 공간이 충분한지 확인한다.
- 전기 패널보드가 매입 설치될 벽 두께와 벽면 면적 및 패널보드를 조작 및 관리할 수 있는 패널보드 앞 공간이 충분한지 검토하는 작업이다.
  - 패널보드 규격(Size)을 확인하고 기록하거나 복사해 둔다.
  - 패널보드가 설치될 벽 위치가 적정한지 확인한다.
    · 패널보드 설치위치에 다른 공종 시설물과 간섭, 구조적인(기둥, 내력벽, 개구부 등) 장애 등이 있는지 확인한다.
  - 패널보드가 매입될 수 있는 벽 두께와 벽 면적이 확보되는지, 벽 속에 장애물이 있는지 확인한다.
    · 패널보드 두께와 벽 두께 비교 및 벽 속에 배관·배선 설치가 있는지 검토한다.
  - 작업자가 패널보드 앞에 서서 패널문을 열고 작업을 할 수 있는 공간이 충분한지 확인한다.

전기 패널보드가 방화벽에 매입되어 있는지 확인한다.
- 방화벽은 화재가 발생했을 때 다른 공간으로 불길이 옮겨가지 못하도록 불길 차단용으로 설치한 벽이기 때문에, 만일 전기 패널보드 설치로 인하여 불길이 전달된다면 화재안전에 문제가 발생하므로 특수한 방화조치를 하지 않는 한 방화벽에 패널보드를 설치하지 말아야 한다.
  - 건축도면에서 어느 벽이 방화벽인지 확인한다.
  - 방화벽에 패널보드가 설치되었는지 확인한다.
  - 방화벽에 패널보드가 설치되었다면 설치방법이 방화벽이 요구하는 방화성능을 확보하였는지 확인한다.

전기기구(스위치, 콘센트 등) 부착위치는 모두 표시되었는지 확인한다.
- 각종 기구 부착위치가 명확히 표시되고 누락이 있는지 확인하는 작업이다.

- 도면상에 부착 표준상세도 또는 주기에 기구 부착위치를 지정하였는지 확인한다.
- 시방서에서 기구 부착기준에 대한 내용이 기술되었는지 확인한다.
- 기구 부착에 대하여 설계도면에 기술된 내용과 시방서에 기술된 내용이 일치한지 확인한다.

외부에 설치되는 전기설비시설 위치는 대지조성 및 포장계획과 연계하여 검토되었는지 확인한다.
- 전기 인입시설, 변전시설, 발전시설 등은 전기시설 안전기준에 의한 타 시설과 이격거리 유지, 침수방지시설, 접근방지시설, 케이블트렌치 등이 타 공종 주변시설과 연계하여 검토되었는지 검토하는 작업이다.
  - 외부 전기시설 위치와 크기는 정확히 표시되었는지 확인한다.
  - 외부 전기시설에 따른 주변 시설과의 이격거리를 측정해 보고 법정 이격거리와 비교해 본다.
  - 침수방지를 위해 장비 설치대 높이는 적정하며, 주변으로부터 침수우려가 있는지 확인한다.
  - 접근방지를 위한 울타리(변전시설 등) 등 규정에 적합한 방호조치는 되어 있는지 확인한다.
  - 케이블 인입을 위한 맨홀 및 트렌치 시설은 유지보수에 적정한지 확인한다.

전기설비도면에 기재된 모든 【주기(朱記) : notes】를 확인한다.
- 일반적으로 도면 작성자가 도면 오른쪽 부분에나 밑에 어떤 모양의 그림이나 문자로 표시하여 설계품질(品質)을 규정짓거나 이해를 돕기 위하여 또는 중요성을 강조할 목적으로 기록된 내용이므로 무엇보다 지나쳐 버릴 수 없는 설계품질 기술에 중요한 요소이다. 작은 글씨로 기록되었더라도 반드시 유념하여 확인해야 한다.
  - 【주기】사항이 기록되어 있는지 반드시 확인한다.
    · 【주기】: 주기, 특기사항, Notes 등
  - 【주기】사항에 기록된 내용을 정확히 파악한다.
  - 【주기】사항 내용이 설계도서의 다른 부분, 즉 설계도면이나 시방서에 있는 내용과 상치되는 점이 있는지 검토하고, 상치되는 점이 있으면 설계도서 해석상 우선순위로 가늠해본다.

---

* ARCHITECTURE, January 1987, pp.83~84. 실린 곳 : AIA Manual 1994, 2.6 Construction Documents에서 부분적으로 인용

1.6.2 세부 검토

설계 규모, 종류 및 설계도면 작성자의 작성방법에 따라 도면과 도면에 표시내용이 다르므로 일반적인 도면 작성을 기준으로 하였다. 전문기술인이 검토해야 할 수준의 내용은 "(전문기술인 검토)"이라 표기하였다.

도면목록을 검토한다.
- 도면목록과 도면명칭, 도면번호, 일련번호와 일치한지 확인
- 도면목록과 설계도면을 확인해 가면서 도면 구성을 대략 파악

범례 및 일반 주기사항을 검토한다.
- 범례의 오류 및 누락이 있는지 확인
- 주기내용을 확인

장비 일람표를 검토한다.
- 평면도에 표시된 내용과 일치한지 확인
- 시방서에 기재된 내용과 일치한지 확인
- 장비용량이 계산서 내용과 일치한지 확인

옥외 전력인입, 보안등 및 외부 등(燈) 설비배치도를 검토한다.
- 배치도가 건축배치도와 일치한지 확인
- 전력인입 위치(연결지점) 표시 확인 및 현장조건에 적절한지 확인
- 전력인입 맨홀 또는 핸드홀 위치 및 규격 확인
- 보안등, 환경조명등, 광고조명등 또는 조경등(수목투사등 등)등 위치 표시 확인
- 배선·배관 종류 및 규격 표시 확인
- 사용자재 품질은 시방서 내용과 일치한지 확인
- 케이블 매설 표준단면도 작성 및 적정성 확인
- 부속건물 연결 및 장래 증축 고려 여부 확인
- 외부(옥외)등(燈) 및 스위치는 방수형(Water proof type)인지 확인
- 케이블의 인입경로와 타 시설물과의 이격거리는 적정한지 확인

수전설비 단선결선도를 검토한다.
- 수변전기기의 결선은 기기배치 평면도의 케이블 스케줄과 일치하는지 확인
- 접지결선은 접지설비 평면도에 표시된 내용과 일치한지 확인
- 수·변전기기가 전기실 기기배치 평면도에 표시된 내용과 일치한지 확인
- 변압기 용량은 적정한지 확인

· 변압기 용량계산서 내용과 일치한지 확인
- 발전기 및 배터리와 결선은 적정한지 확인
- 수전용 차단기의 차단용량 표시는 되었는지 확인
- 접지시설은 적정한지 확인
- 주기내용을 확인

전기실 기기 배치 평면도를 검토한다.
- 건축평면도와 일치한지 확인
  · 특히 기기기초, 트렌치, 환기구(개구부), 창호 등의 위치와 크기가 일치한지 확인
- 각 기기 간 및 구조물과의 이격거리가 표시되었는지 확인
- 배전반 앞뒤 좌우 이격거리가 적정한지 확인
  · 전면 : 3~4m(최소 1.5m), 측면 : 1~2m(최소 : 1.0m), 배면 : 1~1.5m(최소 : 0.6m),
  천장 : 고압 3.0m, 특고압 4.5m 이상
- 배전반, 변전기 기초 위치 및 규격 표시가 되었는지 확인
- 케이블 트렌치(Trench) 배치는 적정하며 규격이 명확히 표시되었는지 확인
  · 변전기, 발전기실, 축전기실, 배전반 및 배선 피트(Pit) 상호 연결 크기가 적정한지 확인
- 케이블 트레이 배치 및 규격이 명확히 표시되었는지 확인
- 전기기기(변전기, 배전기 등) 표시 및 위치가 결선도와 일치한지 확인
- 케이블 스케줄(또는 케이블 및 배관 표시)과 단선결선도 내용과 일치한지 확인
- 각종 전기기기의 모선 및 모선접속은 적정한지 확인
- 접지의 종류 및 접지선의 규격이 적정한지 확인
- 기기 반출입이 가능한 경로가 확보되었는지 확인
- 기계실 트렌치와 전기실 트렌치가 연결되었는지 확인
  · 전기안전을 위하여 기계실 트렌치로부터 물이 유입되지 않아야 한다.
- 전기실 상부에 기계관련 배관이 설치되었는지 확인
  · 일반적으로 전기실 상부에 기계배관은 안전상 억제해야 한다.
- 방음, 방진 및 내진시설은 적정한지 확인
- 주기내용 확인

전기실 자동제어 단선, 결선도를 검토한다.(전문기술인 검토)
- 결선도의 적정성 확인
- 제어될 기기에 모두 연결되었는지 확인

전기실 자동제어 평면도를 검토한다.(전문기술인 검토)
- 자동제어 단선, 결선도 내용과 일치한지 확인
- 자동제어 결선 누락이 있는지 확인
- 배선 및 배관 일람표와 일치한지 확인

DAC 및 전자화 배전반 입출력 관제점 일람표를 검토한다.(전문기술인 검토)

제어감시용 기기 일람표 및 각 관제항목 결선도를 검토한다.(전문기술인 검토)
- 차단기 제어 및 상태, 발전기 제어 및 상태 경보, 과전류 경보, 지락과 전류 경보, 부족전압 경보, 지락누설 경보, 변압기 고온경보, 전류계측, 전압계측, 직류전압계측, 직류전류계측, 정류기 정보, 전자배선반 POINT 등

중앙감시반시스템 구성도를 검토(전문기술인 검토)

발전기실 도면을 검토한다.
- 건축평면도와 일치한지 확인
- 발전기 규격 및 용량 표시는 정확한지 확인
  - 장비 일람표 또는 시방서 내용과 일치한지 확인
  - 건축법, 소방법 등의 비상전원, 예비전원 내용 확인(전문기술인 검토)
- 급기, 배기, 통기설비 확인
  - 급기시설은 적정한지 확인
  - 배기시설은 적정한지 확인
  - 배기관 설치 및 내열처리는 적정한지 확인
- 발전설비 설치상태 확인
  - 패드(Pad) 규격(폭, 길이, 두께) 및 상세도 확인
  - 패드의 방진대책(건축적인)은 적정한지 확인
  - 침수대책은 고려되었는지 확인
    · 패드 높임, 배수(바닥구배, 배수트렌치 연결) 및 방수대책 확인
- 피트(Pit) 배치 및 규격은 표시되었는지 확인
- 반·출입 경로가 확보되었는지 확인
- 연료탱크 및 배기관 설치, 급유방법 및 배관경로 확인
- 냉각수탱크 설치 및 냉각수 배수방법 확인

- 케이블, 트레이 등 배선이 적정한지 확인
- 접지시설은 적정한지 확인
- 발전기의 방진시설은 되었는지 확인
- 동력부하의 기동전류 확인(전문기술인 검토)
- 부하의 평형 확인(전문기술인 검토)
- 단락보호의 검토 확인(전문기술인 검토)
- 주기내용 확인

축전기실 도면을 검토한다.
- 건축평면도와 일치한지 확인
- 축전지의 용량, 형태 등이 규모와 용도에 적합한지 확인(전문기술인 검토)
- 급기 및 배기시설은 되었으며 적정한지 확인
- 배선방법은 적정한지 확인
    · 축전지로부터 연결되어야 할 장비, 소방 및 피난시설과의 연결 등
- 바닥, 벽 마감은 내산성능이 있는 자재인지 확인
- 주기내용 확인

기계실 동력설비 평면도를 검토한다.
- 건축평면도와 일치한지 확인
- 기기배치는 기기 일람표 내용과 일치한지 확인
- MCC 패널과 연결이 잘못 또는 누락된 것이 있는지 확인
- 케이블 및 배관 종류와 규격 표시가 적정한지 확인
- 기기의 전압은 적정한지 확인
- 기기의 용량은 용량계산서, 장비 일람표 또는 시방서에 기술된 내용과 일치한지 확인
- 배관피트 및 샤프트 크기는 적정한지 확인
    · 건축도면 참조
- 동력부하가 많을 시 수용 상태와 수용률 확인(전문기술인 검토)
- 설비동력의 제어방식과 제반의 위치 확인(전문기술인 검토)
- 장래 증설계획은 검토되었는지 확인(전문기술인 검토)
- 배선방법의 적정성 확인(전문기술인 검토)
    ▫ 배선 종류 및 규격

　　　　□ 내열 보호선 설치
　　　　□ 금속성 수도관 또는 가스관 등과의 이격거리 유지
　　　　□ 온도가 높은 곳(보일러 상부 등)에 배선
　　　　□ 설비배관 및 덕트와의 간섭
　　　　□ BUS DUCT 적정성 확인
　　－주기내용 확인

MCC 결선도를 검토한다.(전문기술인 검토)

MCC 모형도를 검토한다.(전문기술인 검토)

분전반 결선도를 검토한다.
　　－전력 간선 계통도와 일치한지 확인
　　－분전반 표시 누락 또는 오기가 있는지 확인
　　－접지 표시 확인
　　－배선 및 배관규격 표시 확인
　　－주기내용 확인

전력 간선 계통도를 검토한다.
　　－전기동력설비 평면도 내용과 일치한지 확인
　　－배전반 표시는 MCC결선도와 일치한지 확인
　　－배선 배관의 종류 및 규격은 명확히 표시되었는지 확인
　　－주기내용 확인

전력 간선 및 동력설비 평면도를 검토한다.
　　－건축평면도와 일치한지 확인
　　－MCC 일람표와 일치한지 확인
　　－전력공급방식은 적정한지 확인
　　－분전반 표시와 분전반 회로 연결 표시는 정확한지 확인
　　－배선 및 배관의 종류와 규격은 명확히 표시되었는지 확인
　　－연결 안내표시는 정확한지 확인
　　－사용 자재의 규격 및 품질은 명확히 표시되었는지 확인
　　－사용 사재의 품질은 시방서 내용과 일치한지 확인
　　－접지계획 적정성 확인
　　－주기내용 확인

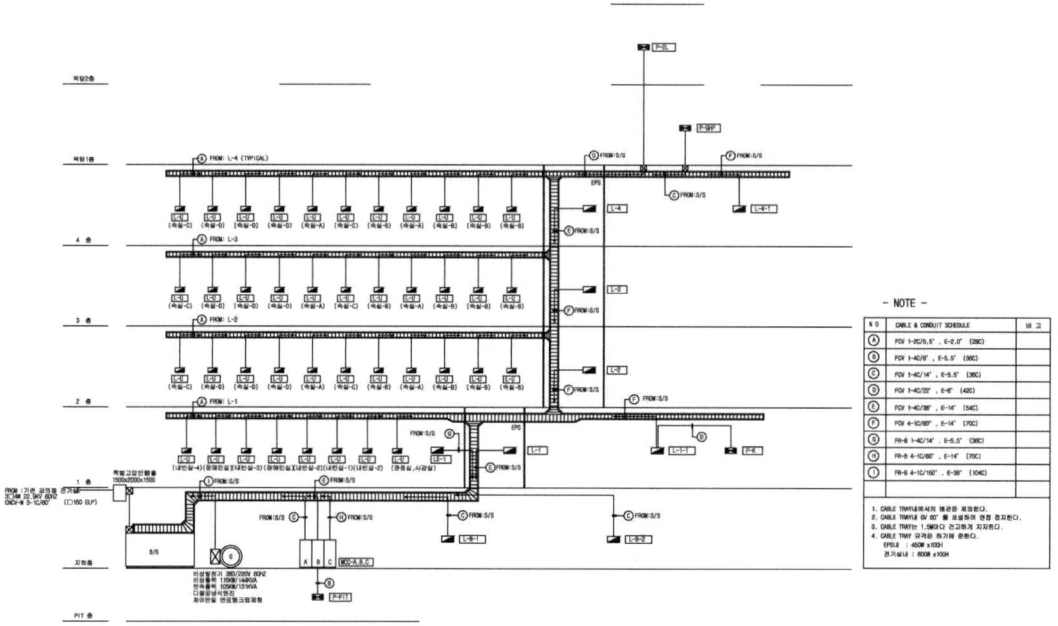

전력 간선설비 계통도

그림 59 전력 간선 계통도 예

분전반 및 MCC 설치도를 검토한다.(전문기술인 검토)
　　－분전반의 위치 확인
　　－분전반의 형태(노출, 매입) 확인
　　－분전반의 부하 검토
　　－각종 기기와 연동관계 검토(Mag SW. Relay 설계 검토)
　　－배선 및 케이블 단말처리공간 확보 확인
　　－MCC Type 확인
　　－기계설비 용량 및 전기방식 확인
　　－자동제어 연계 전원 및 접점 확인
　　－단자반의 설치위치 확인(상부, 하부)
　　－인출입 케이블의 위치 확인(상부, 하부)
　　－케이블 인출입 천장 깊이(트레이, 덕트, 파이프) 확인
　　－접지계획 적정성 확인
　　－분전함 재질 규격 확인

- 사용 자재의 규격 및 품질은 명확히 표시되었는지 확인
- 사용 자재의 품질은 시방서 내용과 일치한지 확인
- 주기내용 확인

피뢰 및 접지설비 설치도를 검토한다.
- 접지의 종류는 구별되어 표시되었는지 확인
- 접지 배관, 배선 종류 및 규격 표시 확인
- 접지 및 접지선 연결 상세도를 확인
- 접지 필요개소에 누락이 있는지 확인
- 각 접지계통 상호간 이격거리는 적정한지 확인
- 피뢰침시설 표시 확인
- 피뢰침 보호각도는 적정한지 확인
    · 60도, 45도
- 피뢰침과 TV공청 안테나와의 이격거리는 충분한지 확인
- 피뢰침 인하도선이 강전선, 약전선, 가스관 등과 이격거리는 적정한지 확인
- 연결 안내표시는 정확한지 확인
- 사용 자재의 규격은 표시되었는지 확인
- 사용 자재의 품질은 시방서 내용과 일치한지 확인
- 피뢰 및 접지설비 설치방법은 시방서 내용과 일치한지 확인
- 주기내용 확인

피뢰 및 접지설비(전문기술인 검토)
- 접지공사의 법적 기준 및 규칙을 확인
- 건물 조건에 따른 접지공법 및 방식은 적정한지 확인
- 시공 후 접지저항 측정이 가능한지 확인
- 접지 목적에 적정한 접지 종류인지 확인
    · 계통 접지, 기기 접지, 뇌해방지용 접지, 지락검출용 접지, 등전위화용 접지, 노이즈방지 용접지, 기능용 접지
- 전기설비의 안전관련 접지 검토
    · 지락보호, 감전, 누전화재
- 각종 설비의 접지 검토
    · 피뢰, 송전, 변전소, 배전선로, 컴퓨터, 방송, 정전차폐, 전자차폐 설비, 고도주

택 등
- 피뢰기는 용도에 적합한지 확인
  · 돌침, 수평도체, 게이지 방식
- 고층빌딩인 경우 측벽 피뢰기 설치 필요성 검토
- 피뢰도선과 인근 물체와의 간격 및 근처 금속체의 접지 검토
- 위험물 관련 관계법령 확인
- 주기내용 확인

조명제어 간선 계통도를 검토한다.(전문기술인 검토)
- 계통도 작성의 적정성 확인
- 제어기기와 연결 확인
- 제어 필요개소에 연결 확인
- 조명제어 패널 설치위치 확인
- 배선, 배관의 종류 및 규격 표시 확인
- 사용 자재 품질은 시방서 내용과 일치한지 확인
- 주기내용 확인

조명제어설비 기기상세도를 검토한다.(전문기술인 검토)

전등설비 평면도를 검토한다.
- 평면도는 건축평면도와 일치한지 확인
- 조명기구 표식은 조명기구 모형도 또는 범례와 일치한지 확인
- 조명기구 배치는 적정한지 확인
  · 화장실 칸막이로 인한 대변기 공간이 어둡다든가 조도가 고르지 못하게 또는 타 설비 시설물과 겹쳐 배치되는 것이 있는지 확인한다.
- 고효율, 에너지절약형 기구가 선정되었는지 확인
- 스위치 위치는 적정한지 확인
  · 스위치가 문 열림 반대쪽에 설치되는 등 사용에 불안하고 불편한 위치인지 확인
- 조명기구 설치공간 확보 확인
  □ 조명기구 배면 깊이 확인
  □ 천장공간 확인 : 천장 깊이, 보, 덕트, 배관, 배선 등 장애물 검토
  □ 스프링클러, 스피커, 감지기, 냉난방기기(천장설치), 디퓨저, 환기구 등 간섭 검토
- 조명제어 프로그램 스위치 표시 확인

- 배선, 배관 종류 및 규격 표시 확인
- 사용 자재의 품질 및 설치는 시방서 내용과 일치한지 확인
- 전선관의 규격은 배선에 적합한지 확인
    - 배선 단면적은 전선관 단면적의 40% 이내
- 패널과 연결 표시는 정확한지 확인
- 배선 연결 표시는 정확한지 확인
- 전선의 종류는 구별하여 설치되었는지 확인
    - 상용 : IV 전선, 비상용, 소방, 방송 : HIV 전선
- 방수형 스위치 설치가 필요한 장소가 있는지 확인
- 행가의 지지 간격은 적정한지 확인
    - 일반적으로 1.5m 이내
- 조도는 규정치 이상이며 균일한지 확인
    - 조도계산서 확인
- 주기내용 확인
- 기타 검토
    - ☐ 자동점멸시설 필요성
    - ☐ 원격제어의 필요성
    - ☐ 항공장애등 설치의 필요성

전열설비 평면도를 검토한다.
- 건축도면과 일치한지 확인
- 전열간선 내용과 일치한지 확인
- 모든 전력이 필요한 장비에 연결이 되었는지 확인
    - 기계설비 장비, 엘리베이터, 에스컬레이터, 덤웨이터, 정화조 펌프 및 배기팬, 주차램프 스노우 멜팅 시설, 배연창 등
- 콘센트 종류 및 위치 표시는 적정한지 확인
    - ☐ 청소용 콘센트 : 복도, 발코니, 주차장 등
    - ☐ 각 기기용 콘센트 : TV, CCTV, 화재수신기, 인터폰, 앰프, 주거 에어컨, 시계, 음수기, 냉장고, 김칫독, 전력 사용 주방기기 및 싱크대 환풍기, 현금지급기, 자동판매기, 공중전화, 외부 천장속 배관의 보온용 코일 및 자동온도감지기, 자동문 등

- □ 대용량 기기 콘센트 및 회로 전용분기
- □ 소방용 콘센트
- ─ 방수, 내산, 방폭형의 기기의 필요성 검토
- ─ 수분, 습기가 있는 곳의 기기회로는 별도 설치 필요성 검토
- ─ 누락이 쉬운 배선 또는 콘센트 확인
  - □ 환기팬, 덕트팬, Pilot Lamp
  - □ 자동문, 회전문
  - □ 방화문, 방화셔터, 배연창
  - □ 입간판, 광고등(燈), 쇼윈도등(燈)
  - □ 주차시설, 스노우 멜팅(Snow Melting) 시설, 외부조명 및 조경시설
  - □ 전력이용 방열기, 에어컨(이동식)
- ─ 기계설비 장비 및 소방설비 장비의 배선을 확인
- ─ 배선, 배관 종류 및 규격 표시는 적정한지 확인
- ─ 사용 자재의 품질은 시방서 내용과 일치한지 확인
- ─ 전선관의 규격은 배선에 적합한지 확인
  - · 배선 단면적은 전선관 단면적의 40% 이내
- ─ 행가의 지지 간격은 적정한지 확인
  - · 일반적으로 1.5m 이내
- ─ 배선연결 안내 표시는 정확한지 확인
- ─ 전선의 종류는 구별하여 설치되었는지 확인
  - · 상용 : IV 전선, 비상용, 소방, 방송 : HIV 전선
- ─ 고압과 저압 또는 약전 케이블간의 이격거리는 적정한지 확인
- ─ 배전반 위치 표시는 정확하며 적정한지 확인
  - · 샤프트 위치, 설치될 바탕구조, 부하의 중심, 상하층의 분전반 위치관계 검토
- ─ 분기회로 구분의 적정성 검토
  - · 방화구획, 사용상 편의
- ─ EPS 공간은 배선 및 유지보수에 적정한지 확인
- ─ 각 기기 및 기구의 설치 높이가 표시되었는지 확인
- ─ 점검구 및 점검공간의 적정성 확인
- ─ 전기시설(추레이, 배관, 배선, 덕트 등) 방화벽 관통부분 불연처리방법 확인

- 배선상에 장애물이 있는지 확인
- 방수형 콘센트 설치가 필요한 장소가 있는지 확인
- 비상콘센트 위치는 적정한지 확인
- 주기내용 확인

각종 상세도가 작성되었는지 검토한다.
- BUS DUCT 상세도
- CABLE TRAY 상세도
- SYSTEM BOX 상세도
- 인입 맨홀 상세도
- 피뢰침지지 상세도
- 각종 패널 설치 상세도
- 각종 슬리브(sleeve) 설치 상세도
- 콘센트 및 스위치 설치 상세도
- 지중 매설 상세도
  - 일반구간 매설 깊이 : 0.6m 이상, 차량통행 구간 매설 깊이 : 1.2m 이상
- 각종 기기의 부착 상세도
- 기타 상세도

기타 사항을 확인한다.
- 기술계산서 확인(전문기술인 검토)
  - 전기설비용량계산서, 변압기용량계산서, 전압강하계산서, 차단기용량계산서, 조도계산서, 비상전원용량계산서 등
- 건축물의 에너지절약설계기준 [전기부문의 의무사항]의 내용과 일치한지 확인(전문 기술인 검토)
  - □ 수변전설비
  - □ 간선 및 동력설비
  - □ 조명설비
- 건축물의 설비기준 등에 관한 규칙의 전기설비 요구내용과 일치한지 확인(전문기술인 검토)
- 건물의 피난·방화구조 등의 기준에 관한 규칙 [별표 1의 3] 거실의 용도에 따른 조도기준에 충족되는지 확인(전문기술인 검토)

1.7 소방설비도면 검토

1.7.1 소방기계도면 검토

- 전문기술자가 아닌 일반 양식 있는 기술자가 검토할 수 있다고 생각하는 수준을 검토대상으로 삼았다. 설계자 또는 전문기술자 검토가 요구되는 것은 '(설계자 검토), (전문기술인 검토)'라 표시하였다.

1.7.1.1 기본 검토

- 여기(기본 검토)에서는 초급기술자를 위하여 검토이유, 절차, 방법 등을 더하여 설명적으로 작성하였다.

소방설비도면 목록과 도면이 일치한지 확인한다.

- 검토대상이 된 문서는 문서로서 갖추어진 문서인가를 먼저 확인하고 검토를 시작하는 것이 바람직하다. 때때로 도면이 누락되거나 도면순서가 바뀌었거나 도면번호 또는 도면명칭이 일치하지 않은 경우가 있다.
  - 우선 도면목록(표)을 확인한다.
  - 도면목록과 도면명칭 및 도면번호가 일치하는지 확인한다.
  - 도면번호, 도면명칭이 일치하지 않거나 누락된 도면이 있는지 확인한다.

요구조건 내용과 일치한지 확인한다.(설계자 검토)

- 건축주 요구조건, 소방설비 설계 의뢰시 작성된 요구조건 및 엔지니어링 중에 추가 또는 변경 요청된 내용과 일치한지 확인하기 위하여 설계자는 설계조건 및 설계 중 변경 요구사항을 행정적으로 유지 및 관리할 필요가 있다.
  - 계약시 건축주 요구조건을 확인한다.
  - 소방설비 설계 의뢰시 작성된 설계 요구조건을 확인한다.
  - 설계도서 작성 중 요구조건 변경내용(문서 및 메모 등)을 확인한다.
  - 설계 의뢰시 요구조건 및 변경 요구조건과 일치한지 확인한다.

소방설비 장비 일람표를 확인하고, 각 설계도면 및 시방서에 기술된 내용과 일치한지 확인한다.

기 호	수 량	명 칭	사 양	비 고
FP-1	2	옥내소화전,스프링쿨러 겸용 주펌프	125□x1,190L/M x58Mx40HPx3S	다단보류트 펌프
FP-2	1	옥내소화전보조펌프	40□x60L/Mx58Mx5HP	예스코
FT-1	1	압력탱크	용량 : 100LIT 기성제품	입형

* 장비사용동력원은 3□x380Vx60Hz

그림 60 소방설비 장비 일람표 예

- 장비의 종류, 규격, 용량, 수량, 부호, 위치 등이 일치한지 또는 누락된 장비가 있는지 확인하는 작업이다.
  - 우선 도면목록에서 장비 일람표를 확인한다.
  - 장비 일람표에 품질 기재사항 등에 누락이 있는지 확인한다.
  - 장비 일람표에 기재된 장비내용이 관련 공종 설계도에 표시된 장비내용과 일치한지 확인한다.
    · 색연필 등으로 하나하나 표시해 가면서 각 장비별로 규격, 용량, 수량, 위치 및 부호 등이 일치한지 모두 확인한다.
  - 장비 일람표에 기재된 내용이 시방서에 기술된 품질내용과 일치한지 확인한다.

소방펌프 위치는 적절하며 전원과 연결되었는지 확인한다.
- 소화펌프는 소화장비 중 주요장비이므로 가동에 지장이 없는 장소에 설치되었는지 또는 동력 연결이 되었는지 확인이 필요하다.
  - 펌프 설치공간은 장비 설치 및 가동에 지장이 없을 정도의 공간인지 확인한다.
  - 적정한 전력선과 연결되었으며 작동시스템은 적절히 연결되었는지 확인한다.
    · 작동시스템은 화재시 자동적으로 작동될 수 있도록 연결된 시스템을 말한다.

옥외 연결송수구 위치가 건축, 구조 및 토목도면에 표시되었는지 확인한다.
- 소방설비도면에만 표시되고 건축 또는 토목도면(배치도)에는 누락이 되는 경우가 있어 소방차 접근 가능 여부, 토목시설과 간섭 여부, 소방차 하중에 의한 지하구조에 미치는 영향 등을 검토하기 위해서 건축, 구조 및 토목도면에도 표시가 필요
  - 소방도면에 표시된 옥외소화전이 건축도면, 구조도면 및 토목배치도에서 같은 위치에 표시되었는지 확인한다.

옥외 소방설비 간선배치도에는 상수도소화전, 연결송수구 설비가 적절히 배치되었으며 배관이 연결되었는지 확인한다.

- 옥외소화전 적정 배치와 건물과의 관계와 연결송수구 위치를 확인하고 이들이 상수, 물탱크, 소화펌프 등과 적절히 연결되었는지 확인하는 작업이다.
  - 옥외 상수도 소화전 배치와 연결송수구를 확인하고 건물과 적정한 거리인지 확인한다.
  - 소화전 및 송수구와 배관이 연결되었는지 확인한다.

소화배관 평면도는 건축평면도와 일치한지 확인한다.

- 설계도면을 손으로 그리던 때와 달라서 컴퓨터로 설계하기 때문에 전기설계자는 건축설계자로부터 받은 정보를 이용하여 작업하므로 건축평면도와 달라질 일이 없지만 설계과정을 미루어 보면 설계 도중 변경된 내용을 건축설계자와 소방설비 설계자 사이에 변경정보 전달 및 교환이 잘 이루어지지 않은 변경관리 미흡과 작업 중 착오와 오류로 인하여 도면이 서로 일치하지 않은 경우가 발생한다.
  - 평면도 명칭과 축척이 일치한지 확인한다.
  - 기준선(①,② 또는 ⓐ,ⓑ)과 기준선 사이 및 기준선 외의 돌출된 부분과의 거리 치수(Distance)가 건축평면도와 일치한지 확인한다.
    · 큰 치수부터 작은 치수까지 모두 확인해야 한다.
    · 소규모 건축평면도일 경우에는 같은 축척으로 작성된 건축평면도 또는 기계평면도를 투명지(트레이싱지 또는 아크릴지)에 인쇄하여 서로 겹쳐서 비추어보는 것도 쉬운 검토방법이다.
  - 모든 소화배관 평면도가 건축평면도와 일치한지 확인한다.

모든 소화평면도가 작성되었는지 확인한다.

  - 각 층별로 모든 소화배관 평면도가 작성되었으며 누락된 곳(같은 평면 중에서)이 있는지 확인한다.
  - 소화배관 평면도가 소화계통도에 나타난 소화배관 지역과 일치한지 확인한다.

소화배관 계통도에 표시된 소화시설물이 소화배관 평면도에 누락 없이 모두 표시되었는지 확인한다.

- 소화배관 계통도 내용과 평면도에 표시된 내용이 일치한지 확인하는 작업이다.
  - 소화배관 계통도 내용을 파악하고
  - 각 소화배관 평면도에 표시된 소방기구를 하나하나 계통도와 대조해 가면서 수량이 일치한지 확인다.
    · 소방기구 : 옥내소화전함, 방수용 기구함, 스프링클러, 수동식 소화기, 자동식 소화기, 연결송수구, 자동확산 소화기, 피난기구(완강기) 등

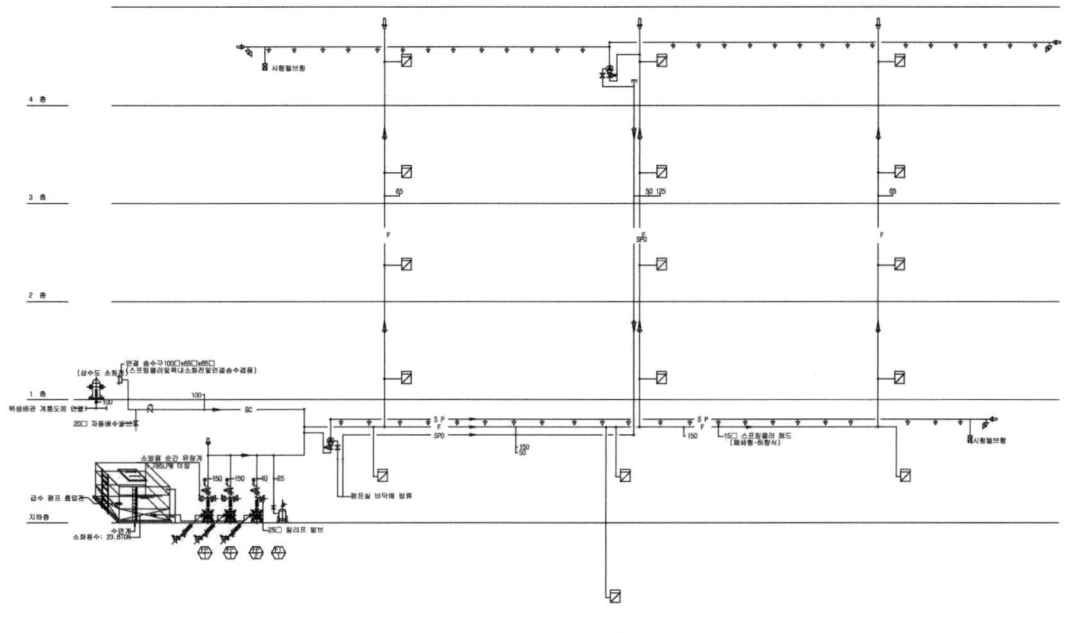

그림 61 소화배관 계통도 예

스프링클러 배치는 적절한지 확인한다.
- 스프링클러 헤드가 소방기준에 따라 설치되어야 할 방에 설치되지 아니한 것이 있는지 확인하는 작업이다.
  - 스프링클러 헤드를 설치해야 할 방과 구역을 확인한다.
    · 소방법에 의한 스프링클러 설치조건을 확인해 본다.
  - 방 면적에 따른 스프링클러 헤드 배치와 소요개수는 적정한지 확인한다.

옥내소화전 설치위치가 적정한지 확인한다.
- 소화전이 필요 위치에 배치되었으며 설치공간은 충분한지 확인하는 작업이다.
- 검토 전에 소방법률에서 소화전 설치에 대한 규준을 확인해 두는 것이 좋다.
  - 소화배관 평면도에서 소화전 위치를 확인하고 소화계통도 내용과 일치한지 확인한다.
  - 소화장비 일람표에 표시된 종류와 설치위치 표시내용이 설계도면에 표시된 내용과 일치한지 확인한다.

─소화전함 설치기준이 명시되었는지 확인한다.

소화용수 법정 확보 요구수량이 적정한지 확인한다.
─소화계산서에 기록된 내용과 일치한지 확인한다.
─소화계산서가 없으면 소방설비 설계자로부터 계산근거와 법적 요구사항을 요구하여 소화용수가 적정한지 확인한다.
─기타 소방관련 법령을 찾아보아 확인한다.

소화상세도는 작성되었는지 확인한다.
─소화펌프, 소화전함, 압력탱크, 자동드레인 밸브, 연결송수구, 스프링클러 등의 상세도가 작성되었으며 또한 적정한지 확인한다.

설계도면에 표시된 자재 및 장비와 기구의 품질이 시방서에 기재된 내용과 일치한지 확인한다.
─설계도면에 표시된 주요 자재를 발췌하고
─소방장비 일람표에 기재된 장비를 확인한 다음
─주요자재와 장비가 소방설비시방서에 기술된 내용과 일치한지 확인한다.

소방설비도면에 기재된 모든 【주기(朱記) : notes】를 확인한다.
- 일반적으로 도면 작성자가 도면 오른쪽 부분이나 밑에 어떤 모양의 그림이나 문자로 표시하여 설계품질(品質)을 규정짓거나 이해를 돕기 위하여, 또는 중요성을 강조할 목적으로 기록된 내용이므로 무엇보다 지나쳐 버릴 수 없는 설계품질 기술에 중요한 요소이다. 비록 작은 글씨로 기록되었더라도 반드시 확인해야 한다.
─【주기】사항이 기록되어 있는지 반드시 확인한다.
　　· 【주기】 : 주기, 특기, Notes 등
─【주기】사항에 기록된 내용을 정확히 파악한다.
─【주기】사항 내용이 설계도서 다른 부분, 즉 설계도면이나 시방서에 있는 내용과 상치되는 점이 있는지 검토하고, 상치되는 점이 있으면 설계도서 해석상 우선순위로 가늠해 본다.

1.7.1.2 세부 검토

- 설계 규모, 종류 및 설계도면 작성자의 작성방법에 따라 도면과 도면에 표시내용이 다르므로 일반적인 도면 작성을 기준으로 하였다. 전문기술인이 검토해야 할 수준의 내용은 "(전문기술인 검토)"라 표기하였다.

1. 일반 검토

도면목록을 검토한다.
- 도면목록과 도면명칭, 도면번호, 일련번호가 일치한지 확인
- 도면목록과 설계도면을 확인하면서 도면구성을 대략 파악

범례 및 주기 일반사항을 검토한다.
- 범례의 오류 및 누락이 있는지 확인
- 주기내용 확인

장비 일람표를 검토한다.
- 평면도에 표시된 내용과 일치한지 확인
- 시방서에 기재된 내용과 일치한지 확인
- 장비용량이 계산서 내용과 일치한지 확인
- 필요에 따라 소방법 및 행정자치부령 또는 고시를 확인

소화설비 계통도를 검토한다.
- 소화설비평면도와 일치한지 확인
- 표시된 장비는 장비 일람표 내용과 일치한지 확인
- 계통 표시는 구성과 기능이 설치목적에 적합한지 확인
  · 수원, 약품, 가압송수장치, 자동경보장치, 배관, 제어반, 비상전원, 호스 및 노즐, 분사헤드, 기동장치, 비상전원, 시험 등 소화설비의 시스템이 소방설비 목적에 합리적인지 확인한다.
  · 소화설비 자료(전문서적)에서 설비별로 표준 계통도를 이해한 다음 비교하여 검토함이 비전문인에게는 검토요령이 될 것이다.
- 각종 부호는 범례와 일치한지 확인

소화설비 평면도를 검토한다.
- 각종 부호가 범례와 일치한지 확인
- 계통도와 일치한지 확인
- 각종 기기는 장비 일람표와 일치한지 확인
- 배관 자재 및 규격을 적정히 표시하였는지 확인
  · 또는 배관 일람표와 일치한지 확인
- 옥내기기 설치가 기준에 적정한지 확인
  · 옥내소화전, 알람밸브, 드라이밸브, 스프링클러, 수격방지기, 소제용 앵글밸브,

시험밸브함, ABC 분말소화기, 이산화탄소 소화기, 연결송수구, 상수도 소화전, 옥외소화전, 옥외소화전함 등
  · 종류, 규격, 수량, 설치위치 등이 적정한지 확인한다.
 −옥외기기 설치 확인
  · 연결송수구, 상수도 소화전, 옥외소화전, 옥외소화전함 등
 −구체적인 검토는 "2. 소방설비별 검토"를 참고한다.

소화설비 상세도를 확인한다.

- 상세도 작성 및 소방관계법 및 국가화재안전기술기준에 적합한지 확인하다.
  - −소화펌프
  - −스프링클러
  - −드라이밸브
  - −상수도 소화전
  - −소화기함
  - −송수구 주위배관도
  - −소화펌프 설치
  - −옥내소화전
  - −알람밸브
  - −시험밸브
  - −옥내소화전함
  - −밸브함
  - −연결송수구 설치
  - −기타

열선보온 평면도를 검토한다.
 −열선 설치부분이 적정한 위치인지 확인
  · 동결우려가 있는 부분 누락 또는 설치 및 관리가 불합리한 장소인지 확인한다.
 −열선의 종류 및 규격 표시가 적정한지 확인
 −열선 전원 연결을 확인
 −열선 설치 상세도 작성을 확인
 −자재 및 장비는 시방서 내용과 일치한지 확인
 −상세도는 작성되었는지 확인
 −주기내용 확인

단위지역 / 단위세대 소화기구 및 피난기구 배치는 적정한지 검토한다.
 −소화기구는 적정하게 설계되었는지 확인
  □ 분말소화기
  □ 자동식 소화기
   · 6층 ~ 15층의 주방에 설치
  □ 자동확산소화기

· 방화구획이 되지 않은 보일러 상부에 설치
· 관리실, 노인정의 보일러 및 가스레인지 상부에 설치
- 스프링클러 헤드 배치반경은 소방법규에 맞도록 배치되었는지 확인
· 아파트 세대내 : 3.2m 이하
· 그 외의 소방대상물 : 2.1m 이하(단, 내화구조일 경우는 2.3m 이하)
- 한 개 가지관의 스프링클러 헤드 설치개수는 적정한지 확인
· 8개를 초과할 수 없음(단, 내부에 칸막이가 있을 경우 9개까지 가능함.)

제연설비를 검토한다.
- 제연설비의 국가화재안전기술기준(NFTC 501) 및 특별피난계단의 계단실 및 부속실 제연 설치의 국가화재안전기술기준(NFTC 501A) 참조
  - 제연구역 구획은 기준에 적합하게 설치되었는지 확인
    · NFTC 501 제4조(제연설비) 참조
  - 특별피난계단의 계단실 및 부속실 제연설비의 제연구역 선정은 적정하게 되어 있는지 확인
    · NFTC 501A(제연구역의 선정) 참조
      ▫ 계단실 및 그 부속실에서 동시에 제연하는 것(피난층에 부속실이 설치되지 않는 경우)
      ▫ 부속실만을 단독으로 제연하는 것(피난층에 부속실이 설치된 건물 및 아파트에 적용)
      ▫ 계단실 단독 제연하는 것
      ▫ 비상용승강기 승강장 단독 제연하는 것.
  - 제연구역으로부터 공기가 누설하는 틈새면적 산출은 적정하게 설계되었는지 확인한다.
    · NFTC 501A(누설틈새의 면적 등) 참조

기타 사항을 검토한다.
- 옥내소화전설비는 기준에 적정한지 확인
  · 옥내소화전설비의 국가화재안전기술기준(NFTC 102) 참조
- 스프링클러 펌프 용량은 적정한지 확인
  · 스프링클러 설비의 국가화재안전기술기준(NFTC 103), 간이 스프링클러 설비의 국가화재안전기술기준(NFTC 103A) 참조

- 제연팬(Fan) 용량이 적정한지 확인
    · 제연설비의 국가화재안전기술기준(NFTC 501), 특별피난계단의 계단실 및 부속실 제연설비의 국가화재안전기술기준(NFTC 501A) 참조
- 적정 수원이 확보되었는지 확인
    · 옥내소화전설비, 스프링클러 설비 등 소요설비의 국가화재안전기술기준(NFTC 102, 103)을 참조
        □ 한 층에 설치된 옥내소화전 수량에 의한 수량 산출
        □ 기준 헤드 수에 의한 수량 산출
        □ 고가수조에 확보해야 할 소화용수 산출
            · 소방펌프의 주 펌프와 동등 이상의 성능이 있는 펌프 설치시 소방용 고가수조를 삭제할 수 있다.
- 옥내소화전함은 소방법규에 맞도록 설계되었는지 확인
    · 옥내소화전설비의 국가화재안전기술기준(NFTC 102) 참조
        □ 옥내소화전함이 설치되어 있는지 확인
        □ 가압송수장치는 적정한지 확인
        □ 소방대상물의 각 부분으로부터 소화전 방수구까지의 수평거리는 적정거리인지 확인
        □ 호수 구경은 적정한 크기인지 확인
- 옥내소화전 내용물과 규격은 적정한지 확인
    · 옥내소화전설비의 국가화재안전기술기준(NFTC 102) 참조
        □ 방수구 설치 위치
        □ 소방호수 구경
        □ 옥내소화전설비의 함 표시 및 위치
- 방수기구함 내용물은 적정한지 확인
    □ 소방호수
    □ 방사형 관창
- 수격방지기는 적정한 위치에 설치되었는지 확인
- 소방용 밸브는 적정한지 확인
    □ 챔버 S/W
    □ 프리액션밸브
    □ 알람밸브

2. 소방설비별 검토

- 구체적이고 전문적인 검토를 위한 점검표로서 각 설비별로 구분하여 작성하였고 각 소방설비별 "**국가화재안전기술기준(NFTC)**"을 명시하고, 중요한 사항 일부만을 열거하였다.
- '참조'로 표시한 "국가화재안전기술기준" 및 "화재예방소방시설 설치·유지 및 안전관리에 관한 법률시행령" 등은 구체적 검토시에 변경 유무를 확인하여야 함.

▌소화설비

소화기구 설치를 확인한다.
- 소화기구 및 자동소화장치의 국가화재안전기술기준(NFTC 101) 참조
  - 소화기구는 설치대상 장소에 목적 기준에 따라 설치되었는지 확인
  - 수동식 소화기구는 설치기준에 적정한 제품인지 확인
  - 자동식 소화기는 설치기준에 적합하게 설치되었는지 확인

옥내소화전설비를 확인한다.
- 옥내소화전설비의 국가화재안전기술기준(NFTC 102) 참조
  - 옥내소화전은 설치대상 장소에 설치되었는지 확인
  - 수원은 기준에 의한 유효수량이 확보되었는지 확인
  - 옥내소화전 설치의 수원을 수조로 설치하는 경우에 소방설비의 전용수조로 되어 있는지 확인
  - 수조 설치는 설치조건을 충족하는지 확인
    · 점검에 편리한 곳, 동결방지 조치 또는 동결의 우려가 없는 곳, 외측에 수위계 설치, 외측에 고정사다리, 조명설비, 밑부분에 청소용 배수밸브 또는 배수배관 설치 등
  - 가압송수장치 설치는 설치조건에 충족되는지 확인
    □ 전동기 또는 내연기관에 의한 펌프를 이용하는 가압송수장치는 기준에 적정한지 확인
      · 방수압력 : 0.17MPa 이상, 방수량 : 130ℓ/min. 방수압력이 0.7MPa 이상일 경우 감압장치 설치. 펌프토출 측에 압력계, 흡입 측에 연성계 또는 진공계 설치, 내연기관의 기동은 소화전함의 위치에서 원격조종이 가능, 제어반에 의하여 내연기관의 자동 및 수동 기동의 가능 및 충전설비 갖춤.

- 고가수조의 낙차압력을 이용한 가압송수장치의 자연낙하수두 산출식
    - 고가수조의 낙차 : $H = h_1 + h_2 + 17m$ [H : 필요한 낙차(m), h_1 : 소방용 호스의 마찰손실수두(m), h_2 : 배관의 마찰손실수두(m)] 이상
    - 고가수조에 수위계·배수관·오버플로우관 및 맨홀 설치
- 압력수조를 이용한 가압송수장치 압력수조의 압력 산출식
    - 압력수조의 압력 : $p = p_1 + p_2 + p_3 + 0.17MPa$ 이상 [p : 필요한 압력(MPa), p_1 : 소방용 호스의 마찰손실수두압, p_2 : 배관의 마찰손실수두압, p_3 : 낙차의 환산수두압
    - 압력수조에는 수위계, 급수관, 급기관, 배수관, 맨홀, 압력계, 안전장치 및 압력저하 방지를 위한 자동식 공기압축기를 설치

− 제어반 설치는 제어반 설치기준에 충족되는지 확인
- 제어반은 감시제어반과 동력제어반으로 구분하여 설치 확인
- 감시제어반 기능조건은 충족되었는지 확인
    - 각 펌프작동을 확인할 수 있는 표시등 및 음향경보기능
    - 각 펌프를 자동 또는 수동으로 작동 또는 정지기능
- 감시제어반 설치는 기준에 적합한지 확인
    - 펌프작동표시등 및 음향 경보 기능
    - 자동·수동 작동 가능
    - 수조·물올림탱크 저수위 표시등 및 음향 경보 기능
- 동력제어반 설치는 기준에 적합한지 확인
    - 외함은 두께 1.5mm 이상의 강판 또는 이와 동등 이상의 강도 및 내열성능이 있는 것.
    - 감시제어반 설치조건과 같을 것.

− 옥내소화전설비의 전원은 기준에 적절한지 확인
- 상용전원회로의 전용배선을 기준에 맞게 설치해야 함.
- 자가발전설비, 축전지 설치, 전기저장장치 설치 확인
- 비상전원 설치는 기준에 적정한지 확인
    - 비상전원의 설치장소는 다른 장소와 방화구획이 설치되었는지 확인
    - 비상전원을 설치할 때에는 비상조명등을 설치 확인

− 옥내소화전설비의 배관은 기준에 적정한지 확인

□ 옥내소화전 방수구와 연결되는 가지배관의 구경, 주배관 중 수직배관의 구경은
　　　　적정한지 확인
　　　□ 연결송수관 설비의 배관과 겸용할 경우의 주배관의 구경은 적정한지 확인
　　　□ 성능시험 배관은 펌프의 토출측에 설치된 개폐밸브 이전에서 분기
　　　□ 동결 우려가 없는 장소에 설치
　　　□ 송수구 설치조건은 충족한지 확인
　－옥내소화전설비의 함
　　　・「소화전함 성능인증 및 제품검사의 기준」에 적합한지 확인
　－옥내소화전 방수구 설치기준에 적정한지 확인

스프링클러 설비 및 간이 스프링클러설비 확인한다.

- 스프링클러 설비의 국가화재안전기술기준(NFTC 103), 간이 스프링클러 설비의 국가화재안전기술기준(NFTC 103A), 화재 조기진압용 스프링클러 설비의 국가화재안전기술기준(NFTC 103B) 참조
　－스프링클러 설비는 설치대상 장소에 설치되었는지 확인
　－수원은 기준에 적정히 확보되었는지 확인
　　　□ 폐쇄형 스프링클러 헤드를 사용하는 경우
　　　□ 개방형 스프링클러 헤드를 사용하는 경우
　－전원은 소방설비기준에 적정한지 확인
　－전동기 또는 내연기관에 의해 펌프를 이용한 가압송수기준에 적합한지 확인
　－제어반은 기준에 적정히 설치되었는지 확인
　－배선은 기준에 적정한지 확인
　　　・비상전원으로부터 동력제어반 및 가압송수장치에 이르는 전원 배선은 내화선으로 할 것.
　－음향장치 및 기동장치는 기준에 적정한지 확인
　－고가수조의 지연낙차압력을 이용한 가압송수장치는 기준에 적합한지 확인
　－압력수조를 이용한 가압송수장치는 기준에 적합한지 확인
　－스프링클러 설비 배관의 질과 규격은 기준에 적정한지 확인
　　　□ 급수배관의 구경은 기준에 적정한지 확인
　　　□ 가지배관 사이의 거리는 기준에 적정한지 확인
　　　□ 유수검지장치 설치위치는 기준에 적정한지 확인

- □ 청소구 위치 및 규격은 기준에 적정한지 확인
- □ 스프링클러 헤드수별 급수관의 규격은 기준에 적정한지 확인
- □ 행거는 기준에 적정한지 확인
- □ 배관 내 사용압력은 기준에 적정한지 확인
- □ 수직배수 배관의 규격은 기준에 적정한지 확인
- □ 급수개폐밸브 작동표시 스위치는 기준에 적정한지 확인
- □ 스프링클러 설비배관의 배수를 위한 기울기는 기준에 적합한지 확인
- 스프링클러 헤드 설치는 기준에 적정한지 확인
- 무대부 또는 연소할 우려가 있는 개구부에는 개방형 스프링클러 헤드 설치 확인
- 스프링클러 설비의 송수구는 소방펌프 자동차로부터 송수할 수 있도록 설치되었는지 확인
  - □ 송수 및 소화작업에 지장을 주지 않는 장소인지 확인
  - □ 구경은 적정한지 확인
  - □ 폐쇄형 스프링클러 헤드를 사용한 송수구의 개수는 기준에 적정한지 확인

옥외소화전설비는 적절한지 확인한다.
- 옥외소화전설비의 국가화재안전기술기준(NFTC 109) 참조
  - 옥외소화전설비는 설치대상 장소에 설치되었는지 확인
  - 수원의 용량은 충족한지 확인
  - 가압송수장치는 적정한지 확인
  - 배관, 소화전함, 전원, 제어반, 배선은 기준에 적정한지 확인

물분무 등 소화설비를 확인한다.
- 물분무소화설비는 설치대상 장소에 설치되었는지 확인
  - · 물분무소화설비의 국가화재안전기술기준(NFTC 104) 참조
- 물분무소화설비
  - □ 물분무소화설비의 수원 배관 – 송수구, 기동장치, 제어밸브, 물분무헤드 배수설비, 전원, 제어반, 배선은 기준에 적정한지 확인
  - □ 수원 및 가압송수장치의 펌프 등은 기준에 적정한지 확인
- 펌프의 토출량, 펌프의 양정은 기준에 적정한지 확인
- 압력수조 이용방식 경우
  - □ 배수설비는 적정한지 확인

- 미분무소화설비
    - 미분무소화설비의 국가화재안전기술기준(NFTC 104A)
- 포소화설비
    - 포소화설비의 국가화재안전기술기준(NFTC 105) 참조
        - 포소화설비 시설 적용이 적정한 시설물 또는 규모인지 확인
        - 수원의 저수량은 기준에 적정한지 확인
        - 포소화약제의 저장량은 기준에 적정한지 확인
        - 가압송수장치 배관은 저장탱크, 혼합장치, 개방밸브, 기동장치, 포헤드 및 고정포방출구 전원, 제어반, 배선 등은 기준에 적정한지 확인
        - 기동장치는 직접조작 또는 원격조작 가능한지 확인
- 이산화탄소소화설비
    - 이산화탄소소화설비의 국가화재안전기술기준(NFTC 106) 참조
        - 가스저장 용기는 기준에 적합한지 확인
        - 기동장치 설치는 기준에 적정한지 확인
        - 가스저장량은 기준에 적정한지 확인
        - 제어반, 배관, 선택 밸브, 분사헤드는 기준에 적정한지 확인
        - 이산화탄소소화설비의 분사헤드를 설치하지 않아야 하는 장소에 설치되었는지 확인
        - 자동식 기동장치의 화재탐지기, 음향경보장치, 자동폐쇄장치, 비상전원, 배출설비, 과압배출구, 안전시설, 설계프로그램 등은 기준에 적정한지 확인
- 할로겐화합물 소화설비
    - 할로겐화합물 소화설비의 국가화재안전기술기준(NFTC 107) 참조
        - 할로겐화합물(소화약제) 저장량과 저장용기는 기준에 적정한지 확인
        - 기동장치, 제어반, 선택밸브, 분사헤드 및 배관은 기준에 적정한지 확인
        - 자동식 기동장치의 화재탐지기, 음향경보장치, 자동폐쇄장치, 비상전원, 설계프로그램은 기준에 적정한지 확인
- 청정소화약제 소화설비
    - 청정소화약제 소화설비의 국가화재안전기술기준(NFTC 107A) 참조
        - 증류 저장용기, 기동장치, 제어반, 배관 분사헤드, 선택밸브, 자동식 기동장치, 화재탐지기, 음향경보장치, 자동폐쇄장치, 비상전원, 과압배출구, 설계프

로그램 등은 기준에 적합한지 확인
- 분말소화설비
  · 분말소화설비의 국가화재안전기술기준(NFTC 108) 참조
  · 분말소화설비는 기준에 적정한지 확인
- 고체 에어로졸 소화설비
  · 고체 에어로졸 소화설비 국가화재안전기술기준(NFTC 110) 참조

▌경보설비
- 비상경보설비는 설치대상 장소에 설치되었는지 확인
- 비상경보설비는 기준에 적합하게 설치되었는지 확인
  · 국가화재안전기술기준(NFTC 201) 참조
- 비상방송설비는 설치대상 장소에 설치되었는지 확인
- 비상방송설비는 기준에 적합하게 설치되었는지 확인
  · 국가화재안전기술기준(NFTC 202) 참조
- 자동화재탐지설비 및 시각경보장치는 기준에 적합하게 설치되었는지 확인
  · 국가화재안전기술기준(NFTC 203) 참조

▌피난설비
• 피난기구의 국가화재안전기술기준(NFTC 301) 참조
  - 피난기구는 설치대상 장소에 설치되었는지 확인
  - 피난기구는 기준에 적합하게 설치되었는지 확인
    · 미끄럼대 · 피난사다리 · 구조대 · 완강기 · 피난교 · 피난밧줄 · 미끄럼봉 · 공기안전매트 · 간이완강기 등 피난기구 확인
      □ 피난기구는 소방대상물별 피난기구 설치기준에 적정한지 확인
      □ 피난기구 설치위치는 적정한 위치인지 확인
  - 방열복 · 공기호흡기 · 인공소생기 등 인명구조 기구는 기준에 적합한지 확인
  - 피난유도등 · 통로유도등 및 유도표지는 기준에 적합하게 설치되었는지 확인
    · 소방전기도면 검토 및 유도등 및 유도표지의 국가화재안전기술기준(NFTC 303) 참조

- 비상조명등은 기준에 적합하게 설치되었는지 확인
    · 소방전기도면 검토 및 비상조명등의 국가화재안전기술기준(NFTC 304) 참조
- 인명구조기구는 기준에 적합하게 설치되었는지 확인
    · 국가화재안전기술기준(NFTC 302) 참조

▌소화용수설비
- 상수도 소화용수설비의 국가화재안전기술기준(NFTC 401) 참조
    - 소화용수설비는 설치대상 장소에 설치되었는지 확인
    - 상수도 소화용수설비는 설치기준에 적합한지 확인
    - 소화수조·저수조 등 소화용수설비 설치 확인
    - 소화수조, 저수조의 채수구 또는 흡수관 투입구의 설치 위치는 기준에 적정한지 확인
        · 소화수조 및 저수조의 국가화재안전기술기준(NFTC 402) 참조
        · 소방펌프 자동차가 채수구로부터 2m 이내의 지점까지 접근할 수 있는 위치
            □ 소화수조의 저수량은 기준에 적정한지 확인
            □ 흡수관 투입구 설치는 기준에 적정한지 확인
            □ 채수구는 기준에 적정한지 확인
            □ 가압송수장치는 기준에 적정한지 확인
    - 상수도 소화용수설비 설치는 기준에 적정한지 확인
        · 국가화재안전기술기준(NFTC 401) 참조

▌소화활동설비
소화활동설비는 설치대상 장소에 설치되었는지 확인한다.
- 연결송수관설비 확인
    · 연결송수관설비의 국가화재안전기술기준(NFTC 502) 참조
        □ 연결송수관설비 계통도는 구성과 기능이 설치목적에 적합한지 확인
        □ 송수구는 기준에 맞게 설치되었는지 확인
        □ 방수구는 기준에 적정하게 설치되었는지 확인
        □ 배관은 기준에 적정하게 설치되었는지 확인

□ 가압송수장치는 기준에 적정한지 확인
□ 방수기구함은 기준에 적합한지 확인
□ 전원 및 배선은 기준에 적정한지 확인
- 연결살수설비 확인
  · 연결살수설비의 국가화재안전기술기준(NFTC 503) 참조
    □ 연결살수설비 계통도는 구성과 기능이 설치목적에 적합한지 확인
    □ 송수구는 기준에 적정하게 설치되었는지 확인
    □ 배관은 기준에 적정하게 설치되었는지 확인
    □ 연결살수설비 헤드는 기준에 적정하게 설치되었는지 확인
- 제연설비 확인
  · 제연설비의 국가화재안전기술기준(NFTC 501), 특별피난계단의 계단실 및 부속실 제연설비의 국가화재안전기술기준(NFTC 501A)
    □ 제연방식은 기준에 적정한지 확인
    □ 제연구역의 구획은 기준에 적정한지 확인
    □ 제연방식은 기준에 적정한지 확인
    □ 배출기 및 배출풍도는 기준에 적정한지 확인
    □ 유입풍도는 기준에 적정한지 확인
    □ 배출구는 기준에 적정하게 설치되었는지 확인
    □ 공기유입방식 및 유입구는 기준에 적정한지 확인
      · 바닥면적 400㎡ 미만의 거실인 예상 제연구역 : 바닥 외에 설치, 유입구와 배출구 간의 직선거리 5m 이상 설치
      · 바닥면적 400㎡ 이상의 거실인 예상 제연구역 : 바닥으로부터 1.5m 이하의 높이, 그 주변 2m, 이내에는 가연성 물질이 없도록 할 것.
    □ 공기유입량 및 배출량은 기준에 적정하게 설치되었는지 확인
      · 공기유입량은 배출량 이상
      · 옥외배출구 및 공기유입구는 비, 눈 등이 들어오지 않도록, 배출된 연기가 공기유입구로 순환 유입되지 않도록 할 것.
    □ 제연설비의 전원 및 기동은 기준에 정적한지 확인
      · 비상전원 부설, 가동식의 벽, 제연경계벽, 댐퍼, 배출기의 작동은 자동화재감지기와 연동할 것. 예상 제연구역 및 제어반에서 수동으로 기동할 수

있을 것.
- 비상콘센트설비는 기준에 적정한지 확인
    · 국가화재안전기술기준(NFTC 504) 참조
- 연소방지설비 확인
    □ 연소방지설비의 국가화재안전기술기준(NFTC 506) 참조
    □ 연소방지설비는 기준에 적정하게 설치되었는지 확인
    □ 송수구 배관, 방수헤드는 기준에 적정하게 설치되었는지 확인
    □ 연소방지도료의 도포는 기준에 적정한지 확인
- 소방시설용 배상전원수전설비는 기준에 적정하게 설치되었는지 확인
    · 국가화재안전설비기술기준(NFTC 602) 참조
- 고층건물의 국가화재안전설비기준에 적정하게 설치되었는지 확인
    · 국가화재안전설비기술기준(NFTC 604) 참조
- 공동주책의 국가화재안전기술기준에 적정하게 설치되었는지 확인
    · 국가화재안전설비기술기준(NFTC 608) 참조
- 창고시설의 국가화재안전기술기준에 적정하게 설치되었는지 확인
    · 국가화재안전설비기술기준(NFTC 609) 참조

1.7.2 소방전기도면 검토

- 전문기술자가 아닌 일반 양식 있는 기술자가 검토할 수 있다고 생각하는 수준을 검토대상으로 삼았다. 설계자 또는 전문기술자 검토가 요구되는 것은 '(설계자 검토), (전문기술인 검토)'라 표시하였다.

1.7.2.1 기본 검토

- 여기(기본 검토)에서는 초급기술자를 위하여 검토이유, 절차, 방법 등을 더하여 설명적으로 작성하였다.

소방전기도면 목록과 도면이 일치한지 확인한다.

- 검토대상이 된 문서는 문서로서 갖추어진 문서인가를 먼저 확인하고 검토를 시작하는 것이 바람직하다. 때때로 도면이 누락되거나 도면순서가 바뀌어졌거나 도면번호 또는 도면명칭이 일치하지 않은 경우가 있다.
    - 우선 도면목록(표)을 확인
    - 도면목록과 도면명칭 및 도면번호가 일치하는지 확인
    - 도면번호, 도면명칭이 일치하지 않거나 누락된 도면이 있는지 확인

요구조건 내용과 일치한지 확인한다.(설계자 검토)

- 건축주 요구조건, 소방전기 설계 의뢰시 작성된 요구조건 및 엔지니어링 중에 추가 또는 변경 요청된 내용과 일치한지 확인하기 위하여 설계자는 설계조건 및 설계 중 변경 요구사항을 행정적으로 유지 및 관리할 필요가 있다.
    - 계약시 건축주 요구조건을 확인
    - 소방전기 설계 의뢰시 작성된 설계 요구조건을 확인
    - 설계도서 작성 중 요구조건 변경내용(문서 및 메모 등)을 확인
    - 설계 의뢰시 요구조건 및 변경 요구조건과 일치한지 확인

소방전기 장비 일람표를 확인하고, 각 설계도면 및 시방서에 기술된 내용과 일치한지 확인한다.

- 장비의 종류, 규격, 용량, 수량, 부호, 위치 등이 일치한지 또는 누락된 장비가 있는지 확인하는 작업이다.
    - 우선 도면목록에서 장비 일람표를 확인
    - 장비 일람표에 품질 기재사항 등이 누락이 있는지 확인
    - 장비 일람표에 기재된 장비내용이 관련공종 설계도에 표시된 장비내용과 일치한

지 확인
- 색연필 등으로 하나하나 표시해 가면서 각 장비별로 규격, 용량, 수량, 위치 및 부호 등이 일치한지 모두 확인한다.
- 장비 일람표에 기재된 내용이 시방서에 기술된 품질내용과 일치한지 확인

소방전기 평면도는 건축평면도와 일치한지 확인한다.
- 설계도면을 손으로 그리던 때와 달라서 컴퓨터로 설계하기 때문에 전기설계자는 건축설계자로부터 받은 정보를 이용하여 작업하므로, 건축평면도와 달라질 일이 없지만 설계과정을 미루어보면 설계 도중 변경된 내용을 건축설계자와 소방전기 설계자 사이에 변경정보 전달 및 교환이 잘 이루어지지 않은 변경관리 미흡과 작업 중 착오와 오류로 인하여 도면이 서로 일치하지 않은 경우가 발생한다.
  - 평면도 명칭과 축척이 일치한지 확인
  - 기준선(①,② 또는 ⓐ,ⓑ)과 기준선 사이 및 기준선 외의 돌출된 부분과의 거리 치수(Distance)가 건축평면도와 일치한지 확인
    · 큰 치수부터 작은 치수까지 모두 확인해야 한다.
    · 소규모 건축평면도일 경우에는 같은 축척으로 작성된 건축평면도 또는 기계평면도를 투명지(트레이싱지 또는 아크릴지)에 인쇄하여 서로 겹쳐서 비추어보는 것도 쉬운 검토방법이다.

모든 소방전기 평면도가 작성되었는지 확인한다.
  - 각 층별로 모든 소방전기평면도가 작성되었으며 누락된 곳(같은 평면 중에서)이 있는지 확인
  - 소방전기평면도가 소방전기 계통도에 나타난 해당 지역과 일치한지 확인

각 소방전기 간선평면도에는 각종 소방기구들이 빠짐없이 배치되었는지 확인한다.
  - 옥내소화전, 스피커, 유도표시, 피난기구 유도등, 통로 유도등, 화재감지기, 비상 콘센트 등이 누락 없이 표시되어 있는지 확인
  - 설계도면에 표시된 배관 및 배선의 재질과 규격은 명확히 기재되었는지 확인

소방전기 간선 계통도에는 각종 소방시설이 모두 연결되었는지 확인한다.
- 자동화재탐지기, 비상콘센트 라인, 소화기등(消火器燈) 라인, 스프링클러 라인, 저수위 경보라인, 수신반 연결라인 등 각종 방화시설이 연결되었는지 확인한다.

옥외방송 간선설비 계통도에는 각종 소방시설이 누락 없이 배치되었는지 확인한다.
- 스피커 배치, 화재통제실(앰프)과 연결 등이 적절히 표시되었는지 확인한다.

유도등 간선설비 계통도에는 통로 유도등, 통로 유도표지, 피난구 유도표지 등이 연결되었는지 확인한다.

수신반 내장기능은 누락 없이 기재되었는지 확인한다.(전문기술인 검토)
- 자동화재탐지기, 스프링클러, 저수위경보, 템포스위치, 유도등제어반, 축전지 내장, 지상 직하 발화층 우선 경보기능, 발전기 전원 확인기능 등이 포함되었는지 확인한다.

설계된 모든 사용 자재 및 장비와 기구의 품질이 시방서에 기재된 내용과 일치한지 확인한다.
- 설계도면에 사용된 주요자재를 발췌하고
- 소방전기장비 일람표에 기재된 장비를 확인한 다음
- 기재된 모든 자재와 장비가 소방전기 시방서에 기술된 품질 내용과 일치한지 확인한다.

소방전기도면에 기재된 모든 【주기(朱記) : notes】를 확인한다.
- 일반적으로 도면 작성자가 도면 오른쪽 부분이나 밑에 어떤 모양의 그림이나 문자로 표시하여 설계품질(品質)을 규정짓거나 이해를 돕기 위하여, 또는 중요성을 강조할 목적으로 기록된 내용이므로 무엇보다 지나쳐 버릴 수 없는 설계품질 기술에 중요한 요소이다. 비록 작은 글씨로 기록되었더라도 반드시 유념하여 확인해야 한다.
    - 【주기】사항이 기록되어 있는지 반드시 확인
        · 【주기】 : 주기, 특기, Notes 등
    - 【주기】사항에 기록된 내용을 정확히 파악
    - 【주기】사항 내용이 설계도서 다른 부분에 즉 설계도면이나 시방서에 있는 내용과 상치되는 점이 있는지 검토하고 상치되는 점이 있으면 설계도서 해석상 우선순위로 가늠해 본다.

1.7.2.2 세부 검토

도면목록을 검토한다.
- 도면목록과 도면명칭, 도면번호, 일련번호와 일치한지 확인
- 도면목록과 설계도면을 확인해 가면서 도면구성을 대략 파악

범례 및 일반 주기사항을 검토한다.

- 범례의 오류 및 누락이 있는지 확인
  - 주기내용 확인

소방전기 간선계통도를 검토한다.
- 소방전기시설을 해야 할 장소와 소방전기기기 설치 확인과 전력공급 및 통제기기 또는 장소와의 유기적인 관계가 이해하기 쉽게 적절히 연결되었는지 확인하는 작업이다.
  - 계통 표시는 각 평면도에 표시한 내용과 일치한지 확인
  - 각종 기기 표시의 누락 또는 오기가 있는지 확인
  - 각종 기기 표시는 범례와 일치한지 확인
  - 배선 및 배관 자재, 규격은 명확히 표시되었는지 확인(계통도에 표시할 경우)
  - 배전반 연결 표시는 적정한지 확인(계통도에 표시할 경우)
  - 주기내용 확인

소방전기 평면도를 검토한다.
  - 각종 기기 표시는 적정한지 확인
    · 소화전 등, 감지기, 유도등, 도어 릴리즈, 배연창, 시각경보기, 사이렌, 수신기, 중계기, 소방펌프, 기타 등 배치 누락, 부적정한 배치 등 확인
  - 기기의 설치위치는 설치규준에 적합한지 확인
    · 소방관계법규에서 기기별 확인이 필요.
  - 중요한 장비실에 감지기 설치누락이 있는지 확인
    · 엘리베이터 기계실, 전기실, 발전기실 등
  - 각종 기기의 수량이 기기 일람표와 일치한지 확인
  - 평면도에 표시된 내용이 계통도와 일치한지 확인
  - 배선 및 배관 표시와 규격 표시기가 배선 일람표와 일치한지 확인
  - 사용 자재의 규격과 치수는 시방서 내용과 일치한지 확인
  - 연결 안내표시는 정확한지 확인(안내 표시 내용의 일치)
  - 상용전원, 비상전원 연결이 제 규정에 적합한지 확인
  - 주기내용 확인

화재경보설비장비 상세도를 확인 및 검토한다.
- 프로젝트 수준과 내용에 따라 적합한 장비규격과 설치방법을 표시한 상세도가 작성되어야 한다. 또한 시방서 내용 및 소방기준과 일치해야 한다.
  - 수신기, 중계기, CDT DISPLAY SYSTEM

- 각종 감지기
- 전자사이렌
- 옥외소화전
- 청각장애인용 시각경보기
- 도어 릴리즈
- 단독형 발신기 세트
- 피난구 유도등
- 통로 유도등
- 기타 필요 상세도

방송설비도면을 검토한다.
- 실내 및 외부시설 존재를 확인
- 계통도와 평면도 내용이 일치한지 확인
- 스피커 설치위치가 적정한지 확인
- 스피커의 종류(천장 또는 벽 부착형, 외부용 또는 내부용)를 확인
- 스피커 설치공간 및 상세도 확인
- BGM(Back Ground Music)장치, 레코드플레이어, 와이어레스 마이크 등의 부속 장치 확인
- 입력·출력회로에 유도장해를 일으키는 시설과 공동배선이 되었는지 확인
- 증폭기에 전원 공급선이 설치되었는지 확인
- 방송실은 사람이 항상 상주하는 곳에 설치되었는지 확인
- 주기내용 확인

국가화재안전기준 관련사항 검토(전문직 검토)
- 비상콘센트는 기준에 적합한지 확인
  · 비상콘센트 설비의 국가화재안전기술기준(NFTC 504) 참조
    □ 전원 및 콘센트 보호함, 배선 설치기준 확인
- 무선통신보조설비는 기준에 적합한지 확인
  · 무전통신보조설비의 국가화재안전기술기준(NFTC 505) 참조
    □ 누설동축케이블, 무선기기 접속단자, 분배기, 증폭기 등 설치기준 확인
    □ 계통도의 적정성 확인
      · 무선통신시설 해야 할 위치 및 설치 기기와 통제기기 또는 장소와의 유기적

인 관계를 이해하기 쉽도록 적정히 표시되었는지 확인하는 작업임.
- ☐ 기기 설치의 적정성을 확인
  - ・선로증폭기, 분배기, 안테나, 케이블, Repeater(중계장비 본체) 등을 확인
- ☐ 설치지역의 적정성을 확인

－비상조명등은 기준에 적합한지 확인
- ・비상조명등의 국가화재안전기술기준(NFTC 304) 참조
  - ☐ 비상조명등은 설치기준에 적정한지 확인
    - ・예비전원을 내장하지 않는 비상조명에는 비상전원 설치
  - ☐ 설치대상 건물조건 확인 및 검토

－비상경보설비 및 단독경보형 감지기는 기준에 적합한지 확인
- ・국가화재안전기술기준(NFTC 201) 참조
  - ☐ 비상벨설비 또는 자동식 자동사이렌, 단독경보감지기 등 설치기준 확인
  - ☐ 계통도의 적정성을 검토

－비상방송설비는 기준에 적합한지 확인
- ・국가화재안전기술기준(NFTC 202) 참조
  - ☐ 음향장치, 전원 및 배선 등 확인

－누전경보기는 기준에 적합한지 확인
- ・누전경보기의 국가화재안전기술기준(NFTC 205) 참조
  - ☐ 설치방법, 수신부, 배선, 전원 등 확인

－피난구유도등・통로유도등 및 유도표지는 기준에 적합한지 확인
- ・유도등 및 유도표지의 국가화재안전기술기준(NFTC 303) 참조
  - ☐ 유도등, 유도표지 종류 및 전원 등 설치기준 확인
  - ☐ 피난유도선은 설치기준에 적합한지 확인

－자동화재탐지설비 및 시각경보장치의 기준에 적합한지 확인
- ・국가화재안전기술기준(NFTC 203) 참조
  - ☐ 경계구역, 수신기, 중계기, 감지기, 음향장치 및 시각경보장치, 발신기, 전원, 배선 등 설치기준 확인

－자동화재속보설비는 기준에 적합한지 확인
- ・국가화재안전기술기준(NFTC 204) 참조
  - ☐ 자동화재탐지 설비와 연동으로 자동으로 화재발생 상황을 소방서에 전달되

- 도록
    - □ 조작스위치는 바닥으로부터 0.8m 이상 1.5m 이하에 설치
- 가스누설경보기는 기준에 적합한지 확인
    - □ 가스누설경보기의 국가화재안전기술기준(NFTC 206)
- 화재 알람설비는 기준에 적합한지 확인
    - □ 화재알람설비의 국가화재안전기술기준(NFTC 207)

기타
- 옥외소화전의 위치와 발신기기 위치 및 수량이 일치한지 확인
- 물분무, 포, 분말, 이산화탄소, 할론계 화합물 소화설비가 있는지 확인
    · 관련 국가화재안전기준을 확인하여 검토한다.
- 소화용 밸브에 TAMPER SWITCH가 설치되었는지 확인
- 알람밸브, SVP(준비작동식 조작함)의 위치 및 수량이 전기도면과 일치한지 확인
- 옥외취수구에 펌프가동 패널이 설치되었는지 확인
- 방화도어, 방화셔터 또는 배연창에 설치된 도어 릴리즈에 전원이 연결되었는지 확인

8 통신설비도면 검토

- 전문기술자가 아닌 일반 양식 있는 기술자가 검토할 수 있다고 생각하는 수준을 검토대상으로 삼았다. 설계자 또는 전문기술자 검토가 요구되는 것은 '(설계자 검토), (전문기술인 검토)'라 표시하였다.

1.8.1 기본 검토

- 여기(기본 검토)에서는 초급기술자를 위하여 검토이유, 절차, 방법 등을 더하여 설명적으로 작성하였다.

통신도면 목록과 도면이 일치한지 확인한다.
- 검토대상이 된 문서는 문서로서 갖추어진 문서인지 먼저 확인하고 검토를 시작하는 것이 바람직하다. 때때로 도면이 누락되거나 도면순서가 바뀌어졌거나 도면번호 또는 도면명칭이 일치하지 않은 경우가 있다.
  - 우선 도면목록(표)을 확인
  - 도면목록과 도면명칭 및 도면번호가 일치하는지 확인
  - 도면번호, 도면명칭이 일치하지 않거나 누락된 도면이 있는지 확인

요구조건 내용과 일치한지 확인한다.(설계자 검토)
- 건축주 요구조건 통신설계 의뢰시 작성된 요구조건 및 엔지니어링 중에 추가 또는 변경 요청된 내용과 일치한지 확인하기 위하여, 설계자는 설계조건 및 설계 중 변경 요구사항을 행정적으로 유지 및 관리할 필요가 있다.
  - 계약시 건축주 요구조건 확인
  - 통신설계 의뢰시 작성된 설계 요구조건 확인
  - 설계도서 작성 중 요구조건 변경내용(문서 및 메모 등) 확인
  - 설계 의뢰시 요구조건 및 변경 요구조건과 일치한지 확인

통신장비 일람표를 확인하고, 각 설계도면 및 시방서에 기술된 내용과 일치한지 확인한다.
- 장비의 종류, 규격, 용량, 수량, 부호, 위치 등이 일치한지 또는 누락된 장비가 있는지 확인하는 작업이다.
  - 우선 도면목록에서 장비 일람표를 확인
  - 장비 일람표에 품질 기재사항 등이 누락이 있는지 확인

- 장비 일람표에 기재된 장비내용이 관련 공종 설계도에 표시된 장비내용과 일치한지 확인
    · 색연필 등으로 하나하나 표시해 가면서 각 장비별로 규격, 용량, 수량, 위치 및 부호 등이 일치한지 모두 확인한다.
- 장비 일람표에 기재된 내용이 시방서에 기술된 품질내용과 일치한지 확인

통신평면도는 건축평면도와 일치한지 확인한다.
- 설계도면을 손으로 그리던 때와 달라서 컴퓨터로 설계하기 때문에 전기설계자는 건축설계자로부터 받은 정보를 이용하여 작업하므로 건축평면도와 달라질 일이 없지만, 설계과정을 미루어 보면 설계도중 변경된 내용을 건축설계자와 통신설비 설계자 사이에 변경정보 전달 및 교환이 잘 이루어지지 않은 변경관리 미흡과 작업 중 착오와 오류로 인하여 도면이 서로 일치하지 않은 경우가 발생한다.
- 평면도 명칭과 축척이 일치한지 확인
- 기준선(①,② 또는 ⓐ,ⓑ)과 기준선 사이 및 기준선 외의 돌출된 부분과의 거리 치수(Distance)가 건축평면도와 일치한지 확인
    · 큰 치수부터 작은 치수까지 모두 확인해야 한다.
    · 소규모 건축평면도일 경우에는 같은 축척으로 작성된 건축평면도 또는 기계평면도를 투명지(트레이싱지 또는 아크릴지)에 인쇄하여 서로 겹쳐서 비추어 보는 것도 쉬운 검토방법이다.

모든 통신평면도가 작성되었는지 확인한다.
- 각 층별로 모든 통신전기평면도가 작성되었으며 누락된 곳(같은 평면 중에서)이 있는지 확인
- 통신평면도가 통신계통도에 나타난 해당 지역과 일치한지 확인

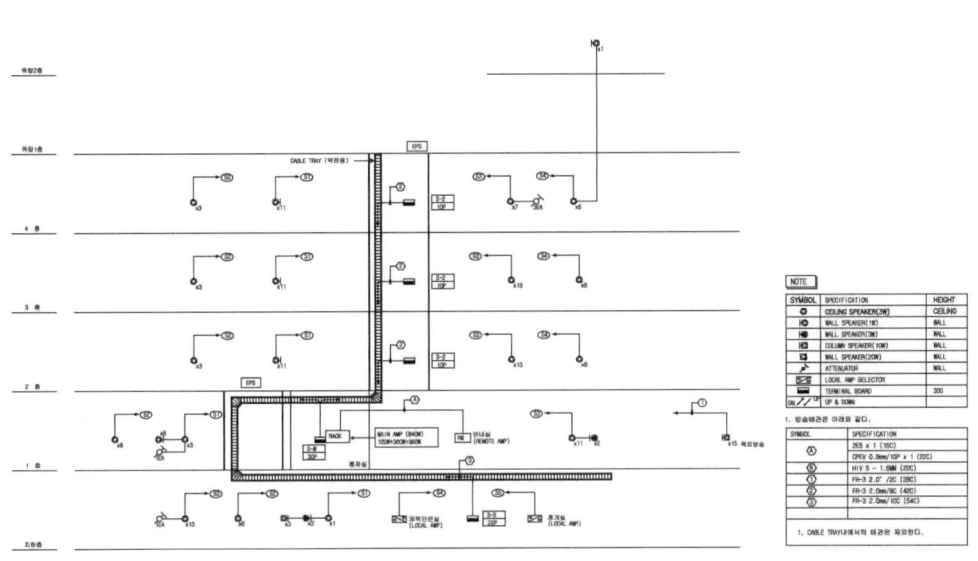

전관방송 간선설비 계통도

그림 62 전관방송 간선실비 계통도 예

통신 각층 평면도에는 각종 통신기구들이 빠짐없이 배치되었는지 확인한다.
　－스피커, CCTV 카메라, MDF(주단자함), 증폭기, 안테나, 교환기, TV, 각종 잭, 음량조절기, 방송 및 CCTV 장비 등이 누락 없이 표시되었는지 확인
　－배관 및 배선의 재질과 규격이 명시되었는지 확인
통신간선 각 계통도에는 각종 통신시설이 모두 연결되었는지 확인한다.
• 단말기기(스피커, CCTV, 전화기 등), 조종기기, 통제기기 및 통제실, 전원연결, 내외부시설, 인입시설 등이 연결되었는지 확인한다.
비상방송 간선설비 계통도에는 모든 스피커는 방송앰프와 연결되었는지 확인한다.
설계된 모든 사용 자재와 장비 및 기구의 품질이 시방서에 기재된 내용과 일치한지 확인한다.
　－설계도면에 사용된 주요자재를 발췌하고
　－통신장비 일람표에 기재된 장비를 확인한 다음
　－통신자재와 장비가 시방서에 기술된 품질내용과 일치한지 확인한다.
통신도면에 기재된 모든 【주기(朱記) : notes】를 확인한다.
• 일반적으로 도면 작성자가 도면 오른쪽 부분이나 밑에 어떤 모양의 그림이나 문

자로 표시하여 설계품질(品質)을 규정짓거나 이해를 돕기 위하여, 또는 중요성을 강조할 목적으로 기록된 내용이므로 무엇보다 지나쳐 버릴 수 없는 설계품질 구성상 중요한 요소이므로 작은 글씨로 기록되었더라도 반드시 확인해야 한다.

- 【주기】사항이 기록되어 있는지 반드시 확인
    - 【주기】: 주기, 특기, Notes 등
- 【주기】사항에 기록된 내용을 정확히 파악
- 【주기】사항 내용이 설계도서 다른 부분, 즉 설계도면이나 시방서에 있는 내용과 상치되는 점이 있는지 검토하고 상치되는 점이 있으면 설계도서 해석상 우선순위로 가늠해 본다.

1.8.2 세부 검토

1. 공통사항

도면목록을 검토한다.
- 도면목록 내용과 도면명칭, 도면번호, 일련번호가 일치한지 확인
- 도면목록을 확인해 가면서 도면구성을 대략 파악

범례 및 주기 사항을 검토한다.
- 범례에 오기나 누락이 있는지 확인
    - 도면 검토 중 범례에 누락 또는 오기를 발견시 보완
- 주기내용 확인

옥외통신인입 및 CCTV 방송설비 배치도를 검토한다.
- 각 시설별 인입위치 표시는 적정한지 확인
- 각 시설별 인입방법(가공, 지중) 및 핸드홀 설치 확인
- 각 시설별 배선·배관 재료 및 규격 표시 확인
- 수용국선 인입 가능 여부 확인
- 옥외 통신기기(카메라, 스피커) 설치위치는 적정한지 확인

통합배선 간선설비 계통도를 검토한다.
- 통신설비 필요개소의 누락이 있는지 확인
- 통신설비와의 연결상태 확인
- 통신장비 및 기구 설치 표시 확인
    - IDF(중간단자함) RACK, DATA MDF(주단자함), VOICE MDF, MODULAR

JACK 설치위치 확인
- CABLE 일람표 확인
  · 설계도면 및 시방서에 표시된 내용과 일치한지 확인

2. 전화시설

전화설비 도면을 검토한다.
- 사용 자재(장비 및 기구, 배선, 케이블, 배관 등) 재질 및 규격 표시 확인
- 사용 자재의 품질은 시방서 내용과 일치한지 확인
- 인입위치 및 인입방식(가공, 지중) 표시는 적정한지 확인
- 맨홀 또는 핸드홀 위치 및 구조는 적정한지 확인
- 전화 회선수의 적정성 확인
- 계통 및 간선계획과 일치한지 확인
- 배선 연결 안내표시는 정확한지 확인
- 단자반의 위치 및 부착방법은 표시되었는지 확인
- 교환실 및 중계대실 조건 검토
  □ 위치, 크기, 천장 높이
  □ 바닥 PIT, ACCESS FLOOR 관계 및 공조시설 관계
  □ 교환기 시공방법, 소화설비 등
  □ MDF(주단자함)의 위치, 용적, 형상 및 설치방법
  □ 교환기 전원 및 접지단자
- 교환방식 확인
  · 직영, 임대 구분
- 데이터통신의 장래 계획을 고려하였는지 확인

3. TV·CATV 시설

TV·CATV 간선 계통도를 검토한다.
- 계통도 구성이 적정한지 확인
  · 설치 필요개소는 모두 반영되었는지 확인
- TV · CATV 평면도 내용과 일치한지 확인
- TV · CATV 설치개소에 모두 연결되었는지 확인

－배선·배관 재질 및 규격 표시 확인

TV·CATV 평면도를 검토한다.
　　　－CATV 간선 계통도와 일치한지 확인
　　　－수구 위치(설치위치) 확인
　　　－시스템 복스 위치 확인
　　　－TV 안테나 설치장소 및 설치상태는 적정한지 확인
　　　　　□ 반사판의 유무, 전파의 도래 방향, 잡음전원과의 이격, 피뢰침과의 이격, 지지
　　　　　　상태의 안전성 확인
　　　　　□ 난시청지역인 경우 별도의 설비설치 필요 여부 확인
　　　－배선·배관 재질 및 규격 표시 확인
　　　－장비 및 자재의 품질은 시방서 내용과 일치한지 확인
　　　－배선 연결 안내표시는 정확한지 확인
　　　－장래 증설은 가능한지 검토
　　　－콘센트 위치는 사용에 편리한 위치(TV에 가까운)인지 확인
　　　－증폭기의 적정성 및 전원 연결 확인
　　　－자체 유선방송을 하는지 확인

4. 방송시설

방송설비 계통도를 검토한다.
　　　－계통도 구성이 적정한지 확인
　　　　　· 방송시설 필요개소 반영 및 관리기능에 적절한지 확인
　　　－방송기기 배치는 적정한지 확인
　　　－방송시설 범위는 적정한지 확인

방송설비 평면도를 검토한다.
　　　－계통도 내용과 일치한지 확인
　　　－배선은 각층 별도로 설치되었는지 확인
　　　－기기배치 및 요량은 적정한지 확인
　　　　　□ Amp 표시 확인과 용량은 적정한지 확인
　　　　　□ 스피커 종류(형태 및 용량)가 구별되어 표시되었는지 확인
　　　　　□ 방송단자함 위치와 용량은 적정한지 확인

□ 음량조절기 설치 및 설치 높이 확인
- 배선·배관 재질 및 규격 표시 확인
- 장비 및 자재의 품질은 시방서 내용과 일치한지 확인
- 마이크 전선은 유도 장애를 받지 않는 차폐 케이블인지 확인
- 비상전원 연결관계 확인
- 비상방송의 경우 내화전선인지 확인
- 유지보수에 문제가 있는지 확인

방송설비 RACK 설치장소가 적정한지 확인한다.

5. CCTV 시설

방범(CCTV)설비 평면도를 확인한다.
- 간선 계통도 내용과 일치한지 확인한다.
- 카메라 설치 위치를 확인
   · 카메라 설치 필요개소가 누락이 있는지 검토
- 카메라 종류를 확인
- 배선·배관의 종류 및 규격 확인
- 연결안내 표시는 정확한지 확인

CCTV 설비 일반사항을 검토한다.(전문기술자 검토)
- 이용면에서 적절한 형태의 방식인지 확인
- 주차장 등 법적 규제에 적합한지 확인
- 촬상관의 종류 검토(TUBE, CCD)
- 조도에 따른 분류(흑백, 컬러) 검토
- 기타 해상도 S/N비, COLOR, B/W 구분
- 전원, 소비전력, 통기방식 등은 현장 여건에 따라 선택되었는지 확인
- 카메라 렌즈의 사양이 적절히 검토되었는지 확인
- 사용목적에 따른 HOUSING이 적절한지 확인
- 카메라는 상하좌우 회전, 각도 조절이 가능한지 확인
- 브래킷 설치는 적정한지 확인
- 옥외광선이 없는 곳에 야간조명 설치 확인
- 전송방식의 선정은 기대하는 영상의 질, 양방향 전송의 필요성, 케이블 설치시의

가능성, 경제성의 비교, 외부로부터 유도 등이 검토되었는지 확인
- 모니터의 규격은 적절한지 확인
- 녹화부의 VCR, VIDEO CLOCK, ID GENERATOR, 영사다중기록장치, VIDEO PRINTER 등이 적절한지 검토
- 화상처리부의 VDA, AUTO SELECTOR, QUAD SYSTEM, ROUTING SWITCH, IMAGING PROCESSING 기법 등이 검토되었는지 확인
- 제어부의 제어방식(직접, 간접)을 검토하였는지 확인
- 센서의 종류는 적절한지 확인

6. 주차관제시설

주차관제설비 계통도를 검토한다.
- 계통도는 적정한지 확인
- 장비(기기) 위치는 적정한지 확인
- 방재실에서 통제 가능한 시설인지 확인

주차관제설비 평면도를 검토한다.
- 계통도 내용과 일치한지 확인한다.
- 장비의 위치 표시는 적정한지 확인
- 배선·배관 종류 및 규격은 적정한지 확인
- 장비 및 자재의 품질은 시방서 내용과 일치한지 확인
- 차도와 인도의 구분 확인
- 기기 상세도 작성을 확인
  · 차단기, 차량감지기, 발매기, 루프코일 설치
- 옥외형은 방습, 방수형인지 확인

주차관제설비를 검토한다.(전문기술자 검토)
- 주차관제설비의 구역별 범위는 적절히 구분되었는지 확인
- 실치장소에 따라 옥내형 또는 옥외형으로 구분되었는지 확인
- 주차관제장치의 구성기기별 기능은 검토되었는지 확인
  · 주차권 발행기 및 정기권독취기, 자동차단기, 요금계산기, 차량감지기, 루프코일, 중앙관리 컴퓨터, 층별 만차등, 차량유도등, 진입금지, 출차주의등, 장내경보등

- 발권, 계산처리 소요시간과 적정 처리대수 산정 확인
- 주차권 발행기, 각종 차단기, 경사로 등이 적정하며 충돌 위험이 없는지 확인
- 주차권 발행기 및 기타 기기를 옥외 설치시 눈, 비 등에 견딜 수 있는 방수형 및 내구성 확보가 되었는지 확인
- 주차발매기는 차로면에서 1000mm~1020mm 범위, 1050mm를 넘지 않도록 설치 확인
- 차량과 보행자 동선이 구분되었는지 확인
- 기기의 설치위치는 전등, CCTV카메라, 설비기구 등에 가려지지 않도록 계획되었는지 확인
- 루프코일은 통과방식으로 되었으며 감지능력은 승용차 기준이고 경차동차 또는 이륜차 등도 감지할 수 있는지 확인
- 입·출차 주의등은 입구와 출구 측에 설치하여 미리 주의 경광 및 경음기 설치로 확인이 되도록 되었는지 확인

시방서 검토

2.1 기본 검토 ……………………………………………… 369
2.2 세부 검토 ……………………………………………… 373

2 시방서 검토

- 여기에서는 일반적으로 총칙시방서 검토에는 총칙에 포함되어야 할 공통사항을 포함시켰고 기술시방서 검토에는 품질을 규정짓기 위한 공통적인 요소를 기술하여 각 공종의 특성에 따라 기술이 필요한 요소를 선택하여 검토해 볼 수 있도록 하였다. 각 공종(工種)별로 점검리스트를 만든다는 것은 몇몇 공통된 공종은 가능하나 공종 종류가 무수히 많고 설계자 의도가 각각 다를 수 있으므로 큰 의미는 없다.
- 시방서를 검토하기 위하여 시방서의 구성과 포함해야 할 내용, 그리고 품질 구성요소와 기술천장 깊이에 대한 깊은 이해가 필요하다.

(참조) 기술시방서(Technical Specification)에는 질(質 : Quality)을 나타내고 총칙시방서(General Specification)에는 공사 수행에 관계된 사항이 기술된다.

2.1 기본 검토*

- 여기(기본 검토)에서는 초급기술자를 위하여 검토이유, 절차, 방법 등을 더하여 설명적으로 작성하였다.

각 공사별 공사시방서가 문서로서의 조건이 갖추어졌는지 확인한다.
- 표지, 공사명, 작성일, 작성자, 목록, 쪽수 기록 상태, 훼손 유무, 목록과 페이지의 일치 여부 등 문서로서 적정한 상태인지 확인한다.

총칙시방서는 공사 수행에 관련 내용이 모두 포함되었는지 확인한다.
- 용어의 정의, 관련 시방서, 공사 일반사항, 관리 및 행정사항, 자재관리, 품질관리, 안전관리 및 환경관리, 가설공사, 준공에 관한 사항 등이 기술되었는지 확인한다.

공사별로 모든 시방서가 작성되었는지 확인한다.
- 건축공사, 토목공사, 기계공사, 전기공사 등 각 공사별로 필요한 시방서가 작성되

없는지 확인한다. 설계도면상에는 공사 내용이 있는데 공사시방서가 누락되는 경우가 있다.

각 공종(工種)별로 시방서가 작성되었는지 확인한다.
- 각 공종 항목별로 설계도면과 연관되어 있는지 점검하는 작업으로서, 이 일을 효과적으로 하기 위해서는 설계도면을 검토할 때 도면상에 나타난 공종을 시방서 점검시 사용할 목적으로 메모하여 두었다가, 이를 가지고 시방서를 점검할 때 해당 공종시방서가 작성되었는지 확인하는 것이 시방서에 기술된 공종을 메모하여 설계도면 검토시 해당 공정이 있는지 확인하는 것보다 효과적이다.

시공단계별로 시방서가 작성되었는지 확인한다.
- 각 공종은 공사단계별로 구분되었고 가급적 시공순서에 맞추어 작성되었는지 확인 한다.

구조공종(構造工種)별로 시방서 내용이 적절히 작성되었는지 확인한다.
- 공종 및 시공단계별 검토에서 관련 시방서가 작성되었는지 검토한 다음 구조별 시방서 내용이 적정히 서술되었는지 검토한다.
  즉 구조에 사용되는 재료의 품질수준, 시공절차 및 방법, 검사기준 및 방법, 시공허용오차 범위, 시험기준 등이 명확히 기술되었는지 확인한다.
- 품질내용 적절 여부를 확인하기 위해서는 판단기준이 되는 지식과 공인된 기술자료 수집이 필요하다. 구조에 관한 관련법규, 표준시방서, 구조계산서 등을 시방서 검토 전에 검토하는 것이 필요하다.

건축마감계획표(Finish Schedule) 내용과 시방서에 기술된 공종 내용이 일치한지 확인한다.
- 실내·외 마감계획표에 나타난 각종 재료마감 공종이 시방서에 기재된 각 공종 목록과 대조해 보아 누락 또는 불일치한 것이 있는지 확인하는 일이다.
- 대조해 볼 때 시방서에 대(大)공종(또는 공사)별로만 목록을 작성하고 각 공종에 포함된 부속 소(小)공종 목록을 작성하지 않아 쉽게 비교해 볼 수가 없는 경우가 많으므로, 대공종으로만 분류되어 기재해 있을 경우에는 마감계획표와 비교해 보기 전에 대공종(또는 공사)에 포함된 소공종 목록을 작성하여 마감표의 내용과 하나하나 비교해 보는 것이 보다 효과적이다. 왜냐하면 공종 하나하나를 시방서에서 찾아내는 것이 더 번거롭고 시간도 더 소요될 뿐만 아니라, 어떠한 공종은 별로 관계없는 엉뚱한 대공종 범위에 포함되어 누락으로 잘못 이해하거나 관계된 공종을 찾아내는 데 시간이 많이 소모되는 경우도 있기 때문이다.

모든 마감자재의 품질을 시방서에 적정히 기술되었는지 확인한다.

- 마감계획표와 시방서 목록을 비교하여 일치 또는 누락 여부를 확인한 후 마감계획 표상의 재료와 기타 사용되는 재료의 품질에 대하여 시방서에 적절히 기술되어 있는지 확인하는 일이다.
- 설계도에 기재된 명칭과 일치 여부는 물론 그 재료가 갖는 품질의 특성이 빠짐없이 기술되었는지 확인하는 것이 중요하다.

  품질특성이 적정하게 기술되었는지 확인하려면 검토자가 재료 특성에 대한 지식이 있거나 검토대상 재료에 대한 기술정보(자료)를 확보하고 그 내용을 파악해 두지 않으면 안 될 것이다. 또한 프로젝트의 품질수준이 어느 정도인지 알아두는 것이 중요하다.

주요장비(Equipment)를 점검하고 이 장비들이 설계도면과 연관되어 있는지 대조하여 확인한다.
- 시방서에 기록된 장비들을 점검하여 보고, 이들 장비들이 설계도면에 표시된 장비스케줄과 일치한지와 도면에 표시되어 있는 위치를 확인해 보는 일이다.
- 특히 장비형식, 장비용량 및 사용전압 등이 일치한지 확인한다.

(주의) 유의해야 할 점은 처음 몇 개를 점검하여 보아 틀림이 없어 보이면 일치하리라 생각하고 모두 점검하지 않고 중단하는 것이다. 충직하게 끝까지 점검하는 태도가 필요하다.

시공절차 및 방법, 기술이 적정한지 확인한다.
- 품질수준의 시공품을 만들기 위한 적정한 시공절차와 방법 선택, 납득할 수 있도록 기술되었는지 확인하는 일이다.
- 시공절차와 공법에 따라 품질수준이 달라지고 비용도 다르게 되므로 '절차와 방법'은 시공품질에 영향을 많이 주는 요소이므로 프로젝트 수준에 알맞은 절차와 방법(또는 공법)인지 신중히 판단해야 한다.

시방서에 "지적한 것과 같이" 또는 "지적한 곳과 같이"라고 기술된 항목은 설계도면에 표시되어 있는지 사실 확인을 한다.
- 시방서 작성자가 시방서를 작성할 때의 설계도면에는 표시되어 있었던 것이 도서 작성 중 변경 또는 도면정리 중에 삭제되었거나 시방서 작성 중 설계도면에 시방서 작성 후 설계도면에 표시하려고 생각만 하고 실제로는 누락된 경우와 깊은 생각 없이 다른 프로젝트 시방서를 복사한 경우에 발생되는 현상이라 볼 수 있다.
- "지적한 것" 또는 "지적한 곳"이라는 기술은 설계도면과 연관성이 있어야 하므로 설계도면에서 그 관련성이 있는지 확인해 보아야 한다.

시방서에 "참조시방서"라고 기록된 경우 시방서에 해당하는 내용(항과 목)이 있는지 확인한다.

- 시방서에는 그 장에 해당하는 표준시방서, 전문시방서, 전문업체 시방서 또는 외국 시방서를 참조하라고 명기되는 경우가 있는데, 때때로 참조하라고 지정된 시방서에 해당하는 내용(항과 목)이 없거나 시방서에 기재된 항목이 일치하지 않은 경우가 있다. 이는 시방서를 작성할 때에 오기나 다른 프로젝트 시방서를 복사하여 작성하거나 참고하려는 시방서가 개정된 경우를 생각할 수 있으나, 가장 큰 이유는 참고하려는 시방서를 확인하지 않고 시방서 작성자가 인용하기 때문이라고 본다.
- 참조시방서가 잘못 기재됨으로써 생산품질에 차질이 생기거나 분쟁의 요인이 되므로 시방서를 검토할 때에는 "참조시방서" 명칭, 관련 장(章), 발행기준(발행연도, 발행권번호)등을 확인하고 해당 시방서 내용과 일치한지 확인해야 한다.

시방서에 재료의 규격이나 재료의 양을 표시한 것이 있는지 확인한다.

- 원칙적으로 설계도면에는 크기(규격)와 양(추정할 수 있는)을 표시하고, 시방서에는 질(Quality)을 표시해야 하나 설계도면 한 곳에 표시되면 족한 것을 시방서에 규격과 양(수량)을 표시함으로써 설계도면에 기재된 규격과 산출한 수량이 시방서에 기재된 내용과 일치하지 않은 결과를 야기하는 원인이 된다.

  또한 설계도서 작성시 시방서에 규격과 양을 표시할 경우 변경이 있을 때에는 시방서와 설계도면을 모두 수정하게 되어 수정작업량이 많아질 뿐만 아니라 수정과정에서 수정이 누락되는 경우 즉 불일치하는 경우가 많아진다.

시방서에는 규격과 양 표시를 하지 않는 것이 좋다.

> **참조** 기술시방서(Technical Specification)는 일반적으로 자재(장비포함)품질과 일솜씨(시공)의 질(質, Quality)을 규정짓는 것으로서 건설공사에 사용되는 자재, 공산품 및 장비에 대한 기술적인 성질(특성)과 시공수단, 전문기술, 작업순서, 진행절차, 작업표준 및 기능공기준 등 시공수준에 영향을 미치는 사항에 관한 적합한 자료를 조사하거나 설계수준에 맞는 품질을 글로 표현하는 것은 특별한 능력과 전문성이 요구되기 때문에 일반적으로 시방서가 완벽하게 작성되지 않아 시방서 검토의 필요성이 요구되며, 더욱이 시방서상의 기술내용은 공사비와 시공 결과물 품질에 크게 영향을 미치고, 시방서의 오류는 계약상의 분쟁과 클레임을 야기하므로 사전에 시방서를 검토 하는 일은 품질관리에 큰 의의(意義) 가 있다.

---

* ARCHITECTURE, January 1987, pp.83-84. 실린 곳 : AIA Manual 1994,
  2.6 Construction Documents에서 부분적으로 인용

2.2 세부 검토

2.2.1 총칙시방서 검토

- 건축공사시방서의 총칙에 포함해야 할 사항을 점검한다.
- 여기에 제시한 항목은 총칙시방서의 항목이 아니고, 일반적으로 총칙시방서 내용을 구성하는 점검용 항목(Check List)이므로 일괄적으로 필요한 사항만 기술된 것이다.

가. 공사 일반사항

적용범위, 용어의 정의, 용어의 해석, 법규 우선 준수, 수급인의 책무, 새로운 기술·공법에 의한 설계변경, 설계변경, 공사기간 연기 등

나. 관리 및 행정

1) 공사관리 및 조정

현장대리인 등의 현장상주, 공사감독자의 업무, 공사수행, 책임한계, 응급조치, 동절기 공사, 하도급, 관련 기준 등의 비치, 공사협의 및 조정, 협의 및 조정에 따른 설계변경, 협의 및 조정 소홀에 대한 수급인의 책임, 종합 공정관리에의 협조, 시공전 협의 공사한계, 측량 경계점 유지, 검사 불합격시 조치사항, 절취 및 보수, 타 공정과의 협력작업 등

2) 공무행정 및 제출물

비치 및 제출, 제출절차 등, 착공서류, 공사예정공정표, 공종별 인력 및 장비 투입계획서, 시공계획서, 시공상세도면, 신고 및 인허가 신청서류, 사급자재 관련 서류, 지급자재 관련 서류, 품질보증계획 및 품질관리계획, 품질보증서, 안전관리서류, 환경관리서류, 하도급 관련 서류, 공사일지, 현황보고, 공사사진, 설계변경 요청, 기성검사원, 준공검사원, 설계도서의 우선순위, 유지관리 지침서, 경미한 설계변경, 공법 등의 결정, 시정, 조사 및 검토, 이의, 관공서 등의 수속, 제보고 및 서류양식, 관련 및 별도 검사 등

다. 자재관리

사용자재, 사급자재, 지급자재관리, 자재의 보관, 운반, 취급 등

라. 품질관리

품질관리계획, 품질시험·검사, 현장시험실, 품질시험·검사의뢰, 견본시공, 품질의 의식교육 등

마. 안전·보건 및 환경관리

관리 및 보상의 책임, 인가, 출입자 통제 등, 건설재해예방 전문기관의 지도, 안전한 작업환경 조성, 안전관리자 등, 화재예방관리자, 안전조치, 안전시설, 안전점검, 안전검사, 안전보건교육, 안전일지, 표준안전관리비 등의 사용, 환경관리 등

바. 가설공사

공사용 가설공급시설, 임시전기, 임시조명, 임시난방, 임시냉방, 임시환기, 임시전화 및 팩시밀리, 임시상수도, 임시하수시설, 임시현장배수, 가설 공용시공장비, 임시방호책, 임시 울타리, 외부폐쇄, 내부폐쇄, 임시공사의 보호, 현장보안, 진입도로, 주차장, 공사표지판, 공사 중 현장청소 및 폐기물 제거, 공사감독자의 현장사무소, 수급인의 현장사무소, 현장시험실, 가설시설물의 철거 등

사. 준공(인도)

예비준공검사, 시설물 인계·인수, 준공검사 내용, 토목 설비공사의 준공, 보수예비품, 준공도서 사본 작성 및 제출, 운전 및 유지관리 시범교육, 준공청소 등

2.2.2 기술시방서 검토

- 건축공사 기술(공사)시방서에 포함되어야 할 사항을 점검한다.
- 기술시방서는 설계도서 제작자가 계획한 품질수준(Quality Level)에 부합하도록 품질을 규정짓는 시방서를 작성해야 할 공종의 종류가 많고, 그 품질을 기술하는 조건은 다양하기 때문에 각 공종별로 점검표를 만든다는 것은 바람직하지 않다.

- 품질의 수준에 따라 품질을 규정짓는 시방서를 작성하는 데 필요한 일반적인 구성요소(항목)를 기술하여 검토자가 점검할 때 품질 구성요소를 기억나게 하고, 또는 시방서 작성자가 시방서를 작성할 때 품질 구성요소를 생각나게 하여 누락 없이 점검하면서 작성할 수 있도록 기술시방서를 구성하는 필요한 공통사항(점검항목)을 기재하였으므로, 검토자는 검토해야 할 공종과 결정된 품질수준에 따라 품질을 규정짓는데 필요한 사항이 누락되었는지 기술된 항목을 적정히 살피면서 검토하면 시방서 검토에 도움이 될 것이다.
- 시방서 검토는 품질에 대한 양식이 있고 경험이 있는 높은 수준에 있는 전문가 또는 관리자급이 검토하는 것이 원칙이라고 한다. 즉 자재 또는 장비에 대한 품질 구성 내용을 알고 시공품질에 대하여도 양식이 있고 프로젝트에 맞게 결정한 품질수준을 이해해야 검토가 가능하다고 말할 수 있다.

  그러나 전문분야에 종사하는 경험 있는 기술자는 관련 항목을 보면, 필요한 항목과 기술된 내용이 적정한지 가늠할 수 있고 의심스러우면 참고자료를 찾아보게 되므로 특별한 기술사항을 제외한 보편적인 내용검토는 가능하다고 생각한다.

가. 일반사항

- 여기에 제시한 항목은 기술시방서 상의 항목이 아니고 기술시방서의 내용을 구성하는 점검용 항목(Check List)이므로 결정된 품질수준에 따라 품질을 규정하는 데 필요한 사항만 기술된 것이다.

공종과 공종특성 및 결정된 품질수준에 따라 일반적으로 기술되어야 할 내용(항목)이 포함되었는지 또는 기술된 내용이 적정한지 확인한다.

- 적용범위
    · 시방서가 적용되는 대상 및 한계 기술
- 용어의 정의
    · 기술된 용어의 개념을 명확히 할 필요가 있는 경우 기술
- 참조규격(공업규격)
    · KS, ASTM, JIS, DIN 등 시방서 본문에 기술된 것.
- 지급자재
    · 지급자재가 있는 경우 종류, 규격, 수량 기술

- 참조시방서(관련 시방서)
  - 이 시방서 절(Section)과 관계되는 작업을 다룬 다른 절을 기술
- 관련 도서
- 관련 규정
- 시스템 설명
  - 시스템을 구성하기 위한 성능, 설계상의 요구조건, 구성요소와 작동상의 특성을 설명함에 있어 다른 시스템과 서로 다를 때 한하여 기술
- 시스템의 허용오차
  - 설치되는 시스템의 성능이나 기능의 허용오차를 기술
- 제출문서
  - 공사 수급자가 공사 전반에 걸쳐 제출해야 하는 관련 자료로서 제출물의 종류, 제출시기, 제출부수 등 공사행정상의 요구사항을 기술, 총칙의 '공무행정 및 제출물'과 연계하여 기술
    - □ 시공상세도(Shop Drawing)
      - 수급인이 공종별로 공사 진행에 따라 품질관리를 위한 수단으로 작성 및 제시하는 시공도. 법적 요구사항과 품질관리상 필요시 요구를 기술. 시공상세도 작성 책임한계 명시(작성책임자 : 시공자)
    - □ 제품자료(Product Data)
      - 제작자의 제품자료와 설치 및 작동 지침서 등 요구를 기술
    - □ 견본(Sample)
      - 품질 확인을 위해 사용될 자재의 크기, 수량, 색상 등 요구를 기술
    - □ 견본시공
      - 설계도면 및 시방서 내용대로 시공한 견본. 품질관리상 요구될 경우 기술
    - □ 확인서(Certificate)
      - 자재, 제품 또는 설비시스템의 품질이나 성능 확인서 요구를 기술
    - □ 품질보증서
      - 제조사의 제품이나 장비의 품질확보상 품질보증서 필요시 기술
      - 계약도서와 일치하게 시공이 가능하며 소기의 목적을 달성할 수 있다는 수급인의 서약서가 필요시 기술
    - □ 품질인증 서류

- · KS 표시허가증 사본, 품질시스템(ISO 시리즈) 사본, 시험성적서(품질시험 대행기관) 등 요구 기술
  □ 시공계획서
  - · 요구조건을 달성하기 위하여 수급자가 제시하는 종합적인 작업계획서. 공사 규모 및 특성에 따라 법적 요구사항 또는 공사 수행상 필요시 기술
  □ 품질관리 계획서
  - · 법정, 계약 또는 총괄 시방서 등에서 요구 또는 공사 공종의 특성에 따라 품질관리상 필요시 요구 기술
  □ 공정관리 계획서
  - · 연관 작업간에 특히 선행해야 하는 경우 또는 공사의 특수성에 따라 필요시 요구 기술
  □ 제조관리 계획서
  - · 외부제조 발주시 품질관리를 위하여 필요시 요구 기술
- 공사기록 서류
  - · 해당 공종 공사 시행에 대한 특히 기록 및 비치해야 할 서류내용 기술
- 품질보증을 위한 요구
  □ 자격
  - · 공사수행에 관련된 기술자의 자격 및 설계자, 제조업자, 조립업자. 설치업자, 납품업자 등의 자격 요구를 기술
  □ 현장견본
  - · 작업 전 사용자재의 적정을 확인하기 위하여 견본품이 필요한 경우 요구 기술
  □ 시험시공
  - · 공사를 시작하기 전 설계도서 내용대로 일정한 규모를 시공하여 재료, 시공기계, 시공절차와 방법 등이 현장여건에 맞는지 확인하고, 시행하기 위한 수단으로 요구 기술
  □ 공사 전 협의
  - · 공사 시작 전 공사와 관련된 감리자, 수급자, 전문업자 또는 설계자 등이 모여 자재, 장비, 인력, 공정, 작업방법, 안전, 품질 등 종합적으로 검토가 필요할 경우 요구 기술
- 타 공정과 협력

- 작업의 복잡성과 타 공종 및 공정에 간섭받는 공종일 경우 공정 및 품질 확보를 위한 협력관계를 기술
- 작업의 연속성
  - 다른 공종 시행에 연관되어 작업을 수행해야 할 경우 등 연속작업 조건 기술
- 기후조건
  - 공사수행에 영향을 줄 기후 상태에서의 공정 및 품질관리 조건 요구 기술(한서기, 한랭기 및 한서기 등)
- 작업조건
  - 작업조건이 특수한 경우 기술
- 입회, 검사, 승인에 관한 사항
  - 공정 및 품질관리상 특별히 필요한 경우 기술
- 환경요구사항
  - 공사현장이나 공사시행에 있어 환경보호를 위한 요구조건을 기술
- 산업폐기물처리
  - 철거 및 공사시행중 발생하는 산업폐기물처리에 대한 조건 기술
- 공사안전 및 근린방호
  - 공종 공정의 특수성으로 특히 유의해야 할 사항이 있을 경우 기술
- 유지관리 자재 및 장비
  - 설치된 시설물의 유지관리를 위하여 수급인이 제공해야 할 자재 및 장비를 요구 기술
  - 하자보수 자재는 시장수명이 짧거나 유행이 지나면 같은 종류의 자재를 구하기 어렵거나 또는 지역적으로 멀리 떨어져 조달이 어려운 경우, 공사 중에 유지보수 및 관리를 위하여 확보할 필요가 있을 때 수급자에게 하자보수용 자재를 요구(자재의 물량을 퍼센트, Set 또는 Kit 등으로 표시)
- 여유자재 일람표(Spare Parts List)
  - 공사의 규모 및 특성에 따라 공사 후 유지보수를 위하여 시공되었던 동종·동질의 자재를 확보를 위한 정보(구매처, 거래자 연락처, 단가, 통계에 의한 예상 소모수량)를 기록한 일람표를 필요시 요구를 기술
- 유지보수 조건
  - 특수 공종일 경우 시행자만이 보수 가능하거나 유사시 효율적인 조치를 취할

수 있는 경우 수급자에게 요구 기술
- 유지관리 지침서 작성
  · 총칙에 기술된 '유지관리 지침서 작성'과 관련하여 해당 공종에 관한 유지관리 지침서를 작성할 것을 강조하여 요구할 경우 기술

나. 자재

- 자재에 관하여 각 공종 품질특성을 규정짓기 위한 요소로 다음과 같은 사항들 중 필요한 사항이 누락되었는지 확인한다.
- 총칙에 포함 사항과 동일한 명칭인 사항은 각 공종에서 구체적인 요구사항 또는 부분적인 요구사항을 뜻한다.

1) 재료일반

주자재의 요구품질이 적정하게 기술되었는지 확인한다.
- 종류
- 재질
- 규격(Size)
- 품질규격(공업규격)

부속자재의 요구품질이 적정히 기술되었는지 확인한다.

2) 구성품

- 어떤 시스템, 생산부품 또는 장비의 종류에 사용되는 주요부품이나 구성품에 관하여 기술한다.

구성품의 특성을 적정하게 기술되었는지 확인한다.
- 주요부품 명칭
- 재질 및 규격
- 용도

3) 장비(제작 제품)

제품의 품질이 적정하게 기술되었는지 확인한다.
- 주요부품, 재질 및 규격

- 제품의 시스템
- 제품의 기능 및 성능
- 가동방법
- 기타

제작의뢰시의 조건이 적정한지 확인한다.
- 제품의 재질 및 규격
- 제조방법
- 공정관리
- 품질관리
- 성능 시험 및 검사
- 포장과 표시요건
- 기타

4) 부속재료

- 주요부품이나 자재에 부속되는 품목 또는 그것을 조립하고 설치하는 데 필요한 부속재료가 요구될 경우 기술(공장에서 완제품으로 제조하여 설치되는 제품에 관한 것은 제외)

다. 시공

- 시공품질을 확보하기 위하여 순서, 절차, 방법 등의 기술이 적정한지 확인한다.

시공조건이 기술되었는지 확인한다.
- 협의 및 조정
  · 공사착수 전 협의 및 조정해야 할 사항을 기술
- 현장여건 파악
  · 공사를 시행하거나 설비를 설치하는 데 필요한 여건이 적합한지 파악하는 데 필요한 요구사항을 기술
- 설계도서 검토
  · 공사시행 전 설계도서를 검토하여 사전에 문제점을 발견하여 제거하도록 '설계서 검토 요구'를 기술

시공기준(시공품질 기준)이 기술되었는지 확인한다.
- 공통사항
    - 이 절 공종의 시공을 위하여 공통적으로 적용해야 할 기준을 기술(표준시공 등)
- 주요내용별 시공
    - 설계도서에 따라 시공함에 있어 특별히 요구되는 시공기준과 주의점 등을 기술

시공 허용오차 기준이 기술되었는지 확인한다.
- 설계도면이나 시방서에 명시된 규격이나 설치 또는 기능이나 성능 및 품질에 관하여 허용될 수 있는 적정오차에 관하여 기술

공사간 간섭사항이 있을 경우 관리방법이 기술되었는지 확인한다.
- 공종간의 작업순서 간섭으로 인한 문제점 해소를 위한 요구사항을 기술

작업준비에 관한 사항이 기술되었는지 확인한다.
- 공사를 시행하거나 설비를 설치하기 전에 선행하여 수행되어야 하는 준비작업에 대한 기술
    - 공정 파악
    - 시공상세도 승인
    - 자재, 장비, 인력 승인
    - 자재, 장비 및 인력 확보
    - 현장상태 점검
    - 안전 및 환경 검토

시공절차(Procedures) 및 방법(Methods)이 기술되었는지 확인한다.
- 시공순서, 시공방법에 관하여 기술
- 절차
    - □ 바탕 처리
    - □ 바탕 검사
    - □ 시공
    - □ 마무리
- 공법
    - □ 배합방법
    - □ 가공방법
    - □ 설치방법

시공품질 검증을 위한 방법이 기술되었는지 확인한다.

· 설계도서에 따라 시공되었는지 확인하는 방법을 기술
- 검사
- 시험
- 시운전
· 완료된 시설과 장비 또는 시스템이 전체적으로 기능과 품질이 정상적으로 작동될 수 있는지 검증할 수 있는 수단을 기술

보수 및 재시공에 대하여 기술되었는지 확인한다.
- 시공이나 조립된 구조물 또는 완성품의 파손 및 하자 등으로 인한 보수 또는 재시공에 대한 시공자 임무와 시행절차를 기술

현장품질관리에 대하여 기술되었는지 확인한다.
- 시공 중 요구된 품질이 확보되도록 수급인이 지켜야 할 품질관리 내용을 기술

제조업자 현장지원에 관하여 기술되었는지 확인한다.
- 장비의 제조업자가 공사, 설치, 작동과 관련하여 기술적 지원이 필요한 경우, 이를 위한 교육, 시범, 시공지원 등 제반사항에 대해 기술

현장 뒷정리에 관하여 기술되었는지 확인한다.
- 작업이나 설치공사가 완료된 부분에 대하여 시설물 등의 정상적인 기능을 발휘하는데 필요한 뒷정리에 대하여 기술

완성품 관리에 관하여 기술되었는지 확인한다.
- 공사나 설비 설치가 완료되어 발주자로부터 준공을 인정받을 때까지 수급인이 시설물을 보호해야 하는 의무사항에 대한 기술

공사기록에 관하여 기술되었는지 확인한다.
- 공사나 설비 설치를 할 때 시행품질에 대하여 기록을 하고 보존해야 할 사항에 대하여 기술

안전 및 환경에 관하여 기술되었는지 확인한다.
- 공종 수행상 유의해야 할 안전 및 환경 요구조건을 기술

(참고) 특기시방서가 있는 경우에는 일반적으로 어떠한 문서내용보다 우선하므로 특기내용과 관련된 내용이 다른 곳에 있는지 확인하여 두어 시방서 해석상 오류가 없도록 한다.

3

설계관계서류 검토

3.1 구조계산서 검토 ·· 385
3.2 내역서 검토 ·· 407
3.3 공정표 검토 ·· 413

3 설계관계서류 검토

3.1 구조계산서 검토

3.1.1 건축물콘크리트 구조계산서 검토

- 구조계산서 검토기준 및 수준은 구조전문기술자가 아닌 일반건축기술자가 문서로서 갖추어야 할 조건과 건축법에 의한 각종 기준 및 규칙, 즉 건축물의 구조기준에 관한 규칙, 건축물의 구조내력에 관한 기준 및 건축구조기준 및 설계를 위한 조사자료에 의하여 객관적으로 점검해볼 수 있는 정도를 검토수준으로 하였다. 즉 문서가 갖추어야 할 요건 점검, 구조계산관련 기본자료 점검, 오기, 누락, 불일치 등을 검토하는 수준이다.

구조계산에 관계된 자료의 평가 및 선택, 골조가구의 모델화, 해석수법의 선정, 응력해, 계산결과의 검증 등은 구조계산자의 고유의 영역이며 일반기술자가 관여할 수 없는 일이다.

- KDS 41 10 05 (건축구조기준 총칙) 참조
- KDS 41 20 00 (건축물 콘크리트조 설계기준) 참조
- KDS 14 20 00 (콘크리트구조 설계기준 해설 〈강도설계법〉) 참조

(참고) 품질문서는 같은 분야의 전문기술자가 질의 또는 도움 없이 이해 또는 검토하는 데 지장이 없는 방법으로 객관성 있게 작성된 문서가 잘된 품질문서라 한다.
* 건축물 콘크리트구조 설계기준(KDS 41 20 00)을 대상으로 함.

1. **구조계산서 문서를 검토한다.**

    문서상태를 확인한다.
    - 표지상태 확인
    - 목차가 작성되었는지 확인
    - 쪽수(Page) 누락 또는 쪽번호 기재 누락이 있는지 확인

- 인화상태(훼손, 누락, 복사부실 등) 확인
- 원본과 사본이 일치한지 확인

구조계산서에 기록되어야 할 사항을 확인한다.
- 프로젝트명 확인
- 구조계산서 번호(관리번호) 확인
  · 여러 권으로 구성되어 있을 경우
- 작성자 주소(전화번호, 팩스번호, E-mail 주소 등 포함)
- 구조계산자의 자격(면허, 사업등록증 등)
- 책임구조기술자와 참여기술자 명단 확인
- 책임구조기술자 날인 확인
  · KDS 41 10 05(건축구조기준 총칙) 6. 1(책임기술자의 서명날인) 참조
- 구조계산서 작성일 확인

> [참고] **건축법상 구조의 안전을 확인해야 하는 건축물**
> ※ 법률에 관한 사항은 점검시점에 개정내용이 있는지 반드시 확인해야 한다.
>
> • 건축법령상 구조기준 및 구조계산에 따라 구조의 안전을 확인해야 하는 건축물(건축법 제48조 관련) 참조
>
> 1. 구조기준 및 구조계산에 의하여 구조안전을 확인해야 하는 건물(건축법시행령 제32조 2항) - (건축사 확인)
>   1) 층수 2층 이상(기둥과 보가 목조인 건축물의 경우 3층 이상) 건축물
>   2) 연면적 200㎡(목조인 경우 500㎡) 이상 건축물
>   3) 높이 13m 이상 건축물
>   4) 처마 높이 9m 이상 건축물
>   5) 기둥과 기둥 사이 거리가 10m 이상 건축물
>   6) 건축물의 용도 및 규모를 고려한 중요도가 높은 건축물로서 국토교통부령으로 정하는 건축물
>   7) 국가적 문화유산으로 보존할 가치가 있는 건축물로서 국토교통부령으로 정하는 것
>   8) 특수건물(건축법시행령 제2조 제18호 가목 및 다목의 건축물)
>   가. 한쪽 끝은 고정, 다른 끝은 지지되지 아니한 구조가 외벽 중심부터 3m 이상 돌출한 건축물
>   나. 기둥과 기둥 또는 내력벽과 내력벽 사이가 20m 이상인 건축물
>   다. 특수한 설계·시공·공법 등이 필요한 건축물로서 국토교통부장관이 정하여 고시하는 구조로 된 건축물
>   9) 별표1 제1호의 단독주택 및 같은 표 제2호의 공동주택
> 2. 건축구조기술사(관계 전문기술자)의 구조의 안전을 확인해야 하는 건축물(건축법시행

령 제91조의3)
 1) 6층 이상 건축물
 2) 특수구조건축물(건축법시행령 제2조 제18호 참조)
 3) 다중이용 건축물
 4) 준다중이용 건축물
 5) 3층 이상의 필로티 형식 건축물
 6) 건축법시행령 제32조 제2항 제6호에 해당하는 건축물 중 국토교통부령으로 정하는 건축물
 7) 건축법시행령 제91조의 3의 ②~⑧항 참조
3. 건축물의 내진능력을 공개해야 하는 건축물(건축법 48조의 3)
 -건축법시행령 32조의 2 참조
 1) 층수가 2층[주요 구조부 및 기둥과 보를 일치하는 건축물로서 그 기둥과 보가 목구조 건축물의 경우 3층 이상인 건축물
 2) 연면적이 200제곱미터(목구조건축물의 경우에는 500제곱미터) 이상인 건축물
 3) 그밖에 건축물의 규모와 중요도를 고려하여 대통령령으로 정하는 건축물
    * 내진능력의 산정기준과 공개방법은 국토교통부령으로 정함.

2 설계개요가 프로젝트 개요와 일치한지 확인한다.

프로젝트 명칭
프로젝트 위치
용도
규모
구조개요
   -구조
      ·상부   ·하부
   -기초
증축을 고려했는지 확인
주의사항 및 특기사항 확인

3. 재료의 종류와 품질이 적합한지 확인한다.

콘크리트 품질 확인
  • KDS 14 20 01 (3.1) 〈콘크리트구조 설계〉 참조
강재 품질 확인
  • KDS 14 20 01 (3.2) 〈콘크리트구조 설계〉 참조

4. 지반 및 말뚝의 적용조건을 확인한다.

- 설계기준이 조사자료에 의한 것인지 또는 가정한 것인지 우선 확인한다.

허용지내력이 지질조사보고서 내용과 일치한지 확인

지하수위가 지질조사보고서 내용과 일치한지 확인

- 지질조사서 및 기타 자료

지질조사보고서가 유효성이 있는지 확인

- 지질조사 범위 및 방법이 프로젝트 적용에 적합한지 확인

말뚝의 허용지지력 확인

- 지질조사 자료에 의한 파일의 지지력 산출인지 확인

5. 현장 기상조건 적용이 적정한지 확인한다.

- 기상자료(기상청) 및 기타 설계자료에 의한 검토

풍속 : m/sec

지진 : -지진대

지하수위 : G.L. - m

적설량 : mm

온도
- 최저온도(10년간) : - ℃
- 최고온도(10년간) : ℃

강우량
- 시간당 : mm/hr
- 일일당 : mm/day

6. 설계방법 및 적용기준 등이 기재되었는지 확인한다.

- 설계방법, 관련법규, 적용기준, 참고기준 등을 기재하였는지 확인한다.

설계방법 :
- KDS 41 20 00 (건축물 콘크리트구조 설계기준) 참조
  - 건축물콘크리트구조 : KDS 14 20 00 (콘크리트구조 설계기준 〈강도설계법〉) 참조
  - 강구조 : KDS 14 31 00 강구조설계(하중저항계수설계법) 참조

7. 하중적용이 적정한지 확인한다.

- 고려되어야 할 하중의 종류와 적용된 하중이 적정한지 검토하는 작업이다.
- 적용된 하중과 하중기준자료와 비교하여 검토한다.
- KDS 41 12 00 건축물 설계하중 참조
- KDS 41 17 00 내진설계기준 참조
- 기준에 의하지 않은 경우 계산자의 설계하중계산 근거 참조

1) 고정하중
   - 실제의 상태에 따라 산출한다.
     - 구조체 무게   - 배관 무게   - 방수층 무게   - 장비하중

2) 활하중
   - 등분포활하중
   - 집중활하중
   - 중량차량 활하중
   - 활하중의 저감
   - 유사활하중
   - 지붕활하중의 저감
   - 차량방호하중
   - 크레인하중

3) 지붕 활하중

4) 적설하중

5) 풍하중

6) 지진하중
   - KDS41 17 00 건축물 내진설계기준 참조

7) 토압, 지하수압 분말 및 입자형 재료의 횡압력
   - 지하 외벽의 설계시 토압, 지하수압, 지표면에 재하(在荷)되는 정적하중 및 동적하중의 영향 고려 및 흙에 접하는 바닥구체 최하부 바닥 전면에 작용하는 수압, 그리고 부력에 안전해야 한다.

8) 온도 하중
   - 건물의 설계시 온도에 의한 하중효과를 고려해야 한다.

9) 유체압 하중 및 용기 내용물하중
   - 지상에 있는 용기로서 수조, 기름탱크 등 이와 유사한 유체압이 작용하는 구조에

관한 상황을 고려해야 한다.
- 액체압 하중기준 및 분말 및 입자형 재료의 압력, 즉 적재시, 배출시, 아치형태로 적재되었다가 갑자기 붕괴될 때 등의 경우를 고려해야 한다.

10) 홍수하중
11) 운반설비 및 부속장치 하중
- 동력장치 그 중량과 지지하는 샤프트의 회전 등에 따른 진동이나 충격에 의한 하중
- 건물의 제반설비 및 배관, 덕트, 그 외 부수장치의 하중
- 구조물에 큰 응력을 생기게 할 우려가 있을 때의 운반설비 및 장치하중
- 장비가 설치될 경우를 고려하여 제조회사의 정보에 의한 하중 적용

12) 시공하중
13) 구조계산 작성 이후 자중의 증가요인이 있었는지 확인
- 흔한 경우는 아니지만 구조설계가 완료된 후 용도변경, 장비용량 변경, 장비 설치 및 설치 이동 등의 자중증가 요인이 발생한 경우가 있는지 확인하는 작업이다.

8. 일반 요구조건을 확인한다.

사용성 조건
- 균열, 처짐, 피로의 영향을 고려한다.

내구성 조건
- 공용기간 동안에 안전성, 사용성, 미관, 내구성을 갖도록 구조의 환경조건, 구조거동, 중요도, 유지관리방법 등을 고려한다.

9. 적용된 기본도면을 확인한다.

- 구조계산시 기준으로 한 설계도가 적정한 것이었나를 확인

건축구조평면도와 일치한지 확인
- 기준선 및 부재 중심선 확인

건축구조단면도와 일치한지 확인
- 지상, 지하 층고, 층수 등 확인

10. 적용된 마감 일람표를 확인한다.

- 구조계산 시 기준으로 한 마감 일람표가 적정한 것인지 확인

건축마감 일람표와 일치한지 확인

설계 중 마감 일람표의 변경이 있었는지 확인

11. 설계된 각종 부재를 확인한다.

- 산출된 각 부재의 종류와 규격이 부재 일람표 및 스케치 또는 단면도에 나타낸 내용과 일치한지 확인하는 작업이다.

평면도에 표시된 각종 부재(기둥, 보, 슬래브, 벽체, 옹벽, 기초 및 계단 등) 부호와 구조계산서에 표시된 각 부재 일람표(또는 스케줄) 부호와 일치한지 확인

평면도 및 단면도에 부재 표시가 누락된 것이 있는지 확인

부재의 위치와 설치방향 표시가 명확히 기재되었는지 확인

- 평면도에 부합하도록 부재 일람표(또는 스케줄)에 부재 위치와 부재 형상에 따른 설치방향을 반드시 표시해야 한다.
    - 기둥
    - 기초
    - 슬래브

구조계산서에 표시된 도면작성을 위한 요약 내용과 구조도면에 표시된 내용이 일치한지 확인(구조도면 검토와 상호 확인)

주기내용 확인

- 구조계산서에 기재된 주기내용을 반드시 확인한다.

12. 구조계산에 의하여 작성된 각 구조는 설계기준에 적합한지 확인한다.

사용성
- KDS 14 20 30 (콘크리트구조설계 사용성설계기준) 참조

피로
- KDS 14 20 26 (콘크리트구조설계 피로설계기준) 참조

내구성
- KDS 14 20 40 (콘크리트구조설계 내구성 설계기준) 참조

슬래브의 구조
- KDS 14 20 70 (콘크리트슬래브와 기초판 설계기준) 참조

전단과 비틀림
- KDS 14 20 22 (콘크리트구조설계 전단 및 설계기준) 참조

정착과 이음

- KDS 14 20 52 (콘크리트구조설계 정착 및 이음 설계기준) 참조

벽체
- KDS 14 20 72 (콘크리트 벽체 설계기준) 참조

기초구조
- KDS 41 19 00 (건축물 기초구조 설계기준) 참조
- KDS 14 20 70 (콘크리트슬래브와 기초판 설계기준) 참조

옹벽 및 지하외벽
- KDS 14 20 74 (기타 콘크리트구조 설계기준) 참조

아치
- KDS 14 20 74 (기타 콘크리트구조 설계기준) 참조

프리스트레스트 콘크리트
- KDS 14 20 60 (프리스트레스트콘크리트구조 설계기준) 참조

프리캐스트콘크리트
- KDS 14 20 62 (프리캐스트콘크리트구조 설계기준) 참조

합성콘크리트부재
- KDS 14 20 66 (합성콘크리트 설계기준) 참조

쉘과 절판부재
- KDS 14 20 74 (기타 콘크리트구조 설계기준) 참조

구조용무근콘크리트
- KDS 14 20 64 (구조용 무근콘크리트 설계기준) 참조

기존 콘크리트건축물의 안전성평가
- KDS 14 20 90 (기존 콘크리트 구조물의 안정성 평가기준) 참조

내진설계 시 특별 고려사항
- KDS 14 20 80 (콘크리트 내진 설계기준) 참조

13. 철근의 가공 및 배치는 설계기준에 적합한지 확인한다.

철근상세
- KDS 14 20 50 (콘크리트구조설계 철근상세설계기준) 참조

14. 철근의 정착 및 이음은 상세도 등에서 각종 기준에 적합한지 확인한다.

- KDS 14 20 52 (콘크리트구조설계 정착 및 이음 설계기준) 참조

정착철근 상세
- 휨철근의 정착 일반
- 정철근의 정착
- 부철근의 정착
- 복부철근의 정착

철근의 이음
- 이음 일반
- 인장 이형철근 및 이형철선의 이음
- 압축 이형철근의 이음

용접철망의 이음
- 인장 용접이형철망의 이음
- 인장 용접원형철망의 이음

기둥철근 이음에 관한 특별 규정 유무 확인

15. 상세도 작성을 확인한다.

- 위험부위 상세도가 적정하게 작성되었는지 확인한다.

각종 앵커볼트 설치 상세도 검토
서스펜션 부재 앵커 상세도 검토
캔틸레버 부재 배근상세도 검토
구조체의 관통부분 보완 상세도 검토
개구부 보강 상세도 검토
벽식구조의 끝단, 꺾임부분의 배근상세도 검토
각종 조인트(열팽창, 시공 또는 조정줄눈) 상세도 검토
말뚝머리 기초에 설치 상세도 검토
기타 상세도 검토

16. 기타 사항을 확인한다.

건축주의 요구는 반영되었는지 확인(설계자 확인사항)
제공된 기술 자료가 반영되었는지 확인(설계자 확인사항)
특수여건이 반영되었는지 확인
- 지하철 및 지하시설물 등

주기내용 확인

17. 공사시방서 작성을 검토한다.

- 구조계산자가 구조품질을 확보하기 위하여 구조시방서 또는 구조 특기시방서를 작성한 경우 검토

관련 시방서 기재 확인

표준시방서 작성 확인
- 설계된 자재 품질기준 확인
  - 한국산업규격(KS) 사용에 관한 사항
- 신 재료 및 규격지정 외 재료 사용에 관한 성능 증빙자료 제시 및 승인절차기준 확인
- 실험 및 검사에 관한 기준 확인
  - 원자재에 대한 품질확보와 제작품에 대한 성능검증을 위한 실험, 현장 설치 및 시공시 유지관리를 위한 검사 등
- 강구조물 제작 검사에 관한 사항 확인
- 유지관리에 관한 사항 확인
- 기타 사항 확인

특별시방서 작성 확인
- 특별검사에 관한 사항 확인
- 특별검사인 지정에 관한 사항 확인
- 시공 중 특별안전에 관한 사항 확인
- 기타 사항 확인

구조계산서에 포함하여 작성된 시방서 내용이 건축물콘크리트구조 시방서에 포함 또는 시방서 내용과 일치한지 확인

18. 구조전문가 검토사항

〈하중〉

옥상정원 / 광고탑 / 쿨링타워 / 물탱크 등의 하중이 고려되었는지 검토

소방차 / 화물차(이사차량) / 쓰레기 차량 등의 하중과 중장비(크레인 등) 설치 및 사용이 고려되었는지 검토

외벽마감 하중이 고려되었는지 검토
- 타일, 돌, 금속패널, 커튼월 등

헬리포트(heliport) 하중이 고려되었는지 검토

〈엔지니어링〉

부력에 대한 검토를 하였는지 확인

이종기초에 대한 보완대책은 검토되었는지 확인

구조 열팽창 수축 조인트(thermal expansion joint) 설치가 검토되었는지 확인

신축응력에 대한 조인트 설치가 검토되었는지 확인

적설에 의한 편하중 또는 크리프현상이 검토되었는지 확인

포크리프트(fork lift) 등 주행에 의한 바닥재 피로현상에 관한 고려가 검토되었는지 확인

구조체의 관통부분 보완대책이 구조계산으로 검토되었는지 확인

구조시스템과 설비시스템과의 적합성이 검토되었는지 확인
- 각종 설비시스템과 문제가 되는 구조부분이 있는지 확인

장래의 예상되는 증축부분이 고려되었는지 확인

3.1.2 건축물 강구조계산서 검토

- 구조계산서 검토기준 및 수준은 구조전문기술자가 아닌 일반건축기술자가 문서로서 갖추어야 할 조건과 건축법에 의한 각종 기준 및 규칙, 즉 건축물의 구조기준에 관한 규칙, 건축물의 구조내력에 관한 기준 및 건축구조기준 및 설계를 위한 조사자료에 의하여 객관적으로 점검해 볼 수 있는 정도를 검토수준으로 하였다. 즉 문서가 갖추어야 할 요건 점검, 구조계산관련 기본자료 점검, 오기, 누락, 불일치 등을 검토하는 수준이다.

  구조계산에 관계된 자료의 평가 및 선택, 골조가구의 모델화, 해석수법의 선정, 응력해석, 계산결과의 검증 등은 구조계산자의 고유의 영역이며 일반기술자가 관여할 수 없는 일이다.

- KDS 41 10 05 (건축구조기준 총칙) 참조
- KDS 41 30 10 (건축물 강구조 설계기준) 참조
- KDS 14 31 00 (강구조 설계 〈하중저항계수설계법〉) 참조

> **참고** 품질문서는 같은 분야의 전문기술자가 질의 또는 도움 없이 이해 또는 검토하는데 지장이 없는 방법으로 객관성 있게 작성된 문서가 잘된 품질문서라 한다.

1. 구조계산서 문서를 검토한다.

문서 상태를 확인한다.
- 표지상태 확인
- 목차 확인
- 쪽수(Page) 누락 또는 쪽번호 기재 누락이 있는지 확인
- 인화상태(훼손, 누락, 복사부실 등) 확인
- 원본과 사본이 일치한지 확인

구조계산에 기록되어야 할 사항을 확인한다.
- 프로젝트명 확인
- 구조계산서 번호(관리번호) 확인
  · 여러 권으로 구성되어 있을 경우
- 작성자 주소(전화번호, 팩스번호, E-mail 주소 등 포함)
- 구조계산자의 자격(면허, 사업등록증 등)
- 책임구조기술자와 참여기술자 명단
- 책임구조기술자 날인 확인
  · KDS 41 10 05 (건축구조기준 총칙) 6.1 참조
- 구조계산서 작성일 확인

> **참고** 건축법상 구조의 안전을 확인해야 하는 건축물 → "건축물콘크리트조 구조계산서 검토" 참조(건축법제48조 관련)

2. 설계개요가 프로젝트 개요와 일치한지 확인한다.

프로젝트 명칭 :
프로젝트 위치 :
용도 :
규모 :
구조개요
- 구조

· 상부 :

· 하부 :

－기초 :

증축을 고려하는지 확인

주의사항 및 특기사항 확인

3. 재료의 종류와 품질이 적합한지 확인하다.

- KDS 14 31 05 강구조설계 일반사항(하중저항계수 설계법) 참조
- 재질, 형상 및 치수, 재료의 강도를 확인한다.

구조용 강재 품질을 확인한다.
- KDS 41 30 10 (건축물 강구조 설계기준) 참조
    －주요구조용 강재 : 〈표 3.1-1〉 참조
    －냉간 가공재 및 주강 : 〈표 3.1-2〉 참조
    －용접하지 않는 부분에 사용되는 강재의 재질 규격 : 〈표 3.1-3〉
    －케이블 : 〈표 3.1-4〉

접합재료 품질을 확인한다.
- KDS 14 31 05 (강구조 설계 일반사항〈하중저항계수 설계법〉) 참조
    －고력볼트, 볼트 및 턴버클 등 〈표 3.1-5〉 참조
    －용접재료: 〈표 3.1-6〉 참조, 〈표 3.2-1〉 참조

콘크리트 품질을 확인한다.
- KDS 41 20 00 (건축물콘크리트조 설계기준) 참조

철근 품질을 확인한다.
- KDS 14 20 00 (건축물콘크리트조 설계기준 〈강도설계법〉) 참조

4. 지반 및 말뚝의 적용조건을 확인한다.

- 설계기준이 조사자료에 의한 것인지 또는 가정한 것인지 우선 확인한다.

허용지내력이 지질보고서 내용과 일치한지 확인한다.

지하수위가 지질조사보고서 내용과 일치한지 확인한다.
- 지질조사보고서 및 기타자료

말뚝의 허용지지력을 확인한다.

지질조사보고서가 유효성이 있는지 확인한다.

- 지질조사 범위 및 방법이 프로젝트 적용에 적합한지 확인

5. 현장 기상조건 적용이 적정한지 확인한다.

풍속 : m/sec

지진 : 지진대별 계수

지하수위 : G.L. − m

적설량 : mm

온도
- 최저온도(10년간) : − ℃
- 최고온도(10년간) :   ℃

강우량
- 시간당 : mm/hr
- 일일당 : mm/day

6. 설계방법 및 적용기준을 확인한다.

설계방법 :
- 강구조
  · KDS 41 30 00 (건축물 강구조 설계기준) 참조
  · KDS 14 31 00 (강구조 설계〈하중저항계수설계법〉) 참조
- 콘크리트구조
  · KDS 41 20 00 (건축물콘크리트구조 설계기준) 참조
  · KDS 14 20 00 (콘크리트구조 설계기준) 참조

관련법규 :

7. 하중적용이 적정한지 확인한다.

- 고려되어야 할 하중이 계상되었는지 확인한다.
- 적용된 하중과 하중기준자료와 비교하여 검토한다.

- KDS 41 12 40 (건축물 설계하중) 참조
- 고려되어야 할 하중이 계상되었는지 확인한다.
- 구조계산자가 적용한 하중 기준자료에 의하여 비교 검토
- 기준에 의하지 않은 경우 계산자의 설계하중계산 근거 참조

1) 고정하중
   - 실제의 상태에 따라 산출한다.
      - 구조체 무게
      - 배관 무게
      - 방수층 무게
      - 장비하중
2) 활하중
      - 등분포활하중
      - 집중활하중
      - 중량차량 활하중
      - 활하중의 저감
      - 유사활하중
      - 지붕활하중의 저감
      - 차량방호하중
      - 크레인하중
3) 지붕활하중
4) 적설하중
5) 풍하중
6) 지진하중
   - KDS 41 17 00 (건축물 내진설계기준) 참조
   - KDS 14 31 60 (강구조 내진설계기준 〈하중저항계수설계법〉) 참조
7) 토압, 지하수압 및 분말 및 입자형 재료의 횡압력
      - 토압 및 지하수압
         · 지하 외벽의 설계시 토압, 지하수압, 지표면에 재하 되는 정적하중 및 동적하중의 영향을 고려 및 흙에 접하는 바닥 구체 최하부 바닥 전면에 작용하는 수압 그리고 부력에 안전해야 한다.

8) 온도응력하중
- 건물의 설계시 온도에 의한 하중효과를 고려해야 한다.

9) 유체압 하중 및 용기 내용물하중
- 지상에 있는 용기로서 수조, 기름탱크 등 이와 유사한 유체압이 작용하는 구조에 관한 상항을 고려해야 한다.
    - 용기내용물 하중
        · 액체압 하중기준 및 분말 및 입자형 재료의 압력 즉 적재시, 배출시, 아치형태로 적재되었다가 갑자기 붕괴될 때 등의 경우를 고려해야 한다.

10) 홍수하중

11) 운반설비 및 부속장치하중
- 동력장치 그 중량과 지지하는 샤프트의 회전 등에 따른 진동이나 충격에 의한 하중
- 건물의 제반설비 및 배관, 덕트, 그 외 부속장치의 하중
- 구조물에 큰 응력을 생기게 할 우려가 있을 때의 운반설비 및 장치하중
- 장비가 설치될 경우 고려, 제조회사의 정보에 의한 하중 적용

12) 시공하중
구조계산 이후 자중의 증가요인(용도 및 장비 설치변경 등)이 있었는지 확인

8. 일반 요구조건을 확인한다.

처짐한계 및 수평변위한계를 확인한다.
- 처짐한계
- 수평변위한계

내화피복재
- 건축물의 피난·방화구조 등의 기준에 관한 규칙 (국토교통부령 제238호) 제3조 「내화구조」 1-7호 참조
- KDS 14 31 50 (물고임 및 내화설계기준 〈하중저항계수설계법〉) 참조

방부페인트

9. 적용된 기본도면을 확인한다.

- 구조계산시 기준으로 한 설계도가 적정한 것이었는지 확인

건축구조평면도와 일치한지 확인한다.
- 기준선 및 부재 중심선 확인

건축구조단면도와 일치한지 확인한다.
- 지상, 지하 층고, 층수 등 확인

10. 적용된 마감 일람표를 확인한다.

- 구조계산시 기준으로 한 마감 일람표가 적정한 것이었는지 확인

건축 마감일람표와 일치한지 확인한다.
설계중 마감일람표의 변경이 있었는지 확인한다.

11. 설계된 각종 부재를 확인한다.

- 산출된 각 부재의 종류와 규격이 부재 일람표 및 부재스케치 또는 단면도에 나타낸 내용과 일치한지 확인하는 작업이다.

평면도에 표시된 각종 부재(기초, 기둥, 보, 슬래브, 벽 및 계단 등) 부호와 각 부재 일람표(또는 스케줄)에 표시된 부호와 일치한지 확인한다.
평면도 및 단면도에 부재 표시가 누락된 것이 있는지 확인한다.
부재의 위치 및 설치방향 표시는 명확히 기재되었는지 확인한다.

- 평면도에 부합하도록 부재 일람표(또는 스케줄)에 부재 위치와 부재형상(形狀)에 따른 설치방향(方向)을 반드시 표시해야 한다.
    - 기초
    - 기둥
    - 슬래브

구조계산서에 표시된 도면작성을 위한 요약내용과 구조도면에 표시된 내용과 일치한지 확인한다. (구조도면 검토와 상호 확인)
주기내용을 확인한다.

- 구조계산서에 기재된 내용을 반드시 확인한다.

12. 접합에 관한 기준내용을 확인한다.

절점의 접합 표시가 단순접합(Pin접합) 및 강접합(Fixed접합)으로 구분되어 분명히 표시되었는지 확인한다.

- KDS 14 30 00 (강구조 설계기준 〈허용응력설계법〉) 참조
- KDS 14 31 00 (강구조 설계기준 〈하중저항계수설계법〉) 참조

용접 종류 및 기준에 관한 기술이 되어 있는지 확인한다.

- KDS 14 31 20 (강구조 피로 및 파단 설계기준) 참조

고력볼트 및 볼트 접합기준에 관한 기술이 되어 있는지 확인한다.

- KDS 14 31 25 (강구조 연결 설계기준) 참조
    - 볼트의 재질 및 규격
    - 볼트구멍 크기
    - 볼트구멍 간격
    - 연단거리

앵커볼트 설치기준에 관한 기술이 되어 있는지 확인한다.

13. 표시된 각종 상세도 내용을 검토한다.

각 상세도와 부재 일람표(스케줄)와 일치한지 확인한다.
- 인내를 가지고 전수를 점검해야 한다. 일부만 점검하고 다 일치한 것으로 간주하는 것은 잘못된 매너이다.

접합과 이음기준 및 상세도가 작성되었는지 확인한다.
- 접합 및 이음위치
- 접합 및 이음방법 표시
- 용접방법
- 볼트접합방법
    □ 볼트 및 철판 재질 및 규격
    □ 철판 볼트구멍 크기 및 간격

〈접합〉

- KDS 14 31 25 (4.1) (강구조 연결 설계기준) 참조
- KDS 14 31 25 (4.3) (강구조 연결 설계기준) 참조
    - 큰보(Girder)와 기둥 플랜지(Flange)접합(Connection)
    - 큰보와 기둥 웨브(Web)접합
    - 작은보(Beam)와 큰보(Girder) 접합

－작은보와 작은보 접합
　　　－기둥과 베이스플레이트 접합
　　　－철근콘크리트와의 접합

〈이음〉
- KDS 14 31 25 (강구조 연결 설계기준) 참조
- KDS 14 31 10 (4.5) (강구조 부재 설계기준) 참조
　　　－기둥, 보 등의 이음위치 표시가 되었는지 확인
　　　　 · 보
　　　－기둥 이음
　　　－보 이음(큰보, 작은보)

구조체의 관통부분 보완 상세도가 작성되었는지 확인한다.
스티프너, 가셋플레이트, 브래킷, 다이어프램 등의 소재와 가공 및 설치기준이 표시되었는지 확인한다.
　　　－재료의 재질, 규격, 형태
　　　－접합방법 표시(용접, 볼트 등)
가새 및 턴버클 설치 상세도를 확인한다.
스터드(Stud) 설치기준 및 상세도를 확인한다.
　　　－설치위치 표시
　　　－스터드 품질 및 규격 명시 확인
　　　－스터드 설치 간격 확인
　　　－스터드 설치방법(용접방법) 확인
데크플레이트(Deck Plate) 설치기준 상세도를 확인한다.
　　　－데크플레이트 품질과 규격 명시 확인
　　　－데크플레이트 설치방법 확인
앵커볼트 및 앵커플레이트 설치에 관한 상세도를 확인한다.
　　　－앵커볼트 재질 및 규격 표시
　　　－앵커볼트 앵커 길이 표시
　　　－앵커볼트 보강방법 표시
　　　－베이스플레이트의 재질, 규격, 볼트구멍 크기 및 간격

- 베이스플레이트와 기둥과의 접합방법
- 리브플레이트(Rib Plate) 규격
- 용접방법 표시

말뚝 배치 및 기초에 설치하는 표준상세도 및 방법을 확인한다.
- 말뚝 배치(배치방법 및 개수)
- 말뚝간격(말뚝간격 또는 기초 끝단과의 거리)
- 두부앵커(두부매입 깊이, 말뚝철근 정착 및 보강철근)

차양 및 캔틸레버 구조물 접합 및 앵커에 관한 상세도 및 설치방법을 확인한다.
- 서스팬션(Suspension) 구조물에 대한 계산 근거 확인이 필요함.

각종 앵커볼트 설치상세도가 작성되었는지 확인한다.
- KDS 14 20 54 (콘크리트용 앵커설계기준) 참조

철근가공 및 설치기준에 대한 기술이 있는지 확인한다.
각종 벽 단부 및 교차부 보강 상세도를 확인한다.
각종 조인트(열팽창, 시공 또는 조종 줄눈) 상세도가 작성되었는지 확인한다.
기타 상세도 검토

14. 기타 사항을 확인한다.

건축주의 요구는 반영되었는지 확인한다.(설계자 확인사항)
제공된 기술자료가 반영되었는지 확인한다.(설계자 확인사항)
특수 여건이 반영되었는지 확인한다.
- 지하철 및 지하시설물 등

주기내용을 확인한다.

15. 시방서를 확인한다.

- 구조계산자가 구조품질을 확보하기 위하여 구조시방서 또는 구조 특기시방서를 작성한 경우 검토

관련 시방서 기재를 확인한다.
- 예) 건축공사표준시방서(건설교통부제정) 등

표준시방서 작성을 확인한다.
- 설계된 자재 품질기준
  · 한국산업규격(KS) 사용에 관한 사항

─신 재료 및 규격 지정 외 재료 사용에 관한 성능 증빙자료 제시 및 승인절차 기준

─실험 및 검사에 관한 기준

· 원자재에 대한 품질 확보와 제작품에 대한 성능 검증을 위한 실험, 현장 설치 및 시공시 유지관리를 위한 검사 등

─제작 및 설치에 관한 사항

─제작사의 규격관리에 관한 사항

· 강구조물제작 계획서 및 강구조물 제작공장의 인증(건설기술관리법 제24조의 3) 등에 관한 사항

· KDS 14 31 00 (건축물 강구조공사) 참조

─강구조물 제작 검사

─유지관리에 관한 사항

특별시방서 작성을 확인한다.

─특별검사에 관한 사항

─특별검사인 지정에 관한 사항

─시공 중 특별안전에 관한 사항

구조계산서에 포함하여 작성된 시방서 내용이 강구조시방서에 포함 또는 시방서 내용과 일치한지 확인한다.

16. 건축물콘크리트구조 부분에 관한 구조계산서를 검토한다.

• "건축물콘크리트구조계산서 검토"를 참조하여 검토한다.

17. 구조전문가 검토사항

〈하중〉

옥상정원 / 광고탑 / 쿨링타워 / 물탱크 등의 하중이 고려되었는지 확인한다.

소방차 / 화물차(이사차량) / 쓰레기 차량 등 하중을 고려하며, 중장비(크레인 등) 설치 및 사용이 고려되었는지 확인한다.

외벽마감 하중이 고려되었는지 확인한다.

• 타일, 돌, 금속패널, 커튼월 등

헬리포트(heliport) 하중이 고려되었는지 확인한다.

내화피복 하중이 계상되었는지 확인한다.

방부페인트 하중이 계상되었는지 확인한다.

〈엔지니어링〉

부력에 대한 검토를 하였는지 확인한다.

이종기초에 대한 보완대책은 검토되었는지 확인한다.

구조 열팽창 수축 조인트(thermal expansion joint) 설치가 검토되었는지 확인한다.

신축응력에 대한 조인트 설치가 검토되었는지 확인한다.

적설에 의한 편하중 또는 크리프현상은 검토되었는지 확인한다.

포크 리프트(fork lift) 등 주행에 의한 바닥재 피로현상에 관한 고려가 되었는지 확인한다.

구조체의 관통부분 보완대책이 구조계산으로 검토되었는지 확인한다.

구조시스템과 설비시스템과의 적합성이 검토되었는지 확인한다.

- 각종 설비시스템과 문제가 되는 구조부분이 있는지 확인한다.

장래의 예상되는 증축부분이 고려되었는지 확인한다.

기초 편심하중에 대한 검토가 되었는지 확인한다.

3.2 내역서 검토

- 공사비 내역서는 경험 있는 전문가가 작성한 설계도서를 이해 및 파악하고 소요되는 공사비를 합리적으로 산출하여 그 내용을 기록한 문서로서 설계도서에 의하여 만들어진(규정지어진) 품질을 가격(Cost, 또는 비용)으로 평가한 문서라고도 말할 수 있다.

  '산출을 잘한 공사비 내역서'란 같은 목적과 조건인 경우 같은 분야에 종사하는 경험 있는 전문가들이 산출한 공사비와 비슷하게 산출된 내역서라고 말할 수 있다.

- 공사비 산출 내역서는 산출 목적에 따라 산출 기준과 방법이 다르기 때문에 일률적으로 검토방법을 제시할 수는 없으나, 어느 경우이든 공사비 내역서를 잘 검토하기 위해서는
  ① 내역서 검토의 목적을 분명히 인식
  ② 검토할 분량(규모), 기간, 수준, 자료, 인력 또는 전문인력 등의 조건을 파악
  ③ 적정한 검토계획(검토 준비, 수준, 기간, 검토 인력, 검토 및 평가 등)을 수립
  ④ 철저한 설계도서 및 계약내용 파악
  ⑤ 산출된 물량 검토방법과 비교 및 평가할 통계자료(유사건물) 수집
    · 검토 목적과 수준에 맞는 물량산출 기준 및 물량평가기준 자료
  ⑥ 물가 또는 단가자료 수집, 자사수행 통계자료 등 수집
    · 검토 목적과 수준에 맞는 물가 및 단가자료
  ⑦ 원가계산기준자료 또는 간접비 산출기준자료 수집
  ⑧ 견적금액(공사금액) 평가자료 수집
    · 공종별 또는 총공사비 평가자료(공인된 통계 또는 자사의 실적 통계자료)
  ⑨ 수준 높은 검토 인력
    · 훈련된 또는 경험 있는 전문인력 등의 검토 준비와 여건이 갖추어져야 검토를 잘 할 수 있다고 본다.

- 내역서(공사비) 검토에 대한 지속적인 관심을 갖고 평소 검토에 필요한 자료를 수집 및 분석을 해두고, 물량산출 기준 및 원가계산 기준 학습과 전문지식 함양 및 설계도서 검토능력(설계품질 파악능력) 및 내역서 검토능력 훈련을 하여 감에 따라 자연적으로 내역서 검토능력이 향상되리라 생각한다.

- 공사비내역서 검토는 설계자, 감리자, 시공자 각각이 검토 입장과 시각이 달라서 검토 내용이 다를 수 있으나 공사비가 설계도서와 일치하고 적정한지 검토하는 내용은 공통적이라 말 할 수 있다. 검토목표 수준에 따라서 검토방법과 수준이 다를 수 있다.

3.2.1 검토 준비

- 내역서를 검토하기 위하여 반드시 판단의 기준을 위한 준비가 필요하다.

내역서 검토목적과 수준을 파악한다.
- 내역서를 검토하는 입장(처지와 임무)과 목적에 따라 검토기준이 달라지고 검토수준도 달라지므로 검토목적 파악과 주어진 상황에 따른 적정한 검토수준을 명확히 파악 또는 확정해야 검토계획을 잘 세울 수 있다.

검토해야 할 기간과 작업량(공사규모)을 파악한다.
- 내역서를 검토해야 하는 입장과 임무에 비추어 보아 검토해야 할 작업량과 주어진 검토기간을 파악하여 검토수준에 비하여 작업량과 시간이 적정한지 확인한다.

검토계획을 세운다.
- 검토해야 하는 입장, 검토 목적, 수준, 작업량(공사규모), 기간, 인력상황 등을 고려하여 검토 준비 자료수집, 계약서 및 설계도서 검토, 물량 검토, 단가 검토, 원가계산 또는 간접비 검토, 계산 검토, 대체평가, 검토내용 작성 및 보고 등 적정한 계획을 세우고 검토작업을 한다.

설계도서 및 현장여건을 파악한다.
- 내역서 검토 전에 설계도서(설계도면 및 시방서)를 숙지
- 현장설명서 숙지(시공사의 경우)
- 현장조건(특성) 파악
- 건축면적, 연면적 및 용적을 산출·기록
- 각 공종 및 마감공종 파악
- 공사범위 파악
- 각 공종별 해당 공사범위(한계) 파악
- 주요공종 발췌 및 기록

검토자료 준비를 준비한다.
- 원가계산 및 물량 산출기준 확인
- 표준품셈표
- 유사건물 공종별 실적통계자료(공인자료, 자사 및 개인자료) 준비
- 매월 발간되는 물가시세자료(물가정보, 물가자료) 준비
- 정부구매물자 가격정보(조달청)
- 건설공사 표준품셈 또는 상용일위대가 준비
- 유사 공종 시중단가(물가조사 및 견적) 정보수집
- 자사 또는 검토자의 실적단가자료 준비

3.2.2 검토

- 내역서 작성순서와 반대로 검토하고 최후 평가한다.

내역서 작성 요구조건에 충족되었는지 확인한다.
- 설계발주자 또는 견적의뢰자(설계용역업자 등)의 경우 내역서 작성기준 또는 견적기준을 제시한 요구조건에 따라 충실히 작성되었는지 확인해야 한다. 이를 확인하기 위하여 반드시 제시된 조건이 명문화되어야 하고, 제시된 조건내용을 갖고 점검해야 한다.
    - 물량산출 기준
    - 단가적용 기준, 견적단가 적용기준 등
    - 원가산출 기준 또는 간접비 산출기준
    - 내역서 작성방법
        · 내역서 규격 및 표지 작성방법, 공종순서 및 총괄표, 관급 또는 지급재 표기방법, 단가산출 근거 관련 표기방법, 자재품질 및 규격 표기방법 등

내역서 구성내용을 확인한다.
- 프로젝트 명칭, 작성자 명칭 및 작성일
- 내역서 쪽수(Page) 확인
    · 쪽수 누락, 쪽수 번호 누락 및 바뀜
- 인쇄 상태 확인
    · 훼손, 오염, 오자 등

계산이 정확한지 우선 확인해 본다.
- 원가계산서에 기재된 금액 확인과 금액을 합해 본다.
- 총괄표에 기재된 공종별 금액 확인과 금액을 합해 본다.
- 공종별 구성 세목금액 확인과 금액을 합해 본다.
- 세목별 금액계산을 확인하여 본다.(일단 계산해 보는 것이 좋다)
  · 세목별 계산은 내역서 검토 정도(程度)와 여건에 따라 물량 및 단가 확인 후 계산할 수도 있다.

원가계산서에 기재된 제비용 산출의 적정성을 확인한다.
- 원가계산에 의한 예정가격 작성 준칙(회계예규) 참조
  - 간접자재비 산출기준(요율)과 금액
  - 간접노무비 산출기준(요율)과 금액
  - 경비 산출기준(요율)과 금액
    · 전력비, 수도광열비, 운반비, 기계경비, 특허권사용료, 기술료, 연구개발비, 품질관리비, 가설비, 지급임차료, 복리후생비, 보관비, 외주가공비, 안전관리비, 소모품비, 여비·교통비·통신비, 세금과 공과금, 폐기물처리비, 도서인쇄비, 지급수수료, 환경보전비, 보상비, 안전점검비, 건설기술자퇴직공제부금비, 기타 법정경비
  - 일반관리비 산출기준(요율)과 금액
    · 일반관리비 = [(재료비+노무비+경비)×()%]
    · 자사의 경영실적에 의한 일반관리비율을 확인(시공사 견적의 경우)
  - 이윤 산출 적용률(%) 및 금액(설계가 산출의 경우)
    · 시공사 견적의 경우 자사 방침에 따름.(입찰 또는 실행예산 산출의 경우)

적산 단위를 확인한다.
- 일위대가와 일치
- 단위 오기
- 물량 및 단가의 소수점 오기(예 ; 벽돌쌓기 1,000매당, 동바리 10m^3당)

내역서에 기재사항을 확인한다.
- 내역서에 기재된 공종이 설계도면 및 시방서 내용과 일치한지 확인
- 품질·규격 표시가 누락 또는 오기된 것은 없는지 확인
- 표시된 품질·규격은 설계도면과 일치한지 확인
- 표시된 품질·규격은 시방서 내용과 일치한지 확인

－비고 등 특기사항 내용을 확인하였는지 확인
　　　－물량 및 단가 산출근거와 연계되도록 표시되었는지 확인
물량(자재, 인력 및 장비) 산출은 적정한지 확인한다.
- 견적 여건(조건)에 따라 적정한 자료를 선택하여 검토한다.
　　－수량산출서에서 물량 검토
　　－비등한 건물의 실적 통계자료에 의한 검토
　　　· 이 경우 개략적인 검토에 사용된다고 본다.
　　　· 유사한 건물에 소요되는 자재, 인력, 장비 및 기타를 건물면적 또는 체적단위로 분석한 통계자료를 뜻하며, 내역서 검토를 위하여 자료를 수집하고 분석하여 자료화하는 것이 필요하다.
　　－각사 또는 검토자의 실적 통계자료에 의한 검토
　　　· 개략적인 검토에 사용된다. 그러나 이는 건설회사마다 분석 검토한 통계자료이기 때문에 비교적 정확할 수 있어, 입찰견적의 경우 단시간 내에 근사한 공사물량을 산출할 수 있는 장점이 있다.
　　－표준품셈에 의한 검토
　　－물량 중복 또는 누락 유무 검토
　　－공제하지 않아도 되는 것을 공제했는지 검토
　　－할증률은 적정한지 검토
　　－수량수자 소수점이 정확한지 검토

단가 선정이 적정한지 확인한다.
- 견적 여건(조건)에 따라 적정한 자료를 선택하여 검토한다.
　　－물가시세 간행물에 의한 검토
　　－정부고시 노임에 의한 검토
　　－시장조사에 의한 검토
　　－제조자의 견적에 의한 검토
　　－실적자료(각사)에 의한 검토(시공자의 경우)
　　－일위대가 작성에 의한 검토
　　－일식(一式)단가 구성내용 검토
　　－단가가 물량 단위에 맞는 단가인지 검토
　　－단가 소수점은 정확한지 검토

가설물은 적정한지 확인한다.
- 표준품셈에 의한 검토
- 실적자료(각사)에 의한 검토(시공자의 경우)

공사여건을 고려한 공사비 작성인지 확인한다.
- 현장설명서 내용 검토
- 현장조건(상태) 검토
- 지역의 특성 검토
- 기후의 특성 검토
- 프로젝트 특성 검토
- 시공방법 및 신공법 검토
- 공사기간에 의한 검토

평가자료 신뢰도를 검토한다.
- 적산규준은 적정한 것인지 확인
  · 산출 대상별로 산출방법, 할증률 적정성 및 기타
- 사용하는 일위대가표는 최근에 개정된 것인지 확인
- 적용하는 물가시세 간행물은 최근 발행물인지 확인
- 적용하는 노임단가는 최근에 조사된 노임인지 확인
- 자사 실적 통계자료는 최근까지 보완된 자료인지 확인

확인된 내용으로 내역서를 수정한다.

수정된 내역서 내용을 유사한 건물의 실적 통계자료로 대체 평가해 본다.

검토내용 보고서 작성 및 보고
- 검토목적, 범위, 기간, 검토자, 검토방법, 검토내용(결과, 검토성과, 조치 및 평가 등을 포함한 보고서 작성 및 보고(필요한 경우 작성)

3.3 공정표 검토

- 공정표는 프로젝트 또는 계약내용(조건)을 이행하기 위한 계획을 논리적이고 구체적으로 보이도록 표로서 나타낸 문서이므로, 프로젝트 또는 공사계약 내용을 특히 설계도서 내용을 충분히 파악해야 적정한 공정표를 작성할 수도 있고 검토할 수도 있다.

3.3.1 기본 검토

- 여기(기본 검토)에서는 초급기술자를 위하여 검토이유, 절차, 방법 등을 더하여 설명적으로 작성하였다.

프로젝트 또는 공사내용을 정확히 파악한다.
- 공사의 특성, 계약조건, 설계도서 내용을 파악해야 공정표가 적정히 작성되었는지 판단할 수 있다.

공정표 작성 요구조건과 일치한지 확인한다.
- 용역발주자의 과업 수행 요구서 또는 계약서(시방서 포함)에서 요구된 공정표 형식 및 종류, 공정표에 나타낼 사항, 공정표 규격 및 수량 등과 일치한지 확인한다.

프로젝트 조건 또는 계약내용과 일치한지 확인한다.
- 공정표 검토는 용역업자가 프로젝트의 적정공정표 또는 주어진 조건에서 최선의 공정표를 검토하는 경우와 공사계약에 의한 시공자 작성 공정표 검토의 경우가 있을 수 있다.
- 특히 공사계약의 경우에는 공정표는 계약문서 중 하나이므로 계약내용과 일치해야 한다.

사업명 또는 공사명 확인
사업예정기간 또는 계약기간 확인
작성자 확인
작성일 확인
공사예정금액 또는 공사계약금액 확인
공정표 작성 내용을 검토한다.
　－공정표 형식에 따른 작성기법은 적정한지 확인

- 공정 검토기간은 관리하기에 적정한지 확인
    · 공정 검토기간은 프로젝트의 특성에 따라 적정기간(예 ; 1주, 2주, 4주 등)을 단위로 하여 실적을 산출하여 계획과 실적을 대비해 보기 위하여 정한 기간을 말한다.
- 공사 또는 공종명칭 표시는 적정한지 확인
    · 각 공사 및 공종의 구분과 나눔 그리고 각 작업활동(Activity)에 공종명 표시는 적정한지 확인. 일반적으로 내역서 내용과 일치한다.
- 자재 및 장비공급 시점 또는 공급기간 등이 표시되었는지 확인
- 공정현황(계획, 실적, 대비)표시는 적정한지 확인
- 각 공사 및 각 공정이 차지하는 공정률 산출은 공사비내용(내역서)과 일치한지 확인
- 각 공정검토 기간 내에 있는 각 공종의 공정률의 합계는 계획공정률 표시와 일치한지 확인
- 누계공정률 표시는 되었는지 확인
- 잘못된 글자나 표식이 있는지 확인

공정표가 합리적으로 작성되었는지 평가해 본다.
- 준비기간과 준공시의 시험 가동기간 및 검사기간 등의 기간은 적정한지 확인
    · 착공시점과 준공시점의 기간은 여러 가지 주어진 조건을 검토하여 적정한 기간이 확보되어야 한다. 지나친 의욕이나 성과 위주로 작성되면 오히려 공정에 무리가 발생한다.
- 골조공정, 마감공정, 관련 공정(토목, 기계, 전기, 통신 등) 명확히 구별되도록 작성되었는지 확인
- 주 공정경로(Critical Path)가 정확히 표시되었는지 확인
- 선후공정과의 관계를 알기 쉽게 표시되었는지 확인
- 공정률이 공사기간에 적정히 분포되도록 작성되었는지 확인
    · 공정률 분포가 불규칙하거나 공사기간 중 지나치게 앞쪽(초기) 또는 뒤쪽(후반기)에 치우쳐 있는 경우, 프로젝트의 특별한 조건이 있지 않는 한 적정치 못한 작성이라고 평가된다. 즉 S-Curve 또는 산포도가 정상인 모양을 갖추어야 한다.
- 공사실행 추적이 쉽도록 검토기간, 자원(Resources), 공정률 등이 표시되었는지 확인

3.3.2 세부 검토

1. 프로젝트 또는 공사계약 내용을 파악한다.

- 프로젝트 요구사항(Project Requirements)을 파악해야 공정표가 요구사항을 충족하고 있는지 검토할 수 있다.

프로젝트 및 계약 개요를 파악한다.

공사명칭 확인

위치 확인

예정공사기간 또는 공사기간 확인

예정공사금액 또는 계약금액 확인

공사계약조건 확인

- 지급자재 유무 포함 여부 확인

현장설명서 확인

설계도서 확인
- 설계도면
- 시방서
- 내역서
- 지질검사 보고서
- 각종 계산서
- 관련법령

요구된 공정표 작성 조건이 있는지 확인한다.
- 공정표 작성기법 확인
  · 횡선식 공정표(Gantt Chart), 도표식 공정표, 사선식 공정표, 열거식 공정표 및 네트워크 공정표(Network Schedule) 등
- 공정표 종류 확인
  · 프로젝트 마스터 스케줄(Project Master Schedule), 프로젝트 요약 스케줄(Project Summery Schedule), 자원관리 스케줄(Resource Schedule), 이정표 스케줄(milestone Schedule), 세부작업 스케줄(Detailed Work Schedule), 자재 및 장비 공급 스케줄(Procurement Schedule) 등 관리 Level에 따른 요구 스케줄

공정표 작성기준을 확인

- 관리주기 지정 및 Time Scale 이용 여부 확인
  - 자원분할조건이 있는지 확인
    · 인력, 장비 및 설비, 자재, 자금, 기술방법, 공간

계약조건 중 공정에 영향이 있는 조건이 있는지 확인한다.
- 계약기간
- 현장인수조건
- 착공조건
- 준공조건
  · 사용허가조건, 시설물 인계조건 등
- 공기연장조건
- 설계변경조건
- 공사비 지급조건
  · 자재비 기성조건 등
- 지급자재 및 장비공급조건

설계도서 내용을 파악한다.
- 공사규모
  · 면적, 층수, 구조, 용도, 물량 등
- 공법
  · 흙파기, 기초, 골조, 마감, 관련 설비 등
- 건설행정조건
- 품질관리 또는 품질보증조건
- 안전관리조건
- 기타

현장 조건을 파악한다.
- 현황측량 검토
- 지질보고서 검토
- 주변시설물(지하 또는 지상) 파악
- 교통시설 및 상황 검토
  · 도로시설, 교통상황, 중차량 진입 및 운행 가능 여부
- 철거시설물 유무 확인
- 기후조건 확인

- 기반시설 여건 확인
    - 전기, 상하수도, 통신, 가스
- 공해발생 여건 검토

사회적 환경 여건을 검토한다.
- 주로 공사일수에 영향을 줄 수 있는 요소를 검토한다.
    - 민원발생 가능성 검토
        - 공해(소음, 진동, 분진, 토질, 수질 및 공기 오염), 주위 지반침하, 자연훼손(수목절단 등), 집단적 이기주의 표출 등
    - 지역적 문화, 종교 등 특수성 검토
        - 국가 및 공적인 행사(선거, 기념일 등), 정치적 집회, 종교적 행사, 교육적인 행사, 군사훈련 등
    - 작업시간 제약조건 유무 검토

품질관리 조건을 검토한다.
- 품질관리 조건으로 인하여 정상적인 공사기간에 영향을 줄 요소를 검토한다.
    - 품질행정
        - 제출, 검토, 승인, 품질 또는 품질보증계획서 작성 및 승인
    - 품질관리 절차
        - 입회, 검사, 확인, 시험 등
    - 품질확보환경 조건
        - 시공 전(前), 중(中), 후(後)온도, 습도 유지 및 양생
    - 품질보증조건
    - 부분 및 종합시험 가동조건
        - 보편적인 가동시험조건 및 특수가동조건

안전관리 조건을 검토한다.
- 안전관리 조건으로 인하여 정상적인 공사기간에 영향을 줄 요소를 검토한다.
    - 안전교육
        - 필수 교육시간 등
    - 안전점검
        - 일상점검, 정기점검, 특별점검
    - 안전시설
        - 안전가설, 환기, 조명, 방화시설 등

자원조달 여건을 검토한다.
- 자재 및 장비, 인력, 건설장비 공급 여건
  - 지역 및 위치의 특수성
    - 도심과의 거리, 생산지와의 거리, 숙박시설 여건, 운반방법 및 교통수단
  - 국산자재, 외산자재 수급
    - 국산자재 : 제출, 검토, 승인, 계약, 제작, 공급, 검사
    - 외산자재 : 제출, 검토, 승인, 계약 및 신용장 개설(L/C Open), 제작, 운반, 통관, 운반, 검사

공법을 파악한다.
- 공법을 파악해야 공종 또는 공정별 소요기간 산출이 가능하고, 또한 연관된 다른 공정과의 관계를 알아야 적정한 공사일정을 산출할 수 있다.
  - 각종 공사 및 공종의 공법
    - 구조별(철근콘크리트조, 철골조, 철근철골콘크리트조), 층별, 부위별(기초, 기둥, 옹벽, 슬래브, 보 등), 마감별, 설비별
  - 특수 공종의 공법
    - 특수기술(특허), 신기술, 외국기술 등은 세밀히 파악

2. 공정표 검토를 위한 자료를 확보한다.

유사한 건물의 공정사례를 수집 및 분석한다.
- 기초 흙파기 공법별 소요기간
- 골조 종류별 층별 소요 표준 시공주기
- 내·외부 마감 공법별 소요기간 및 층별 시공주기
- 착공 및 준공 소요기간

노동생산성(표준작업량)을 파악한다.
- 실적자료에 의한 방법(실행평가자료)
  - 작업의 소요일수, 인원수, 자재 수량 등
- 직접조사자료
- 측정한 자료
- 전문가 면담자료
- 표준품셈

건설장비별 용량과 작업량(능률)을 파악한다.
- 실적자료
- 직접조사자료
- 제조회사자료
- 일위대가 및 품셈

건설장비 최대 투입가능 대수를 파악한다.
- 투입 및 설치공간 유무
- 투입(조달 또는 유용) 가능성
- 최대 투입가능 대수 투입의 효율성

공사기간 총 작업일수를 산정한다.
- 기후 : 기상통계 및 과거 자료를 통해 정량화
  · 강우, 바람, 온도, 습도, 지진 등
- 계절 : 공사기간 내에 있는 계절의 수(예 ; 겨울 2번)
- 정기휴일
  · 일요일, 명절, 국경일, 근로자의 날 등
- 비정기휴일
  · 선거일, 창사일

각 공사 및 공종의 종류를 파악한다.
각 공사 및 공종의 물량과 공사비를 파악한다.
- 내역서를 분석한다.

표준작업 기준으로 공사 및 공종별 적정 소요기간을 산출해 본다.
공종별 절대 선후공정을 파악해 본다.
동시작업 가능성이 있는지 파악해 본다.
- 공간적으로
- 시간적으로

3. 공정표를 검토한다.

1) 요구된 공정표 작성 조건이 충족되었는지 확인한다.
- 요구조건을 발췌하여 점검한다.

2) 공정표 작성 요구조건이 없을 경우 일반적으로 공정표가 갖추어야 할 요건을 점검한다.

- 공정표는 특별한 요구사항이 없는 한 프로젝트의 규모와 특성에 따라 관리에 적합한 공정기법, 또는 각 공정기법의 특성을 이용한 복합적인 기법으로 공정표를 작성할 수 있으나 공정표는 공사수행의 의지와 방법을 나타내고 공정관리가 가능한 방법으로 작성되어야 한다.
- 보편적인 공정표 또는 기초적인 Network공정표를 검토대상으로 한다.
- 프로젝트 또는 공사계약 내용을 파악하고 검토준비를 위해 수집된 자료를 바탕으로 작성된 공정표를 검토해 나간다.

① 〈개요 검토〉

공사명은 일치한지 확인
작성일은 명기되었는지 확인
공사기간은 예정공사계획 또는 공사계약기간과 일치한지 확인
공사금액은 예정공사금액 또는 공사계약금액과 일치한지 확인

② 〈작업내용표시 검토〉

모든 공사 및 공종은 표시되었는지 확인
자재 및 장비 조달은 표시되었는지 확인
자재 및 장비 조달계획(Procurement Plan)은 적정한지 확인
    - 내자 조달
    - 외자 조달
       · 외자가 있을 경우 공정 투입시점에 투입 가능한지 반드시 확인한다.
외주발주작업 및 전문업체 작업은 구분하여 표시되었는지 확인
건축관련 기계설비, 전기, 통신, 소방, 토목, 조경, 가스 등의 공정은 표시되었는지 확인
기간, 작업물량, 자재 및 장비, 인력, 금액이 표시되었는지 확인

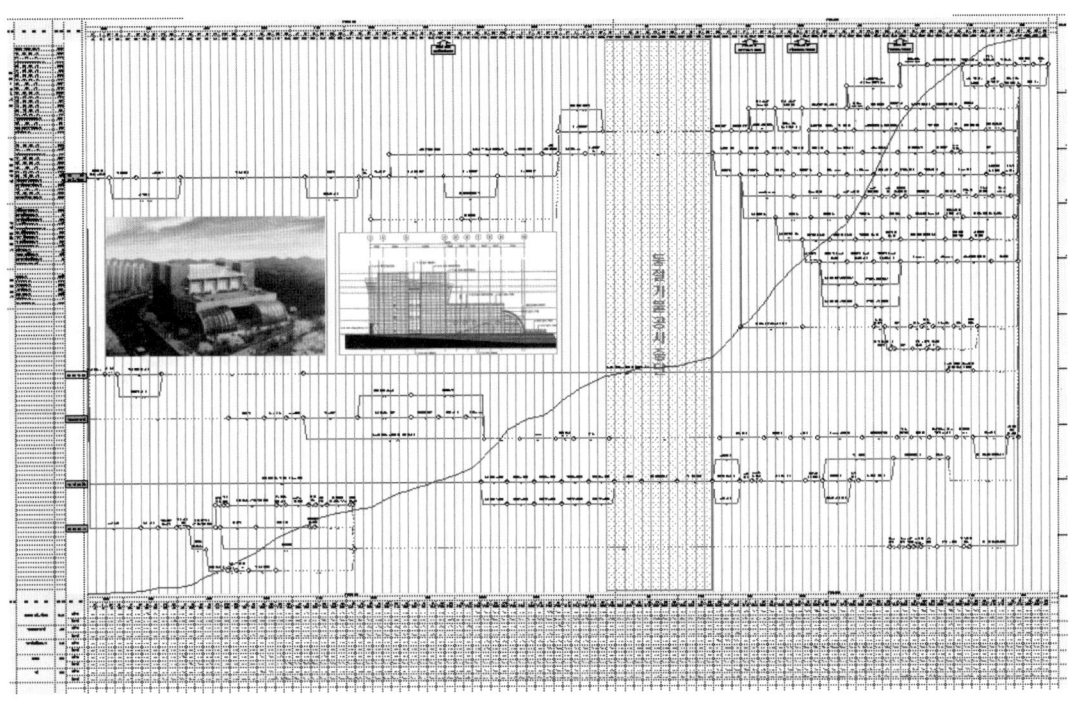

그림 63 네트워크 공정표+S-CURVE 예

③ 〈작성방법 검토〉

공정표 작성기법은 준수되었는지 확인(Network일 경우)

각 결합점은 모두 연결되었는지 확인

작업의 역진을 한 것은 있는지 확인

교차한 작업(Arrow)이 있는지 확인

무의미한 Dummy를 표기하였는지 확인

시작과 종료 점은 한(1)점으로 되어 있지 않은지 확인

작업간의 예각 표시가 되어있는 것이 있는지 확인

Event 번호 부여시 작은 번호에서 큰 번호로 표기 되었는지 확인

동일 Event 사이에 동시작업이 표시된 것이 있는지 확인

각 공정의 선후공정(Activity Sequence)은 논리적(Logical)인지 확인
- 기술적 요인, 자재 특성상의 요인, 안전상의 요인, 관리목적상의 요인, 장소적인 요인, 자원조달 요인, 기후 및 계절적인 요인에 의한

다른 공정(설비, 전기 등)과의 관계 표시는 합리적인지 확인
다른 공정과의 연계표시(Dummy)는 합리적인지 확인
각 공정 또는 활동(Activity)별 자원배분은 합리적인지 확인
작업분할체계(WBS : Work Breakdown Structure)는 프로젝트 특성과 관리에 적합한 수준으로 분할되었는지 확인

자원배당은 적정한지 확인
- 자재, 장비, 인력, 자금 등 분할
    - 인력 투입의 급격한 변화가 있는지 확인
    - 한정된 자원을 이용하고 있는지 확인
    - 일일 동원 자원을 최소로 하였는지 확인
    - 자원이 균등하게 분배되었는지 확인
        - 소요자원의 급격한 변동을 줄임

공사비 표시방법은 적정한지 확인
- 직접비, 간접비, 경비, 일반관리비, 이윤 등을 종합적으로 표시하는 기준 및 방법이 합리적인지 확인

절대공기(Critical Path)는 표시되었는지 확인

④ 〈관리측면 검토〉
프로젝트의 시작과 완료 예측이 가능하게 작성되었는지 확인
각 세부작업의 일정파악이 되도록 작성되었는지 확인
표시된 모든 세분화된 자원의 합이 산출될 수 있도록 표시되었는지 확인
공정률이 각 공사, 공종 및 기간별로 표시되었으며 그 각각의 합계가 공종 또는 공사금액과 일치한지 확인

진도측정관리가 되도록 작성하였는지 확인
- 진도관리 주기는 적정한지 확인
    - 주기는 통상 2주 내지 4주
- 공정의 진도를 도표와 숫자로 나타내도록 작성되었는지 확인
- 계획진도와 실적진도를 대비하여 볼 수 있도록 작성되었는지 확인

작업(Activity)은 관리가 어렵게 너무 잘게 나누어졌는지 확인

⑤ 〈공정의 적정성 검토〉

착수시기는 적정한지 확인
- 계약 및 공사내용에 미루어 보아 실질적으로 착공 가능한 시점인지 확인해야 한다.

초기 공정기간은 적정한지 검토
- 공사부지 인수, 현황측량, 지반조사, 기 시설물 철거, 정지, 가설물 설치, 공해방지시설, 보안시설, 기반시설 연결, 장비설치, 실 착수

흙막이공사 및 토공사 공정기간은 적정한지 검토
- 흙막이공법, 지반구성 검토, 작업시간, 독립 또는 병행작업 검토 등

골조공사 공정기간은 적정한지 검토
- 지하층 및 지상층 층별 시공 소요기간(층간건설 Cycle분석) 적정과 건축관련 각종 설비공종 공정작업 표시 적정성 확인

마감공사 공정기간은 적정한지 검토
- 마감공정 순서와 건축마감 공정 후 관련 각종 설비 마감작업 표시 적정성 확인
- 선행작업보다 빠른 작업공정이 있는지 확인

특수공법 공정기간은 적정한지 검토
- 신공법 또는 특수공법은 전체 공정계획에 지대한 영향을 줄 수 있기 때문에 공법을 확실하게 파악하고 검토해야 한다.

공종 말기 공정기간은 적정한지 검토
- 준공청소, 준공검사, 사용검사, 품질보증, 시설물 가동 및 검사, 기반시설 연결허가 및 연결, 가설물 철거
- 공사 말기(준공기)는 일반적으로 계약과 공사내용을 면밀히 검토하여 여유 있는 공기를 확보해야 한다.

동시작업이 불가능한 작업(Activity)이 있는지 확인
- 공간조건(협소, 상하), 안전조건, 품질확보조건, 장비조건(용량, 수량, 공급시기), 인력 제한조건 등

무리한 공정작업(돌관작업 등)이 있는지 검토
- 시간, 인력, 자재공급, 장비, 안전, 품질, 기상, 관련 설비공정 및 관리에 무리가 있는지 확인

특급공기 작업이 있는지 확인
- 공사비를 증가시켜도 공기를 더 이상 단축될 수 없는 특급점(Crash Point)에 있는 공기

중간관리일(Milestone) 표시는 적정한지 확인

절대공기(Critical Path) 표시 및 산출 확인

총 작업기간 산정은 적정한지 확인
- 절차와 기간에 의한 요소작업기간, 객관성 있는 합리적인 작업기간, 표준작업기간
- 불확실성이 배제된 작업을 수행하는 데 필요한 순 작업기간(기후적 조건, 작업조건, 안전사고, 파업 등)

⑥ 〈평가〉

공정누계곡선 S-Curve 는 적정한 형태인지 확인
- 공사 초기와 말기 곡선의 각은 작고 중간선의 각은 큰 모양이 일반적으로 합리적인 공정선(線) 모양($\int$)이다.

자원배치는 적정한 산포도 형태인지 확인
- 자원의 투입이 공사 초기와 말기에는 적고 공기 중간에 고르고 많이 투입되어 산포도 모양이 가운데가 둥근 산 모양으로 되었을 때에 일반적으로 합리적이다.

최소 비용 계획인지 확인
- 공기와 비용 산정시 보편적으로 작업할 수 있는 적정점(Conventional Point)에 도달되는지 확인

참고문헌

- 대한건축학회, 건설교통부 제정 「건축공사 표준시방서」, 1999
- 한국건설기술연구원, 건설교통부, 공사시방서 작성요령, 1999
- 대한건축학회, 건축물 하중기준 및 해설, 2000
- 한국건설기술 진흥원, 건설시공기술백과총서, 2004
- 김종희 외 4인 공저, 전기설비설계, 보성각, 2003
- 박종일 역, 건축설비도면의 읽는 법·그리는 법, 성안당, 2001
- 최하식 역, 급배수·위생시공도 보는 법·그리는 법, 성안당, 2002
- 편집부 편, 철근콘크리트조 건축도면 보는 법, 건축시대, 2005
- 편집부 편, 철골조 건축도면 보는 법, 건축시대, 2004
- 컴퓨터 번역, 철골건축도면의 보는 법·그리는 법, 공간출판사, 2002
- 김영수 저, 철골구조설계, 문운당, 2004
- 박영호 역, 철골설계표준도, 탐구문화사, 1994
- 건축법제연구회 편저, 건축법해설, 한솔아카데미, 2005
- 구조계산서 : 철근콘크리트조/ 철골조 다수
- AIA Manual, 1994
- ARCHITECTURE, January 1987
- 최준오, 이후광 공저, 건축계획설계, 태림문화사, 2001
- 조동훈 외 5인 공저, 소방관계법규, 도서출판 동화기술, 2006
- 최준오, 이후광, 윤봉기, 김용식 공저, 건축품질관리, 서우, 2005.
- 대한건축학회, 건축구조기준, 2016
- 대한건축학회, 건축구조기준 및 해설, 기문당, 2024
- 화재안전성기준(NFPC) 및 기술기준(NFTC), 2025
- 건축관계법규, 토담출판사, 2023
- 장애인·노인 및 임산부 등의 편의증진 보장에 관한 법률
- 건축공사시방서, 2024
- 건축물의 에너지절약 설계기준, 2025

건축설계도서 체크리스트

```
2007년 10월 30일   1판 2쇄 발행
2012년  7월 10일   2판 1쇄 발행
2015년  7월 25일   2판 2쇄 발행
2020년  4월  5일   3판 2쇄 발행
2023년  7월 25일   3판 3쇄 발행
2025년  9월  5일   4판 1쇄 발행
```

저　자	김 치 환
발 행 처	기 문 당
주　소	서울시 성동구 무학봉28길 4-1
전　화	02) 2295-6171~2
팩　스	02) 6971-8188
홈페이지	http://www.kimoondang.com
I S B N	979-11-94504-59-7　　　93540

* 잘못 만들어진 책은 구입처에서 교환해 드립니다.
* 불법복제물은 (사)한국과학기술출판협회불법복제신고처
　(kstpa.or.kr/community/report.html) 또는
　발행처(kmd@kimoondang.com)로 신고해 주세요.

기문당은 1976년 창립이래 반세기동안 쌓아 온 건설 전문 콘텐츠를 바탕으로 도서출판 분야를 넘어서 전자책, 온라인 강의 등 디지털 교육 분야로 나아가고 있습니다.
건설분야 최고의 지식 콘텐츠 프로바이더로서 건설인 여러분에게 더욱 전문적인 지식과 풍부한 정보들을 다양한 방식으로 전달하겠습니다.

건설분야 최고의 전문가로 성장할 수 있는 콘텐츠와 환경,
기 문 당 에서 제공해 드립니다.

기문당의 이러닝 교육 서비스는 KMD PLUS를 통해 제공됩니다.

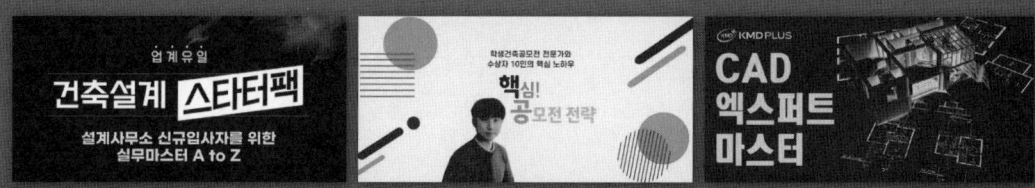

홈페이지에서 더 많은 강의를 확인해보세요. www.kmdplus.net

Good Readers make Good Leaders.

**불법 복제물로부터 얻은 지식, 올바른 성장이라고 할 수 있을까요?
이 시대 리더로의 올바른 성장, 올바른 도서구매로 시작하세요.**